새롭게 개정된 출제기준 완벽반영!

미용사 일반
필기

김지연 · 박성애 공저

도서출판 책과 상상
www.SangSangbooks.co.kr

21세기는 전문가의 시대입니다.

오늘날 미용업무는 공중위생분야로서 국민의 건강과 직결되어 있는 중요한 분야로 향후 국가의 산업구조가 제조업에서 서비스업 중심으로 전환되는 차원에서 수요가 증대되고 있습니다. 또한, 분야별로 세분화 및 전문화 되고 있는 세계적인 추세에 맞추어 미용의 업무 중 헤어, 피부, 네일, 메이크업의 업무를 수행할 수 있는 미용분야 전문인력을 양성하여 국민의 보건과 건강을 보호하기 위해 만든 자격제도가 바로 한국산업인력공단이 주관·시행하고 있는 미용사 자격시험입니다.

이 교재는 NCS 과정에 따라 전면 개편된 한국산업인력공단의 출제기준을 반영하여 만들어진 교재로 다음과 같은 구성적 장점을 통해 수험생 여러분들께 보다 쉬운 자격시험 합격의 지름길을 제공할 것입니다.

1. 개편된 한국산업인력공단의 출제기준과 NCS 과정을 반영하여 미용총론, 미용서비스 및 공중위생관리 순으로 이론 내용을 구성·정리하였습니다.
2. 한국산업인력공단의 기출문제와 개편된 이론 내용을 심층 분석하여 상시검정 출제예상문제를 상세한 해설과 함께 제공하고 있습니다.
3. 끝으로, 상시시험으로 운영되고 있는 미용사(일반) 필기시험 출제문제와 변경된 출제기준을 반영한 총 10회분의 적중모의고사를 상세한 해설과 함께 수록하여 효과적인 시험대비가 가능하도록 하였습니다.

이 책을 통해 수험생들이 보다 쉽게 자격증을 취득할 수 있도록 많은 보탬이 되고 또한 우수한 미용인 양성에 초석이 되었으면 하는 바람입니다.

수험생 여러분, 인생에서 초심이 가장 중요하듯이 책장이 한 장 한 장 넘어갈 때마다 여러분들이 가졌던 첫 마음을 다시 한 번 생각하면서, 소망하는 미용전문인이 되기를 두 손 모아 기대합니다.

저자 일동

기술검정안내

◎ 개요

미용업무는 공중위생분야로서 국민의 건강과 직결되어 있는 중요한 분야로 향후 국가의 산업구조가 제조업에서 서비스업 중심으로 전환되는 차원에서 수요가 증대되고 있다. 분야별로 세분화 및 전문화 되고 있는 세계적인 추세에 맞추어 미용의 업무 중 헤어미용을 수행할 수 있는 미용분야 전문인력을 양성하여 국민의 보건과 건강을 보호하기 위하여 자격제도를 제정

◎ 직무내용

아름다운 헤어스타일 연출 등을 위하여 헤어 및 두피에 적절한 관리법과 기기 및 제품을 사용하여 일반미용을 수행

◎ 진로 및 전망

- 미용실에 취업하거나 직접 자신의 미용실을 운영할 수 있다.
- 미용업계가 과학화, 기업화됨에 따라 미용사의 지위와 대우가 향상되고 작업조건도 양호해질 전망이며, 남자가 미용실을 이용하는 경향이 두드러지고, 많은 남자 미용사가 활동하는 미용 업계의 경향으로 보아 남자에게도 취업의 기회가 확대될 전망이다.
- 공중위생법상 미용사가 되려는 자는 미용사자격취득을 한 뒤 시·도지사의 면허를 받도록 하고 있다(법 제9조).
- 미용사(일반)의 업무범위 : 파마, 머리카락자르기, 머리카락 모양내기, 머리피부손질, 머리카락염색, 머리감기, 의료기기와 의약품을 사용하지 아니하는 눈썹손질 등

◎ 취득방법

1. 실시기관 : 한국산업인력공단
2. 실시기관 홈페이지 : http://q-net.or.kr
3. 시험과목
    - 필기 : 헤어스타일 연출 및 두피·모발 관리
    - 실기 : 미용실무
4. 검정방법
    - 필기 : 객관식 4지 택일형, 60문항(60분)
    - 실기 : 작업형(2시간 40분 정도, 100점)
5. 합격기준 : 100점 만점에 60점 이상
6. 응시자격 : 제한없음

미용사(일반) 필기시험 출제기준

시험 과목	주요 항목	세부 항목
헤어스타일 연출 및 두피·모발 관리	1. 미용업 안전위생 관리	1. 미용의 이해 2. 피부의 이해 3. 화장품 분류 4. 미용사 위생 관리 5. 미용업소 위생 관리 6. 미용업 안전사고 예방
	2. 고객응대 서비스	1. 고객 안내 업무
	3. 헤어샴푸	1. 헤어샴푸 2. 헤어트리트먼트
	4. 두피·모발관리	1. 두피·모발 관리 준비 2. 두피 관리 3. 모발관리 4. 두피·모발 관리 마무리
	5. 원랭스 헤어커트	1. 원랭스 커트 2. 원랭스 커트 마무리
	6. 그래쥬에이션 헤어커트	1. 그래쥬에이션 커트 2. 그래쥬에이션커트 마무리
	7. 레이어 헤어커트	1. 레이어 헤어커트 2. 레이어 헤어커트 마무리
	8. 쇼트 헤어커트	1. 장가위 헤어커트 2. 클리퍼 헤어커트 3. 쇼트 헤어커트 마무리
	9. 베이직 헤어펌	1. 베이직 헤어펌 준비 2. 베이직 헤어펌 3. 베이직 헤어펌 마무리
	10. 매직스트레이트 헤어펌	1. 매직스트레이트 헤어펌 2. 매직스트레이트 헤어펌 마무리
	11. 기초 드라이	1. 스트레이트 드라이 2. C컬 드라이
	12. 베이직 헤어컬러	1. 베이직 헤어컬러 2. 베이직 헤어컬러 마무리
	13. 헤어미용 전문제품 사용	1. 제품 사용
	14. 베이직 업스타일	1. 베이직 업스타일 준비 2. 베이직 업스타일 진행 3. 베이직 업스타일 마무리
	15. 가발 헤어스타일 연출	1. 가발 헤어스타일 2. 헤어 익스텐션
	16. 공중위생관리	1. 공중보건 2. 소독 3. 공중위생관리법규(법, 시행령, 시행규칙)

NCS(국가직무능력표준) 안내

◉ NCS(국가직무능력표준)와 NCS 학습모듈

- 국가직무능력표준(NCS, National Competency Standards)이란 산업현장에서 직무를 수행하기 위해 요구되는 지식·기술·소양 등의 내용을 국가가 산업부문별·수준별로 체계화한 것으로 국가적 차원에서 표준화한 것을 의미합니다.
- NCS 학습모듈은 NCS 능력단위를 교육 및 직업훈련 시 활용할 수 있도록 구성한 교수·학습자료입니다. 즉, NCS 학습모듈은 학습자의 직무능력 제고를 위해 요구되는 학습 요소(학습 내용)를 NCS에서 규정한 업무 프로세스나 세부 지식, 기술을 토대로 재구성한 것입니다.

◉ NCS 개념도

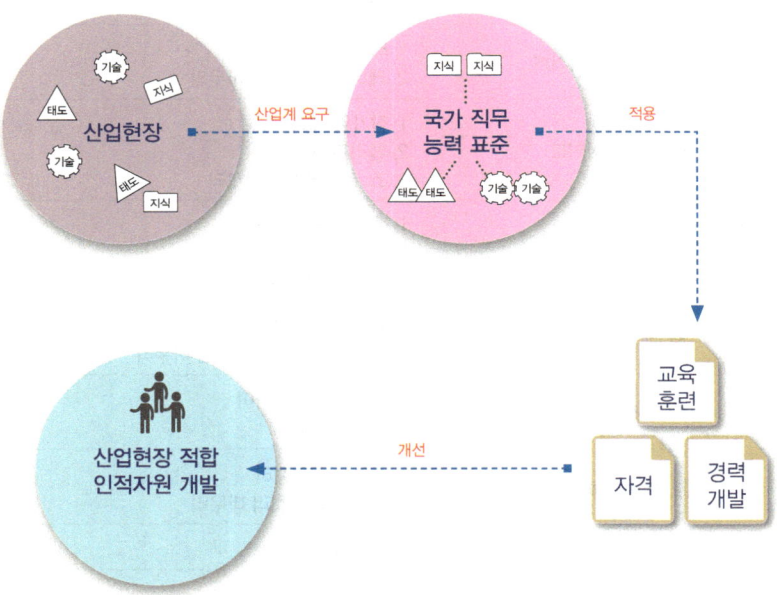

◉ NCS의 활용영역

구분		활용 콘텐츠
산업현장	근로자	평생경력개발경로, 자가진단도구
	기업	현장수요 기반의 인력채용 및 인사관리기준, 직무기술서
교육훈련기관		직업교육 훈련과정 개발, 교수계획 및 매체·교재개발, 훈련기준 개발
자격시험기관		자격종목설계, 출제기준, 시험문항, 시험방법

NCS 학습모듈의 특징

- NCS 학습모듈은 산업계에서 요구하는 직무능력을 교육훈련 현장에 활용할 수 있도록 성취목표와 학습의 방향을 명확히 제시하는 가이드라인의 역할을 합니다.
- NCS 학습모듈은 특성화고, 마이스터고, 전문대학, 4년제 대학교의 교육기관 및 훈련기관, 직장교육기관 등에서 표준교재로 활용할 수 있으며 교육과정 개편 시에도 유용하게 참고할 수 있습니다.

NCS와 NCS 학습모듈의 연결 체제

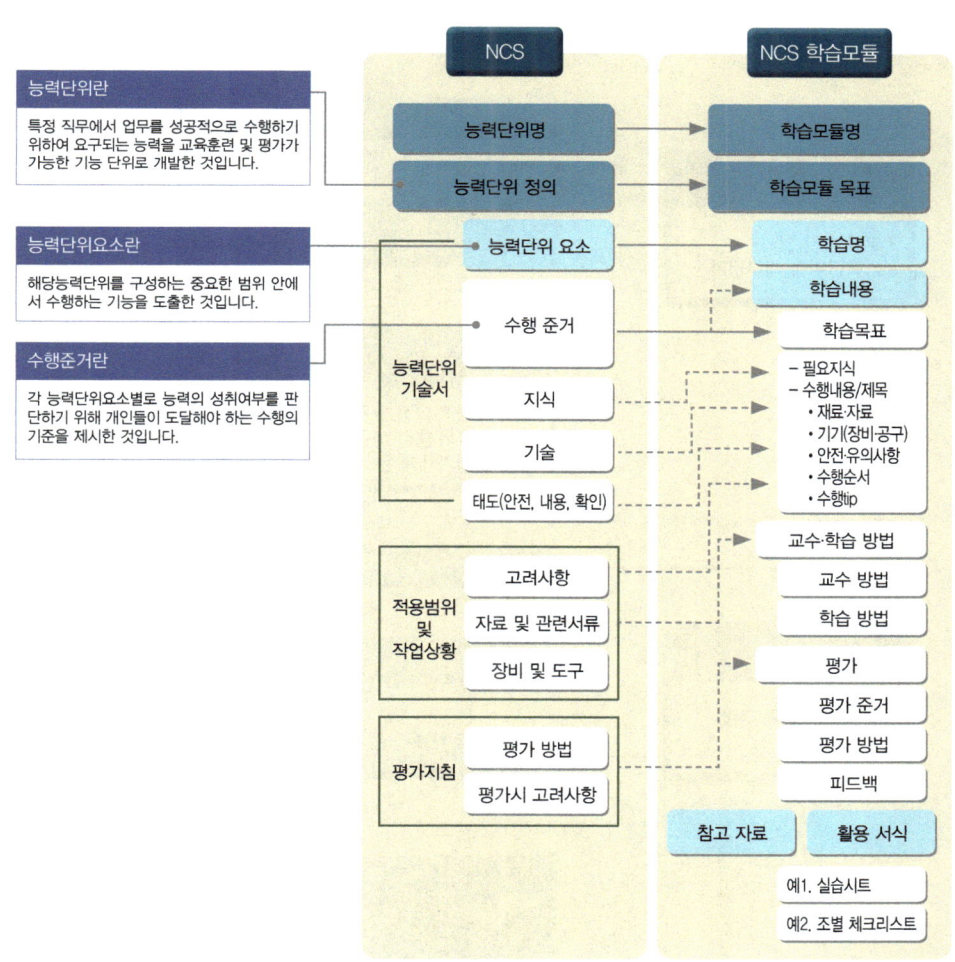

과정평가형 자격취득 안내

● 과정평가형 자격

과정평가형 자격은 국가기술자격법에 근거하여 국가직무능력표준(NCS)에 따라 설계된 교육·훈련과정을 체계적으로 이수한 교육·훈련생에게 내·외부 평가를 통해 국가기술자격증을 부여하는 새로운 개념의 국가기술자격 취득 제도로서 2015년부터 시행되고 있다.

● 과정평가형 자격 운영 절차

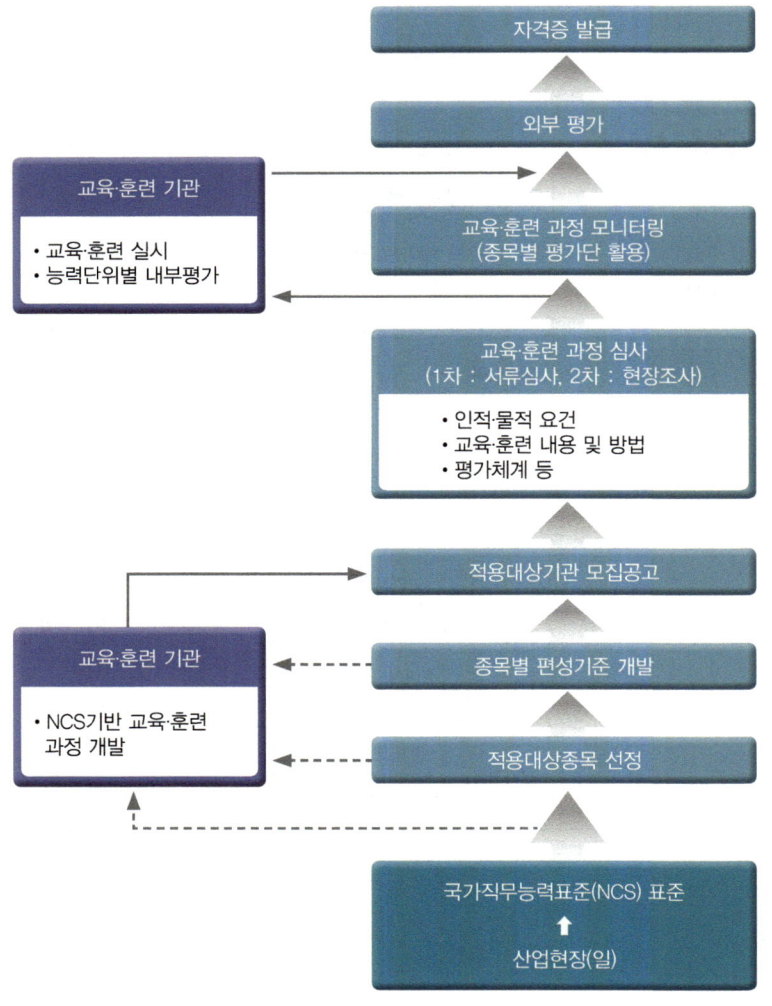

☞ 시행 대상

국가기술자격법의 과정평가형 자격 신청자격에 충족한 기관 중 공모를 통하여 지정된 교육·훈련기관의 단위과정별 교육·훈련을 이수하고 내부평가에 합격한 자

☞ 교육·훈련생 평가

① 내부평가(지정 교육·훈련기관)
  ㉮ 평가대상 : 능력단위별 교육·훈련과정의 75% 이상 출석한 교육·훈련생
  ㉯ 평가방법
    ㉠ 지정받은 교육·훈련과정의 능력단위별로 평가
    ㉡ 능력단위별 내부평가 계획에 따라 자체 시설·장비를 활용하여 실시
  ㉰ 평가시기
    ㉠ 해당 능력단위에 대한 교육·훈련이 종료된 시점에서 실시하고 공정성과 투명성이 확보되어야 함
    ㉡ 내부평가 결과 평가점수가 일정수준(40%) 미만인 경우에는 교육·훈련기관 자체적으로 재교육 후 능력단위별 1회에 한해 재평가 실시
② 외부평가(한국산업인력공단)
  ㉮ 평가대상 : 단위과정별 모든 능력단위의 내부평가 합격자
  ㉯ 평가방법 : 1차·2차 시험으로 구분 실시
    ㉠ 1차 시험 : 지필평가(주관식 및 객관식 시험)
    ㉡ 2차 시험 : 실무평가(작업형 및 면접 등)

☞ 합격자 결정 및 자격증 교부

① 합격자 결정 기준
  내부평가 및 외부평가 결과를 각각 100점을 만점으로 하여 평균 80점 이상 득점한 자
② 자격증 교부
  기업 등 산업현장에서 필요로 하는 능력보유 여부를 판단할 수 있도록 교육·훈련 기관 명·기간·시간 및 NCS 능력단위 등을 기재하여 발급

> NCS 및 과정평가형 자격에 대한 내용은 NCS국가직무능력표준 홈페이지(www.ncs.go.kr)에서 보다 자세하게 살펴볼 수 있습니다.

CBT 필기시험제도 안내

🔑 변경된 제도 개요

2016년 제5회 기능사 필기시험부터 적용되는 CBT(컴퓨터 기반 시험) 필기시험제도는 한국산업인력공단 상설시험장(상시시험으로 치러지는 한국기술자격검정원의 경우 검정원 시험장)과 외부기관의 시설 및 장비를 임차하여 시행하기 때문에 시험장 사정에 따라 시험일자가 달라질 수 있으며, 수험생들이 선호하는 시험장은 조기 마감될 수 있으므로 주의하여야 합니다.

🔑 원서접수 기간 및 접수처

- 한국산업인력공단이 주관 및 시행하는 기능사 정기 CBT 필기시험 및 상시 CBT 필기시험과 관련한 정보는 큐넷 홈페이지(http://www.q-net.or.kr)를 방문하여 확인합니다.
- 기능사 필기시험의 원서접수는 인터넷으로만 가능하며 정기 및 상시시험 모두 큐넷 홈페이지(http://www.q-net.or.kr)에서 접수할 수 있습니다.
- 기능사 상시시험 종목 : 한식조리기능사, 양식조리기능사, 일식조리기능사, 중식조리기능사, 제과기능사, 제빵기능사, 미용사(일반), 미용사(피부), 미용사(네일), 미용사(메이크업), 굴착기운전기능사, 지게차운전기능사, 건축도장기능사, 방수기능사 [14종목]
  ※ 건축도장기능사, 방수기능사 2종목은 정기검정과 병행 시행

🔑 CBT 부별 시험시간 안내

구분	입실시간	시험시간	비고
1부	09:30	09:50~10:50	
2부	10:00	10:20~11:20	
3부	11:00	11:20~12:20	
4부	11:30	11:50~12:50	
5부	13:00	13:20~14:20	시험실 입실 시간은 시험 시작 20분 전
6부	13:30	13:50~14:50	
7부	14:30	14:50~15:50	
8부	15:00	15:20~16:20	
9부	16:00	16:20~17:20	
10부	16:30	16:50~17:50	

※ 지역별 접수인원에 따라 일일 시행횟수는 변동될 수 있으며, 원거리 시험장으로 이동할 수 있습니다.

🔑 합격자 발표

종이 시험과 달리 CBT 필기시험은 시험이 종료된 후 시험점수와 함께 합격 여부를 확인할 수 있으며, 이 결과는 시험일정 상의 합격자 발표일에 최종 확인할 수 있습니다.

CBT 필기시험 체험하기

01 CBT 필기시험 응시를 위해 지정된 좌석에 앉으면 해당 컴퓨터 단말기가 시험감독관 서버에 연결되었음을 알리는 연결 성공 메시지가 나타납니다.

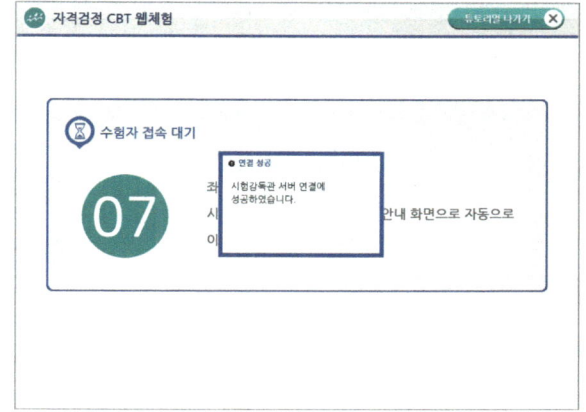

02 수험자 접속 대기 화면에서 좌석번호를 확인합니다. 좌석번호 확인이 끝나면 시험감독관의 지시에 따라 시험 안내 화면으로 자동으로 이동합니다.

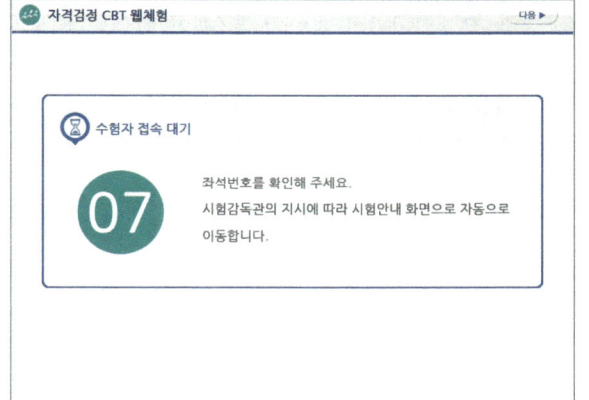

03 수험자 정보를 확인합니다. 감독관의 신분 확인 절차가 진행됩니다. 신분 확인이 모두 끝나면 시험을 시작할 수 있습니다.

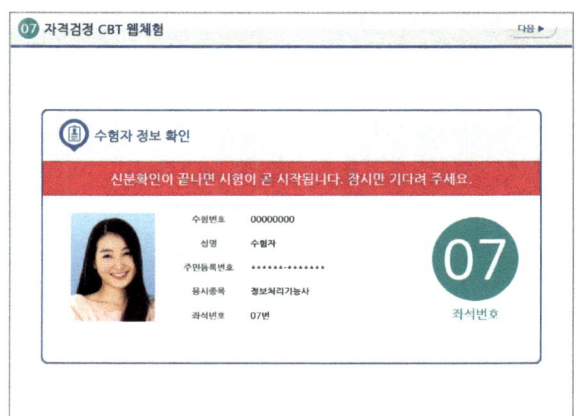

04 CBT 필기시험에 대한 안내사항이 나타납니다. 화면은 예제이며, 실제 기능사 필기시험은 총 60문제로 구성되며, 60분간 진행됩니다.

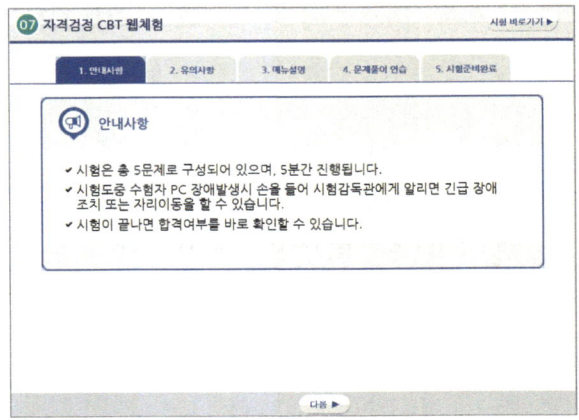

05 다음 항목에서 시험과 관련된 유의사항을 확인합니다. 특히, 시험과 관련한 부정행위 적발 시 퇴실과 함께 해당 시험은 무효처리되어 불합격 될 뿐만 아니라, 이후 3년간 국가기술자격검정에 응시할 수 있는 자격이 정지되므로 부정행위로 인정되는 내용을 꼼꼼히 확인하도록 합니다.

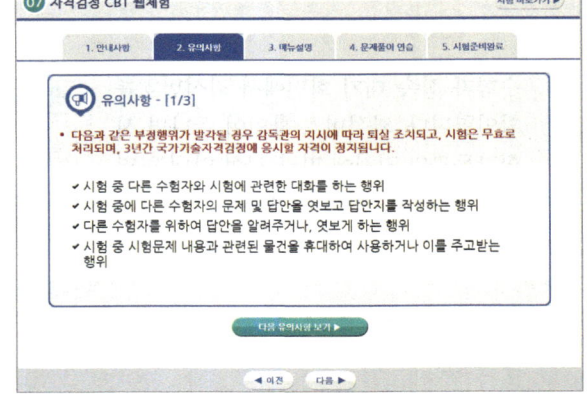

06 메뉴설명 항목에서는 문제풀이와 관련된 메뉴에 대한 설명을 확인할 수 있습니다. CBT 화면에서는 글자 크기를 크게 하거나 작게 할 수 있을 뿐 아니라, 화면 배치를 1단 또는 2단 화면 보기 혹은 한 문제씩 보기로 선택할 수 있습니다.

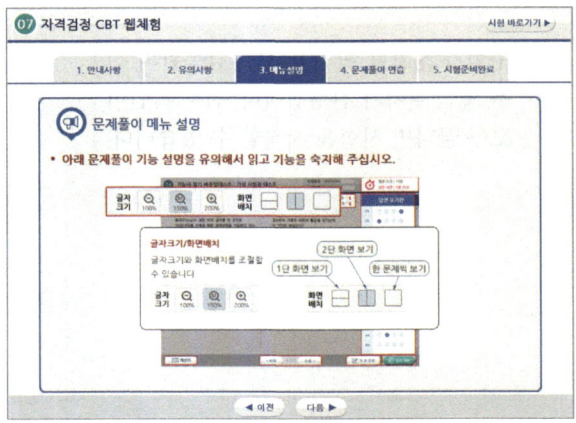

07 문제풀이 연습 항목에서는 실제 문제를 풀어보는 과정을 연습할 수 있습니다. 실제 시험에서 실수하지 않도록 하기 위해 [자격검정 CBT 문제풀이 연습] 버튼을 클릭합니다.

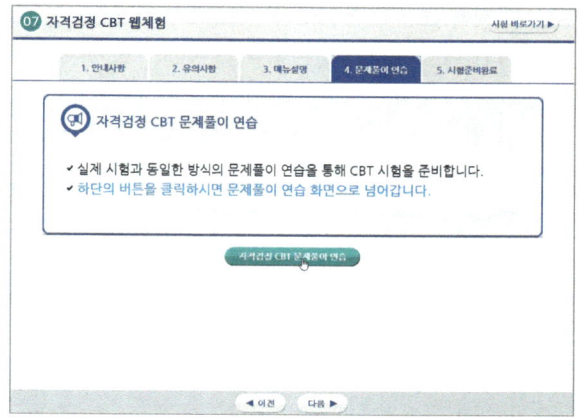

08 보기의 연습 문제는 국가기술자격시험의 정부 위탁기관인 한국산업인력공단의 본부 청사 소재지를 묻는 것입니다. 현재 한국산업인력공단 본부는 울산광역시에 소재하고 있습니다. 문제 아래의 보기에서 번호 항목을 클릭하거나 답안 표기란의 번호 항목에서 해당 답안을 클릭하여 답안을 체크합니다.

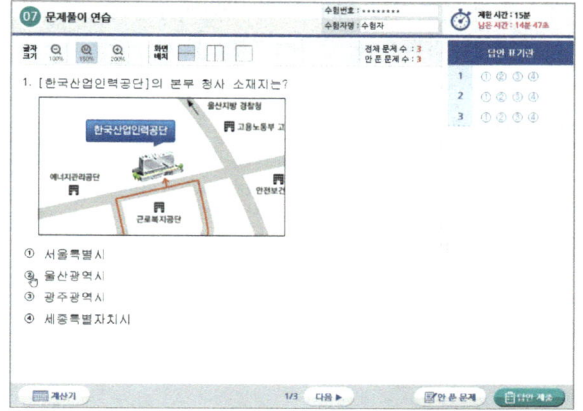

09 문제 아래의 보기를 클릭하거나 오른쪽 답안 표기란의 답안 항목을 클릭하면 화면과 같이 선택한 답안이 OMR 카드에 색칠한 것과 같이 색이 채워집니다.

답안을 수정할 때는 마찬가지 방법으로 수정하고자 하는 문제의 보기 항목이나 답안 표기란의 보기 항목에서 수정하고자 하는 답안을 클릭합니다.

10 문제를 풀고 나면 다음 문제를 풀기 위해 화면 하단의 [다음] 버튼을 클릭하여 문제를 계속 풀어나가면 됩니다. 참고로 하단 버튼 중 [계산기]를 클릭하면 간단한 공학용 계산기를 사용하여 계산 문제를 푸는 데 도움을 받을 수 있습니다.

> 계산이 끝나고 계산기를 화면에서 사라지게 하려면 계산기 창의 오른쪽 상단에 있는 닫기 ☒ 버튼을 클릭합니다.

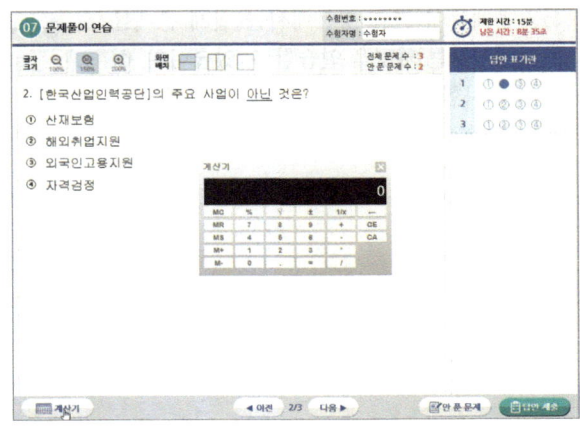

11 문제 풀이 연습이 끝나면 하단의 [답안 제출] 버튼을 클릭하여 답안을 제출합니다.

> 어려운 문제의 경우 하단의 [다음] 버튼을 클릭하여 다음 문제를 풀 수도 있습니다. 단, 이러한 경우 답안을 제출하기 전에 하단의 [안 푼 문제] 버튼을 클릭하여 혹시 풀지 않은 문제가 있는 지 최종적으로 확인하도록 합니다.

12 답안 제출을 클릭하면 나타나는 화면입니다. 수험생들이 실수로 답안을 모두 체크하지 않고 제출할 수 있는 실수를 방지하기 위해 2회에 걸쳐 주의 화면이 나타납니다. 답안을 제출하려면 [예] 버튼을 누릅니다.

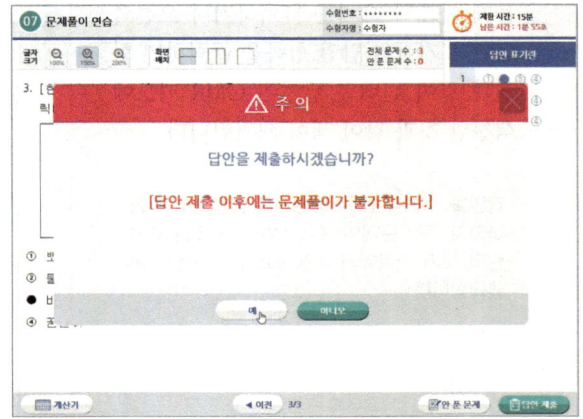

13 문제풀이 연습을 모두 마치면 나타나는 화면에서 [시험 준비 완료] 버튼을 클릭합니다. 이후 시험 시간이 되면 시험감독관의 지시에 따라 시험이 자동으로 시작됩니다.

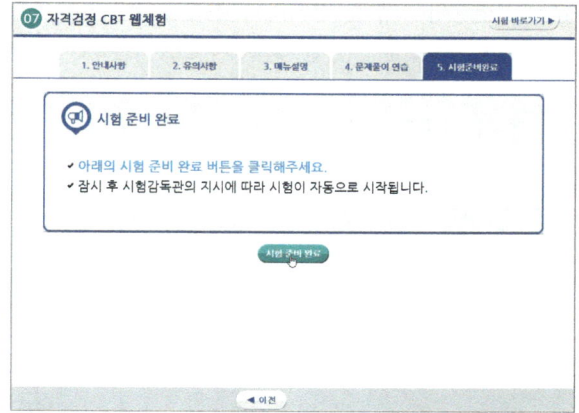

14 본 시험이 시작되면 첫 번째 문제가 화면에 나타납니다. 앞서 문제풀이 연습 때와 마찬가지 방법으로 문제의 보기에서 정답을 클릭하거나 답안 표기란에 해당 문제의 정답 항목을 클릭하여 답을 선택합니다.

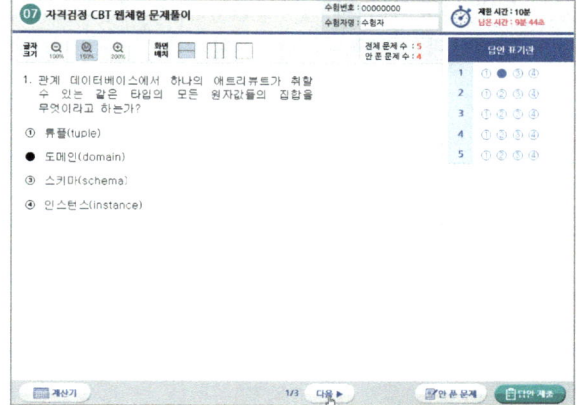

15 화면 하단의 [다음] 버튼을 클릭하면 다음 문제를 풀 수 있습니다. 앞서와 마찬가지 방법으로 답안에 체크하고 모든 문제를 풀었다면 [답안 제출] 버튼을 클릭합니다.

화면의 상단 오른쪽에 제한 시간과 남은 시간이 표시됩니다. 본 예제는 체험을 위한 것으로 실제 시험시간은 60분이며, 이에 따라 남은 시간도 표시됩니다.

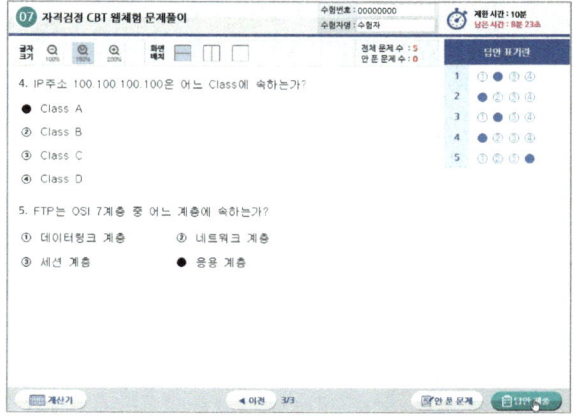

16 수험생의 실수를 방지하기 위해 2회에 걸쳐 주의 문구가 출력됩니다. 모든 문제를 이상없이 풀고 답안에 체크했다면 [예] 버튼을 클릭하여 답안을 제출하고 시험을 마무리합니다.

> 문제 화면으로 다시 돌아가고자 한다면 [아니오] 버튼을 클릭하여 이미 푼 문제들을 다시 확인하고 필요한 경우 답안을 수정할 수 있습니다.

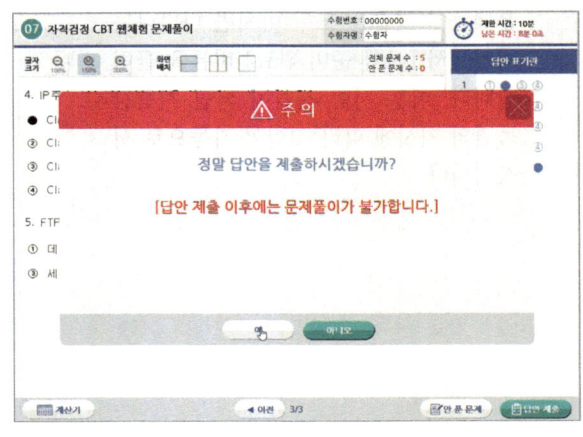

17 답안 제출 화면이 나타납니다. 잠시 기다립니다.

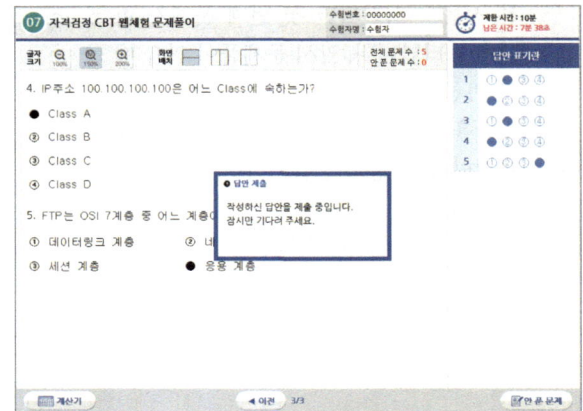

18 CBT 필기시험을 모두 끝내고 답안을 제출하면 곧바로 합격, 불합격 여부를 화면과 같이 확인할 수 있습니다. 독자분들은 꼭 화면과 같은 합격 축하 문구를 볼 수 있기를 기원합니다.

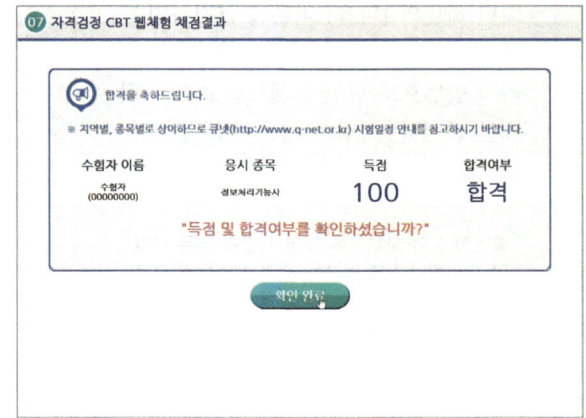

19 앞서의 합격 여부 화면에서 [확인 완료] 버튼을 클릭하면 CBT 필기시험이 종료됩니다. 고생하셨습니다.

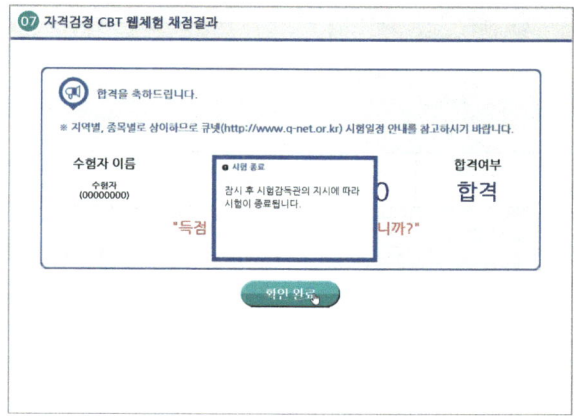

본 도서에 수록된 CBT 필기시험 체험하기 내용은 한국산업인력공단의 CBT 체험하기 과정을 인용하여 구성 및 정리한 것입니다. 직접 한국산업인력공단에서 제공하는 CBT 필기시험을 체험하고자 하는 독자께서는 한국산업인력공단이 운영하는 큐넷 홈페이지(www.q-net.or.kr)를 방문하시기 바랍니다.

Contents

PART 00

머리말
기술검정안내
NCS(국가직무능력표준) 안내
CBT 필기시험제도 안내

PART 01 미용 총론

CHAPTER 01 미용의 이해
01 미용의 개요 ·· 24
02 미용의 역사 ·· 27

CHAPTER 02 피부의 이해
01 피부와 피부 부속기관 ······································ 32
02 피부 유형 분석 ··· 37
03 피부와 영양 ·· 40
04 피부와 광선 ·· 43
05 피부면역 ··· 46
06 피부노화 ··· 48
07 피부장애와 질환 ··· 49

CHAPTER 03 화장품 분류
01 화장품 기초 ·· 54
02 화장품 제조 ·· 59
03 화장품의 종류와 기능 ····································· 61

CHAPTER 04 위생관리 및 안전사고 예방
- 01 미용사 위생관리 ················· 76
- 02 미용업소 위생관리 ················ 77
- 03 미용업 안전사고 예방 ·············· 79

출제예상문제 ························ 82

PART 02 미용 서비스

CHAPTER 01 고객 응대 서비스
- 01 고객 안내 업무 ·················· 96
- 02 고객 관리 ····················· 99

CHAPTER 02 헤어샴푸 및 두피·모발관리
- 01 헤어샴푸 및 헤어트리트먼트 ········· 102
- 02 두피 · 모발관리 ················ 105

CHAPTER 03 헤어커트
- 01 헤어커트의 기초 ················ 111
- 02 원랭스 헤어커트 ················ 113
- 03 그래주에이션 헤어커트 ············ 115
- 04 레이어 헤어커트 ················ 118
- 05 쇼트 헤어커트 ················· 121

Contents

CHAPTER 04	**헤어펌**
	01 베이직 헤어펌 ········· 125
	02 롤 및 매직스트레이트 헤어펌 ········· 129

CHAPTER 05	**기타 미용 서비스**
	01 기초 드라이 ········· 132
	02 베이직 헤어컬러 ········· 134
	03 헤어미용 전문제품 사용 ········· 139
	04 베이직 업스타일 ········· 141
	05 가발 헤어스타일 연출 ········· 143

출제예상문제 ········· 148

PART 03 공중위생관리

CHAPTER 01	**공중보건**
	01 공중보건학 기초 ········· 162
	02 질병관리 ········· 164
	03 가족 및 노인보건 ········· 173
	04 환경보건 ········· 175
	05 식품위생과 영양 ········· 181
	06 보건행정 ········· 189

CHAPTER 02 소독
- 01 소독의 정의 및 분류 ··· 192
- 02 미생물 총론 및 병원성 미생물 ······················· 194
- 03 소독방법 및 분야별 위생·소독 ······················· 200

CHAPTER 03 공중위생관리법규
- 01 공중위생법규 ··· 206
- 02 벌칙 등 ·· 214

출제예상문제 ·· 217

PART 04 적중모의고사

- 01회 | 적중모의고사 ·· 232
- 02회 | 적중모의고사 ·· 241
- 03회 | 적중모의고사 ·· 250
- 04회 | 적중모의고사 ·· 260
- 05회 | 적중모의고사 ·· 269
- 06회 | 적중모의고사 ·· 278
- 07회 | 적중모의고사 ·· 287
- 08회 | 적중모의고사 ·· 296
- 09회 | 적중모의고사 ·· 305
- 10회 | 적중모의고사 ·· 314

PART 01

미용 총론

CHAPTER

01. 미용의 이해
02. 피부의 이해
03. 화장품 분류
04. 위생관리 및 안전사고 예방

미용의 이해

Lesson 01 미용의 개요

1. 미용의 정의 및 목적 등

(1) 미용의 정의
① **일반적 정의** : 고객 모발에 물리적, 화학적 시술을 통하여 외모를 아름답게 꾸미는 영업을 말한다.
② **공중위생관리법의 정의** : 미용업은 고객의 얼굴, 머리, 피부 등을 손질하여 고객의 외모를 아름답게 꾸미는 영업으로 정의한다.

(2) 미용의 목적
① 인간의 내면적, 외면적, 심리적 만족감 형성
② 현대생활 속의 상대에 대한 배려 및 자아만족

(3) 미용의 특수성
① **의사표현의 제한** : 미용업은 서비스이므로 고객을 우선적으로 존중해야 하며, 자신의 의사표현이 제한된다.
② **소재선정의 제한** : 소재에 있어 고객의 신체의 일부를 소재로 선정함에 있어 새로 바꿀 수 없다.
③ **시간적 제한** : 고객의 시간에 맞추어야 하므로 주어진 짧은 시간 안에 스타일을 연출해야 하는 시간적 제한을 받는다.
④ **소재변화에 다른 미적효과** : 고객의 직업, 의복, 장소 등의 변화에 따라 스타일의 효과를 나타내지 않으면 안 된다.
⑤ **부용예술로서의 제한** : 미용은 여러 가지 특수성을 지닌 부용예술에 속하므로 미용사의 자질과 우수한 기술이 필요하다.

(4) 미용의 과정
헤어디자이너가 스타일링 작품을 연출하는 제작과정(소재 → 구상 → 제작 → 보정)
① **소재(고객)** : 고객의 개성미에 맞게 스타일링을 연출한다.

② **구상(계획)** : 소재를 파악 그 소재의 특징을 아름답게 연출, 구상한다.
③ **제작(작업)** : 구상한 작품을 고객 이미지에 맞추어 표현하는 것이 제작과정이다.
④ **보정(마무리)** : 스타일링을 검토하고 보정 및 수정을 한다.

(5) 미용시술 시 유의사항
① 연령, 유행, 스타일이 조화되도록 연출한다.
② 계절, 풍토, 기후, 분위기를 잘 연출해야 한다.
③ 시간, 장소, 상황, 목적, 분위기에 조화를 이루어야 한다.

> ■ **공중위생관리법상 미용사의 업무범위(2016년 6월 세분화 이후)**
> - 미용사(일반) 면허 : 파마·머리카락자르기·머리카락모양내기·머리피부손질·머리카락염색·머리감기, 의료기기나 의약품을 사용하지 아니하는 눈썹손질
> - 미용사(피부) 면허 : 의료기기나 의약품을 사용하지 아니하는 피부 상태분석·피부관리·제모·눈썹손질
> - 미용사(네일) 면허 : 손톱과 발톱의 손질 및 화장
> - 미용사(메이크업) 면허 : 얼굴 등 신체의 화장·분장 및 의료기기나 의약품을 사용하지 아니하는 눈썹손질

2 미용작업의 자세

(1) 미용사의 사명
① **미적 측면** : 고객의 요구에 맞는 개성미를 연출한다.
② **사회·문화적 측면** : 미용문화사적으로 건전한 지도를 행한다.
③ **위생적 측면** : 공중위생관리상의 안전을 유지한다.

(2) 미용사의 자세
① **서 있는 자세** : 양발을 어깨너비로 유지한다.
② **작업 대상의 위치** : 작업위치는 시술자의 심장 높이로 한다.
③ **명시 거리** : 안구에서 약 25~30cm 정도 거리를 유지한다.
④ **샴푸작업 자세** : 양발은 약 6인치(15cm) 정도 벌리고 바른 자세를 유지한다.
⑤ **실내 조도** : 75Lux 이상으로 밝게 유지한다.

(3) 미용과 관련된 인체의 명칭
① **두부의 명칭** : 두부는 크게 5등분으로 나누는데 전두부(탑), 좌·우 측두부(사이드), 두정부(크라운), 후두부(네이프)로 한다.

② 두부의 구분점

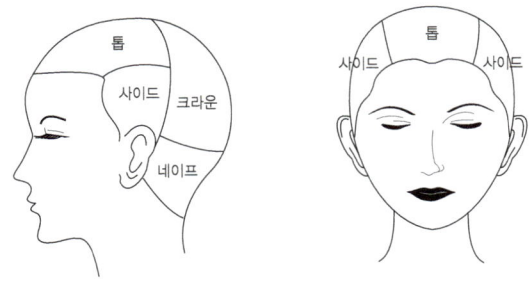

[두부의 명칭(앞모습, 옆모습)]

③ 두부의 명칭 15라인

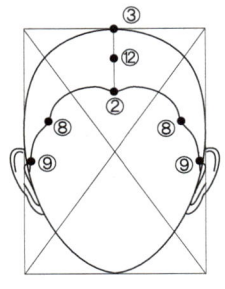
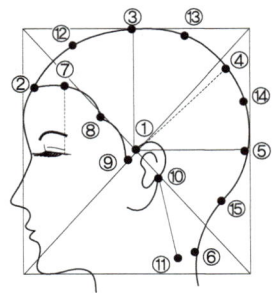

번호	기호	명칭	번호	기호	명칭
①	E.P	이어포인트(좌, 우)	②	C.P	센터 포인트
③	T.P	톱 포인트	④	G.P	골든 포인트
⑤	B.P	백 포인트	⑥	N.P	네이프 포인트
⑦	F.S.P	프런트 사이드 포인트(좌, 우)	⑧	S.P	사이트 포인트(좌, 우)
⑨	S.C.P	사이드 코너 포인트(좌, 우)	⑩	E.B.P	이어 백 포인트(좌, 우)
⑪	N.S.P	네이프 사이드 포인트(좌, 우)	⑫	C.T.M.P	센터 톱 미디엄 포인트
⑬	T.G.M.P	톱 골든 미디엄 포인트	⑭	G.B.M.P	골든 백 미디엄 포인트
⑮	B.N.M.P	백 네이프 미디엄 포인트			

Lesson 02 미용의 역사

1 한국의 미용

(1) 삼한시대
① 다른 나라의 포로를 잡아 머리를 깎아 노예로 표시하였다.
② 수장급은 관모를 착용하였다.
③ 중국 역사서인 「후한서」에 의하면 마한의 남성들은 상투를 틀었다.
④ 진한인은 단정한 몸가짐에 눈썹은 진하고 굵게 표현, 이마는 넓게 표현했다.
⑤ 변한인은 신분, 계급, 주술적인 의미로 글씨 형태의 문신을 했다.

(2) 삼국시대
① **고구려**

성별	구분	특징
여성머리형태	얹은머리	뒤쪽 모발을 감아올려 앞머리 가운데에 얹은머리
	쪽머리	목덜미에 모발을 고정하여 쪽진머리
	풍기명(식)머리	양쪽 귀 옆 모발을 늘어뜨린 머리
	쌍계머리	양쪽 모발을 상투 형태로 틀어 올린 머리
	중발머리	뒷머리에 낮게 모발을 묶은머리
	그 외	낭자머리, 큰머리, 둘레머리 등
남성머리형태	상투머리	직위에 따라 비단, 금, 천 등으로 만들거나 관, 건, 절풍 등을 착용

② **백제**

성별	구분	특징
여성머리형태	미혼여성	양 갈래로 땋아 늘어뜨린 상태에 댕기
	기혼여성	양 갈래를 땋아 틀어 올린 쪽머리
	상류층 여성	금전적 여유로 가체를 사용
	그 외	화장기술로 인하여 자연스러운 화장
남성머리형태	상투	마한인은 상투를 틈

③ 신라
  ㉮ 여인들은 가체(加髢, 다래 또는 다리라고 불리는 여자들의 머리 장식의 하나) 처리 기술이 뛰어났다.
  ㉯ 신분과 지위를 두발 형태로 표현하였다.
  ㉰ 백분과 연지, 눈썹먹 등이 화장제품으로 사용되었다.
  ㉱ 향수와 향료를 제조하여 사용하였으며, 남성들도 화장을 하였다.

(3) 통일신라
  ① 화장 형태는 통일 이전보다 화려하게 변화되었다
  ② 머리에 꽂고 다니는 장신용 빗이 유행했다.
  ③ 고위 관직 부인들은 슬슬전대모빗(거북이 등껍질, 자개 장식한 것), 자개장식빗, 대모빗, 소아빗(빗몸에 상아로 장식한 것) 등을 사용, 서민 여성은 나무, 뿔로 만든 빗을 사용하였다.

(4) 고려시대
  ① 분대화장의 특징
    ㉮ 기생 중심의 짙은 화장을 분대화장이라 한다.
    ㉯ 분을 하얗게 바르고 가늘고 또렷한 눈썹을 그렸다.
    ㉰ 머릿기름을 반질거리게 발랐다.
  ② **비분대화장** : 여염집 부인들은 기생들과 달리 비분대화장(옅은 화장)을 하였다.
  ③ 기생들은 교방(敎坊)에서 분대화장법을 가르쳤다.

(5) 조선시대
  ① 특징

구분	특징
조선초기	• 분대화장에 대한 기피현상으로 피부손질 위주의 화장을 주로 하였다.
조선중기	• 신부화장에 분을 사용하였다. • 분화장은 장분을 물에 개어 얼굴에 사용하였다. • 밑화장으로 장분을 참기름으로 발라 클린징을 하였다. • 혼례에 앞서 눈썹을 모시실로 밀고 따로 그렸다.
조선후기	• 서양문물의 유입으로 새로운 화장 문화가 등장하였다. • 분대화장에 대한 기피현상으로 피부손질 위주의 화장을 주로 하였다.

② 두발 형태

구분	특징
큰머리(어여머리)	• 궁중, 양반가에서 가체를 얹은 형태이다.
떠구지머리	• 어여머리 위에 떠구지를 올린 형태이다.
첩지머리	• 궁중의 관직부인들이 쪽진머리에서 정수리에 첩지를 올린 형태이다.
쪽머리	• 조선후기 일반 부녀자들이 쪽진머리에 비녀를 꽂은 형태이다.
얹은머리	• 혼인한 부녀자가 땋아서 위쪽으로 올려 고정한 형태이다.
둘레머리	• 전체 모발을 땋아서 두발 상부에 고정시킨 형태이다.
조짐머리	• 궁궐과 반가에서 의식, 경사 시 또는 문안차 입궐할 때 하는 형태이다.
두발 장신구	• 봉잠, 용잠, 산호잠, 국잠, 호도잠, 석류잠과 같은 장신구를 사용하였다.

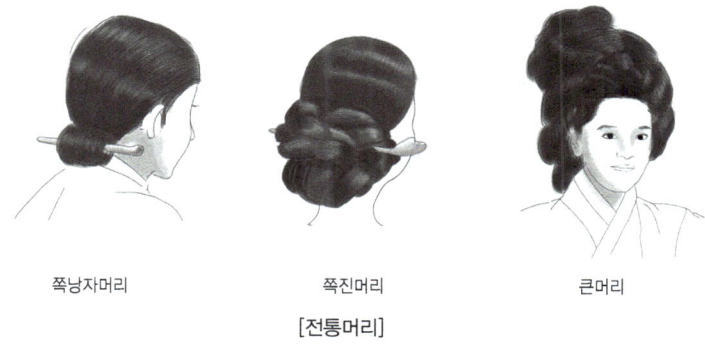

쪽낭자머리 　 쪽진머리 　 큰머리

[전통머리]

(6) 현대의 미용

① 우리나라 여성들이 미용에 더욱 관심을 갖기 시작한 계기는 한일합방 이후부터이다.
② 유학을 다녀온 신여성들에 의해서 헤어, 메이크업, 의상 등이 유행하기 시작했다.
③ 현대미용 관련 중요사항

구분	내용
김활란(1920년대)	• 최초의 단발머리
이숙종(1920년대)	• 높게 올린 머리(타까머리(高髻))
오엽주(1933년)	• 서울 종로 화신백화점 내에 화신미용원을 1933년 3월에 개원
광복 이후	• 김상진 현대미용학원을 설립 • 권정희 우리나라 최초로 정화 미용고등기술학교를 설립

2 외국의 미용

(1) 중국의 미용

① 기원전 2200년경부터 하(夏)나라 시대에는 여성의 미백에 분을 사용하였다.
② 동양문화가 정점을 달한 시대는 당나라 시대이다.
③ 〈수하미인도〉의 인물상에서 액황의 사례가 나오는데 액황을 발라 입체감을 입힌 후 홍장을 백분에 바른 후에 연지를 덧발랐다.
④ 현종(서기 713~755)은 〈십미도〉에서 열 종류의 눈썹 모양을 소개할 정도로 눈썹화장에 관심을 두었다.
⑤ 두발 형태는 탑(Top) 부분을 올리는 형태와 네이프(Nape)로 내리는 형태가 있었다.

(2) 서양의 미용

① **이집트**(약 5000년 전 고대문명의 발생지 이집트)

㉮ 이집트 미용의 주요 사항

구분	특징
가발	• 나일강 유역은 더운 날씨로 인하여 모발은 짧게 깎거나 밀어 공기가 잘 통하는 가발을 이용 • 가발의 재료로는 인모(人毛), 양털, 검게 염색한 종려(棕櫚)나무의 잎섬유를 땋아서 사용
화장	• 샤프란이라는 꽃을 찰흙에 섞어서 입술연지로 사용 • 눈꺼풀을 강조하기 위해 눈가에 콜(kohl)을 발라 흑색 라인을 강조
염색	• B.C. 1500년경에 염모제 헤나(hanna)를 사용 • 진흙을 개서 모발에 발라 태양열로 모발 컬러를 바꿈
퍼머넌트	• 알칼리성 토양과 알칼리성 태양열을 이용하여 진흙을 모발에 발라 둥근 나무막대에 감아서 웨이브를 만든 것이 퍼머넌트의 기원

㉯ 제19대 왕조인 라메세스Ⅱ세((B.C. 1270년)의 왕후는 가발을 이용하여 두상의 폭이 넓어 보이고, 목을 감춰 위엄 있게 보이려고도 했다.

② **그리스**

㉮ 여성들의 두발 형태는 비너스상에서 표현된 쉬뇽형태(머리를 뒤로 틀러올린 업스타일 형태), 키프로스풍의 형태가 많았다.
㉯ 전문적인 결발사(結髮師)가 등장하였으며, 그로 인해 결발술(結髮術)이 행해지면서 로마에까지 영향을 주었다.
㉰ 오후라스다스(B.C. 370~385년)의 식물성 화장품과 합성향료에 관한 연구가 진행되었다.

③ **로마**

㉮ 화장재료는 백연, 백묵을 사용하였으며, 입술연지는 식물성을 사용하였다.
㉯ 향료에 알코올을 가해서 향수를 제조하게 되었다.
㉰ 로마에 노예로 잡혀 온 여성들의 금발색을 모방해서 탈색과 염색을 하였다.

(3) 중세·근세의 미용

① 의학 내에 미용이 포함되어 있다가 14세기 초에 전문 직업으로 개발되었다.
② 근세에는 프랑스의 캐더린 오프 메디시 여왕이 이탈리아의 유명한 결발사, 가발사(假髮師), 향장품 제조기사 등을 초빙하여 프랑스인들에게 가르쳐 근대 미용의 기반을 이루었다.
③ 17세기 초반에는 최초의 남자 결발사 샴페인(Champagne)이 파리에서 크게 성업했다.
④ 오데코롱은 18세기에 발명되었다.

(4) 근대의 미용

① 1830년 프랑스의 미용사 무슈 끄로샤쁘(Croisat)가 고안한 아폴로노트(Apolls Knots)가 여성스러움을 강조한 두발 형태로 유행하였다.
② 프랑스의 마셀 그라또우(Marcel Gurateau, 1852~1936년)가 1875년 마셀웨이브를 고안해 선보였다.
③ 1867년 과산화수소를 블리치제로 사용하였다.
④ 1883년에는 합성 유기염료가 등장하여 두발 염색의 신기원을 이루게 되었다.
⑤ 영국의 찰스 네슬러(Charles Nessler)가 스파이럴식(나선형) 퍼머넌트를 1905년 창안하였다.
⑥ 독일인 죠셉 메이어(Josep Mayer)가 크로키놀(Croquignole)식 히트 퍼머넌트 웨이빙을 창안하였다.
⑦ 영국의 스피크먼(J. B. speakman)은 1936년 화학약품만의 작용에 의한 콜드웨이빙을 창안하였다.
⑧ 1940년에 산성중화 샴푸제, 1966년의 산성중화 헤어컨디셔너제, 1975년의 산성중화 퍼머넌트제 등 여러 가지로 개발되었다.

CHAPTER 02 피부의 이해

Lesson 01 피부와 피부 부속기관

1 피부 구조

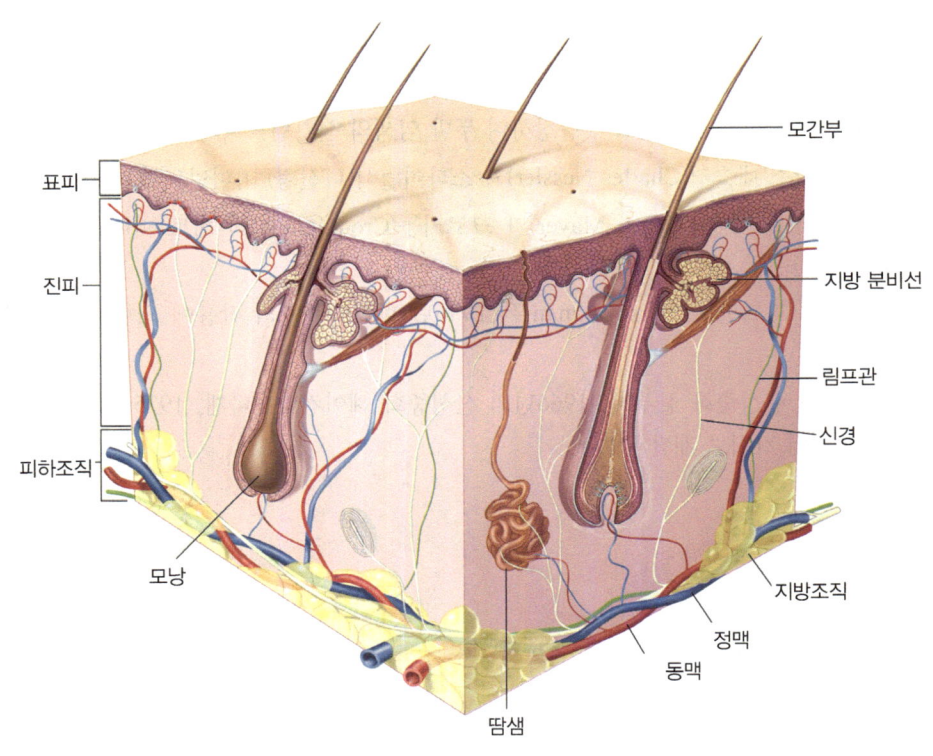

[피부의 구조]

(1) 표피(Epidermis)

피부의 가장 상층부에 존재하며, 모세혈관과 신경이 존재하지 않는다. 표피는 무핵층과 유핵층으로 구분되는데 무핵층은 각질층, 투명층, 과립층으로 되어 있고 유핵층은 유극층, 기저층으로 되어 있다. (각질층 → 투명층 → 과립층 → 유극층 → 기저층으로 구성)

① 각질층
- ㉮ 피부의 가장 바깥층에 존재
- ㉯ 외부의 물리적 자극 및 유해 물질의 침투 방지(보호기능 담당)
- ㉰ 정상 각질층은 약 20층 정도로 외피로 갈수록 편편한 모양
- ㉱ 천연보습인자(NMF)가 있어 정상 피부의 경우 10~20% 수분 함유

② 투명층
- ㉮ 손바닥, 발바닥에만 존재
- ㉯ 엘라이딘이라는 물질이 함유되어 있어 투명하게 보이고 빛과 물을 차단하는 역할

③ 과립층
- ㉮ 3~4층의 유핵의 편평 또는 방추형 세포로 구성
- ㉯ 방어막이 있어 체내의 수분 유출을 방지하고 외부로부터 피부를 보호
- ㉰ 핵이 위축되어 퇴화되면서 실제 각질화 과정 시작

④ 유극층
- ㉮ 표피의 대부분을 차지
- ㉯ 표피 중 가장 두꺼운 층으로 약 70%의 수분을 함유
- ㉰ 세포 사이에 림프액이 흐르고 피부의 영양 공급과 혈액순환에 관여
- ㉱ 피부의 면역 기능을 담당하는 랑게르한스 세포 존재

⑤ 기저층
- ㉮ 표피의 가장 아래층에 위치
- ㉯ 진피와 경계를 이루며 각질 형성 세포 90%, 멜라닌 색소 형성 세포 10%로 구성
- ㉰ 산소와 영양분 흡수 및 이산화탄소와 노폐물 배출
- ㉱ 새로운 세포 생성

(2) 진피(Dermis)

유두층, 망상층으로 구분되어 있으며 피부 전체의 90% 이상을 차지하고 있는 실질적인 피부이다.

① 유두층
- ㉮ 교원섬유와 탄력섬유들이 가늘고 느슨하게 존재
- ㉯ 통각 및 촉각을 감지하는 감각수용체에 위치
- ㉰ 모세혈관을 통해 표피에 영양소와 산소를 공급

② 망상층
- ㉮ 피부의 탄력성을 부여
- ㉯ 그물모양으로 형성
- ㉰ 혈관, 신경관, 림프관, 땀샘, 기름샘, 모발과 입모근 등이 분포
- ㉱ 콜라겐, 엘라스틴(탄력섬유), 무코다당류(히알루론산)로 구성
- ㉲ 온각, 냉각, 압각을 감지하는 감각수용체에 위치

(3) 피하조직(Subcutaneous Tissue)

포도송이 모양을 하고 있으며 지방 조직이 대부분을 차지하며 피부의 가장 아래층에 위치한다.

① 피부의 가장 최하층으로 진피와 근육 사이에 불규칙한 형태로 위치
② 체형 결정 및 보호(쿠션)기능, 체온유지 역할
③ 여성, 젊은 사람, 엉덩이, 유방에 많이 분포
④ 15%의 물과 85%의 지방으로 구성

2 피부의 기능

(1) 보호 기능
① 물리적 자극에 대한 보호기능
② 화학적 자극에 대한 보호기능
③ 세균 침입에 대한 보호기능
④ 태양광선에 대한 보호기능

(2) 체온조절 작용
① 신체에서 발산되는 열량의 70%는 피부를 통해 발산되고 나머지는 호흡을 통해 발산
② 피지막과 모세혈관, 한선이 체온조절에 중요한 역할을 담당

(3) 분비 및 배설 작용
① 피지와 땀이 섞여 피지막을 형성하여 수분증발 억제 및 세균발육 저지 역할
② 한선을 통해 땀 분비로 체내 노폐물 배출 기능

(4) 비타민 D 형성 작용
① 피부 내에 존재하는 프로비타민 D는 자외선에 의해 합성

(5) 기타 작용
① **감각 작용** : 통각, 촉각, 냉각, 압각, 온각 순으로 분포되어 있어 위험을 감지하고 신체를 보호
② **표정 작용** : 얼굴에 있는 표정근을 통해 의사나 감정을 나타냄
③ **재생 작용** : 피부가 상처를 입고 원래로 돌아가고자 하는 재생 작용
④ **면역 작용** : 각질형성 세포, 랑게르한스 세포 등이 면역 반응을 통해 생체 방어기전에 관여

3 피부 부속기관의 기능

(1) 피부 구성 물질
① **표피 구성 세포**
  ㉮ 각질 형성 세포
    ㉠ 케라틴을 만들어 내는 세포
    ㉡ 각화주기는 28일이며, 노화된 피부는 각화주기가 길어져 각질층이 두꺼워짐
  ㉯ 멜라닌 세포
    ㉠ 기저층에 위치
    ㉡ 유멜라닌은 동양인, 흑색 또는 적갈색, 입자형 색소가 나타남
    ㉢ 페오멜라닌은 서양인, 적색 또는 노란색, 분사형 색소가 나타남
    ㉣ 멜라닌 색소는 자외선을 흡수 또는 산란시켜 자외선으로부터 피부가 손상 입는 것을 방지
    ㉤ 멜라닌 색소 증가 요인은 자외선, 스트레스, 임신, 내장 장애, 호르몬 변화 등
  ㉰ 랑게르한스 세포
    ㉠ 유극층에 존재
    ㉡ 피부 면역에 관여하며, 외부에서 들어온 이물질인 항원을 면역담당 세포인 림프구로 전달해 주는 역할
  ㉱ 머켈세포
    ㉠ 기저층에 위치
    ㉡ 신경세포와 연결되어 촉각을 감지
② **진피 구성 세포 및 물질**
  ㉮ 섬유아세포 : 교원섬유와 탄력섬유 그리고 기질을 만드는 역할
  ㉯ 대식세포 : 외부 침입자가 들어오면 걸러내는 작용
  ㉰ 비만세포 : 진피의 유두층 내 모세혈관 가까이에 위치하며, 염증매개 물질을 생성하거나 분비하는 작용
  ㉱ 표피성장인자(EGF) : 표피와 섬유아세포의 성장을 자극하는 호르몬으로 세포 성장을 촉진
③ **콜라겐과 엘라스틴**
  ㉮ 교원섬유(콜라겐)
    ㉠ 진피 성분의 90% 차지
    ㉡ 피부의 수분 창고 역할
    ㉢ 근육, 연골, 혈관벽, 치아 등에 존재
    ㉣ 교원섬유와 탄력섬유가 그물모양으로 짜여져 있어 피부에 탄력성과 신축성을 부여
  ㉯ 탄력섬유(엘라스틴)
    ㉠ 신축성이 강한 섬유 형태의 단백질
    ㉡ 피부 탄력 관장
  ㉰ 지질(무코다당류)
    ㉠ 결합섬유 사이를 채우고 있는 물질

ⓛ 친수성 다당체로 물에 녹아 끈적끈적한 액체 상태로 존재
ⓒ 자기 몸무게의 수백 배에 해당하는 다량의 수분을 보유할 수 있는 성질이 있음
ⓔ 히아루론산과 콘드로이친황산 등으로 구성

(2) 피부 부속기관의 구조 및 생리기능

① 피지선
- ㉮ 피지선의 개요
  - ⓙ 손바닥, 발바닥을 제외한 신체의 대부분에 분포하며 특히 얼굴, 두피, 가슴 등에 발달
  - ⓛ 모공을 통해 피지가 배출되며, 독립피지선(입술)도 있음
  - ⓒ 사춘기에 집중적으로 분비되다가 40세 이후 분비가 줄어들기 시작하며 60세 이후 급격하게 감소
  - ⓔ 남성 호르몬(안드로겐)에 의해 분비가 활성, 여성 호르몬(에스트로겐)에 의해 억제
- ㉯ 피지의 기능
  - ⓙ 피부의 피지막을 형성해 피부를 보호
  - ⓛ 외부의 이물질 침입 방어
  - ⓒ 털의 매끄러운 윤기를 유지
  - ⓔ 체온 저하 방지

② 한선(땀샘)
- ㉮ 에크린샘(소한선)
  - ⓙ 자율신경의 지배를 받으며 전신에 널리 분포되어 있으며 pH는 3.8~5.6
  - ⓛ 온열성 발한(체온조절 작용)과 정신성 발한(자율신경계(교감 신경)에 영향), 미각성 발한이 있고 체온조절에 관여
  - ⓒ 손바닥, 발바닥, 이마 등의 피부에 밀집
- ㉯ 아포크린샘(대한선)
  - ⓙ 모공을 통해서 분비되는 것으로 갱년기 이후 기능이 저하
  - ⓛ 땀의 pH는 5.5~6.5로 단백질이 함유되어 개인 특유의 체취 함유
  - ⓒ 겨드랑이, 성기 주변, 유두 주변 및 두피에 분포되어 있으며, 흑인이 가장 많고 백인, 동양인 순

> ■ **땀의 기능**
> - 체온 조절
> - 피지막 형성, 피부 표면의 산도 유지
> - 수분이나 노폐물 배설을 통해 신장의 기능을 도움

Lesson 02 피부 유형 분석

1 정상피부

(1) 정상피부의 성상 및 특성

① 유분과 수분의 활동이 정상
② 피부 보습 상태가 정상적이며, 피부 표면이 고르고 윤기가 남
③ 피부 표면에 저항을 느낄 수 있는 탄력성이 있음
④ 자외선에 그을린 피부도 곧 회복
⑤ 세안 후 피부 당김이 별로 없음
⑥ 기미, 주근깨 등의 침착된 피부색소가 없고 잡티도 없음
⑦ 각질층의 수분 함유량이 10~20%
⑧ 혈액순환이 원활하고 표피세포의 신진대사가 활발함

(2) 관리 요령

① 규칙적인 피부 관리를 통해 피부의 유·수분 밸런스를 유지하는데 중점
② 계절과 연령에 맞는 적합한 제품을 선택하여 관리
③ 내·외적인 환경 변화에 피부 상태가 변할 수 있으므로 꾸준한 관리가 필요

2 건성피부

(1) 건성피부의 성상 및 특징

① 모공은 매우 작고 눈에 잘 띄지 않으며, 피부 조직은 비교적 곱고 얇음
② 세안 후 건조한 환경에 놓이면 피부가 심하게 당김
③ 화장이 잘 안 받고 발라도 들떠버림
④ 피부의 노화현상이 급속하게 진행되어 잔주름이 많이 나타남
⑤ 표피의 심한 건조도에 비하여 피부 늘어짐 현상은 의외로 심하지 않음
⑥ 적절한 보습 화장품으로 피부 보습을 지속적으로 해주면 정상상태를 유지 할 수 있음

(2) 관리 요령

① 건성피부의 요인에 따라 수분 또는 유분을 공급
② 알코올 성분의 화장품은 건조를 심화시킬 수 있으므로 가급적 적은 양을 사용함
③ 마사지와 팩 등을 통해 충분한 수분과 유분을 공급

3 지성피부

(1) 지성피부의 성상 및 특징
① 각질층의 두께가 두껍고 피부가 거칠며 모공이 넓음
② 피부의 투명감이 보이지 않고 탁해 보임
③ 외부자극에 대한 저항력이 비교적 강함
④ 햇빛에 의한 피부색소 침착 현상이 빨라짐
⑤ 화장이 잘 지워지며 시간이 지나면 칙칙하게 보임

(2) 관리요령
① 규칙적인 생활 습관을 유지하며, 충분한 수면
② 지방과 당분이 다량 함유된 식품, 기호식품의 섭취를 피함
③ 적당한 딥클렌징으로 피지와 각질을 제거
④ 지성용 특수 파운데이션을 사용하거나 파우더만을 사용
⑤ 염증성 여드름과 같은 심한 피부 증세가 있는 경우 전문가에게 의뢰

4 민감성 피부

(1) 민감성 피부의 성상 및 특징
① 환경 변화에 예민하여 일반피부에 비해 쉽게 반응을 일으킴
② 모세혈관이 피부 표면에 잘 드러나 보이고, 모공이 거의 보이지 않음
③ 추운 곳에서 갑자기 따뜻한 곳으로 들어오면 붉어지고 가려움
④ 약품이나 화장품에 민감한 반응을 잘 나타내어 피부 부작용이 생김
⑤ 피부 건조화가 쉽게 이루어져 피부 당김
⑥ 피부색소 침착 현상

(2) 관리요령
① 자외선, 물리적 자극 등 외부적 자극으로부터 피부를 보호
② 자극이 적고 순한 클렌징 제품을 선택하여 가볍게 문질러 노폐물을 제거
③ 알코올이 함유되어 있지 않은 저자극성 제품을 사용
④ 피부 면역력 강화를 위해 채소나 과일을 충분히 섭취

5 복합성 피부

(1) 복합성 피부의 성상 및 특징
① 한 얼굴에 두 가지 이상의 타입이 공존하는 피부 유형
② T-Zone 부위에는 유분기가 많지만, 다른 부분은 건성화되어 세안 후 눈 주위나 뺨 등의 부위가 심하게 당김
③ 피부 톤이나 조직이 전체적으로 일정하지 않음
④ 볼과 눈 주위는 피지 분비가 적어 잔주름이 생김
⑤ 피부에 맞는 기초 화장품의 선택이 어려움

(2) 관리요령
① 피부 부위에 따라 차별화된 관리를 시행
② 세안과 딥클렌징은 T-Zone 위주로 관리하고, U-Zone 부위는 충분한 수분과 영양분을 공급

6 노화피부

(1) 노화 피부의 성상 및 특징
① 피부가 건조해지면서 잔주름이 생김
② 콜라겐과 엘라스틴의 조직 약화로 탄력성이 저하되고 모공이 늘어짐
③ 색소 침착이 일어남
④ 표피와 진피의 경계부가 느슨해짐

(2) 관리요령
① 노화를 지연시키는 것을 목적
② 비타민 C, E 등이 함유된 영양분을 보충
③ 재생 및 탄력증진에 도움이 되는 팩으로 관리

Lesson 03 피부와 영양

1 3대 영양소

(1) 탄수화물(Carbohydrate, 당질)
① 신체의 중요한 에너지원으로 단백질 절약작용과 혈당을 유지하는데 관여
② 단당류(포도당, 과당, 갈락토스), 이당류(맥아당, 서당, 유당), 다당류로 구분
③ 과잉 시 혈액의 산도를 높이고 피부 저항력을 감소시켜 접촉성 피부염, 부종을 유발
④ 부족(결핍) 시 체중감소, 에너지 부족

(2) 단백질(Protein)
① 탄수화물과 같이 에너지원으로 효소와 호르몬 합성, 면역세포와 항체 형성, pH의 평형 유지에 관여
② 신체조직의 구성 성분으로 피부조직의 재생작용에 관여
③ 과잉 시 비만, 신경 예민, 혈압상승 및 불면증 등이 초래
④ 부족(결핍) 시 영양실조, 노화촉진, 체중감소, 면역력 저하 등이 발생

(3) 지방(Lipids, 지질)
① 세포막의 주성분으로 체온조절, 신체장기보호 등의 기능을 맡고 있으며 지용성 비타민의 흡수를 촉진
② 동물성 지방인 포화지방산과 어류와 식물성 지방에 함유되어 있는 불포화지방산으로 구분
③ 피지 분비를 조절하여 피부의 윤기와 탄력성에 영향
④ 과잉 시 비만, 동맥경화, 심장병 등과 같은 질환이 발생
⑤ 부족(결핍) 시 체중감소, 피지감소로 인한 건조한 피부로 탄력저하

2 비타민(Vitamin)

(1) 비타민의 특징
① 3대 영양소의 보조효소 작용
② 질병의 예방 및 질병에 대한 저항력을 증강
③ 세포의 성장 촉진 및 생리대사 기능을 도움
④ 비타민은 기름과 유기용매에 잘 녹는 지용성 비타민(A, D, E, K)과 물에 용해되는 수용성 비타민(B, C, P)으로 구분

(2) 비타민의 종류 및 기능

① **비타민 A** : 상피조직인 피부세포의 분화와 증식에 영향을 주어 죽은 각질세포를 떨어지게 하고 새로운 세포의 생성
② **비타민 D** : 칼슘(Ca)의 체내 흡수를 도와줌, 결핍 시 습진, 피부 건조를 유발
③ **비타민 E** : 강력한 항산화 기능으로 활성산소에 의한 과산화지질을 막아 노화를 방지
④ **비타민 K** : 혈액 응고에 관여하는 항출혈성 비타민으로 모세혈관 벽을 강화하며 장에 서식하고 있는 미생물에 의해서 합성
⑤ **비타민 B_1(티아민)** : 탄수화물의 대사를 촉진하며 피부의 면역력을 증진시켜 민감성 피부, 상처의 치유에 도움
⑥ **비타민 B_2(리보플라빈)** : 피지 분비를 조절하고 피부 보습력을 증가시키며 피부에 탄력 생성
⑦ **비타민 B_3(나이아신)** : 3대 영양소의 산화 과정에 보조효소로 작용하며, 탄력 있는 피부를 유지하는 데 도움을 줌, 결핍 시 펠라그라병, 피부염 및 피부건조를 유발
⑧ **비타민 B_5(판토텐산)** : 피부의 탄력 유지 및 피부조직의 재생에 관여
⑨ **비타민 B_6(피리독신)** : 항피부염성 비타민으로 피지의 과다분비를 억제하여 피부의 염증을 예방하고, 노화를 방지
⑩ **비타민 B_{12}(시아노코발라민)** : 신경조직의 유지와 신진대사를 촉진. 결핍 시 악성빈혈, 거친 피부 등을 유발
⑪ **비타민 C** : 콜라겐 합성에 필요하며 피부 탄력에 도움을 주며 멜라닌 색소의 형성을 억제, 또한 항산화 기능으로 조기노화 및 피부손상을 방지
⑪ **비타민 P** : 감귤류의 색소인 플라보놀의 배당체를 비타민 P라고 총칭한다. 결합조직인 콜라겐을 만드는 비타민 C의 기능을 보강하여 모세혈관을 튼튼하게 하며 순환을 촉진하고 항균작용을 함

3 무기질

(1) 무기질의 기능

① 체조직의 구성성분
② 수분과 산·염기의 평형을 조절
③ 보조효소의 작용
④ 신경을 전달
⑤ 근육의 수축에 관여

(2) 무기질의 종류 및 특성

① **칼슘 (Ca)** : 인체에 골격과 치아의 구조를 형성하며 근육의 탄성 유지에 관여
② **인(P)** : 세포의 핵산과 세포막을 구성하며, 근육의 수축기능에 관여, 칼슘과 결합하여 비타민의 작용을 원활하게 함
③ **마그네슘(Mg)** : 체액의 산·알칼리 평형을 조절하며, 근육 이완 작용과 삼투압의 조절 작용

④ **나트륨(Na)** : 나트륨과 칼슘 이온이 결합하면 체액과 조직 사이의 삼투압을 조절하여 혈액과 피부 사이의 수분 균형을 유지하며, 산·알칼리 평형을 조절
⑤ **칼륨(K)** : 단백질 합성의 촉매작용을 하며, 뇌에 산소의 공급을 원활하게 하여 사고력을 증진시키고 체내의 노폐물 배출을 촉진
⑥ **황(S)** : 케라틴 합성에 관여하여 모발, 손톱 및 발톱, 피부를 구성
⑦ **철분(Fe)** : 헤모글로빈의 구성 성분으로 적혈구의 주요 구성 물질
⑧ **아연(Zn)** : 결핍 시 면역약화, 상처 회복 악화, 탈모 등 신체기능 저하로 부작용이 생김
⑨ **요오드(I)** : 갑상선과 부신의 기능을 활발히 해주어 피부, 모발, 모세혈관의 기능을 정상화, 부족하면 피부가 거칠고 얼굴과 손에 부종이 생김

4 피부와 영양

(1) 영양소와 피부

① **탄수화물**
  ㉮ 과잉분은 글리코겐의 형태로 간이나 근육에 저장되고, 그 나머지는 지방으로 저장
  ㉯ 피부세포에 활력을 부여하고, 보습효과
  ㉰ 과다 섭취 시 피지 분비가 증가되어 지성피부로 발전

② **지방**
  ㉮ 과다 섭취하면 지방축적으로 비만으로 연결
  ㉯ 신체의 체온조절에 관여하며, 피지선의 기능을 조절하여 피부, 모발에 광택을 주고 건조를 방지하여 피부, 모발에 윤기 부여
  ㉰ 결핍 시 체중 감소 및 피부 노화를 초래

③ **단백질**
  ㉮ 결핍 시 잔주름이 형성되고 피부, 모발의 탄력성을 상실하게 되며 피부는 건조해지고 빈혈이 생김
  ㉯ 과잉 시 색소침착의 원인
  ㉰ 피부, 모발, 손톱, 발톱에 중요한 역할

④ **수분**
  ㉮ 신체를 구성하는 성분 중 약 70%를 차지, 각질층 수분 함량은 10~20%
  ㉯ 소화, 흡수를 용이하게 하고 노폐물을 땀과 소변 등으로 배설, 체온을 일정하게 유지, 피부는 윤기 부여

(2) 체형과 영양

① **상체비만형**
  ㉮ 성인병의 위험이 높음
  ㉯ 내장지방형으로 장기중심부로 지방이 과다 축적

㉰ 허리둘레에 지방이 축적
② **하체비만형**
㉮ 엉덩이 주위에 지방이 몰려 있는 체형
㉯ 복부 아래 중심으로 지방이 몰려 있는 체형
㉰ 허벅지 둘레에 지방이 몰려 있는 체형

Lesson 04 피부와 광선

1 태양광선

(1) 태양광선의 작용
① 태양광선은 에너지의 원천으로, 모든 생명체의 신진대사를 가능하게 하여 생명계를 유지하는데 반드시 필요하나 과도한 노출은 피부에 여러 가지 손상을 입힘
② 전자파의 파장은 나노미터(1억분의 1m)로 표시하며 'nm'이라는 약자를 사용, 파장이 짧을수록 에너지가 강함

(2) 태양광선과 피부
① **자외선**
㉮ 220~400nm의 파장을 가진 태양광선으로 피부에 생물학적 영향을 미치며 반사량이 약 6% 정도 차지
㉯ 자외선에 의한 피부 반응
  ㉠ 만성반응 : 광노화, 피부암
  ㉡ 급성반응 : 홍반반응, 색소침착, 광노화
② **가시광선**
㉮ 400~800nm의 중파장으로 눈의 망막을 자극하는 광선으로 눈으로 볼 수 있으며, 반사량은 약 34% 정도
㉯ 파장에 따른 성질의 변화가 각각의 색깔로 나타나며 빨간색으로부터 보라색으로 갈수록 파장이 짧음
③ **적외선**
㉮ 800~1,000,000nm의 장파장으로 태양광선의 약 60% 정도를 차지하며, 피부에 유해한 자극을 주지 않음
㉯ 열을 발생하여 피부의 혈액순환 촉진, 근육의 긴장 이완, 신진대사 촉진, 저항력 강화, 영양성분이 깊숙이 침투

(3) 자외선의 종류별 특징

① UV A(장파장, 320~400nm)
  ㉮ 오존층에 거의 흡수되지 않으며 진피층까지 침투
  ㉯ 멜라닌 색소 형성, 홍반반응, 광독성, 광알레르기성 반응 유발, 백내장의 발병 원인
  ㉰ 광노화를 촉진하여 피부 탄력 감소, 주름형성의 원인

② UV B(중파장, 290~320nm)
  ㉮ 표피의 기저층까지 침투, 비타민 D를 활성화하여 구루병 예방, 칼슘 수치를 향상
  ㉯ 적당량의 경우 여드름 치유 및 면역력 강화에 도움을 주지만 많은 양의 경우 여드름을 악화
  ㉰ 피부 홍반 형성, 선번(sunburn) 현상, 일시적 시력 상실, 결막염 발생, 피부암 등을 유발

③ UV C(단파장, 290nm 이하)
  ㉮ 대기권의 오존층에 모두 흡수
  ㉯ 자외선 중 가장 에너지가 강하고 살균력이 있어 자외선 소독기에 이용
  ㉰ 피부암 유발

2 색소침착

(1) 색소침착의 원인과 과정

① **색소침착의 개요**
  ㉮ 자외선이 피부에 닿게 되면 피부를 보호하기 위해서 멜라닌을 증가시키는데 이 색소가 분해되지 않고 남아서 기미가 되거나 피부가 갈색을 형성
  ㉯ 멜라닌 색소는 멜라닌 세포의 멜라노좀에서 형성되어 주변의 각질형성 세포로 전달되면서 각질화 과정을 통해 각질층에도 존재

② **멜라닌 형성 과정**

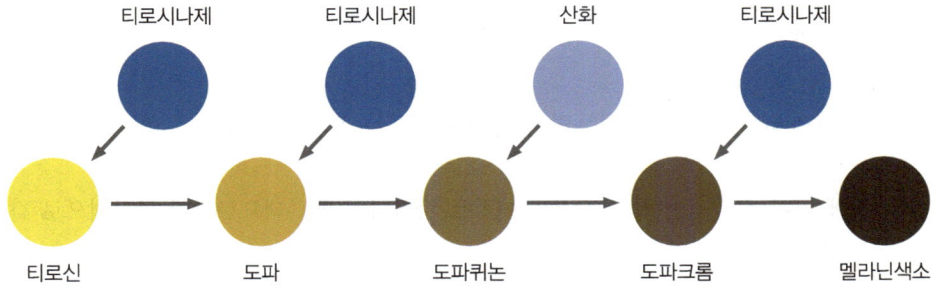

③ **멜라닌 생성 원인**
  ㉮ 자외선
  ㉯ 스트레스
  ㉰ 임신 등의 호르몬 변화

㉣ 유전적 요인
㉤ 식품, 의약품 등

(2) 일광에 의한 색소침착의 종류
① 즉시형
  ㉮ 자외선 A와 가시광선에 의해 발생
  ㉯ 자외선에 노출된 1~2시간 후에 최고조에 달하고 지속 시간도 노출 시간에 비례
② 지연형
  ㉮ 자외선 B가 주된 작용
  ㉯ 자외선에 노출된 후 48~72시간 경과 시부터 발현하기 시작하여 13~21일에 최고조에 도달하여 수개월까지도 지속

(3) 색소침착의 관리 단계

멜라닌 제어의 메카니즘	미백 활성 물질
피부로 조사되는 자외선 차단	중·단파장 자외선 흡수제, 자외선 차단제(TiO$_2$, Talc, ZnO)
활성산소의 소거, 생성 저해	SOD, 비타민 C, 비타민 E, 카로틴
티로시나아제의 활성 저해	비타민 C, 코직산, 알부틴, 글루타치온, 상백피, 감초추출물
멜라닌 생성 중간체의 차단	코직산
생성된 멜라닌의 환원	비타민 C, 비타민 E
멜라닌세포에 대한 독성	하이드로 퀴논
각질 형성 세포를 통한 멜라닌 배출 촉진	AHA, 비타민 A

(4) 색소침착의 관리에 사용되는 활성 성분
① **하이드로퀴논**
  ㉮ 표백크림에 사용, 자극성 및 알레르기 유발
  ㉯ 피부를 영구 탈색
  ㉰ 국가에 따라 화장품 원료로 전면 금지 혹은 함량 한정
② **비타민 C 및 유도체**
  ㉮ 미백용 및 항산화제로 사용
  ㉯ 안정성 면이나 피부 투과성 또는 미백 효능 면에서 미흡
③ **코직산**
  ㉮ 누룩곰팡이 발효액으로부터 얻어짐
  ㉯ 티로시나아제의 활성 억제

④ 알부틴
  ㉮ 식물(월귤나무, 덩굴월귤잎)에서 추출
  ㉯ 미백작용 우수

Lesson 05 피부면역

1 면역의 개요

(1) 정의

① 면역
  ㉮ 라틴어의 "immunitas"에서 유래하며 세금, 비용 등의 부과를 면제받는다는 의미
  ㉯ 어떤 질병을 앓고 난 후에 그 질병에 대해 저항성이 생기는 현상
  ㉰ 외부로부터 침입하는 미생물이나 화학물질을 자기가 아니라고 인식하여 공격하여 제거함으로써 생체를 방어하는 기능
  ㉱ 생체가 자기와 비자기를 식별하는 기구

② 항원과 항체
  ㉮ 항원 : 이물질로 면역계를 자극하여 항체 형성을 유도하고 만들어진 항체와 반응하는 물질
  ㉯ 항체 : 항원에 대하여 형성되며, 항원과 반응하는 물질로 혈액 중에 많은 양이 존재

(2) 면역계

① 면역계의 구성
  ㉮ 1차 방어계 : 생체를 방어하는 기능으로 외부 침입자에 대해 체내로 침입하지 못하도록 하는 기계적·화학적 방어
  ㉯ 2차 방어계 : 1차 방어계를 뚫고 체내로 들어온 침입자들의 생체 내 확산을 막고 제거하는 각종 식세포로 구성
  ㉰ 3차 방어계 : 체내로 들어온 침입자 각각에 대하여 특이성을 갖는 림프구들로 구성
    ㉠ B 림프구 : 골수에서 생성, 간접적으로 항원을 공격하는 체액성 면역(면역글로불린 항체 생성)
    ㉡ T 림프구 : 흉선에서 유래, 직접적으로 항원을 공격하는 세포성 면역

② 면역계의 구분

구분	방어인자
1차 방어(자연 저항, 비특이성 저항)	피부, 위장관, 위산, 질 내의 정상 세균층
2차 방어(비특이성 저항)	식세포로 구성된 면역계(중성구, 대식세포)
3차 방어(특이성 저항, 특이성 면역)	림프구로 구성된 면역계

2 면역의 종류와 작용

(1) 선천적 면역(자연면역)
① **정의** : 면역체계로 타고난 저항력이나 방어력으로 병의 치유가 이루어지는 면역
② **종류**
⑦ 신체적 방어벽 : 신체를 둘러싸고 있는 피부는 세균의 침입이나 상해로부터 인체 내부를 보호하는 기능을 갖음
④ 화학적 방어벽 : 인체 내로 침투한 세균들을 몸속에서 입, 코, 목구멍, 위의 산성 내부의 점액질 등의 화학적인 장벽을 만남
⑤ 식균작용과 염증반응
  ㉠ 식균작용 : 식세포들이 외부물질을 섭취하는 과정
  ㉡ 염증반응 : 식세포가 몰려서 일어나는 현상, 열, 고름, 부종 동반

(2) 후천적 면역(획득면역)
① **능동면역** : 예방접종이나 감염에 의하여 한 개체 내에서 형성된 형태
② **수동면역** : 다른 개체에 성립된 면역기능이 한 개체에 전달되는 형태

(3) 면역기관으로서의 피부
① **물리적 방어 인자** : 여러 층으로 쌓여 있는 건조한 각질층을 뚫고 침투하기가 힘듦
② **화학적 방어 인자** : 피부는 약산성의 천연피지막으로 둘러싸여 미생물이 생존하기 힘듦
③ **피부 면역을 담당하는 세포**
⑦ 랑게르한스 세포 : 유극층에 존재하며, 외부의 항원을 면역담당세포인 림프구로 전달하는 항원 인식 기능을 하며, 세포성 면역을 유발
④ 각질형성세포 : 면역반응을 조절하는 사이토카인을 비롯한 다양한 생물학적 반응조절 물질을 생성·분비하며, 염증반응 및 면역반응을 매개

(4) 과민반응
① 특정한 항원에 의해 감작된 후 2차 접촉 시에 그에 대한 면역반응이 과도하게 또는 부적절하게 일어나서 조직손상을 가져옴
② 면역반응의 결과가 생체에 있어 유리하게 작용하는 경우를 좁은 의미의 면역이라 하고 해롭게 또는 불리하게 작용하는 경우를 알레르기 혹은 과민반응이라고 함

Lesson 06 피부노화

1. 피부노화의 이론과 원인

(1) 피부노화의 이론

① **프리라디칼 이론(Free Radical Theory)**: 생체 내에서 산소의 불완전한 환원으로 인하여 자유라디칼이 생성되고 이러한 축적의 결과가 세포를 노화시킨다는 이론

② **피부노화와 활성산소**
- ㉮ 공기 중의 안정한 상태의 산소와는 달리 불완전한 활성산소는 높은 반응성을 가지는데, 인체 내에서 과잉으로 생산되면 정상적인 세포를 손상시켜 유해산소라 부르기도 함
- ㉯ 인체에 손상을 입히는 활성산소에는 수퍼옥사이드(Superoxide), 과산화수소(Hydrogen Peroxide), 하이드록시 라디칼(Hydroxy Radical), 싱글렛 옥시젠(Singlet Oxygen)이 있으며, 이를 제거해주는 물질을 항산화제라 하고 대표적인 항산화제로는 비타민 C, 비타민 E, 글루타치온, 코엔자임 Q_{10} 등이 있음
- ㉰ 수퍼옥사이드 디스뮤타제(SOD, Superoxide Dismutase), 카탈라제(Catalase) 등의 항산화효소도 활성산소의 생성을 막아 피부노화를 억제

(2) 피부노화의 원인

① **내인성 노화**
- ㉮ 내적 노화 또는 생리적 노화
- ㉯ 나이가 들어감에 따라 자연적으로 발생하는 피부의 노화 현상

② **외인성 노화**
- ㉮ 광노화, 외적 노화 또는 환경적 노화라고도 하며 주로 자외선에 만성적으로 노출될 때 나타나는 현상
- ㉯ 광노화를 일으키는 파장은 자외선 B이지만 자외선 A도 노화를 일으킬 수 있음

2. 피부노화의 결과

(1) 자연노화의 결과

① **표피의 변화**
- ㉮ 세포분열의 능력이 저하되어 세포주기가 길어지면서 각질층이 두꺼움
- ㉯ 랑게르한스 세포가 다소 감소
- ㉰ 멜라닌 생성 능력이 저하되어 흰머리가 발생
- ㉱ 멜라닌세포의 수가 감소하여 자외선 방어기능이 떨어짐
- ㉲ 표피의 두께가 얇아짐
- ㉳ 신진대사가 위축되어 손상 시 회복이 늦어지며 면역기능이 감소

㉑ 물리적인 자극에 대한 저항력 감소 및 피부 감각기능 감소
　② 진피의 변화
　　　㉮ 콜라겐이 파괴되고 엘라스틴의 가교가 증가되어 탄력이 저하되고 주름이 생김
　　　㉯ 무코다당류도 감소되어 수분 보유능력이 감소
　　　㉰ 진피의 두께는 감소
　　　㉱ 세포의 증식력 감소
　　　㉲ 혈관이 약해지고 수축력이 떨어짐
　　　㉳ 피하지방층의 감소와 혈관 분포의 감소로 피부의 온도가 낮아짐
　　　㉴ 한선의 수가 감소하여 열 자극에 대한 방어기능이 저하
　　　㉵ 피지 분비량의 감소로 인해 피부건조가 심해짐

(2) 광노화의 결과
　① 표피의 변화
　　　㉮ 표피가 거칠고 두꺼워지며 가죽같이 뻣뻣해짐
　　　㉯ 각질층의 두께가 일정치 않고 훨씬 두꺼워짐
　　　㉰ 멜라닌 세포가 이상 항진되고 다양한 형태가 되어 노인성반점, 주근깨 등 불규칙한 색소침착이 생김
　② 진피의 변화
　　　㉮ 탄력섬유의 이상증식으로 가교가 많이 생겨 탄력이 감소
　　　㉯ 진피 내 모세혈관의 확장
　　　㉰ 콜라겐이 급속히 감소하여 주름이 발생
　　　㉱ 섬유아세포가 증가
　　　㉲ 광선에 의한 각화현상이나 피부암이 발생

Lesson 07 피부장애와 질환

1 원발진과 속발진

(1) 원발진(Primary Lesion)

종류	객관적 징후
반	여러 형태와 크기의 피부 색조 변화로 피부의 융기나 함몰은 없는 상태이다.
홍반	모세혈관의 울혈에 의한 피부 발적상태를 말한다.
자반	조직 내 출혈에 의한 자색 또는 적갈색의 착색이 표피를 통하여 보이는 상태를 말한다.
종양	직경 2cm 이상의 피부 증식물로 양성과 악성이 있다.

종류	객관적 징후
구진	경계가 뚜렷한 직경 1cm 미만의 피부의 단단한 융기물로 피지선 주위, 한선 혹은 모낭 개구부에 발생한다.
결절	구진보다 크고 종양보다 작은 경계가 명확한 피부의 단단한 융기물로 진피 혹은 피하지방층에 형성되며 치유 후 흉터를 남긴다.
소수포	직경 1cm까지의 액체를 포함한 피부의 융기물로 물리적 충격(마찰)이나 온도(열)의 영향으로 생긴다.
수포	소수포 보다 크며 1cm 이상의 혈액성 내용물을 가진 물집을 말한다.
농포	표피 내 또는 표피 아래의 가시적인 고름의 집합으로 주로 모낭 또는 한선 내에 형성된다.
팽진 (담마진, 두드러기)	표재성의 일시적 부종으로 붉거나 창백하며 수 시간 내에 없어지는 것으로 알레르기 피부 증상, 피부의 기계적 자극에 의해 야기되며 소양감이 나타난다.

(2) 속발진(Secondary Lesion)

종류	객관적 징후
미란, 짓무름	수포가 터진 후 표피의 조직 결손으로 치유 후 반흔을 남기지 않는다.
표피박리, 찰상	기계적 자극, 특히 긁어서 일어나는 표피의 결손을 말한다.
궤양	진피, 피하지방층에 이르는 조직 결손 치유 후 반흔을 남긴다.
인설, 비늘(비듬)	사멸한 표피세포가 떨어져 나가는 것을 말한다.
딱지, 가피	병적기전에 의해 야기된 삼출액이 마른 것으로 혈청, 농, 혈액 및 표피 부스러기 등이 뭉쳐 형성된다.
균열	장기간의 염증과 심한 건조로 인해 피부의 탄력성이 없어져 생기는 틈, 피부가 갈라진 것을 말한다.
흉터, 반흔	진피 또는 심부까지 도달한 조직 결손이 결체조직으로 대치된 상태로 모공, 한공이 없어지며 광택을 보이고, 피부 재생이 되지 않는다.
위축	조기 노화로 인한 많은 주름을 말한다.
태선화	만성적인 자극으로 인해 표피와 진피가 건조하고 가죽처럼 두꺼워지는 상태로 윤기나 유연감이 없으며 피부 주름이 뚜렷하다.

2 피부질환

(1) 물리적 인자에 의한 피부질환

① 열에 의한 피부질환
  ㉮ 화상
    ㉠ 1도 화상(홍반성) : 표피에만 화상을 입는 것으로 홍반, 부종, 통증을 동반

- ⓒ 2도 화상(수포성) : 수포 발생이 특징이며 통증을 동반
- ⓒ 3도 화상(괴사성) : 피부의 증상이 심하여 궤양을 만들며 자연치유 될 수 없어 피부 이식이 필요함
- ㉯ 한진과 열성 홍반
  - ⓐ 한진 : 땀띠, 고온 다습한 환경의 영향으로 한관이 폐쇄되어 땀이 배출되지 않아 소수포가 발생
  - ⓑ 열성 홍반 : 열에 지속적으로 노출된 후 발생하며 요리사 등 직업적으로 열에 노출 기회가 많은 사람에게 발생
② **한랭에 의한 피부질환**
  - ㉮ 동창 : 한랭에 의한 국소적 염증반응으로 가벼운 형태
  - ㉯ 동상 : 귀, 코, 뺨, 손가락, 발가락 등 연부조직이 얼어서 혈액공급이 없어져 통증을 느끼지 못하는 상태
③ **기계적 손상에 의한 피부질환**
  - ㉮ 굳은살 : 각질층이 두꺼워지는 현상으로 손바닥, 발바닥, 관절 주위에 잘 발생
  - ㉯ 티눈 : 발가락, 발바닥에 많이 발생하며 중심핵이 나타나는데 날카롭게 찌르는 듯한 통증을 유발
  - ㉰ 욕창 : 만성적인 질병, 무의식의 환자가 지속적으로 일정하게 압박을 받는 부위에 허혈 상태가 되어 발생하므로 몸의 위치를 자주 바꾸어 줌

(2) 습진성 피부질환

① **접촉성 피부염**
  - ㉮ 자극성 접촉피부염 : 주부습진, 기저귀 피부염 등
  - ㉯ 알레르기성 접촉피부염 : 알레르기를 유발하는 원인물질인 알레르겐이 특정 사람에게서 피부염을 유발
② **아토피 피부염**
  - ㉮ 천식, 알레르기성 비염이나 특징적인 피부염 증상을 동시 또는 한 가지 이상 동반
  - ㉯ 피부가 건조하고 예민하며, 바이러스, 세균감염 등에 잘 걸리므로 2차 감염에 주의
  - ㉰ 발생원인은 유전적 인자, 알레르기설, 면역학설, 환경요인설 등
③ **지루성 피부염**
  - ㉮ 피지선이 풍부한 두피, 안면, 목, 가슴 등에 잘 발생하며, 홍반을 동반한 기름기 있는 인설(비듬)이 특징
  - ㉯ 유전, 호르몬, 스트레스 등이 원인으로 알려져 있고, 두피의 경우 탈모의 원인
④ **건성습진**
  - ㉮ 겨울철 소양증, 노인성 습진 등으로 표현
  - ㉯ 세정력이 강한 비누로 과다한 세정, 건조한 피부 등의 원인

(3) 감염에 의한 피부질환

① **세균성 질환**

㉮ 감염성 농가진
- ㉠ 유·소아에서 두피, 안면, 팔, 다리 등에 수포가 생기거나 진물이 나며 노란색을 띄는 가피를 보이는 질환
- ㉡ 화농성 연쇄상구균이 주 원인균

㉯ 절종, 옹종
- ㉠ 절종 : 모낭과 그 주변 조직에 걸쳐 심재성 괴사를 일으키는 질환
- ㉡ 옹종(종기) : 수 개의 절종이 뭉쳐서 나타나는 질환

㉰ 단독, 봉소염
- ㉠ 단독 : 세균에 감염되어 피부가 빨갛게 부어오르는 피부질환
- ㉡ 봉소염 : 피하조직에 세균이 침범하는 화농성 염증 질환

② **바이러스성 질환**

㉮ 전염성 연속증(물사마귀) : 몰루시폭스(molluscipox) 바이러스에 의해 발생하며, 긁어서 번짐
㉯ 수두 : 전염력이 강하여 발진 발생 1일 전부터 6일 후까지 기도를 통해 전염
㉰ 대상포진 : 편측성의 띠모양으로 홍반이 발생한 후에 수포성 병변이 나타나며, 심한 통증이 동반
㉱ 사마귀 : 피부관리 시 주변 피부나 다른 피부로 전염
㉲ 단순포진 : 수포성 질환으로 점막이나 피부를 침범하는 질환

③ **진균성 질환**

㉮ 족부 백선(무좀) : 지간형, 소수포형, 각화형으로 구분
㉯ 수부 백선 : 무좀과 동시에 발생하는 경우가 많고 주부습진에 이차적으로 발생
㉰ 완선 : 사타구니 습진
㉱ 체부 백선 : '도장부스럼'이라 하며 체부에 감염된 형태
㉲ 조갑 백선 : 손톱이나 발톱에 피부사상균이 침입하여 발생하는 무좀을 말함
㉳ 칸디다증 : 백선처럼 가렵고 붉은 반점이 생기며 염증이 더 심한 반면 피부 각질 조각은 작게 생김

(4) 모발의 질환

① **원형 탈모증** : 원형이나 타원형의 모양으로 탈모가 발생하는 질환으로 스트레스가 원인
② **휴지기 탈모** : 수술, 열병, 출산 후에 나타나며 자연 치유됨
③ **남성형 탈모** : 유전적인 소인과 연령, 남성 호르몬의 영향, 노화로 인해 발생하며 두피의 지루성 피부염이 악화요인으로 작용

(5) 색소성 질환

① **색소결핍 질환**

㉮ 백색증 : 선천적으로 멜라닌이 결핍 증상으로 전신, 눈, 피부의 일부, 모발탈색 등의 다양한

형태로 나타남
- ㉴ 백반증 : 후천적으로 나타나는 멜라닌 결핍 증상으로 원인이 불분명하며, 여러 가지 크기와 형태의 백색반이 나타남

② **과색소 침착 질환**
- ㉮ 기미 : 연갈색, 암갈색, 검정색의 불규칙한 색소침착이 얼굴에 대칭적으로 나타나는 증상으로 스트레스, 내분비질환, 내복약, 화장품 등에 의해 발생될 수 있으며, 자외선에 의해 악화됨
- ㉯ 주근깨 : 유전적인 요인으로 얼굴, 목, 어깨 등의 자외선 노출 부위에 발생하며, 여름철에 짙어지고 겨울철에는 옅어지는 경향을 보임
- ㉰ 멜라닌세포 모반 : 검은 점
- ㉱ 선천성 멜라닌세포 모반 : 점보다 더 크며 털이 나 있으며, 20cm 이상의 점은 악성 흑색종으로 전환
- ㉲ 지루성 각화증(검버섯) : 사마귀 모양의 울퉁불퉁한 표면을 가진 갈색 또는 흑갈색의 구진형태로 얼굴이나 흉부 등에 발생하며, 나이가 들면서 점차 병변이 증가
- ㉳ 릴 안면흑피증 : 자외선 노출 부위인 이마, 뺨, 귀 뒤, 목의 측면에 갈색이나 암갈색으로 넓게 나타나며, 원인은 화장품이나 향수, 약제 등의 광감각 성분으로 인한 것으로 추정
- ㉴ 피부염 : 향수나 오데코롱에 함유되어 있는 베르가못 오일로 인한 광과민 현상으로, 자외선을 쬐면 색소침착이 발생
- ㉵ 오타씨 모반 : 진피 내에 멜라닌세포가 존재하여 청갈색 혹은 청회색의 얼룩진 색소반이 얼굴의 한쪽에 나타나며, 사춘기 이후 진해지는 경향이 있음
- ㉶ 악성흑색종 : 기존의 점이나 악성 흑자에서 발생할 수 있으며 점이 커지거나 진물이 나거나 궤양이 있는 경우 등은 피부과 의사의 진료가 요구됨

(6) 기타 피부질환

① **섬유조직의 질환**
- ㉮ 섬유종 : 일명 쥐젖으로 불리며 중년 이후에 목, 겨드랑이 등에 나타남
- ㉯ 지방종 : 유전적 원인으로 목과 겨드랑이에 잘 형성이 되며 지방조직에 발생
- ㉰ 켈로이드 : 외상 후 혹처럼 자라며 흉부, 귀, 턱, 어깨, 목 등에 유전이나 결합조직의 증대 및 경직으로 발생

② **조갑감입**
- ㉮ 손톱이나 발톱의 가장자리가 피부에 파고드는 질환
- ㉯ 앞이 좁거나 크기가 맞지 않는 신발을 신는 경우 주로 엄지발톱에 발생

③ **안검 주위의 질환**
- ㉮ 비립종 : 신진대사의 저조가 원인으로 발생하는 표피낭종으로, 동그란 모래알 크기의 백색 구진의 형태로 눈 아랫부분에 발생
- ㉯ 한관종 : 한선관 배출구의 문제로 발생되는 피부색의 작은 구진으로 다발성 발생

CHAPTER 03 화장품 분류

Lesson 01 화장품 기초

1 화장품의 정의 및 요건

(1) 화장품의 정의
인체를 청결, 미화하여 매력을 더하고 용모를 밝게 변화시키거나 피부, 모발의 건강을 유지 또는 증진하기 위하여 인체에 사용되는 물품으로서 인체에 대한 작용이 경미한 것

(2) 화장품, 의약부외품, 의약품의 구분

구분	화장품	의약부외품	의약품
사용대상	정상인	정상인	환자
사용목적	청결, 미화	위생, 미화	질병 치료 및 진단
사용기간	장기간, 지속적	장기간 또는 단속적	일정기간
사용범위	전신	특정 부위	특정 부위
부작용	없어야 함	없어야 함	어느 정도는 허용

(3) 화장품의 4대요건

구분	내용
안전성	피부에 대한 자극, 알레르기, 독성이 없을 것
안정성	보관에 따른 변질, 변색, 변취, 미생물의 오염이 없을 것
사용성	피부에 사용 했을 때 손놀림 쉽고, 피부에 매끄럽게 잘 스며들 것
유효성	피부에 적절한 보습, 노화억제, 자외선차단, 미백, 세정, 색채효과 등을 부여할 것

2 화장품 성분

(1) 화장품의 원료

① 정제수
- ㉮ 물은 피부를 촉촉하게 하는 작용을 하며 화장수, 크림, 로션의 기초 화장품에서 사용
- ㉯ 세균에 오염된 물과 칼슘, 마그네슘 등의 금속이온이 함유된 물은 피부의 모공을 막거나 모발에 끈끈하게 부착될 수 있으므로 세균과 금속이온이 제거된 정제수를 사용

② 에탄올
- ㉮ 휘발성이 있으며 피부에 시원한 청량감과 가벼운 수렴효과를 부여
- ㉯ 배합향이 높아지면 수렴효과 외에 살균, 소독 작용

③ 오일

종류	특징	예
식물성 오일	• 식물의 잎이나 열매에서 추출한다. • 냄새는 좋은 편이나 부패하기 쉬운 단점이 있다. • 피부흡수가 늦다.	월견초유, 로즈힙오일, 피마자유, 올리브유
동물성 오일	• 동물의 피하조직이나 장기에서 추출하며, 냄새가 좋지 않기 때문에 정제한 것을 사용한다. • 피부 친화성이 좋고 흡수가 빠른 장점이 있다.	밍크오일, 스쿠알렌
광물성 오일	• 석유 등 광물질에서 추출한다. • 무색투명하고 냄새가 없으며 피부흡수가 비교적 좋다.	유동파라핀, 바셀린
합성 오일	• 화학적으로 합성한 오일이다. • 식물성 오일이나 광물성 오일에 비해 쉽게 변질되지 않으며 사용감이 좋다.	실리콘 오일, 미리스틴산, 이소프로필

④ 왁스
- ㉮ 기초 화장품이나 메이크업 화장품에 널리 사용되는 고형의 유성 성분으로 고급지방산에 고급 알코올이 결합된 에스테르
- ㉯ 왁스는 화장품의 굳기를 증가시켜주며 동물성과 식물성으로 구분함
  - ㉠ 식물성 왁스 : 열대 식물의 잎이나 열매에서 추출되어 얻어지며, 카르나우바 왁스, 칸델릴라 왁스가 대표적
  - ㉡ 동물성 왁스 : 벌집과 양모에서 얻어지며, 밀랍(bees wax), 라놀린(lanolin)이 대표적

⑤ 계면활성제
- ㉮ 한 분자 내에 물을 좋아하는 친수성기와 기름을 좋아하는 친유성기를 함께 갖는 물질로 물과 기름의 경계면, 즉 계면의 성질을 변화시킬 수 있는 특성을 가지고 있음
- ㉯ 계면활성제의 종류와 특징

종류	특징	제품
양이온성 계면활성제	살균, 소독작용이 크며 정전기 발생을 억제한다.	헤어린스, 헤어트리트먼트

종류	특징	제품
음이온성 계면활성제	세정작용과 기포 형성 작용이 우수하다.	비누, 샴푸, 클린징품
비이온성 계면활성제	피부자극이 적어 기초화장품에 사용된다.	화장수의 가용화제, 크림의 유화제, 클린징크림의 세정제
양쪽성 계면활성제	세정작용이 있으며 피부자극이 적다.	저자극 샴푸, 베이비 샴푸

⑥ HLB (Hydrophilic lipophilic balance)

㉮ 계면활성제가 물에 잘 녹는가, 녹지 않는가를 나타내는 척도

㉯ HLB가 낮을수록 물에 잘 녹지 않고, 높을수록 물에 잘 녹는 성질이 있고, 0~20 사이를 나타낸다.

⑦ **비이온성 계면활성제의 HLB와 용도**

HLB	용도	HLB	용도
1.5~3	소포제	8~18	O/W 유화제
4~6	W/O 유화제	13~15	세정제
7~9	분산제	15~18	가용화제

■ **용어의 정의**
- 유화제 : 물과 기름을 잘 섞이게 하는 것
- 가용화제 : 소량의 기름을 물에 투명하게 녹이는 것
- 세정제 : 피부의 오염물질을 제거해주는 것
- 분산제 : 고체 입자를 물에 균일하게 분산시켜 주는 것

(2) 보습제 및 방부제

① **보습제**

㉮ 화장품에 사용되는 보습제는 피부를 촉촉하게 하는 작용

㉯ 보습제의 종류

종류	예
폴리올	글리세린, 프로필렌글리콜, 부틸렌글리콜, 폴리에틸렌글리콜, 솔비톨
천연보습인자	아미노산, 요소, 젖산염, 피롤리돈카르본산염
고분자 보습제	히아루론산염, 콘드로이친 황산염, 가수분해콜라겐
기타	베타인

② **방부제**
　㉮ 화장품에는 각종 영양분이 함유되어 있으므로 공기에 노출되거나 불순물이 침투하게 되면 미생물의 작용으로 부패하게 됨
　㉯ 방부제는 미생물의 증가를 억제하는 물질로 배합량이 많으면 피부 트러블을 유발시킴
　㉰ 화장품에 사용되는 방부제로는 파라옥시안식향산메칠, 파라옥시안식향산프로필, 이미다졸리디닐우레아 등이 있음

(3) 색소

① **염료**
　㉮ 물 또는 오일에 녹는 색소로 화장품 자체에 시각적인 색상효과를 부여하기 위해 사용
　㉯ FD&C Yellow No 6(수용성), FD&C Red No 4(유용성)

② **안료** : 물과 오일에 모두 녹지 않는 것
　㉮ 무기안료 : 색상이 화려하지 못하지만 빛과 산·알칼리에 강함(산화철, ultramarine)
　㉯ 유기안료 : 색상이 화려한 반면 빛과 산·알칼리에 약함(D&C Red No 30, D&C Red No 36)
　㉰ 착색안료 : 메이크업 화장품에 색상을 부여하는데 이용(산화철, 레이크)
　㉱ 백색안료 : 빛을 산란시켜 메이크업 화장품에 커버력을 조절하는데 이용(이산화티탄, 산화아연, 탄산칼슘)
　㉲ 체질안료 : 매끄러운 사용감과 부드러운 감촉을 부여(탈크, 마이카, 카올린)
　㉳ 펄안료 : 제품에 진주 광택을 부여(운모티탄, 비스무스 옥시클로라이드)

③ **레이크(lake)**
　㉮ 수용성 염료에 알루미늄, 마그네슘, 칼슘염을 가해 물과 오일에 녹지 않게 만든 것으로 산, 염기에 약하며, 중성에서도 물에 조금씩 녹는 경우가 있음
　㉯ 색상의 화려함은 무기안료와 유기안료의 중간 정도(FD&C Yellow No 6 Al lake)

(4) 미용성분(활성성분)

① **식물추출물**

추출물	설명	효과
AHA(α-hydroxy acid)	과일산의 총칭으로 죽은 각질을 제거	피부보습, 각질제거, 미백
감초 추출물	감초 뿌리에서 추출	해독, 소염, 자극완화
카렌듈라	금잔화 꽃에서 추출	소염, 진통, 세정
녹차 추출물	녹차잎에서 추출	항산화, 냄새제거, 세정
라벤더	라벤더 꽃에서 추출	수렴, 살균, 항균
레몬	레몬에서 추출	수렴, 미백
로즈마리	로즈마리 잎 또는 꽃에서 추출	항산화, 미백, 항균

추출물	설명	효과
루틴(비타민 P)	모세혈관을 튼튼히 하고 수축시키는 작용	민감한 피부에 효과
멘톨	박하에서 추출하여 상쾌한 냄새와 시원한 느낌	소염, 방부, 살균
사포닌	대두사포닌, 인삼사포닌이 대표적	유화, 가용화, 세정, 항염증
살구씨 추출물	살구씨에서 추출	진정, 유연, 보습, 항균작용
상백피 추출물	뽕나무의 껍질에서 추출	항균, 미백
수세미 추출물	수세미 잎에서 추출	소염, 진정, 보습작용
아줄렌	카모마일에서 추출	항염, 진정, 상처치유
안젤리카 추출물	안젤리카의 잎 또는 줄기에서 추출	진정, 진통, 미백작용
알란토인	밀의 배아, 담배의 종자에 함유	소염, 진정, 항염, 피부유연
알로에 추출물	알로에의 잎에서 추출	보습, 미백, 상처치유 촉진
은행잎 추출물	은행잎에서 추출	유해산소 제거, 혈액순환 촉진
유칼립투스 추출물	유칼리나무에서 추출	살균, 항균, 혈액순환촉진, 수렴
인삼추출물	인삼에서 추출하여 사포닌 성분 함유	피부대사 촉진, 말초혈관 확장, 탈모예방, 항균
주니퍼 추출물	노가주나무의 열매에서 추출	수렴, 지혈, 셀룰라이트 분해
카모마일	카모마일 꽃에서 추출	소염, 살균, 혈행촉진, 진정효과
카페인	커피, 녹차 등에 함유된 알칼로이드 성분	피하지방 축적 억제, 수렴효과
클로로필	식물의 엽록소	탈취, 산소공급효과
해조 추출물	미역, 다시마와 같은 해조류에서 추출	보습효과

② 동물추출물

추출물	설명	효과
실크 추출물	실크에서 추출	보습, 피부유연
키토산	게, 새우의 껍질에서 추출	보습, 피막형성, 중금속 제거
콘드로이친 황산	달팽이 피부와 포유류 연골 함유 무코다당류	보습
플라센타	소의 태반에서 추출	보습, 세포재생, 미백
히아루론산	진피에 존재하는 무코다당류로 닭벼슬에서 추출하였으나 현재는 미생물 발효로 생산	보습

③ 비타민

구분	설명
비타민 A 유도체	레티닐 팔미테이트, 레티놀, 레틴산의 총칭으로 세포 분화를 촉진하여 잔주름 개선 효과
비타민 B$_2$(리보플라빈)	입 주위의 염증, 지루성 피부염에 좋음
비타민 B$_6$(피리독신)	피지분비 억제 작용이 있어 지성 피부에 효과적
비타민 C 팔미테이트	비타민 C 유도체로 콜라겐 합성 촉진, 미백 효과
비타민 E(토코페놀)	혈액촉진, 노화억제, 유해산소 제거 등의 효과

AHA의 종류와 특징

AHA 종류	특징
글리콜산(Glycolic acid)	사탕수수에 함유, 분자량이 가장 작아 침투력이 뛰어남
젖산(Lactic acid)	쉰우유에 함유, 천연보습인자의 하나로 보습효과
사과산(Malic acid, 능금산)	사과, 복숭아 등에 함유
주석산(Tartaric acid, 포도산)	신포도에 함유
구연산(Citric acid)	오렌지, 레몬에 함유, 화장품의 pH 조절제로 사용

Lesson 02 화장품 제조

1 화장품 제조 기술

(1) 가용화

① 계면활성제를 물에 녹일 때 처음에는 물의 표면으로 계면활성제가 배열되다가 포화농도 이상이 되면 작은 집합체를 형성하게 되는데 이를 미셀(Micelle)이라 부른다.
② 미셀은 물에 녹지 않는 물질을 내부에 용해시킬 수 있는 성질을 갖게 된다.
③ 가용화는 소량의 유성성분을 계면활성제의 미셀작용을 이용하여 투명한 상태로 용해시키는 것을 말하며 주로 화장수, 에센스, 향수 등의 제품 제조에 쓰인다.

(2) 유화

① 다량의 유성성분을 일정기간 동안 안정한 상태로 균일하게 혼합하는 기술로, 분산된 부분이 기름인가 물인가에 따라 물에 기름이 분산된 형태의 수중유적(O/W)형 유화와 기름에 물이 분산되어 있는 형태의 유중수적(W/O)형 유화로 구분된다.

② W/O형 에멀젼을 다시 물에 유화시키면 W/O/W 에멀젼과 같은 다상 에멀젼을 얻을 수 있는데, 다상 에멀젼은 보습효과가 뛰어나고 제품을 안정한 상태로 보존시킬 수 있는 장점이 있어 각종 영양크림의 제조에 쓰이고 있다.
③ 유화 후 냉각하는 시간이 짧으면 비교적 점성이 낮은 유화 제품이 얻어지고, 냉각하는 시간이 길면 점성이 높은 유화 제품이 얻어진다.

(3) 분산(dispersion)
① 안료 등의 고체 입자를 액체 속에 균일하게 혼합시키는 것을 분산이라고 한다.
② 기초화장품의 제형 안정화를 위해 사용되는 점증제나 메이크업 화장품에 사용되는 무기, 유기, 펄 안료 등을 여러 종류의 기제에 분산시켜 만들며 파운데이션, 마스카라, 아이라이너, 네일 에나멜 등이 분산 제품에 해당된다.

2 화장품의 원료

(1) 수성원료
① 정제수
㉮ 물은 피부를 촉촉하게 하는 작용을 하며 화장수, 크림, 로션의 기초 화장품에 사용된다.
㉯ 오염된 물과 칼슘, 마그네슘 등의 금속이온이 함유된 물은 피부의 모공을 막거나 모발에 끈끈하게 부착될 수 있으므로 세균과 금속이온이 제거된 정제수를 사용한다.
② 에탄올(Ethanol)
㉮ 휘발성이 있으며 피부에 시원한 청량감과 가벼운 수렴효과를 부여한다.
㉯ 용매의 역할을 하여 다른 원료와 섞어주면 그 원료를 녹이는 효과가 있으며 배합 향이 높아지면 수렴효과 외에 살균, 소독 작용도 나타낸다.
㉰ 물 다음으로 화장품에 많이 사용되며 화장수, 아스트린젠트, 헤어토닉이나 향수 등에 많이 쓰인다.

(2) 유성원료
① 오일
㉮ 지용성 용매로서의 작용과 함께 피부의 오염물질에 대한 세정작업, 피부나 모발을 유연하게 하는 것 외에도 보습작용을 한다.
㉯ 오일의 종류
㉠ 식물성오일 : 월견초유, 로즈힙오일, 피마자유, 올리브유
㉡ 동물성오일 : 밍크오일, 스쿠알렌
㉢ 광물성오일 : 유동파라핀, 바셀린
㉣ 합성오일 : 실리콘오일, 미리스틴산 이소프로필

② **왁스**
　㉮ 기초화장품이나 메이크업 화장품에 널리 사용되는 고형의 유성 성분으로 고급지방산에 고급 알코올이 결합된 에스테르이며 화장품의 굳기를 증가시켜준다.
　㉯ 왁스의 종류
　　㉠ 식물성 왁스 : 카르나우바 왁스, 칸델릴라 왁스 등
　　㉡ 동물성 왁스 : 밀랍(Bees wax), 라놀린(Lanolin) 등

(3) 계면활성제

① 한 분자 내에 물을 좋아하는 친수성기와 기름을 좋아하는 친유성기를 함께 갖는 물질로 묽은 용액 속에서 경계면에 흡착하여 표면장력을 줄이는 성질을 갖고 있다.
② 물과 기름에 대한 친화성 정도를 나타낸 값을 HLB 값이라 한다.
③ HLB 값은 0부터 20까지 있으며, 0에 가까울수록 친유성이 좋고, 반대로 20에 가까우면 친수성이 좋다.
④ **계면활성제의 종류와 특징**

종류	특징	제품
양이온성	살균, 소독작용이 크며 정전기 발생을 억제	헤어린스, 헤어트리트먼트
음이온성	세정작용과 기포 형성 작용이 우수	비누, 샴푸, 클렌징폼
비이온성	피부 자극이 적어 기초화장품에 사용	화장수의 가용화제, 크림의 유화제, 클렌징 크림의 세정제
양쪽성	세정작용이 있으며 피부 자극이 적음	저자극 샴푸, 베이비 샴푸

Lesson 03 화장품의 종류와 기능

1 기초 화장품

(1) 기초화장품의 사용 목적

① **세안** : 피부 표면의 더러움이나 메이크업 찌꺼기 및 노폐물을 제거하여 피부 청결
② **피부 정돈** : 세안에 의해 변화된 피부의 pH를 정상적인 상태로 돌아오게 하고 수분과 유분을 공급하여 피부결을 정돈
③ **피부 보호** : 피부 표면의 건조를 방지해 줌과 동시에 피부를 부드럽게 하고 외부 환경으로부터 피부를 보호하거나 세균의 침입을 방지

(2) 세안 화장품

① **세안 화장품의 제형별 분류**

제형	종류	특징
씻어내는 타입 (계면활성제형)	클린징폼	피부에 자극이 없어 민감하고 약한 피부에 좋으며, 보습제가 함유되어 건조해지는 것을 방지한다.
	스크럽	미세한 알갱이가 함유되어 모공 속 깊숙이 있는 노폐물과 죽은 각질을 제거해주며 세안, 마사지, 각질제거 효과가 있다. 단, 화농성 여드름 피부, 민감한 피부에는 좋지 않다.
닦아내는 타입 (용제형)	클린징 워터	화장수 타입으로 가벼운 화장을 지울 때 적합하다.
	클린징 로션	클린징 크림에 비해 사용감이 산뜻하고 비교적 옅은 화장을 지울 때 적합하다.
	클린징 크림	짙은 화장이나 피지분비가 많을 때 적당하다.
	클린징 젤	유성타입은 짙은 화장을 지울 때, 수성타입은 옅은 화장을 지울 때 적합하며, 사용 후 피부가 촉촉해진다.

② **피부의 완충능**
  ㉮ 피부의 각질층에는 천연보습인자인 아미노산, 젖산염, 무기염 등이 세포간 지질 성분과 혼합되어 피부의 pH가 약 5.5로 유지되도록 해주는 것을 피부의 완충능이라 함
  ㉯ 건강한 피부의 경우는 세안 후 약 3시간 이후에는 거의 원래 상태의 pH로 되돌림

(3) 화장수(스킨로션)

① **개요** : 화장수는 정제수, 에탄올, 보습제를 기본으로 하고 사용 목적에 따라 유연 성분, 수렴 성분 등의 기타 성분을 배합
② **화장수의 종류**
  ㉮ 유연 화장수 : 수분공급과 피부 유연효과를 목적으로 하며 보습제와 유연제가 함유(스킨 소프트너)
  ㉯ 수렴 화장수 : 수분공급과 모공 수축을 목적으로 하며 알코올 배합량이 유연 화장수보다 많으며, 탄닌, 위치하젤과 같은 모공을 수렴하는 성분이나 비타민 B6과 같은 피지 억제 성분을 배합하기도 함(스킨 토너, 아스트린젠트 로션)

(4) 로션, 크림, 에센스

① **로션**
  ㉮ 피부에 수분과 유분을 공급
  ㉯ 유분 함량이 30% 이하인 O/W형 유화로 피부에 산뜻하게 퍼지고 사용감이 좋음
② **크림**
  ㉮ 세안 후 소실된 천연 보호막을 보충하여 피부에 촉촉함을 주고 외부 자극으로부터 피부를 보호하기 위해 사용

- ④ 유분과 보습제가 다량 함유되어 있어 피부의 보습, 유연 기능을 갖게 됨
- ④ 피부를 외부 환경으로부터 보호하고 피부 생리기능을 도와줌
- ④ 제형에 따른 구분

제형	특징	제품
O/W형 크림	사용감이 가벼우며, 시원함, 보습성, 촉촉함을 느낄 수 있으나 지속성이 낮음	모이스쳐크림, 베이비크림
W/O형 크림	사용감이 뻑뻑하고 퍼짐성이 낮으나 지속성이 좋음	에몰리언트 크림, 마사지 크림, 클린징 크림
W/S형 크림	오일 대신 실리콘 오일을 사용한 제품	–

③ **에센스**
- ㉮ 미용 성분을 고농축으로 함유하여 보습 효과가 우수하고 영양물질을 공급하여 피부를 가볍고 매끄러운 상태로 유지
- ㉯ 사용 목적은 보습, 피부 보호, 영양 공급
- ㉰ 컨센트레이트 혹은 세럼이라고도 함
- ㉱ 스킨, 로션, 크림, 젤 타입으로 존재하며, 다량 보습제를 함유할 수 있는 스킨 타입을 가장 많이 사용

(5) 팩

① **개요** : 팩은 얼굴에 적당한 두께로 발라 일정 시간 방치해 건조시킨 후 제거하여 피부에 긴장감을 주고 외부 공기를 차단하여 피부 온도를 높여 영양성분의 흡수를 용이하게 하고 혈액순환을 촉진시키며 피부를 청결하게 함

② **팩의 종류**
- ㉮ 필-오프 타입 : 얼굴에 도포 후 건조된 피막을 떼어내는 타입으로 피막형성제인 폴리비닐알코올이 배합되며, 건조와 피부의 청량감을 부여하기 위해 에탄올을 첨가
- ㉯ 워시-오프 타입 : 얼굴에 바른 후 20~30분 정도 지난 후 물로 씻어내며, 피지를 흡착하는 진흙과 고령토 등을 배합
- ㉰ 티슈-오프 타입 : 크림 형태로 되어 있으며, 바른 후 10~15분 지난 후 티슈로 닦아내는 타입으로 민감성 피부에 좋음
- ㉱ 시트 타입 : 활성 성분이 든 미용액이나 화장수에 적신 시트를 얼굴에 덮어 사용하는 타입으로 사용이 간편하고 자극이 없음
- ㉲ 분말 타입 : 한방 재료, 석고, 효소 등을 화장수나 정제수에 개어서 바르는 타입으로 도포 후 10~15분 후 씻음

2 메이크업 화장품

(1) 베이스 메이크업

① **메이크업 베이스**
- ㉮ 파운데이션이 피부에 흡수되는 것을 막고 파운데이션의 퍼짐성과 밀착감을 좋게 해 주어 화장의 지속성을 높여 줌
- ㉯ 피부색을 한 가지 톤으로 정리
    - ㉠ 초록색 : 여드름 자국 등 잡티가 있거나 모세혈관이 확장된 피부에 적합
    - ㉡ 보라색 : 동양인의 노란 피부를 화사하게 표현
    - ㉢ 분홍색 : 창백한 피부에 혈색을 보강하여 화사하고 생기 있게 표현
    - ㉣ 푸른색 : 얼굴에 붉은기가 많거나 하얀 피부 표현을 원할 때 효과적
    - ㉤ 브론즈색 : 피부를 어둡게 표현하고 싶을 때 효과적

② **파운데이션**
- ㉮ 피부의 결점을 감추고 원하는 피부색을 조절
- ㉯ 제형별 파운데이션의 특징

형태	제품	특징
유화형	리퀴드 파운데이션	• 안료가 균일하게 분산되어 있는 형태로 O/W형 유화 타입으로 가벼운 사용감이 있음
	크림 파운데이션	• 안료가 균일하게 분산되어 있는 형태로 O/W형과 W/O형 유화 타입이 있음 • O/W형 유화 타입은 사용감이 가볍고 퍼짐성이 좋으며, W/O형은 사용감이 무겁고 퍼짐성이 낮으나 땀이나 물에 잘 지워지지 않음
분산형	스킨커버 컨실러	• 안료를 오일과 왁스에 골고루 혼합 분산시킨 것으로 밀착감, 내수성 및 커버력이 우수함 • 다량의 안료가 함유되어 있어 커버력이 뛰어남
파우더형	파우더 파운데이션	• 안료에 오일을 스프레이 하여 흡착시킨 후 압축시켜 고형화 시킨 것 • 오일의 양은 10~15% 정도로 얇게 발리고 매트한 느낌
	트윈케이크 (투웨이 케익)	• 안료에 오일을 흡착시킨 후 압축시켜 고형화 시킨 것으로 마른 스펀지, 젖은 스펀지를 사용하여 메이크업 가능 • 친유 처리한 안료가 배합되어 뭉침이 없고 땀에 의해 쉽게 지워지지 않음

③ **파우더**
- ㉮ 땀과 피지에 의해 화장이 번지거나 지워지는 것을 막고 빛을 난반사시켜 얼굴을 밝고 화사하게 보이도록 함
- ㉯ 파운데이션의 유분기를 제거하고 파운데이션의 지속성을 높여줌
- ㉰ 페이스파우더(가루분)와 가루 날림이 없고 휴대가 간편한 고형으로 만들어진 콤팩트파우더가 있음

(2) 포인트 메이크업

① **아이 메이크업**(Eye Make-up)
  ㉮ 눈의 결점을 커버하고 눈을 입체적으로 보이게 하여 생동감 있고 아름답게 표현
  ㉯ 눈점막에 대해 안전해야 함
  ㉰ 눈물, 땀에 의해 지워지거나 자극을 주지 않아야 함
  ㉱ 사용이 부드럽고 자연스러운 화장의 연출이 가능
  ㉲ 제품의 종류와 특징

제품	특징
아이브라우 펜슬	• 눈썹의 모양을 그리고 눈썹 색을 조절하기 위해 사용 • 안료, 왁스, 오일 성분으로 구성되어 있으며, 발한현상이나 발분현상이 없어야 함
아이섀도우	• 눈 부위에 색채와 음영을 주어 입체감을 부여하고 눈의 아름다움을 강조하기 위해 사용 • 색채감을 주기 위해 착색안료 배합 • 케이크 타입, 크림 타입, 펜슬 타입이 있음
아이라이너	• 눈의 윤곽을 또렷하게 하며, 결점을 커버 • 건조가 빠르고 그리기가 쉬우며 피막이 유연해야 함 • 리퀴드 타입, 펜슬 타입, 케이크 타입, 크림 타입이 있음
마스카라	• 속눈썹에 도포하여 속눈썹을 짙고 길게 표현 • 적당한 윤기와 건조성이 있어야 하며, 적당한 컬링 효과가 요구됨

② **립스틱**
  ㉮ 유성분(오일과 왁스)에 색소를 분산시킨 제품으로 입술 점막에 사용하므로 자극이 없고, 먹어도 인체에 안전하고 불쾌한 냄새와 맛이 없어야 함
  ㉯ 발한현상이나 발분현상이 없어야 하며, 보관 중 산화가 되지 않아야 함
  ㉰ 적절한 강도를 유지하여 사용 중 부러짐 없이 매끄럽게 발라져야 함
  ㉱ 보습성분을 첨가한 글로스 타입과 잘 지워지지 않는 매트 타입이 있음

③ **블러셔**(Blusher)
  ㉮ 볼 부위에 도포하여 얼굴색을 건강하고 밝게 보이게 하며, 윤곽을 뚜렷하게 하여 얼굴을 입체적으로 만들어줌
  ㉯ 파운데이션과 친화성이 좋고 적당한 커버력, 광택성, 부착성이 있음
  ㉰ 케이크 타입과 크림 타입이 있음

3 모발 화장품

(1) 세발용 화장품

① **샴푸**
  ㉮ 모발 및 두피를 세정하여 비듬과 가려움을 덜어주며, 건강하게 유지하기 위해 사용

㉯ 계면활성제의 침투작용과 유화, 분산작용에 의해 오염물을 제거
㉰ 섬세하고 풍부한 기포는 세정액이 흘러내리지 않게 하고 모발의 엉클어짐을 방지하는 쿠션 역할을 담당

② 헤어린스
㉮ 모발에 유분을 공급하여 유연성과 자연스러운 윤기를 부여
㉯ 양이온성 계면활성제가 함유되어 정전기를 방지하고 자연스러운 광택을 부여

(2) 정발제

① 개요 : 모발을 원하는 형태로 만드는 스타일링의 기능과 모발의 형태를 고정시켜주는 세팅 기능이 있음

② 정발제의 종류와 특징

타입	종류	특징
유성 타입	헤어오일	• 모발에 유분을 공급하여 광택과 유연성을 부여함 • 점성이 적은 유성성분으로 배합
	포마드	• 모발에 광택을 주며 헤어스타일을 단정하게 해주는 제품 • 식물성은 피마자유, 올리브유 등이 배합되어 광택이 있고 점착성과 퍼짐성이 좋아 강모에 적당 • 광물성은 바셀린, 유동 파라핀이 함유되어 끈적임이 없고 산뜻한 느낌으로 가늘고 부드러운 모발에 좋음
유화 타입	헤어로션/헤어크림	• 물과 유성성분을 유화시킨 제품으로 모발을 단정히 정돈해주고 보습효과와 광택을 부여함 • 헤어로션은 대부분 O/W형으로 수분 함유량이 많아 촉촉하고 자연스러운 느낌을 주고 W/O형은 오일감이 있고, 윤기와 정발 효과가 있음
고분자 피막타입	세트로션	• 고분자 물질을 에탄올 용액에 녹인 것으로 웨이브를 유지하기 위한 목적으로 사용
	헤어무스	• 거품 형태의 제품이며 원하는 헤어스타일로 손쉽게 정발 가능 • 고분자물질(피막형성제), 계면활성제, 분사제(액화석유가스)가 기본 성분 • 세팅 타입, 트리트먼트 타입, 광택 타입이 있음
	헤어스프레이	• 세팅한 모발에 분무해 헤어스타일을 고정시킬 목적으로 사용 • 주성분으로 피막형성제와 용제로 에탄올이 사용되어 휘발성이 빠르고 건조 후 모발의 세팅효과가 습도에 영향을 받지 않음
	헤어젤	• 정제수에 수용성 고분자를 용해시킨 젤 상태의 투명한 정발제 • 촉촉하고 자연스러운 정발 효과를 부여
액체 타입	헤어리퀴드	• 산뜻하고 끈적임 없으며, 부드러운 정발 효과가 있음 • 점착성을 지닌 보습제인 합성 폴리에테르유를 에탄올에 용해시킨 제품

(3) 헤어트리트먼트

① 개요
  ㉮ 모발이 손상되는 것을 방지하고 손상된 모발을 복구하는 것을 목적으로 사용
  ㉯ 모발보호 성분들을 모발 내부에 침투시켜 손상된 모발을 회복시켜주는 제품
  ㉰ 구성 성분으로 유분, 양이온성 계면활성제, 단백질, 아미노산, 보습제 등을 배합

② 헤어트리트먼트의 형태와 특징

형태	특징
헤어트리트먼트크림	• 손상된 모발에 영양물질을 공급하고 모발의 건강 회복을 목적으로 한 트리트먼트제 • 큐티클의 손상된 부분과 큐티클 사이를 영양물질로 채워 손상된 모발을 건강한 모발로 복구시킴
헤어팩	• 손상모를 회복시키기 위해 사용하는 제품으로 씻어내는 타입 • 다량의 컨디셔닝 성분을 함유
헤어블로우	• 펌프식 스프레이로 컨디셔닝 효과와 헤어스타일링 효과 • 열이나 브러싱에 의한 마찰로부터 모발을 보호하는 목적
헤어코트	• 모발 끝의 갈라진 부위와 손상된 부위를 회복시켜주기 위해 사용하는 제품

(4) 퍼머넌트 웨이브 로션

① 1제(환원제)
  ㉮ 모발의 시스틴(-S-S-)결합을 절단하여 티올(-SH)기로 환원시킴
  ㉯ 환원제, 알칼리제, 금속이온봉쇄제(EDTA)로 구성

구분	성분	특징
환원제	티오글리콜릭산 (Thioglycolic acid)	• 환원력이 강하여 건강모, 발수성모에 적합 • pH에 따라서 모발 손상 유발, 냄새 심함
	시스테인(Cysteine)	• 모발을 분해시켜 원료로 사용하므로 손상모발에 적합하고 냄새가 적음
알칼리제	암모니아(Ammonia)	• 모발 손상이 적으나 냄새가 심함
	모노에탄올 아민 (Monoethanol amine)	• 비휘발성으로 냄새가 적으나 모발 손상 유발

② 2제(산화제)
  ㉮ 1제에 의해 만들어진 티올(-SH)기를 산화시켜 시스틴(-S-S-)결합으로 돌아가게 함
  ㉯ 산화제로 브롬산나트륨, 브롬산칼륨 및 과산화수소가 사용됨

(5) 염모제

① **영구 염모제** : 색소 형성 물질이 모발 내부의 모피질 또는 모수질층까지 침투하여 화학변화를 일으켜 불용성 색소를 형성하는 것으로 염색의 효과가 장기간에 걸쳐 지속

㉮ 식물성 염모제 : 헤나, 카모마일 등을 이용한 것으로 염색효과가 낮고 본래 모발색보다 밝게 염색하기 어려움

㉯ 금속성 염모제 : 납이 산화될 때 검게 변하는 원리를 이용한 것으로 인체에 유해한 독성이 있음

㉰ 산화형 염모제 : 염색효과가 우수하고 밝은색으로 염색이 가능하며 1제와 2제를 믹스하여 모발에 바른 후 30분 정도 후 염색

구분		특징
1제	염료 중간체	• 산화되면 색소로 변하는 물질 • 성분 : p-페닐렌디아민, p-아미노페놀, p-톨루엔디아민
	염료 수정체	• 염료 중간체와 반응하여 색상을 다양하게 변화시키는 물질 • 성분 : m-아미노페놀, m-페닐렌디아민
	알칼리제	• 큐티클을 열고 색소 형성 반응이 빠르게 발생 • 성분 : 암모니아, 모노에탄올아민
	고급지방산	• 염료 중간체와 염료 수정체의 침투를 촉진시키고 세정을 용이하게 함
	겔화제	• 2제와 혼합 시 겔을 형성
	용제	• 염료 중간체, 염료 수정체의 용해를 도움
2제	산화제	• 모발 속의 멜라닌 색소를 파괴하고 염료 중간체와 염료 수정체가 반응을 일으켜 새로운 색소가 만들어짐 • 성분 : 6% 과산화수소
	pH조절제	• 과산화수소를 안정화시키기 위해 pH 4.0 부근으로 조절 • 성분 : 인산

② **반영구 염모제**

㉮ 탈색된 모발 염색에 적합하며 시간이 지나면 색이 빠짐

㉯ 산성 염료와 벤질 알코올, 에탄올 등의 침투제가 배합되어 있음

㉰ 정전기적 결합을 통해 염색이 이루어짐

③ **일시 염모제**

㉮ 모발의 표면에 안료와 같은 불용성 색소를 일시적으로 부착시켜 모발의 색을 교체

㉯ 원하는 부분에만 도포하는 데 효과적이며, 특별한 기술이 필요하지 않음

(6) 기타 모발 화장품

① **헤어토닉**

㉮ 살균력이 있어 두피나 모발을 청결히 하고 시원한 느낌과 쾌적함을 주며 두피 혈액순환을 좋게 하고 비듬과 가려움을 제거하여 모근을 튼튼하게 해주는 제품

㉯ 에탄올이 50~80% 함유되어 살균 및 소독작용이 있음

② 헤어스트레이트
  ㉮ 곱슬머리, 퍼머머리를 곧게 풀고자 할 때 사용
  ㉯ 1제 환원제는 알칼리성의 크림 타입이며, 2제는 산화제로 구성
  ㉰ 1제를 바른 후 20~30분간 빗질을 반복하여 컬을 풀어준 후 2제를 바르고 10~20분 후 씻어줌
③ 제모제
  ㉮ 털을 제거하는 방법으로 물리적 제거와 화학적 제거가 있음
  ㉯ 화학적 제모제는 pH 11~13 정도의 강알칼리로 수산화칼슘, 수산화나트륨, 수산화칼륨을 사용
④ 헤어블리치
  ㉮ 모발의 탈색을 목적으로 하여 멜라닌 색소를 파괴시켜 모발의 색상을 밝게 하기 위해 사용
  ㉯ 1제는 지방산, 겔화제, 용제, 알칼리제로 구성되어 있고 2제는 과산화수소가 들어있으며, 사용 직전에 혼합하여 사용

4 전신관리 및 네일 화장품

(1) 전신관리 화장품

① **전신에 사용하는 바디화장품**
  ㉮ 세정제품 : 비누, 바디 샴푸, 바디 솔트, 버블 바스
  ㉯ 트리트먼트제품 : 바디 로션, 바디 크림, 바디오일
  ㉰ 방향제품 : 샤워코롱, 파우더
  ㉱ 선케어제품
② **발, 다리에 사용하는 화장품**
  ㉮ 탈색, 제모 제품 : 탈색, 제모 크림, 제모 왁스
  ㉯ 부종 방지 : 레그후레쉬 제품(토너, 크림)
③ **손에 사용하는 화장품** : 트리트먼트제품(핸드로션, 핸드크림)
④ **팔꿈치 및 무릎 부위에 사용하는 화장품** : 유연 제품(각질 연화 로션, 크림, 오일)
⑤ **땀샘 부위에 사용하는 화장품** : 데오드란트 제품(로션, 스프레이, 파우더, 스틱)

(2) 네일 화장품

① **네일 에나멜**
  ㉮ 손톱에 광택과 색채를 주어 아름답게 할 목적으로 사용
  ㉯ 표면에 딱딱하고 광택이 있는 피막을 형성하며, 피막형성제로 니트로셀룰로오스를 배합
  ㉰ 손톱에 바르기 적당한 점도가 있어야 하며, 가능한 신속히 건조하고 균일한 막을 형성(3~5분)
② **베이스코트** : 손톱의 주름을 메워서 다음에 칠할 네일 에나멜의 밀착성을 좋게 함
③ **탑코트** : 네일 에나멜 피막 위에 덧발라서 광택이나 내구성을 좋으며, 니트로셀룰로오스의 배합량이 가장 많음
④ **에나멜 리무버** : 피막 형성제를 녹이는 용제로 초산에칠, 초산부칠, 아세톤 등을 사용

5 향수

(1) 향수의 구비요건
① 향에 특징이 있어야 하며 확산성이 좋아야 함
② 향이 적당히 강하고 지속성이 좋아야 함
③ 향의 조화가 잘 이루어져야 함

(2) 향수 사용 시 주의점
① 목욕 후 사용하는 것이 좋다. 체취나 땀 냄새와 혼합되면 불쾌감을 가져다줌
② 외출 시에는 20~30분 전에 뿌리는 것이 좋음
③ 햇빛에 노출되지 않는 부위에 뿌려야 함
④ 상의나 스커트 안쪽 등 움직이는 부위에 바르는 것이 좋음
⑤ 피부가 약할 경우 속옷 위에 바르는 것이 좋음

(3) 향수의 유형

유형	부향률	지속시간	특징
퍼퓸	15~30%	6~7시간	향이 풍부하고 농후한 분위기를 연출
오데퍼퓸	9~12%	5~6시간	퍼퓸에 가까운 지속성과 향의 깊이가 있음
오데토일렛	6~8%	3~5시간	상쾌하면서도 풍부한 향을 느낄 수 있음
오데코롱	3~5%	1~2시간	향수를 처음 사용하는 사람에게 적합
샤워코롱	1~3%	약 1시간	목욕이나 샤워 후에 사용하기 적합하며, 가볍고 시원한 느낌

(4) 향수의 발산 속도에 따른 구분
향수는 여러 가지 향료가 섞여 있어 각각의 휘발성이 달라 시간에 따라 다른 향기를 내는데 향수에서 나오는 후각적인 느낌을 "노트(note)"라고 한다.

노트	특징	예
탑 노트(top note)	향수를 뿌린 후 처음 느껴지는 첫 느낌으로 휘발성이 강한 향료로 구성	시트러스, 그린
미들 노트(middle note)	알코올이 날아간 다음 느껴지는 향취 탑 노트와 베이스 노트를 연결해 주는 향	플로럴, 프푸티
베이스 노트(base note)	여러시간이 지난 뒤 자신의 체취와 섞여서 나는 향취로 잔류성이 강한 향으로 구성되며 라스트 노트라고도 함	무스크, 우디

6 아로마 오일 및 캐리어 오일

(1) 아로마테라피

① 아로마테라피의 개요
㉮ 향 또는 향기를 의미하는 'Aroma'와 치료를 의미하는 'Therapy'의 합성어
㉯ 식물에서 추출한 아로마오일에 함유되어 있는 생리활성 성분을 마사지, 목욕, 증기 호흡 등을 통해 체내에 침투시키거나 흡입시켜 생체 내 호르몬의 분비를 조절하고 생체 리듬을 정상화하여 미용을 증진시키고 질병의 치료와 예방에 사용하는 것으로 방향요법 또는 향기요법이라고 함

② 아로마테라피의 효과
㉮ 면역기능 향상, 내부 장기·분비선·호르몬의 기능에 영향, 박테리아·바이러스·세균에 대한 저항력 향상
㉯ 신경 자극, 근육 강화시키거나 이완시켜 마음을 안정시킴
㉰ 질병 치유 효과, 중독의 위험이 없음
㉱ 혈액과 림프액을 통해 체내 순환
㉲ 감기 및 호흡기 장애 완화 등

(2) 에센셜 오일

① 개요
㉮ 에센셜 오일은 식물이 지니고 있는 독특한 향을 증류시키거나 압착 또는 용매를 사용하여 추출한 휘발성 농축액으로 원액을 희석하거나 화장품, 비누, 식품 등에 첨가하여 사용
㉯ 식물의 세포와 세포 사이에 존재
㉰ 호르몬과 같은 역할(생리적 기능을 조절, 세포 사이의 정보를 전달, 스트레스를 치유하는 작용)
㉱ 생화학적 반응을 촉매하고, 병이나 해충으로부터 보호
㉲ 성장과 번식에 중요한 역할(식물이 외부 환경에 적응할 수 있도록 기능을 발휘하는 물질)

② 에센셜 오일 추출방법
㉮ 수증기 증류법
  ㉠ 식물의 향기 부분을 물에 담가 가온하면 향기 물질이 수증기와 함께 기체로 증발되며, 증발된 기체를 냉각하면 물 위에 향 물질이 뜨는데 이것을 분리하여 순수한 천연향 얻음
  ㉡ 열에 의해 성분이 파괴될 수 있는 향료식물에는 적합하지 않음
㉯ 압착법
  ㉠ 감귤류 등을 압착하여 얻는 방법
  ㉡ 향기 성분이 파괴되는 것을 막기 위해 냉동 압착법을 사용하기도 함
㉰ 추출법
  ㉠ 휘발성 용매추출법 : 휘발성 용매에 식물을 일정기간 냉암소에서 침적시킨 후 향기성분을 녹여내는 방법으로 왁스, 색소 등도 함께 추출
  ㉡ 비휘발성 용매추출법 : 유리판에 식물유를 얇게 바르고 식물의 꽃을 따 올려두면 발산된 향기성분을 포집할 수 있음

(3) 캐리어 오일

① **개요**
- ㉮ 아로마 오일을 피부에 효과적으로 침투시키기 위해 사용하는 식물성 오일
- ㉯ 아로마테라피에 사용되는 캐리어 오일은 매우 다양하고 각각의 오일은 점도, 색상 및 효능이 다르기 때문에 사용 목적에 알맞은 캐리어 오일을 선택하는 것은 아로마 오일을 선택하는 것 못지않게 중요

② **캐리어 오일의 종류**
- ㉮ 그레이프시드 : 유분이 적고 비타민, 미네랄 풍부, 지성피부에 좋음
- ㉯ 보라지 : 세포재생 효과가 좋음, 냉장 보관
- ㉰ 아몬드 : 가려움, 피부건조, 염증성 질환에 효과
- ㉱ 호호바 : 습진개선, 여드름 치료 등에 사용
- ㉲ 윗점 : 항산화 효과 (캐리어 오일에 10% 사용), 건성 피부나 알레르기성 피부에 효과적
- ㉳ 올리브, 아보카도, 카놀라, 캐롯 등

(4) 아로마 오일의 사용

① **일반적인 사용**
- ㉮ 아로마 오일은 식물성 오일(캐리어 오일)로 희석해서 사용하며, 캐리어 오일에 맥아오일을 10% 혼합시키면 오일 변질을 억제할 수 있음
- ㉯ 얼굴은 1~2%, 바디용은 2~3%로 희석하여 사용할 수 있음
- ㉰ 브랜딩한 아로마 오일은 반드시 갈색병에 담아 냉장고에 보관
- ㉱ 사용하기 1~2일 전에 브랜딩 해두면 에센셜 오일이 캐리어 오일과 충분히 섞여 더욱 효과적
- ㉲ 브랜딩한 오일은 6개월 정도 사용 가능

② **아로마 오일 사용 시 주의점**
- ㉮ 희석해서 사용해야 하며, 희석되지 않은 상태에서는 두통, 메스꺼움, 불쾌감 등 나타날 수 있음. 단 라벤더와 티트리는 부분적으로 직접 사용할 수 있음
- ㉯ 패치테스트 실시한 후 사용하며, 눈 부위에 닿지 않도록 해야 함
- ㉰ 공기와 빛에 의해 분해되므로 갈색병에 담아 냉장고에 보관해야 함
- ㉱ 임산부, 간질, 고혈압 등의 질환이 있는 사람은 주의해서 사용해야 함
- ㉲ 3개월 미만 유아는 사용을 금하며 7세까지는 어른의 1/4, 16세까지는 1/2로 희석하여 사용해야 함
- ㉳ 짧게는 3주, 길게는 3개월 이상 같은 오일의 사용을 금지하거나 1주일 이상 휴지기를 가져야 함

(5) 주의해야 할 아로마 오일

항목	아로마 오일
임산부에게 사용을 피해야 하는 것	클라리세이지, 펜넬, 쟈스민, 주니퍼, 마죠람, 미르, 페퍼민트, 로즈, 로즈마리, 타임, 멜리사, 시더우드
고혈압 환자에게 피해야 하는 것	타임, 로즈마리
간질 환자에게 피해야 하는 것	로즈마리, 페퍼민트
자극 또는 알러지를 유발하는 것	티트리, 페퍼민트, 펜넬, 멜리사, 타임
일광 알러지를 유발할 수 있는 것	오렌지, 베르가못, 레몬, 그레이프프루트

(6) 아로마오일의 사용방법

구분	사용방법
목욕법	따뜻한 욕조에 아로마 오일을 6~8방울 떨어뜨리고 깨끗이 씻은 몸을 20분 정도 담금
흡입법	초보자에게 적합한 방법으로 손수건, 티슈에 아로마 오일을 1~2방울 떨어뜨리고 심호흡을 한다. 라벤더 등 진정효과가 있는 아로마 오일을 티슈에 묻혀 베개 위에 두고 자면 숙면을 취할 수 있음
마사지법	아로마 오일을 호호바 오일 등에 1~3% 희석해서 전신을 부드럽게 마사지, 이때 심장에서 먼 곳부터 가볍게 마사지하는 것이 좋음
족욕법	차가운 물에 아로마 오일을 넣어 족욕을 하면 심신이 안정되며, 따뜻한 물일 때는 긴장을 완화, 대개 3~10방울의 에센셜 오일을 넣고 15분 정도 발을 담금
확산법	아로마 램프(증발접시), 스프레이 등을 이용하여 향기를 확산시켜 줌
습포법	물 1리터 정도에 아로마 오일 5~10방울을 떨어뜨리고 수건을 담그어 적신 후 피부에 붙임. 더운 습포는 피부염에 좋고, 찬 습포는 통증, 부어오른 피부를 가라 앉히는데 효과적임

7 기능성 화장품

(1) 기능성 화장품의 구분

효능과 효과가 강조된 전문적인 기능을 갖는 제품으로 화장품과 의약부외품의 중간적인 성격으로 다음 세 가지가 있다.

① 미백 화장품
② 자외선 차단제품
③ 주름개선 및 노화억제 제품

(2) 미백 화장품

① **멜라닌 색소의 생성과정** : 기저층의 멜라닌세포에서 생성 멜라닌 색소가 생성되는 과정으로 아래의 과정을 통해 생성된 멜라닌 색소는 각질 형성세포에 전달되어지고 각화과정을 통해 각질층까지 도달함

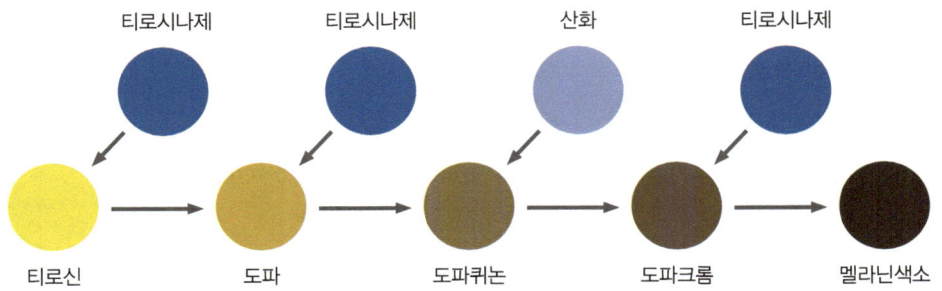

② **미백의 원리 및 성분**
  ㉮ 티로신의 산화를 촉매하는 티로시나아제의 작용을 억제하는 물질 : 알부틴, 코직산, 상백피 추출물, 닥나무추출물, 감초 추출물
  ㉯ 도파의 산화를 억제하는 물질 : 비타민 C
  ㉰ 각질 세포를 벗겨내서 멜라닌 색소를 제거하는 물질 : AHA
  ㉱ 멜라닌 세포 자체를 사멸시키는 물질 : 하이드로퀴논
  ㉲ 자외선을 차단하는 물질 : 자외선 차단제

(2) 자외선 차단제품

유해한 자외선의 침투를 막아 피부를 보호하기 위한 제품으로 자외선 산란제와 자외선 흡수제로 구성되어 있다.

① **자외선 산란제(물리적 차단제)**
  ㉮ 자외선을 산란, 반사시켜 피부내로 침투하지 못하도록 하는 것
  ㉯ 이산화티탄, 산화아연, 탈크, 카올린

② **자외선 흡수제(화학적 차단제)**
  ㉮ 자외선을 흡수하여 화학적인 방법으로 열과 진동으로 변환시켜 피부 침투를 막음
  ㉯ 옥틸디메틸 파바(octyl-dimethyl paba), 옥틸메톡시 신나메이트(Octyl-Methoxy cinnamate), 벤조페논(benzophenone), 캠퍼(campher), 파라아미노벤조산(para-aminobenzoic acid) 등

③ **자외선차단지수**(SPF ; Sun Protection Factor)

$$SPF = \frac{\text{자외선 차단제품을 사용했을 때 홍반이 생기는 자외선 최소량}}{\text{자외선 차단제품을 사용하지 않았을 때 홍반이 생기는 자외선 최소량}}$$

$$= \frac{\text{자외선 차단제품을 사용했을 때 홍반이 생기는 시간}}{\text{자외선 차단제품을 사용하지 않았을 때 홍반이 생기는 시간}}$$

(3) 주름 예방 및 노화 방지 제품

① **주름 완화 성분**
　　㉮ AHA : 각질제거
　　㉯ 비타민 A(레티노이드) : 세포 생성을 촉진
② **보습 성분** : NMF(천연보습인자), 세라마이드, 무코다당류(히아루론산, 콘드로이친 황산)
③ **항산화제** : 비타민 C, 비타민 E

■ 팩과 마스크
- 핫 오일 마스크 팩 : 건성피부에 사용
- 머드 팩 : 카올린, 벤토나이트 성분이 있어 피지 제거에 사용
- 에그 팩 : 주름 완화
- 파라핀 팩 : 주름 완화
- 고무마스크 : 여드름 피부, 민감성 피부에 사용
- 콜라겐 벨벳 마스크 : 모든 피부에 사용 가능, 피부 탄력 증진, 주름 완화
- 석고 마스크 : 건성피부, 노화피부에 사용
- 왁스 마스크 : 주름 완화

위생관리 및 안전사고 예방

Lesson 01 미용사 위생관리

1 개인건강 및 위생관리

(1) 미용사 손 위생관리
① **손 씻기** : 적절한 손 씻기만으로 콜레라, 장티푸스 등의 수인성 질환 50~70% 예방이 가능
② **손 소독** : 소독제, 알코올, 비누 등으로 미생물 수를 감소시키거나 성장을 억제
③ **손 위생** : 손 소독과 손 씻기 모두 포함

(2) 미용사 체취 및 구취관리
① **체취관리** : 아포크린땀샘의 땀은 피지의 세균들에 의해 강한 냄새를 유발하는 지방산과 암모니아로 분해되며 심한 경우 겨드랑이 부분이 착색
② **청결한 위생 상태 유지** : 하루 업무가 종료된 후에는 따뜻한 물로 샤워 후 물기를 충분히 닦고 건조시키며, 직무 후 착용한 옷은 세탁하여 청결한 상태를 유지
③ **천연 섬유 소재의 옷 착용** : 통풍이 잘되는 천연 섬유 소재의 옷으로 일을 하면 체취관리에 도움이 됨
④ **발 냄새 관리** : 발은 땀샘이 많아 여름철에 신경을 써야 함
⑤ **청결한 위생 상태 유지** : 하루 종일 흘린 땀은 피지, 각질 등이 섞여 있어 세정제를 사용하여 깨끗하게 관리
⑥ **발 모양 및 크기에 맞는 편한 신발 착용** : 통풍이 잘되고 발이 편안한 신발을 선택하여 발의 땀을 조절하고 피로하지 않도록 신경을 써야 함
⑦ **구취관리** : 미용 업무는 고객과 근접한 거리에서 대화를 나누므로 자신의 구취를 수시로 점검하여 고객에게 구취로 인한 불쾌감을 주지 않도록 함

Lesson 02 미용업소 위생관리

1 미용도구와 기기의 위생관리

(1) 수건 및 가운

① **수건**
- ㉮ 수건은 수분 흡수가 빠르고 먼지가 많이 나지 않고 쉽게 건조되는 35cm×75cm 정도의 크기에 70~90g 정도의 무게의 수건이 적당
- ㉯ 다양한 용도로 사용되는 수건
  - ㉠ 샴푸 후 젖은 모발에 수분을 흡수하는 용도
  - ㉡ 샴푸 후 젖은 모발을 감싸는 용도
  - ㉢ 샴푸 후 목, 얼굴 주변의 물기를 닦아 내는 온수건 용도
  - ㉣ 샴푸, 펌, 컬러 등 각종 작업 시 어깨에 걸치는 용도
  - ㉤ 손을 씻거나 땀을 흘린 고객에게 사용을 권하는 경우
- ㉰ 수건 세탁
  - ㉠ 미용업소 수건은 약품이 묻어 있어 일반 세탁물과 분리하여 세탁
  - ㉡ 세제는 적당량을 사용해야 하며, 충분히 헹구지 않으면 약알칼리성 세제가 수건에 남아 손상이 빨리 될 수 있음

② **가운**
- ㉮ 가운을 착용하는 이유는 염모제, 펌제가 고객의 옷에 묻으면 변색되기 때문으로 반드시 착용하여야 함
- ㉯ 가운 및 보의 사용
  - ㉠ 고객 가운 : 펌, 컬러 등 화학적인 시술 고객에게 계절별로 준비
  - ㉡ 커트 보 : 헤어커트 시 사용하며, 정전기 방지 및 코팅이 되어있는 소재로 선택
  - ㉢ 염색, 퍼머보 : 화학적 시술 할 때 약제가 고객의 옷에 떨어지지 않도록 방수 코팅이 되어 있어야 함
  - ㉣ 어깨 보 : 블로 드라이, 아이론 등과 같이 스타일링을 할 때 사용
  - ㉤ 샴푸, 펌, 컬러 보 : 얇고 부드러운 비닐 재질로 되어 샴푸, 코팅, 펌, 컬러 등 사용

(2) 도구 및 기기 관리

① **미용도구** : 가위, 빗, 클립, 브러시, 펌, 롯드, 핀 등
② **살균 및 소독 방법** : 고객의 위생을 위해 도구 사용 후 철저한 살균과 소독이 필요
- ㉮ 물리적 방법
  - ㉠ 습열 : 100℃ 끓는 물에 20분간 살균하는 방법
  - ㉡ 건열 : 수건, 면직물 등을 살균하는 방법
  - ㉢ 자외선 : 전기 소독기를 이용하여 기구들을 살균하는 방법

㈏ 화학적 방법
- ㉠ 인체에 무해해야 함
- ㉡ 구입이 용이해야 함
- ㉢ 피부에 자극이나 손상이 없어야 함
- ㉣ 냄새가 없어야 함
- ㉤ 구입 가격이 경제적이어야 함

③ 대상별 소독법

소독 대상	소독법
수건, 가운, 의류 등	일광소독, 자비소독, 증기소독
식기류	증기멸균법, 자비소독
가위, 인조 가죽류	알코올 소독 후 자외선 소독기 소독
브러시, 빗, 고무제품	중성세제 세척 후 자외선 소독기 소독
나무류	알코올 소독 후 자외선 소독기 소독

2 개인건강 및 위생관리

(1) 미용업소 환경위생

① 공중위생 관리 대상 업종인 미용업은 화학물질이 함유된 제품을 사용하므로 실내공기를 주기적으로 환기시켜 쾌적한 환경을 유지

② 온도, 습도 및 환기
- ㈎ 미용업소 온도 : 최적온도는 18℃ 정도이며 15.6~20℃ 정도에서 쾌적함을 느낄 수 있음
- ㈏ 미용업소 습도 : 15℃에서는 70% 정도, 18~20℃에서는 60%, 21~23℃에서는 50%, 24℃ 이상에서는 40%가 적당한 습도
- ㈐ 펌제, 염모제가 활발하게 작용할 수 있는 적당한 온도 : 15~25℃
- ㈑ 환기 : 고객과 디자이너를 위해 1~2시간에 한 번씩 주기적인 환기 실시

(2) 미용업소 위생관리

① 공간별 위생관리
- ㈎ 안내 데스크
- ㈏ 고객 대기 공간
- ㈐ 작업 공간
- ㈑ 샴푸 공간
- ㈒ 제품 보관 공간
- ㈓ 직원 휴식 공간

② **방법 및 시기별 위생관리**
㉮ 매일 영업 전·후 미용업소 경대 및 바닥 청소
㉯ 정기적 대청소
㉰ 정리 정돈으로 쾌적한 환경에서 서비스를 제공

(3) 미용업소 폐기물
① 폐기물은 생활 폐기물, 사업장 폐기물, 지정 폐기물, 의료 폐기물로 분류되며, 미용업소에서 배출되는 폐기물은 생활 폐기물에 해당됨
② 머리카락, 염모제 용기, 휴지 등은 일반 쓰레기로 배출
③ 염모제는 용기와 뚜껑을 분리하여 배출

Lesson 03 미용업 안전사고 예방

1 미용업소 시설·설비의 안전관리

(1) 미용업소 전기 안전 지식
① **합선 및 누전 예방** : 전선의 피복이 벗겨지지 않도록 수시로 확인
② **과열 및 과부하 예방** : 미용 기기는 전기 용량 및 전압에 적합한 규격 전선을 사용
③ **감전 사고 예방** : 샴푸 후 물과 전기를 사용하므로 감전 사고에 각별히 주의
㉮ 물기 있는 손으로 전기 기구 사용하지 않기
㉯ 전선을 잡아당겨 플러그 뽑지 않기
㉰ 콘센트에 먼지가 들어가지 않게 하기
㉱ 전기 기기 사용하기 전 고장 여부 확인

(2) 소방 안전 지식
① **화재 시 대피 방법** : 불이야 라고 큰소리로 다른 사람에게 알리고 화재 경보 비상벨을 누른 후 119에 신고
② **소화기 관리 및 사용**
㉮ 소화기를 비치할 때는 눈에 잘 띄는 곳에 두고 정기적으로 점검하여 사용 가능 여부를 확인한다.
㉯ 소화기 사용 초기 화재진압
㉠ 소화기를 불이 난 곳으로 옮겨 손잡이 부분의 안전핀을 뽑는다.
㉡ 바람을 등지고 서서 호스를 불 쪽으로 향하게 한다.
㉢ 손잡이를 힘껏 움켜쥐고 빗자루로 쓸 듯이 뿌린다.
㉣ 소화기는 눈에 잘 띄고 사용하기에 편한 곳에 두되 햇빛이나 습기에 노출되지 않도록 한다.

(3) 기타 안전사고 관련 지식

① **도구 사용** : 바른 자세 유지
② **전기기기 사용** : 젖은 손으로 만지지 않기
③ **약제 사용** : 미용장갑 착용하기
④ **기기 이동** : 기기이동 시 충돌사고 방지
⑤ **바닥** : 전선 노출부분 정리 및 바닥 미끄럼 주의

2 미용업소 안전사고 예방 및 응급조치

(1) 응급상황과 구급약

일시적인 증상은 상시 응급상황에 맞게 비상 구급약을 구비하고, 심하면 119에 신고한 후 응급처치하고 대기

① **미용업소의 응급 상황** : 전기로 인한 감전, 화상 사고가 발생할 수 있음
② **구급상자** : 간단한 응급조치 구급상자를 반드시 비치해 둘 것
③ **구급약품** : 먹는 약, 바르는 약, 소독약, 의료용 물품, 구급카드 등을 준비

(2) 화상에 대한 응급조치

① 화상 부위를 얼음물 등으로 차갑게 해주는데 얼음이 환부에 직접 닿지 않도록 주의
② 화상 부위가 광범위할 경우 지체없이 병원으로 이송
③ 물이나 자극성이 적은 비누로 깨끗이 씻고 건조시켜 화상 입은 부위를 깨끗하게 함
④ 수포가 이미 터졌다면 소독 후 항생제 연고를 바름

(3) 감전에 대한 응급조치

① 감전자 주변의 전선, 기기의 전원을 차단
② 차단할 수 없을 경우 고무장갑, 고무장화 등을 착용한 후 전기가 통하지 않는 물건을 이용하여 전선이나 기기로부터 감전자를 분리
③ 감전자의 의식, 맥박, 호흡을 확인한 후 119에 신고
④ 찾기 쉬운 장소에 촛불, 손전등 등을 준비해 두고 전기 고장 번호(국번 없이 123), 전기안전공사(1588-7500) 번호를 게시

(4) 눈에 이물질이 들어간 경우 응급조치

① 눈에 화학약품이 들어간 경우 즉시 흐르는 물에 눈을 헹구고 병원으로 이송
② 눈동자 위쪽에 이물질이 들어간 경우 눈을 감고 눈물이 나오도록 하거나 식염수로 세척

③ 눈동자 아래쪽에 이물질이 들어간 경우 물에 젖은 면봉이나 손수건을 이용하여 이물질을 세척

(5) 무의식에 대한 응급조치

① 실신, 심장 발작 등에 의한 무의식 상태인 경우 기도가 막히지 않도록 얼굴을 옆으로 돌리고 옷이 끼지 않도록 단추나 벨트를 풀어 줌
② 실신자의 의식, 맥박, 호흡을 확인한 후 119에 신고
③ 심폐소생술을 할 수 있는 사람을 찾아 119 구급 대원이 도착할 때까지 실시

출제 예상문제 CHECK POINT QUESTION

PART 01 | 미용 총론

CHAPTER 01 미용의 이해

001 공중위생관리법상의 미용의 정의로 옳은 것은?
① 고객의 외모만 아름답게 꾸미는 영업이 미용업이다.
② 미용업은 외모를 아름답게 꾸미는 자유예술이다.
③ 미용은 얼굴, 머리, 피부 등으로 고객의 외모를 아름답게 꾸미는 영업이다.
④ 미용은 조발, 삭발, 면도 등으로 고객의 외모를 아름답게 꾸미는 영업이다.

🔍 공중위생관리법상의 미용업은 고객의 얼굴, 머리, 피부 등을 손질하여 고객의 외모를 아름답게 꾸미는 영업으로 정의한다.

002 미용의 특수성과 거리가 먼 것은?
① 미용은 부용예술이다
② 손님의 머리모양을 낼 때 미용사 자신의 독특한 구상을 표현해야 한다.
③ 미용은 조형예술과 같은 정적예술이기도 하다.
④ 손님의 머리모양을 낼 때 시간적 제한을 받는다.

🔍 고객의 의사를 우선적으로 존중해야 하며, 자신의 의사표현을 자제해야 한다.

003 미용의 목적과 가장 거리가 먼 것은?
① 심리적 욕구를 만족시켜 준다.
② 인간의 생활의욕을 높인다.
③ 영리의 추구를 도모한다.
④ 아름다움을 유지시켜 준다.

🔍 미용은 아름다움으로 심리적 욕구를 만족시켜 생활의 의욕을 높이는 목적이 있으며 영리추구만을 도모하지 않는다.

004 미용의 의의와 가장 거리가 먼 것은?
① 복식을 포함한 종합예술이다.
② 외적 용모를 다루는 응용과학의 한 분야이다.
③ 시대의 조류와 욕구에 맞춰 새롭게 개발된다.
④ 심리적 욕구를 만족시키고 생산의욕을 향상시킨다.

🔍 미용은 복식 이외의 여러 가지 방법으로 용모를 아름답게 하는 것이다.

005 머리 모양 또는 화장에서 개성미를 발휘하기 위한 첫 단계는?
① 소재의 확인
② 제작
③ 구상
④ 보정

🔍 소재(고객) → 구상(계획단계) → 제작(실행단계) → 보정(마무리 단계)

006 구상한 작품을 고객 이미지에 맞추어 표현하는 과정을 무슨 과정이라 하는가?
① 소재과정　② 구상과정
③ 제작과정　④ 보정과정

🔍 구상한 작품을 고객 이미지에 맞추어 표현하는 것이 제작과정이다.

007 미용의 과정이 바른 순서로 나열된 것은?
① 소재 – 구상 – 제작 – 보정
② 소재 – 보정 – 구상 – 제작
③ 구상 – 소재 – 제작 – 보정
④ 구상 – 제작 – 보정 – 소재

🔍 미용의 과정은 소재 – 구상 – 제작 – 보정이다.

정답 001 ③　002 ②　003 ③　004 ①　005 ①　006 ③　007 ①

008 전체적인 머리모양을 종합적으로 관찰하여 수정 보완시켜 완전히 끝맺도록 하는 것은?

① 통칙   ② 제작
③ 보정   ④ 구상

> 미용의 과정에서 전체적으로 조화로움을 검토하여 수정, 보완하여 끝맺음 짓는 것을 보정이라 한다.

009 미용사의 사명 중 옳지 않은 것은?

① 고객의 요구에 맞는 개성미를 연출한다.
② 새로운 유행스타일은 적극 실험 시술한다.
③ 공중위생관리상 안전을 유지한다.
④ 미용문화사적으로 건전한 지도를 수행한다.

> 미용사 사명 3가지 측면
> • 미적 측면 : 개성미 연출
> • 문화적 측면 : 미용문화사적 건전한 지도
> • 위생적 측면 : 공중위생관리상의 안전을 유지

010 미용의 자세 중 틀린 것은?

① 다리를 어깨 폭 보다 많이 벌려 안정감을 유지한다.
② 미용사의 신체적 안정감을 위해 힘의 배분을 적절히 한다.
③ 명시 거리는 안구에서 25~30cm를 유지한다.
④ 작업의 위치는 심장의 높이에서 행한다.

> 미용 작업 자세는 다리의 위치가 어깨 넓이 정도가 적절하다.

011 두부의 기준점 중 위쪽에 위치하고 있으며, 전후좌우를 구분 짓는 중심이 되는 기준점의 명칭은?

① 사이드 포인트
② 탑 포인트
③ 네이프 포인트
④ 이어 포인트

> 두부의 포인트점에서 가장 높게 위치하고 있는 부분은 탑 포인트이다.

012 미용 시술시 작업자세로 올바르지 않은 것은?

① 작업위치는 시술자의 심장 높이보다 조금 높게 하는 것이 가장 바람직하다.
② 체중이 양다리로 고루 분산되게 균형을 잘 유지하도록 배려한다.
③ 명시거리는 정상시력인 경우 약 25cm 정도를 유지한다.
④ 실내조도는 75Lux 이상 유지하여 밝게 조절한다.

> 작업위치는 시술자의 심장 높이와 평행하도록 하는 것이 가장 바람직하다.

013 두상의 명칭을 5부분으로 나눌 때 속하지 않는 부분은?

① 전두부
② 백포인트
③ 측두부
④ 두정부

> 두부는 크게 5등분으로 나누는데 전두부(탑), 좌·우 측두부(사이드), 두정부(크라운), 후두부(네이프)로 한다.

014 두상(두부)에서 목 뒤 중앙의 명칭은?

① 사이드 포인트
② 프론트 포인트
③ 네이프 포인트
④ 네이프 사이드 포인트

> 목 뒤 가운데 포인트의 명칭은 네이프 포인트이다.

015 우리나라 고대 여성의 머리형에 속하지 않는 것은?

① 쪽진머리
② 큰머리
③ 높은머리
④ 얹은머리

> 높은머리는 1920년대(현대) 이숙종 여사가 한 두발형태이다.

정답 008 ③ 009 ② 010 ① 011 ② 012 ① 013 ② 014 ③ 015 ③

016 삼한시대의 머리형에 관한 설명 중 틀린 것은?

① 포로나 노비는 머리를 깎았다.
② 수장급은 관모를 썼다.
③ 일반인에게는 상투를 틀게 했다.
④ 계급의 차이 없이 자유롭게 했다.

🔍 삼한시대의 머리 형태는 귀천의 차이를 나타낸다.

017 우리나라 미용사에서 옛 여인들의 가발을 사용하고 머리형으로 신분과 지위를 나타냈던 최초의 시대는?

① 삼한시대
② 고구려
③ 신라
④ 백제

🔍 신라시대에는 머리 형태의 화려함으로 신분의 귀천을 표현하였다.

018 우리나라 고대 미용에 대한 다음 설명 중 틀린 것은?

① 기혼여성은 머리를 두 갈래로 땋아 틀어 올린 쪽머리를 했다.
② 머리형은 귀천의 차이 없이 자유자재로 했다.
③ 미혼여성은 두 갈래로 땋아 늘어뜨린 댕기머리를 했다.
④ 수장급은 관모를 썼다.

🔍 신라시대에는 머리 형태의 화려함으로 신분을 나타내었다.

019 고려시대 여염집 여인들의 화장법은?

① 분대화장
② 기생화장
③ 짙은 화장
④ 비분대화장(옅은 화장)

🔍 • 여염집 : 비분대화장(옅은 화장)
• 기생 중심 : 분대화장(짙은 화장)

020 우리나라 여성의 여러 가지 머리형 중 비녀를 꽂은 것에 해당하는 것은?

① 쪽낭자머리
② 풍기명식머리
③ 얹은머리
④ 쌍상투머리

🔍 쪽낭자머리, 쪽진머리는 비녀를 사용한 머리이다.

021 우리나라 조선 중엽 일반 부녀자의 화장 설명 중 틀린 것은?

① 연지, 곤지를 찍었다.
② 참기름을 사용했었다.
③ 10가지 종류의 눈썹 모양을 그렸다.
④ 분을 바른 시초였다.

🔍 십미도(十眉圖)는 10가지 종류의 눈썹 모양을 말하는 것으로 이는 중국 현종(서기 713~755년) 때이다.

022 조선시대 여인의 머리형으로써 생머리 위에 사람의 머리카락으로 만든 가체를 얹은 머리형은?

① 쌍상투머리
② 낭자머리
③ 풍기명식머리
④ 큰머리

🔍 조선시대의 큰머리는 가체를 이용하여 얹은머리이다.

023 다음 우리나라 머리 장식품 중 사용 용도가 다른 하나는?

① 비녀
② 관모
③ 석류잠
④ 각잠

🔍 비녀의 종류에 석류잠, 각잠, 국잠, 용잠, 봉잠 등이 있으며 관모는 모자의 일종이다.

024 1920년대 이숙종 여사에 의해 유행된 헤어스타일은?

① 높은머리
② 쪽진머리
③ 풍기명식머리
④ 얹은머리

🔍 1920년대 이숙종 여사에 의해 유행된 머리 형태는 높은머리(따까머리)이다.

정답 016 ④　017 ③　018 ②　019 ④　020 ①　021 ③　022 ④　023 ②　024 ①

025 오엽주 여사가 처음으로 서울 종로에 화신미용원을 개설한 해는?

① 1933년
② 1940년
③ 1930년
④ 1935년

🔍 • 김활란(1920년대) : 최초의 단발머리
• 이숙종(1920년대) : 높은머리
• 오엽주(1933년) : 화신미용원 개원

026 중국의 미용에 대해 틀린 것은?

① 당나라 시대에는 액황이라고 하여 이마에 발라 입체감을 살렸다
② 홍장은 백분을 바른 후 다시 연지를 더 바르는 것이다.
③ 십미도는 열 종류의 눈썹모양을 그린 것이다.
④ 두발형에는 쪽진머리, 큰머리, 조짐머리가 있었다.

🔍 쪽진머리, 큰머리, 조짐머리는 조선시대의 머리 형태이다.

027 고대 중국의 미용 설명으로 틀린 것은?

① 기원전 2200년경 하나라 시대에 분을, 기원전 1150년경인 은나라의 주왕 때에는 연지화장이 사용되었다.
② B.C 246~210년에 아방궁 3천명의 미희들에게 백분과 연지를 바르게 하고 눈썹을 그리게 했다.
③ 액황이라고 하여 이마에 발라 약간의 입체감을 주었으며 홍장이라 하여 백분을 바른 후 다시 연지를 덧발랐다.
④ 두발을 짧게 자르거나 밀어내고 그 위에 일광을 막을 수 있는 대용물로써 가발을 즐겨 썼다.

🔍 보기 ④항은 고대 이집트에 해당된다. 고대 이집트에는 일광을 막는 용도로 가발을 사용하였다.

028 이집트인들이 염모제로서 헤너를 사용했다는 최초의 기록은?

① 기원전 약 3000년경
② 기원전 약 500년경
③ 기원전 약 1500년경
④ 기원전 약 2000년경

🔍 고대 이집트 기원전 약 1500년경에 식물성 염모제인 헤너를 사용하였다.

029 다음 중 고대 미용의 발상지는?

① 그리스   ② 이집트
③ 바빌론   ④ 로마

🔍 고대 미용의 발상지는 이집트이다.

030 17세기 여성들의 두발 결발사로 종사하던 최초의 남자 결발사는?

① 마셀 그라또우   ② 케더린 오프 메디시
③ 샴페인   ④ 끄로샤뜨

🔍 최초의 남성 결발사는 프랑스의 샴페인이다.

031 아이론을 발명하여 부인결발법의 대혁명을 일으킨 사람은?

① 프랑스의 마셀   ② 독일의 조셉 메이어
③ 독일의 찰스 네슬러   ④ 영국의 스피크먼

🔍 1875년 프랑스의 마셀은 아이론 사용에 의한 마셀 웨이브를 창안하였다.

032 퍼머넌트 웨이브에서 크로키놀법을 고안한 사람은?

① 마셀   ② 조셉 메이어
③ 찰스 네슬러   ④ 스프크먼

🔍 1925년 독일의 조셉 메이어가 크로키놀식 웨이브를 고안하였다.

정답 025 ① 026 ④ 027 ④ 028 ③ 029 ② 030 ③ 031 ① 032 ②

033 화학약품만의 작용에 의한 콜드 웨이브를 최초로 성공시킨 사람은?

① 마셀 ② 스피크먼
③ 찰스네슬러 ④ 조셉 메이어

> 영국의 스피크먼이 1936년 화학약품만의 작용에 의한 콜드 웨이빙을 창안하였다.

034 마셀 웨이브 방법을 고안한 시기는?

① 1875년 ② 1858년
③ 1758년 ④ 1765년

> 1875년 프랑스 마셀에 의해 아이론 사용에 의한 마셀 웨이브가 창안되었다.

035 세계 미용의 중심지인 프랑스 미용의 기초를 굳힌 사람은?

① 마셀 그라또우 ② 캐서린 오프 메디시
③ 무슈 끄로샤뜨 ④ 스피크먼

> 캐서린 오프 메디시 여왕이 프랑스 근대미용의 기틀을 마련했다.

CHAPTER 02 피부의 이해

036 다음 중 표피의 가장 아래층에서 바깥층까지 순서가 올바른 것은 무엇인가?

① 기저층 → 투명층 → 유극층 → 과립층 → 각질층
② 기저층 → 유극층 → 과립층 → 투명층 → 각질층
③ 각질층 → 투명층 → 과립층 → 유극층 → 기저층
④ 기저층 → 유극층 → 투명층 → 과립층 → 각질층

> 표피는 가장 아래층에는 기저층이 있고 그 위에 유극층, 과립층, 투명층, 각질층 순으로 존재한다.

037 다음 중 각질 형성 세포의 세포 분열이 일어나는 곳은 어디인가?

① 각질층
② 과립층
③ 유극층
④ 기저층

> 표피의 기저층에 각질 형성 세포, 멜라닌 세포, 머켈 세포가 존재하며, 세포 분열이 일어난다.

038 표피 중에서 손바닥, 발바닥에만 존재하는 층은?

① 각질층
② 투명층
③ 유극층
④ 기저층

> 투명층은 각질층과 과립층 사이에 존재하는 층으로 손바닥과 발바닥에만 존재하며, 세포질 속에 엘라이딘(Eleidin)이라는 반유동 지방성분이 함유되어 있어 투명하게 보이고 빛과 수분을 차단하는 역할을 한다.

039 진피의 설명으로 틀린 것은?

① 방어막이 존재하여 외부의 물리적인 압력으로부터 피부를 보호한다.
② 표피의 수배가 되는 두께를 가지고 있다.
③ 피부의 대부분은 진피로 이루어진다.
④ 수분을 비롯하여 단백질, 당질, 무기염류 등이 젤리 상태로 되어 있다.

> 보기 ①항은 표피에 대한 설명이다.

040 피부 표피의 면역반응에 관여하는 세포는 무엇인가?

① 비만 세포
② 섬유아 세포
③ 머켈 세포
④ 랑게르한스 세포

> 비만 세포, 섬유아 세포는 진피에 존재하는 세포이며, 머켈 세포는 표피의 촉각을 감지하는 세포이다.

정답 033 ② 034 ① 035 ② 036 ② 037 ④ 038 ② 039 ① 040 ④

041 피하조직에 대한 설명 중 틀린 것은?

① 피부의 가장 아래층이다.
② 내부나 외부의 압력에 대처하는 능력을 가지고 있다.
③ 피부의 주체를 이루는 층으로 표피와 경계를 이룬다.
④ 열전도체의 역할을 하여 체열 유지에 도움을 준다.

🔍 표피와 경계를 이루고 있는 것은 진피로 유두층, 망상층으로 구분되어 있으며 피부 전체의 90% 이상을 차지하고 있는 실질적인 피부이다.

042 자외선에 의해 피부에서 형성되어지는 영양소는 무엇인가?

① 비타민 A
② 비타민 D
③ 비타민 E
④ 비타민 K

🔍 프로비타민 D는 비타민 D의 전구물질로 자외선 조사에 의해 비타민 D로 바뀐다.

043 피부의 색을 결정하는 요소가 아닌 것은?

① 카로틴
② 멜라닌 색소
③ 지방
④ 백혈구의 양

🔍 피부의 색을 결정하는 요소는 멜라닌 색소의 양과 분포, 헤모글로빈, 카로틴 색소의 양, 피부의 두께, 지방의 양, 혈류량 등에 영향을 받는다.

044 멜라닌 색소를 증가시키는 요인이 아닌 것은?

① 얼굴의 형태 ② 임신
③ 스트레스   ④ 자외선

🔍 멜라닌 색소의 증가와 관련하여 임신, 스트레스, 내분비계 실조와 자외선이 영향인자로 작용한다.

045 멜라닌 색소에 대한 설명으로 틀린 것은?

① 기저층에서 생성되어진다.
② 멜라닌 세포의 수가 피부색을 결정한다.
③ 자외선을 흡수하여 피부를 보호해 준다.
④ 각질과 함께 떨어진다.

🔍 티로시나아제의 활성도에 따라 생성되는 멜라닌 색소의 양에 따라 피부색이 결정된다. 즉, 멜라닌 세포의 수가 피부색을 결정하는 것은 아니다.

046 정상적인 피부에서 각질층의 수분 함유량은 얼마인가

① 5~10%   ② 10~20%
③ 20~30%   ④ 30% 이상

🔍 각질층의 수분 함유량은 10~20%가 정상이며, 10% 이하가 되면 건성피부이다.

047 일반적으로 피부의 각화주기는 얼마인가?

① 7일   ② 14일
③ 28일 ④ 60일

🔍 피부의 각화주기는 일반적으로 28일이며, 14일은 세포가 재생되는 과정, 14일은 퇴화가 되는 과정이다.

048 피지선의 활동을 왕성하게 해주는 호르몬은 무엇인가?

① 안드로겐   ② 에스트로겐
③ 갑상선호르몬 ④ 성장호르몬

🔍 남성호르몬인 안드로겐의 영향으로 피지분비가 증가하며, 에스트로겐은 피지분비를 억제한다.

049 피부의 체온 조절 작용에 대한 설명으로 틀린 것은?

① 천연 피지막이 체온 발산을 막음
② 모세혈관의 수축에 의해 체온을 발산함
③ 한선에서 땀을 분비하여 체온을 발산함
④ 체온이 저하되면 기모근이 수축함

🔍 모세혈관의 수축에 의해 체온 저하를 막고, 확장에 의해 체온을 발산한다.

정답 041 ③ 042 ② 043 ④ 044 ① 045 ② 046 ② 047 ③ 048 ① 049 ②

050 각화과정에 대한 설명으로 알맞지 않은 것은 무엇인가?

① 각질형성세포의 수명은 약 28일이다.
② 노화된 피부에서는 각질층이 떨어지는 시간이 더 짧게 걸린다.
③ 표피의 세포는 기저층에서 형성된다.
④ 각질층으로 올라오면서 표피세포가 딱딱한 각질로 바뀌게 된다.

🔍 노화된 피부는 각화과정이 길어져 잔주름과 피부 거칠어짐의 원인이 된다.

051 땀의 역할이 아닌 것은?

① 피부나 털을 윤기 있게 한다.
② 체온 조절을 해준다.
③ 산성 피지막을 형성해 피부 표면의 산도를 유지한다.
④ 신장의 기능에 도움을 준다.

🔍 피지의 기능
• 피부의 피지막을 형성해 피부를 보호
• 외부의 이물질 침입 방어
• 털의 매끄러운 윤기를 유지
• 체온 저하 방지

052 정상 피부의 특징이 아닌 것은?

① 모공이 크고 탄력이 좋다.
② 색소침착이 없고 혈색이 맑다.
③ 주름이 없고 부드럽다.
④ 수분과 유분의 분비량이 적당히 유지된다.

🔍 정상 피부는 모공이 크지 않고 적당하며, 지성 피부일수록 유분의 분비가 많아 모공이 커진다.

053 피부가 손상되기 쉬우며 유·수분 부족으로 인하여 노화가 빠르게 이루어지는 피부는?

① 중성 피부   ② 건성 피부
③ 지성 피부   ④ 여드름 피부

🔍 건성 피부는 피부의 노화현상이 급속하게 진행되어 잔주름이 많이 나타나는 피부 유형으로 적절한 보습 화장품으로 피부 보습을 지속적으로 해주면 정상상태를 유지 할 수 있다.

054 수분 부족으로 인한 건성 피부의 알맞은 관리법은?

① 유분이 많은 화장품을 사용한다.
② 알칼리 비누를 사용한다.
③ 잦은 세안을 한다.
④ 수분을 충분히 공급해 준다.

🔍 잦은 세안과 알칼리 비누를 사용하면 피부가 더 건조해진다.

055 지성피부의 특징이 아닌 것은?

① 여드름 피부가 될 수 있다.
② 각질층이 얇다.
③ 모공이 넓다.
④ 피부에 윤기가 있다.

🔍 지성 피부는 각질층의 두께가 두껍고 피부가 거칠며 모공이 넓다.

056 민감성 피부의 특징으로 틀린 것은?

① 외부 자극에 민감하게 반응한다.
② 심리적인 면과 연관 있다.
③ 피부가 두껍다.
④ 심해지면 모세혈관이 확장된다.

🔍 민감성 피부의 경우 피부가 얇고 심해지면 알레르기를 동반할 수 있다.

057 피부의 3대 유해 요인이 아닌 것은?

① 수분   ② 자외선
③ 건조   ④ 산화

🔍 자외선, 건조, 산화를 피부의 3대 유해 요인이라 하며, 이들은 외부적인 요소이기 때문에 적절한 피부 관리를 통해 그 유해함을 최소화할 수 있다.

058 다음 중 영양소의 3대 작용이 아닌 것은?

① 에너지 공급원   ② 신체의 조직 형성
③ 생리기능 조절   ④ 질병 치료

🔍 균형 잡힌 영양소의 섭취를 통해 질병을 예방할 수는 있지만 질병 치료는 해당되지 않는다.

정답 050 ② 051 ① 052 ① 053 ② 054 ④ 055 ② 056 ③ 057 ① 058 ④

059 다음 중 수용성 비타민은?

① 비타민 A   ② 비타민 B
③ 비타민 D   ④ 비타민 E

🔍 지용성 비타민에는 비타민 A, D, E, K가 있고, 수용성 비타민에는 비타민 B군, C 등이 있다.

060 비타민의 결핍 현상으로 잘못 연결된 것은?

① 비타민 A – 야맹증
② 비타민 B – 각기병
③ 비타민 D – 구루병
④ 비타민 E – 괴혈병

🔍 • 비타민 C : 괴혈병
  • 비타민 E : 용혈성 빈혈

061 다음 중 무기질에 대한 설명으로 틀린 것은?

① 체조직의 구성성분이다.
② 수분과 산·염기의 평형 조절에 관여한다.
③ 에너지 공급원으로 사용된다.
④ 보조효소로써 작용한다.

🔍 에너지 공급원으로 사용되는 것은 3대 영양소인 탄수화물, 단백질, 지방이다.

062 태양광선 중에서 살균이나 소독 효과가 뛰어난 파장은 무엇인가?

① 적외선   ② 가시광선
③ 자외선 A   ④ 자외선 C

🔍 적외선은 열을 이용하여 지방 연화, 통증 치료 등에 이용하며, 가시광선을 빛을 나타내며 자외선 A는 장파장으로 색소침착을 일으키며, 자외선 C는 살균, 소독 효과가 뛰어나지만 피부암을 유발할 수 있다.

063 노화 이론으로 알맞지 않은 것은?

① 유래기 생성
② 가교의 증가
③ 에스트로겐의 과다 분비
④ 자가 면역설

🔍 에스트로겐의 결핍으로 노화가 촉진되며, 그 외 노화 이론으로 체세포 돌연변이설, DNA 오류설, DNA 프로그램설, 섬유화설 등이 있다.

064 광노화와 내인성 노화(자연노화)의 피부 두께 변화를 바르게 연결한 것은?

① 광노화 – 두꺼워짐, 자연노화 – 얇아짐
② 광노화 – 두꺼워짐, 자연노화 – 두꺼워짐
③ 광노화 – 얇아짐, 자연노화 – 얇아짐
④ 광노화 – 얇아짐, 자연노화 – 두꺼워짐

🔍 광노화는 피부가 두꺼워지고 탄력섬유가 증가하는 반면, 자연노화는 피부가 얇아지는 특징이 있다.

065 피부에 나타나는 증상 중 원발진이 아닌 것은?

① 반
② 결절
③ 인설
④ 팽진

🔍 원발진은 피부질환의 초기 상태로 반, 홍반, 자반, 구진, 결절, 종양, 소수포, 수포, 농포, 팽진 등이 있다.

066 피부에 나타나는 증상 중 속발진이 아닌 것은?

① 홍반   ② 미란
③ 가피   ④ 균열

🔍 속발진은 원발진이 계속적으로 진행되거나 회복, 외상 및 외적 요인에 의해 변화된 상태의 병변으로 미란, 짓무름, 찰상, 궤양, 인설, 딱지, 가피, 균열, 흉터 등이 있다.

067 피부, 모발, 눈 등에 멜라닌 색소가 결핍되어 나타나는 선천성 질환은 무엇인가?

① 기미   ② 흑자
③ 백반증   ④ 백색증

🔍 멜라닌 색소 결핍증 중에서 백색증은 선천성 질환으로 티로시나제의 불량 등으로 멜라닌 색소를 만들어내지 못해 생기며, 백반증은 후천적으로 멜라닌 색소가 어떤 이유에 의해 파괴되어 그 숫자가 감소되거나 소실됨으로써 발생하는 질환이다.

정답 059 ② 060 ④ 061 ③ 062 ④ 063 ③ 064 ① 065 ③ 066 ① 067 ④

068 다음 중 진균성 피부질환이 아닌 것은?

① 수두 ② 족부 백선
③ 완선 ④ 칸디다증

🔍 수두는 바이러스성 질환으로 기도를 통해 감염된다.

069 피부진균에 의하여 발생하며 습한 곳에서 발생빈도가 가장 높은 것은?

① 모낭염 ② 족부백선
③ 봉소염 ④ 티눈

🔍 족부백선은 진균성 질환의 하나로 지간형, 소수포형, 각화형으로 구분되며 주로 습한 곳에서 발생빈도가 크다.

070 직경 1~2mm의 둥근 백색 구진으로 안면(특히 눈 하부)에 호발하는 것은?

① 비립종 ② 피지선 모반
③ 한관종 ④ 표피낭종

🔍 비립종과 한관종
- 비립종 : 주로 눈 주위와 뺨에 직경 1~2mm의 작은 흰점 같은 알갱이가 들어있는 병변
- 한관종 : 주로 사춘기 이후의 여성에게 발생하여 나이가 들수록 점점 많아지는 일종의 양성종양으로 좁쌀 크기에서 쌀알 크기만큼의 살색이나 황색을 띠는 다소 딱딱한 구진의 형태

CHAPTER 03 화장품 분류

071 화장품에 대한 설명으로 틀린 것은?

① 인체를 청결, 미화하여 매력을 더하고 용모를 밝게 변화시키기 위해 사용한다.
② 정상인이 사용하며 어느 정도의 부작용은 허용된다.
③ 기능성 화장품은 미백, 자외선차단, 노화억제의 효능 효과가 있어야 한다.
④ 신체에 바르거나 뿌려서 신체 및 모발을 아름답게 유지시킨다.

🔍 의약품은 질병 치료를 목적으로 부작용이 어느 정도는 무방하나 화장품은 부작용이 없어야 한다.

072 화장품의 4대 요건이 아닌 것은?

① 기호성
② 안전성
③ 안정성
④ 사용성

🔍 화장품의 4대 요건은 안전성, 안정성, 사용성, 유효성이다.

073 화장품의 성분 중 알코올에 대한 설명이 틀린 것은?

① 변성 에탄올을 사용한다.
② 시원한 청량감과 수렴효과를 준다.
③ 건성용 토너가 함유량이 많다.
④ 배합량이 많아질수록 수렴효과와 살균소독효과가 있다.

🔍 지성용, 남성용 토너일수록 알코올 함유량이 많다.

074 다음 유성 성분 중 식물성 오일은 무엇인가?

① 밍크오일
② 피마자유
③ 바세린
④ 실리콘오일

🔍 밍크오일은 밍크의 피하에서 추출한 동물성 오일, 바세린은 석유에서 추출한 광물성 오일, 실리콘오일은 합성오일이다.

075 왁스에 대한 설명으로 틀린 것은?

① 화학적으로 트리글리세라이드 구조이다.
② 화장품의 굳기를 증가시킨다.
③ 동물성 왁스로는 밀랍이 대표적이다.
④ 고형의 유성 성분이다.

🔍 왁스는 화학적으로 고급지방산에 고급 알코올이 결합된 에스테르이며, 트리글리세라이드는 오일의 구조이다.

정답 068 ① 069 ② 070 ① 071 ② 072 ① 073 ③ 074 ② 075 ①

076 다음 중 동물성 왁스에 해당되는 것은?

① 카르나우바 왁스
② 라놀린
③ 칸데릴라 왁스
④ 호호바 오일

🔍 카르나우바 왁스, 라놀린, 호호바는 식물성 왁스이며, 동물성 왁스는 벌집에서 추출한 밀랍, 양모에서 추출한 라놀린이 대표적이다.

077 다음 중 계면활성제의 분류와 설명이 올바르게 연결된 것은?

① 유화제 – 고체입자를 물에 균일하게 분산시켜 주는 것
② 가용화제 – 물과 기름이 잘 섞이게 하는 것
③ 세정제 – 피부의 오염물질을 제거해 주는 것
④ 분산제 – 소량의 기름을 물에 투명하게 녹이는 것

🔍 • 유화제 : 물과 기름이 잘 섞이게 하는 것
• 가용화제 : 소량의 기름을 물에 투명하게 녹이는 것
• 분산제 : 고체 입자를 물에 균일하게 분산시켜 주는 것

078 다음 중 계면활성제의 HLB에 대한 설명으로 틀린 것은?

① 어떤 계면활성제가 물에 잘 녹는가 녹지 않는가 하는 척도이다.
② HLB는 0~20 사이를 나타낸다.
③ HLB가 높을수록 물에 잘 녹는다.
④ HLB가 높을수록 W/O 유화제로 사용된다.

🔍 HLB가 높을수록 가용화제로 사용되고 HLB가 낮을수록 W/O 유화제로 사용된다.

079 다음 중 피부 자극이 적어 화장수의 가용화제, 크림의 유화제, 클렌징 크림의 세정제 등으로 사용되는 계면활성제는 어느 것인가?

① 양이온성 계면 활성제
② 음이온성 계면활성제
③ 비이온성 계면활성제
④ 양쪽성 계면활성제

🔍 계면활성제의 종류
• 양이온성 : 살균, 소독작용이 크며 정전기 발생을 억제
• 음이온성 : 세정작용과 기포 형성 작용이 우수
• 비이온성 : 피부 자극이 적어 기초 화장품에 사용
• 양쪽성 : 세정작용이 있으며 피부 자극이 적음

080 다음 중 클렌징 크림에 대한 설명으로 옳지 않은 것은?

① 피부의 불순물 제거한다.
② 피부의 자극이 적다.
③ 수중유형은 W/O형이다.
④ 진한 메이크업을 지울 때 적당하다.

🔍 수중유형은 O/W형으로 물 중에 기름 분자가 분산되어 있는 것이고, 유중수형은 W/O형으로 유성분 중에 물의 분자가 분산되어 있는 것이다.

081 다음 중 화장수에 대한 설명으로 틀린 것은?

① 유연화장수는 보습제, 유연제가 함유되어 있다.
② 약알칼리성 화장수는 예민한 피부에 보습 성분을 침투시켜 피부를 촉촉하게 해준다.
③ 수렴화장수는 모공을 수축시켜 피부 결을 정리한다.
④ pH에 따라 약알칼리성, 중성, 약산성이 있다.

🔍 약알칼리성 화장수는 노화된 각질을 부드럽게 하며 수분과 보습 성분의 침투를 촉진시켜 피부를 촉촉하게 해 준다.

082 다음 중 수렴화장수에 대한 설명으로 틀린 것은?

① 수분 공급과 모공 수축이 목적이다.
② 피부 유연을 목적으로 한다.
③ 에탄올의 배합량이 많다.
④ 아스트린젠트 로션이라고 한다.

🔍 피부 유연을 목적으로 하는 것은 유연화장수이다.

083 다음 중 에센스의 주요 효과가 아닌 것은?

① 보습   ② 피부 보호
③ 영양 공급   ④ 피부 정돈

🔍 피부 정돈은 화장수의 기본 목적이다.

084 다음 중 보습제의 성분은?

① 글리세린
② 폴리비닐 알코올
③ 펙틴
④ 젤라틴

🔍 보습제의 성분은 글리세린, 프로필렌글리콜, 소르비톨 등이다.

085 에멀젼(Emulsion)이란?

① O/W형과 W/O형이 있다.
② 가용화를 목적으로 하는 것이다.
③ 소량의 오일이 수상에 섞여 있는 상태이다.
④ 미셀로 이루어져 있다.

🔍 에멀젼은 상호 혼합되지 않는 두 성분이 섞여 있는 상태이다. ②, ③, ④항은 가용화에 대한 특징이며, 에멀젼은 가용화의 미셀보다 큰 입자로 구성되어 있다.

086 라놀린(lanolin)의 설명으로 틀린 것은?

① 광물성 오일이다.
② 양의 털에서 추출하였다.
③ 지방산과 고급 알코올로 된 에스테르이다.
④ 사람의 피지와 유사하다.

🔍 라놀린은 화장품 원료로 널리 사용되며, 뛰어난 에몰리언트 효과가 있어 크림, 로션, 립스틱, 두발용품에 사용된다.

087 유화제품이 아닌 것은?

① 영양크림
② 미백로션
③ 핸드크림
④ 크림 파운데이션

🔍 크림 파운데이션은 분산제품이다.

088 다음 중 메이크업 베이스에 대한 설명으로 적합하지 않은 것은?

① 피부의 색을 보정해 준다.
② 메이크업의 지속성을 높여준다.
③ 파운데이션의 색소침착을 방지한다.
④ 부분화장을 할 수 있다.

🔍 메이크업 베이스는 파운데이션이 피부에 직접 침투되는 것을 막아 피부를 보호해 주며, 지속성을 높여준다. 또한, 파운데이션을 바르기 전 결점의 커버를 위해 피부색을 고르게 정리하는 역할을 한다.

089 다음 중 아하(AHA)의 설명으로 바르지 않은 것은?

① 죽은 각질을 제거하여 피부를 매끄럽게 해준다.
② 사탕수수, 오렌지, 레몬 등에 함유되어 있는 성분이다.
③ 구연산은 사탕수수에 함유되어 있다.
④ 아하보다 각질 제거 효과는 약하지만 피부 안전성이 좋은 BHA도 사용된다.

🔍 아하는 과일산의 총칭이며, 글리콜릭산은 사탕수수에 함유되어 있으며 분자량이 작아 침투력이 좋다. 구연산은 오렌지, 레몬 등에 함유되어 있으며, 화장품의 pH 조절제로 많이 사용된다.

090 다음 중 헤어린스의 기능이 아닌 것은?

① 정전기를 방지한다.
② 적절한 세정력이 있다.
③ 모발의 표면을 보호한다.
④ 자연스러운 광택을 준다.

🔍 적절한 세정력은 샴푸의 구비 요건이다.

091 다음 중 정발제품 중 고분자 피막타입이 아닌 제품은?

① 헤어로션   ② 세트로션
③ 헤어무스   ④ 헤어스프레이

🔍 • 유성타입 : 헤어오일, 포마드
• 유화타입 : 헤어로션, 헤어크림
• 고분자 피막타입 : 세트로션, 헤어무스, 헤어스프레이, 헤어젤
• 액체타입 : 헤어리퀴드

정답 084 ① 085 ① 086 ① 087 ④ 088 ④ 089 ③ 090 ② 091 ①

092 일시 염모제의 특성이 아닌 것은?

① 모발의 표면에 불용성 색소를 부착시켜 모발의 색을 바꾸어 준다.
② 1~2회의 샴푸로 색상이 제거된다.
③ 본래의 모발색에 하이라이트를 주거나 새치머리를 커버해 준다.
④ 양이온으로 하전된 모발에 음이온으로 하전된 산성 염료가 정전기적 결합을 통해 염색을 일으킨다.

🔍 보기 ④항은 반영구 염모제의 특성이다.

093 향수를 사용할 때 주의할 점이 아닌 것은?

① 외출하기 바로 직전에 뿌리는 것이 좋다.
② 목욕 후 사용하는 것이 좋다.
③ 가급적 햇빛에 노출되지 않는 부위에 뿌려야 한다.
④ 상의나 스커트 안쪽 등 움직이는 부분에 바르는 것이 좋다.

🔍 외출시에는 20~30분 전에 뿌리는 것이 좋다.

094 다음 향수 중 부향률이 가장 낮아 가볍게 사용할 수 있는 것은 무엇인가?

① 퍼퓸　　　② 오데토일렛
③ 오테코롱　　④ 샤워코롱

🔍 향수의 부향률

유형	부향률	지속시간
퍼퓸	15~30%	6~7시간
오데퍼퓸	9~12%	5~6시간
오데토일렛	6~8%	3~5시간
오데코롱	3~5%	1~2시간
샤워코롱	1~3%	약 1시간

095 향수는 시간의 흐름에 따라 향이 달라지는데 일정 시간이 지난 후 자신의 체취와 섞여서 나는 향취를 무엇이라 하는가?

① 노트　　　② 탑노트
③ 미들노트　　④ 베이스노트

🔍 향수에서 나오는 후각적인 느낌을 "노트"라고 하고 탑노트는 향수를 뿌린 후 처음 느껴지는 향수의 첫 느낌이며, 미들노트는 알코올이 날아간 다음 나타나는 향취로 탑노트와 베이스노트를 연결하는 역할을 한다.

CHAPTER 04 위생관리 및 안전사고 예방

096 고객 응대 시 유의할 점으로 틀린 것은?

① 고객 수에 맞게 음료를 준비한다.
② 음료의 종류에 따라 적당한 온도를 유지한다.
③ 음료 잔의 1/3 정도로 채운다.
④ 접시에 음료와 다과를 받쳐 이동한다.

🔍 음료 잔의 2/3 정도로 채운다.

097 미용사 손 위생관리와 거리가 먼 것은?

① 손 씻기를 게을리하지 않는다.
② 손 소독제를 이용하여 미생물 수를 감소시킨다.
③ 손톱은 길고 예쁘게 관리한다.
④ 약제를 사용할 때 장갑을 착용한다.

🔍 손톱은 짧게 잘라 손톱 밑에 이물질이 끼지 않게 한다.

098 미용업소의 최적의 온도로 올바른 것은?

① 18℃　　　② 22℃
③ 25℃　　　④ 30℃

🔍 덥지도 춥지도 않은 최적의 온도는 18℃이다.

099 화학적 소독의 내용과 거리가 먼 것은?

① 인체에 유해해야 한다.
② 냄새가 없어야 한다.
③ 구입 가격이 경제적이어야 한다.
④ 구입이 용이해야 한다.

🔍 화학적 소독제는 인체에 해가 없어야 한다.

정답 092 ④　093 ①　094 ④　095 ④　096 ③　097 ③　098 ①　099 ①

100 미용실에서 사용하는 쓰레기통의 소독으로 적절한 약제는?

① 포르말린수 ② 에탄올
③ 생석회 ④ 역성비누액

> 생석회는 칼슘과 산소의 화합물로 백색결정인 산화칼슘을 말하는 것으로 20% 수용액을 사용하며 화장실, 하수도, 쓰레기통 소독에 적합하다.

101 다음 소독제 중 상처가 있는 피부에 적합하지 않은 것은?

① 승홍수
② 과산화수소수
③ 포비돈
④ 아크리놀

> 승홍수는 금속을 부식시키며 인체의 피부 점막에 자극을 줄 뿐 아니라, 인체에 축적되면 수은 중독을 일으킬 수 있다.

102 미용업소에서의 수건 관리 요령으로 틀린 것은?

① 고객의 신체에 직접 닿는 물건이므로 각별히 주의하여 관리하여야 한다.
② 용도별로 준비하여 사용하는 것이 위생적이다.
③ 수건은 일반 세탁물과 함께 세탁하도록 한다.
④ 세탁 시 섬유 유연제는 가급적 사용하지 않는 것이 좋다.

> 미용업소에서 사용하는 수건은 머리카락과 약품이 묻어 있는 경우가 대부분으로 반드시 일반 세탁물과 분리하여 세탁해야 한다.

103 수건, 가운, 의류 등의 소독에 가장 효과적인 소독법은?

① 일광소독법 ② 증기멸균법
③ 알코올 소독법 ④ 자비소독법

> 일광소독은 햇빛에 포함되어 있는 자외선의 살균력을 이용한 소독법으로 수건, 가운, 의류, 침구류 등의 소독에 널리 사용된다.

104 감전사고 예방을 위한 방법으로 옳지 않은 것은?

① 젖은 손으로 전기기구를 만지지 않는다.
② 물기 있는 전기 기구는 만지지 않는다.
③ 콘센트에 이물질이 들어가지 않도록 한다.
④ 고장 난 전기기구는 직접 수리하여 사용한다.

> 고장 난 전기기구는 전문 수리업자에게 의뢰하여 고치도록 한다.

105 업소 내 화재 발생 시의 대피 요령으로 적절하지 않은 것은?

① 계단을 이용하기 보다는 엘리베이터를 통해 신속하게 대피한다.
② 연기가 많을 때는 한 손으로 코와 입을 젖은 수건 등으로 막고 낮은 자세로 이동한다.
③ 불길 속을 통과 할 때에는 물에 적신 담요나 수건 등으로 몸과 얼굴을 감싸 준다.
④ 화재 발견 시 "불이야!" 하고 큰소리로 다른 사람에게 알리고 화재 경보 비상벨을 누른다.

> 화재 시에는 엘리베이터를 이용하지 말고 계단을 이용하되, 아래층으로 이동이 불가능할 때에는 옥상으로 대피한다.

정답 100 ③ 101 ① 102 ③ 103 ① 104 ④ 105 ①

PART

02

미용 서비스

CHAPTER

01. 고객 응대 서비스
02. 헤어샴푸 및 두피·모발관리
03. 헤어커트
04. 헤어펌
05. 기타 미용 서비스

CHAPTER 01 고객 응대 서비스

Lesson 01 고객 안내 업무

1 고객 응대

(1) 고객 응대의 중요성

① 고객을 대할 때 신뢰와 호감을 가지도록 하는 일체의 행동을 고객 응대라고 한다. 또한 차별화된 고객 서비스를 통해 충성 고객을 확보하는 것 또한 성공의 중요한 요인이다.

② **고객의 접점관리**
  ㉮ 대면 관리 : 얼굴을 마주하여 고객을 만나는 접점 관리
  ㉯ 비대면 관리 : 전화, 이메일, 홈페이지 게시판, 블로그, SNS 등의 관리

③ **고객과의 접점 시 서비스 매너**
  ㉮ 밝은 미소
  ㉯ 전문가로서의 바른 자세 및 행동
  ㉰ 단정한 용모와 복장
  ㉱ 예의 바른 말씨와 의사소통 능력
  ㉲ 고객을 먼저 생각하는 마음의 표현
  ㉳ 고객과의 상호 신뢰 관계 형성

④ **대화의 3요소**
  ㉮ 시각적 요소 : 표정, 시선, 제스처, 옷차림 등
  ㉯ 청각적 요소 : 목소리의 톤, 발음, 속도, 크기 등
  ㉰ 언어적 요소 : 공손한 어휘 선택 등

⑤ **전화 응대 방법**
  ㉮ 신속성 : 전화벨이 3번 이상 울리기 전에 받음
  ㉯ 정확성 : 통화 중 요점 메모 후 통화 내용 요약 확인
  ㉰ 친절성 : 발음은 정확하고 정중하게 고객의 요구를 충족시키기 위해 노력

⑥ **내점 고객 응대 및 온라인 비대면 고객 응대**
  ㉮ 내점 고객 응대 : 데스크 안내 → 대기 공간 안내 → 라커룸 안내 → 헤어 서비스 공간 안내

⑭ 온라인 비대면 고객 응대 : 네이버, 카카오톡, 페이스북, 인스타그램 등을 통해 고객을 응대할 경우 반드시 고객이 요구하는 접점을 파악하고 신속한 회신과 정중한 문구를 사용하여 응대한다.

(2) 대기 고객 응대

① **대기 고객 응대 방법** : 대기하는 고객이 지루하다는 생각이 들지 않도록 고객이 휴식을 취하고 대접을 받았다는 생각이 되도록 고객에게 세심하고 친절한 서비스를 제공해야 한다.
② **다과 및 부가 서비스 제공 방법** : 계절 별로 다양하고 신선한 재료로 다과를 준비하여 서비스를 제공한다.
③ **부가 서비스 제공** : 대기 중인 고객이 지루하지 않도록 잡지, 헤어스타일 북, 컴퓨터, 와이파이, 스마트폰 충전기 등을 비치한다.

(3) 고객 배웅

① **요금 정산** : 헤어 서비스의 요금은 미용실마다 다르게 구성되어 있다.
② **서비스 매뉴얼별 요금** : 서비스요금표는 미용실 내부와 외부에 잘 보이도록 하여 고객이 지불해야 할 서비스 내역을 반드시 인지시키도록 한다.
③ **요금 게시 및 사전 정보 제공** : 공중위생관리법 시행규칙에 따라 3가지 이상의 미용서비스를 제공 시 이용자에게 개별 미용서비스와 최종 지급가격 및 전체 미용서비스 총액에 관한 내역서를 미리 제공하고 사본은 1개월간 보관해야 한다.

상세주문내역서

다올헤어

고객명	김 다올		
담당자	박 대한		
서비스 내용	기본 요금	추가요금	비고
매직, 세팅펌	100,000 ①	20,000 ④	기장 추가
		20,000 ⑤	A사 펌제
염색	50,000 ②	10,000 ⑥	기장추가
		10,000 ⑦	B사 염색제
모발 클리닉	40,000 ③		
할인 내역	5,000원		
합계	245,000원		

④ **결제 시스템 활용방법**
  ㉮ 카드 결제 : 일시불 결제와 할부 결제 여부를 확인하고 결제가 완료되면 영수증과 카드를 건넨다.
  ㉯ 현금 결제 : 서비스 요금과 현금영수증 발급 여부를 확인한 후 결제를 진행한다.
  ㉰ 선불 정액권 결제 : 일정 금액을 선불로 결제하고 미용서비스 때마다 금액을 차감하는 방식으로 진행되며 결제금액보다 10~20% 할인을 받을 수 있다.
⑤ **제휴 카드 및 포인트 적립 방법** : 업소마다 제휴카드 종류에 따라 할인율, 포인트 카드의 사용 여부 및 활용 방법이 다르므로 관련 내용을 숙지 후 고객에게 안내하도록 한다.

(4) 요금 설정
① 영업소 내부에 최종 지불 요금표를 게시 또는 부착하여야 한다.
② 영업장 면적이 66m^2 이상인 영업소의 경우 영업소 외부에도 손님이 보기 쉬운 곳에 최종 지불 요금표를 게시하여야 한다.
③ 3가지 이상의 미용 서비스를 제공하는 경우에는 개별 미용서비스의 최종 지불 가격 및 전체 미용 서비스의 총액에 관한 내역서를 이용자에게 미리 제공하여야 한다. 이 경우 미용업자는 내역서 사본을 1개월간 보관하여야 한다.

2 고객 상담

(1) 헤어스타일 제안
① **헤어디자인 정보 수집 필요성** : 고객이 원하는 스타일을 정확하게 파악하기 위해서 예시 사진을 활용하는 것이 좋다.
② **헤어디자인 정보 수집 방법** : 인터넷, 정기 간행물, 서적, 스마트 기기 등이 있다.
③ **얼굴형에 따른 헤어스타일의 선택** : 얼굴형에 맞는 헤어스타일을 통해 장점은 부각시키고 단점은 보완해 주는 것이 중요하다.
  ㉮ 둥근형 : 정수리 볼륨을 살려 얼굴이 길어 보이도록 보완한다.
  ㉯ 사각형 : 각진 부분을 감추어 부드러운 느낌을 살리도록 한다.
  ㉰ 삼각형 : 이마 선은 넓어 보이도록 하고 턱은 갸름하게 보이도록 한다.
  ㉱ 역삼각형 : 앞머리는 가리고 턱선은 풍성한 볼륨을 주어 뾰족한 턱을 보완한다.
  ㉲ 마름모형 : 돌출된 광대를 감싸주며, 턱선을 부드럽게 연출한다.
  ㉳ 긴 형 : 앞머리를 만들어 이마를 가려준다.

(2) 고객 상담 방법
① **고객응대 화법**
  ㉮ 공손한 말투 사용 : 경어를 사용한다.
  ㉯ 서비스 정신에 입각하여 대화를 전개한다.

㉰ 고객이 이해하기 쉽도록 전달한다.
㉱ 정성스러운 태도로 고객을 응대한다.
㉲ 이야기는 명확하게 전달한다.
㉳ 정성스러운 감정을 전달한다.

② **고객 설득 화법**
㉮ 고객의 특성, 의도를 정확하게 파악한다.
㉯ 고객의 말씀을 항상 경청한다.
㉰ 고객에게 칭찬과 감사의 표현을 한다.
㉱ 아이컨택을 유지하면서 대화를 이끌어 간다.
㉲ 고객 앞에서 험담은 피하는 것이 좋다.
㉳ 고객 중심의 대화를 한다.
㉴ 언어는 긍정적인 표현을 사용한다.

③ **설득적 표현 방법**
㉮ 명확하고 부드러운 목소리 유지
㉯ 상황에 맞는 음량과 템포 유지
㉰ 신뢰를 주는 미소 유지
㉱ 품위 있는 유머 구사

Lesson 02 고객 관리

1 고객정보 수집 및 활용

(1) 고객정보 수집

① **회원 가입 신청서**
㉮ 개인 정보 관련 법령 등에 따라 고객 동의하에 회원 가입 신청서 등을 수집할 수 있다.
㉯ 수집 가능한 개인 정보는 이름, 성별, 생년월일, 전화번호 등이다.

② **고객 관리 차트**
㉮ 기본 정보 : 이름, 성별, 생년월일, 주소, 이메일, 전화번호, 직업, 최초 방문일자 등이 있다.
㉯ 확인 정보 : 모발의 기본 정보, 두피 정보, 모발의 이력 등이 해당된다.
㉰ 미용서비스 정보 : 담당 디자이너, 담당 어시스턴트, 미용 서비스 일자, 서비스 내용, 약제, 기타 서비스 제안 사항, 미용 서비스의 문제, 보완, 메모 등이다.
㉱ 사후 관리 정보 : 홈 케어 사항, 주의사항 등이 있다.

(2) 고객정보 활용

① **서비스의 정의** : 서비스는 무형으로서 사람들의 욕구를 충족시켜주기 위하여 인간 또는 설비와의 상호작용을 통해 제공되는 것으로 정의할 수 있다.

② **서비스의 특징** : 무형성, 소멸성, 비분리성, 이질성, 변화성 등의 특징이 있다.
③ **미용서비스 고객 만족도 평가 요소** : 서비스 비용, 서비스 품질, 관계 혜택, 인적요인, 점포요인, 소비자 특성 변수 등이 있다.

(3) 미용서비스 고객 만족도 조사
① **조사 대상 선정** : 신규고객, 재방문 고객, 일반 고객 등 조사 대상을 선정한다.
② **조사 방법 선정** : 전화, 이메일, SNS, 설문용지 배부, 면담 설문 등 조사 방법을 선정한다.
③ **조사 문항 요소 선정** : 미용 서비스 종류 및 내용을 참고하여 설문 조사에 사용될 미용 서비스 고객의 만족도 평가 요소를 결정한다.

2 고객불만 관리

(1) 불만족 고객 처리
① 진심으로 사과한다.
② 어떠한 점이 불만인지 적극적으로 경청한다.
③ 불만 사항을 공감한다.
④ 문제점이 무엇인지 명확히 파악한다.
⑤ 제시한 해결점에 대한 고객의 의견을 청취한다.
⑥ 불만이 해결되지 않았다면 다른 대안을 제안한다.
⑦ 다시 한 번 사과한다.
⑧ 고객의 이해에 대해 감사의 인사를 한다.

(2) 불만고객 처리의 원칙
① 고객의 이야기를 많이 들어준다.
② 감정에 의한 일 처리는 금지한다.
③ 회사와 조직에 직원이 상처입지 않도록 한다.
④ 책임을 다른 사람에게 떠넘기는 행위는 금지한다.
⑤ 고객의 입장이 되어 본다.

(3) 클레임 관련 법규 및 규정
① **소비자기본법** : 소비자의 권익을 보호하기 위하여 만든 법률이다.
② **소비자 분쟁 해결 기준** : 소비자기본법령에 의해 일반적 소비자 분쟁 해결 기준에 따른 품목별 소비자 분쟁 해결 기준을 정함으로써 소비자와 사업자 간에 발생한 분쟁이 원활하게 해결될 수 있도록 구체적인 합의 또는 권고의 기준을 제시하는데 그 목적이 있다.

③ **클레임 처리 규정** : 고객의 응대에서부터 고객의 불만을 처리하는 절차 및 방법적인 지식을 기록하는 것이 가장 일반적이라고 할 수 있다.

(4) SNS 불만고객 대처 방안

① SNS 불만고객이 불만을 올릴 경우 공유하게 되면 신뢰가 떨어지므로 빠르고 적절하게 대응이 요구된다.

② **SNS 불만고객에 대한 대처**
　　㉮ 신속한 댓글, 답변
　　㉯ 맨투맨 대화로 유도
　　㉰ 사적인 감정 금물
　　㉱ 최악의 상황에 대비한 계획 준비
　　㉲ 부정적 댓글 삭제 금지

CHAPTER 02 헤어샴푸 및 두피 · 모발관리

Lesson 01 헤어샴푸 및 헤어트리트먼트

1 헤어샴푸

(1) 샴푸의 성질 및 목적

① 샴푸의 성질
- ㉮ 이물질을 제거하는 세정력을 함유해야 한다.
- ㉯ 일정한 거품이 발생해야 한다.
- ㉰ 샴푸를 할 때 마찰로 인하여 모발에 손상되는 것을 방지해야 한다.
- ㉱ 샴푸 후에도 적절한 윤기와 유연성을 주어야 한다.
- ㉲ 인체에 사용하므로 안전성을 갖추어야 한다.
- ㉳ pH 4.5~5.0의 약산성 샴푸가 자극이 거의 없다.

② 목적
- ㉮ 청결함과 상쾌감을 유지시킨다.
- ㉯ 두피 건강과 모발의 시술성 및 자아 만족감의 효과를 얻을 수 있어야 한다.
- ㉰ 두피, 모발의 성질과 상태에 따라 건강한 발육을 촉진한다.

(2) 샴푸의 종류

① 시술에 따른 분류
- ㉮ 에프터 샴푸 : 화학 시술 전에 하는 샴푸로 자극을 최소화하는 데 사용된다.
- ㉯ 스페셜 샴푸 : 화학 시술 후에 하는 샴푸로 산성제품이 주로 사용된다.
- ㉰ 핫오일 샴푸 : 건성 모발에 적합하며 올리브유, 아몬드유 등을 충분히 도포하여 침투시킨 후 플레인 샴푸를 한다.
- ㉱ 에그 샴푸 : 달걀은 영양공급 및 모발 광택을 부여한다.

② 드라이 샴푸 종류
- ㉮ 파우더 드라이 샴푸 : 지방성 분말물질을 흡수하는 작용이 있는 것으로 탄산마그네슘, 붕산 등이 사용된다.
- ㉯ 에그 파우더 드라이 샴푸 : 벤젠, 휘발성 용제, 알코올 등을 사용하는데, 주로 가발 세정에 사용한다.

③ 샴푸제의 선정
  ㉮ 정상적인 모발 : 알칼리성 샴푸제는 합성세제를 주제로 pH가 7.5~8.5이며, 산성 샴푸제는 pH 4.5~5.0 정도의 약산성 샴푸이다.
  ㉯ 비듬성 모발 : 약용 샴푸제로 건성용과 지성용이 있다.
  ㉰ 염색한 모발 : 염색모발은 논스트리핑 샴푸제가 사용된다. pH가 낮은 산성이며 모발에 자극이 적다.

(3) 샴푸 방법
① 오른손으로 이마를 잡고 왼손으로 목덜미를 받쳐 고객을 샴푸대에 눕힌다.
② 손목으로 물 온도를 체크 한 후 탑, 사이드, 백 순서로 온수를 충분히 적셔준다.
③ 온수는 얼굴, 네이프, 샴푸대 밖으로 튀지 않게 시술한다.
④ 샴푸는 탑, 사이드, 백 순서로 골고루 도포 후 거품을 충분히 내어준다.
⑤ 두상 전체에 핸드 테크닉으로 마사지한다.
⑥ 온수 체크 후 탑, 사이드, 백 순서로 깨끗하게 헹구어 낸다.
⑦ 샴푸대에 남아있는 거품도 제거한다.

(4) 샴푸 시 감점사항
① 손목으로 물의 온도 체크를 하지 않은 경우
② 모발에 물이 충분히 적셔지지 않았을 경우
③ 샴푸대 밖으로 물이 튀었을 경우
④ 샴푸가 모발 전체에 골고루 도포되지 않은 경우
⑤ 샴푸 테크닉 동작이 미숙한 경우
⑥ 샴푸 테크닉 시 두상을 많이 움직이는 경우
⑦ 모발이 얼굴 쪽으로 향하는 경우
⑧ 모발에 샴푸거품이 남아있는 경우
⑨ 온수가 샴푸대 밖으로 튀는 경우

2 헤어트리트먼트

(1) 헤어트리트먼트의 개요
① **모발 보호제** : 샴푸 후 사용할 수 있는 모발 보호제에는 헤어트리트먼트, 헤어컨디셔너 등이 있다.
② **헤어트리트먼트** : 모발에 부족한 단백질과 유분을 적극적으로 공급하여 탄력 있고 윤기 나게 회복시켜 건강한 모발을 유지할 수 있도록 하는 것을 말한다.

③ 헤어컨디셔너 : 사용 후 모발의 질감 개선을 목적으로 하며 모발에 유연성을 주어 빗질을 잘되게 함으로써 자연스러운 윤기 및 광택, 샴푸 후 모발에 남아 있는 금속성 피막과 불용성 알칼리 성분을 제거하여 모발이 엉키는 등의 모발 손상을 방지한다.

④ 린스 : 린스란 물로 헹구는 것을 의미하지만, 일반적인 의미의 린스는 샴푸 후 모발의 엉킴 방지와 윤기를 증가시키며, 건조해진 모발에 지방공급과 정전기 방지를 위한 제품을 의미한다.

(2) 린스의 종류

① **플레인 린스** : 미지근한 물로 헹구는 방법이다.
② **유성 린스** : 화학 시술 후에 지방분을 공급하기 위해 올리브유, 라놀린유 등을 이용한 린스이다.
③ **산성 린스**
  ㉮ 알칼리 성분을 중화시키고 금속성 피막을 제거한다.
  ㉯ 산성린스의 종류
    ㉠ 레몬 린스 : 레몬 한 개를 미지근한 물에 풀어서 모발을 헹군다.
    ㉡ 구연산 린스 : 구연산을 녹인 물에 모발을 헹군다.
    ㉢ 비니거 린스(vinegar rinse) : 식초, 초산을 10배 정도로 희석하여 모발을 헹군다.

(3) 헤어트리트먼트 방법 및 마무리 테크닉

① **헤어트리트먼트 방법**
  ㉮ 트리트먼트는 모발 끝을 중심으로 바른 후 트리트먼트가 남아있지 않게 깨끗하게 헹군다.
  ㉯ 샴푸 도기에 남아있는 트리트먼트제도 제거한다.
  ㉰ 모발의 수분을 손으로 제거한다.
② **마무리 테크닉**
  ㉮ 타월을 이용하여 페이스 라인, 귀, 탑, 사이드, 백 순서로 물기를 제거한다.
  ㉯ 타월로 페이스 라인을 따라 고정시킨다.
  ㉰ 고객의 이마와 목을 잡고 앉은 후 타월 드라이 한다.
  ㉱ 브러시로 모발을 빗어 정리한다.
  ㉲ 모발 정리 후 어깨와 무릎 타월을 정리한다.
  ㉳ 타월로 샴푸대 물기를 닦아주고 머리카락을 정리한다.

(4) 마무리 시 감점 사항

① 모발이 타월 밖으로 나와 있는 경우
② 타월을 헐겁게 고정시킨 경우
③ 어깨 타월이 물에 적셔져 있는 경우
④ 샴푸대 정리가 안되어 있는 경우

Lesson 02 두피·모발관리

1 두피·모발관리 준비

(1) 두피·모발관리 기기
① **두피·모발 진단기** : 두피는 150배 확대, 모발은 250~400배로 촬영하여 두피의 색상, 모발의 굵기, 모발의 밀집도, 두피의 염증 유무, 각질 상태, 피지분비 상태 등을 확인할 수 있다.
② **광학 현미경** : 렌즈를 이용하여 두피·모발관리에 빛을 활용하여 모낭충, 비듬균을 확인하고 모표피의 상태를 알 수 있다.
③ **pH 측정기** : 두피·모발의 산성도와 알칼리도를 측정하는 기계이다.
④ **적외선램프** : 피부 심부 4cm까지 침투하여 온열작용으로 체온, 모세 혈관 확장 및 혈액 순환 촉진, 노폐물 배출, 면역력 증진, 세포 활동 활성화 등의 효과가 있어 두피 제품의 흡수를 높여준다.
⑤ **미스트기** : 수증기를 이용하여 두피의 각질 및 노폐물을 제거하고 수분을 공급해 준다.
⑥ **스캘프 펀치(워터 펀치)** : 수압과 물살을 이용하여 노폐물을 제거하고 혈액 순환을 돕고 영양물질의 흡수를 촉진한다.
⑦ **기타 기기 및 소모품** : 고주파 기기, 샴푸, 헤어제품, 헤어밴드, 타월, 면봉 등의 소모품이 필요하다.

(2) 두피·모발관리에 필요한 재료
① **스케일링** : 두피의 각질을 제거할 때 사용
② **샴푸** : 두피상태 및 모발의 유형에 따라 사용
③ **앰플** : 샴푸 후 두피와 모발에 영양 공급에 사용

(3) 두피·모발 유형 분석
① **문진** : 고객에게 물어보면서 진단하는 방법
② **시진** : 육안으로 진단하는 방법
③ **촉진** : 만져보면서 진단하는 방법
④ **검진** : 기기 또는 시험법을 통해 진단하는 방법
⑤ **견진** : 당겨서 진단하는 방법

(4) 탈모의 원인 및 종류
① **탈모의 원인**
㉮ 내적요인 : 스트레스, 유전, 영양불균형, 호르몬분비 이상 등
㉯ 외적요인 : 식습관, 환경오염, 물리적 시술 등

② 탈모의 종류
- ㉮ 남성형 탈모 : 남성 호르몬의 과잉 분비는 모낭 세포의 단백질 합성을 지연시키게 되고 휴지기의 기간을 연장하고 영양공급 기간을 단축시켜 모발이 가늘어진다.
- ㉯ 여성형 탈모 : 갑상샘 기능 저하 갱년기 후 여성 호르몬 이상의 원인에 의해 탈모가 진행된다.
- ㉰ 원형 탈모 : 스트레스, 불면증에 의한 자율 신경계 이상현상으로 두피의 혈액 순환에 장애를 일으켜 모발이 영양 공급을 받지 못해 성장을 하지 못하는 것이다.
- ㉱ 노인성 탈모 : 노화 현상에 의한 탈모이다.
- ㉲ 지루성 탈모 : 피지샘의 피지가 과잉 분비되면서 모발과 모낭의 결속력을 약하게 하여 성장기의 기간을 단축시킴으로써 탈모 현상이 발생한다.
- ㉳ 비강성 탈모 : 비듬균의 이상 증식으로 발생하는 탈모 현상이다.

2 두피 관리

(1) 두피의 유형 및 손상요인

① 두피의 유형
- ㉮ 정상 두피 : 모공에 2~3가닥의 모발이 전체 두피의 50% 이상이며, 모공이 열려 맑은 살구색을 띤다.
- ㉯ 건성 두피 : 피지 형성이 원활하지 못하며 건조해지고 두피가 갈라지며 각질이 들떠 있다.
- ㉰ 지성 두피 : 과다한 피지분비로 모공이 막혀 염증이 유발되며 악취와 가려움증이 동반된다.
- ㉱ 민감성 두피 : 모세혈관이 드러나 보이는 상태로 발열과 홍반, 염증을 동반한다.
- ㉲ 지루성 두피 : 비듬균이 과다 증식하여 염증이 일어난 두피 상태이다.
- ㉳ 복합성 두피 : 지성 두피와 건성 두피가 복합적으로 나타나는 상태이다.
- ㉴ 비듬성 두피 : 건성 비듬은 입자가 가볍고 적으며, 지성 비듬은 황색 톤을 띠고 피지 분비량이 많아 모공이 막혀있다.
- ㉵ 탈모 두피 : 성장기 모발이 줄어들고 휴지기 모발의 비율이 증가하여 하루 100가닥 이상의 모발이 빠진다.

② 두피의 손상요인
- ㉮ 내적요인 : 잘못된 식습관, 다이어트, 수면 부족, 스트레스, 림프 순환 및 혈액 순환, 호르몬 불균형 등
- ㉯ 외적 요인 : 물리적 요인, 화학적 요인, 환경적 요인 등

(2) 두피 관리 방법

① **수행 순서** : 문진·시진·촉진·검진을 통해 상담 → 두피 진단기로 모발 상태 확인 → 상담 내용을 근거로 두피 분석 → 분석 결과와 관리 계획을 설명 → 고객을 작업대에 앉힘 → 릴랙스 매뉴얼로 테크닉 시술

② 두피 테크닉 시술 방법
  ㉮ 두개골을 좌·우로 스트레칭 한다.
  ㉯ 두개골을 앞·뒤로 스트레칭 한다.
  ㉰ 승모근을 좌·우로 가볍게 눌러준다.
  ㉱ 승모근을 엄지로 누르며 시술자 방향으로 당겨준다.
  ㉲ 척추를 중심으로 양쪽의 기립근을 엄지로 눌러준다.
  ㉳ 견갑골 사이로 양쪽 엄지를 이용하여 폐유까지 눌러 준다.
  ㉴ 승모근, 기립근, 견갑골 부분의 근육을 양손으로 두드려 준다.
  ㉵ 등 근육 전체를 쓰다듬어 이완 시킨다.
  ㉶ 양팔의 어깨에서 팔꿈치까지 쓸어내린 후 엄지로 굴려준다.

③ 두개골 테크닉 시술 방법
  ㉮ 아문→천주→풍지→예풍→각손→백회까지 엄지로 지그시 눌러 준다.
  ㉯ 헤어라인의 신정→백회, 곡차 →백회, 두유→백회, 백회→아문의 순서대로 가운데 손가락으로 눌러준다.
  ㉰ 두상 전체를 4등분하여 손바닥으로 감싼 후 천천히 사지로 눌러준다.
  ㉱ 모상 건막을 손의 옆면을 이용하여 지그재그로 들어 올려준다.
  ㉲ 모발을 주먹으로 잡은 후 천천히 당기고 늦추기를 여러 번 반복한다.
  ㉳ 손의 지문을 이용하여 튕겨준다.
  ㉴ 귀의 압점을 이용하여 청궁→청회→예풍 그리고 이문 순으로 눌러준다.
  ㉵ 귀를 위, 뒤, 아래로 당겨준다.
  ㉶ 귀를 앞쪽으로 접은 후 다른 손으로 두드려준다.
  ㉷ 백회에서 어깨까지 터치해 주면서 마무리한다.

■ 두피 유형에 따른 관리
• 정상 두피 : 플레인(plain) 스캘프 트리트먼트로 관리
• 건성 두피 : 드라이(dry) 스캘프 트리트먼트로 관리
• 지성 두피 : 오일리(oily) 스캘프 트리트먼트로 관리
• 비듬성 두피 : 댄드러프(dandruff) 스캘프 트리트먼트로 관리

3 모발관리

(1) 모발 분석

① 모발은 머리카락을 포함한 전신에 분포되어 있는 털로 케라틴이 주성분이다. 또 털은 외부의 미세먼지로부터 신체를 보호하고 광선으로부터 피부를 보호하는 기능을 지니고 있다.
② **모발의 기능** : 보호 기능, 배출 기능, 감각 기능, 장식 기능 등

③ 모발의 구조
   ㉮ 모근부 : 모근, 모낭, 모유두, 모구, 모기질 세포, 색소 생성 세포, 입모근, 피지샘 등
   ㉯ 모간부 : 모표피, 모피질, 모수질
④ 모발의 성장 주기
   ㉮ 성장기 : 3~6년으로 전체 모발의 80~90%를 차지한다.
   ㉯ 퇴행기 : 3~4주로 전체 모발의 1~2%를 차지한다.
   ㉰ 휴지기 : 3~4개월로 전체 모발의 10%를 차지한다.
   ㉱ 발생기 : 모낭의 모유두가 다시 연결되어 영양 공급을 받아 모기질 세포의 세포 분열로 증식한다.
⑤ 모발의 구성 : 아미노산 80~90%, 수분 10~20%, 지질 1~8%, 멜라닌 색소 1~3%, 미량 원소 0.6~1%
   ㉮ 케라틴 : 모발은 18종류의 아미노산으로 구성 시스틴이 16~18%로 가장 많이 함유되어 있다.
   ㉯ 수분 : 모발 안에 10~20% 수분이 존재, 샴푸 직후는 30~35%의 수분을 함유, 드라이 건조한 상태는 10% 수분이 함유되어 있다.
   ㉰ 지질 : 모발을 감싸고 있는 피지막의 pH는 4.5~5.5의 약산성이다.
   ㉱ 멜라닌 : 흑색과 갈색의 유멜라닌, 황색과 적색의 페오멜라닌이 있다.
   ㉲ 미량 원소 : 모발에는 철, 망간, 구리, 요오드, 아연, 불소, 크롬, 비소 등의 약 30여 종이 포함되어 있다.
⑥ 모발의 형태
   ㉮ 직모 : 동양인에게서 많이 볼 수 있는 일직선 모발
   ㉯ 파상모 : 백인에게서 많이 볼 수 있는 곱슬한 모발
   ㉰ 축모 : 흑인에게 많이 볼 수 있는 활처럼 꼬불꼬불한 모발

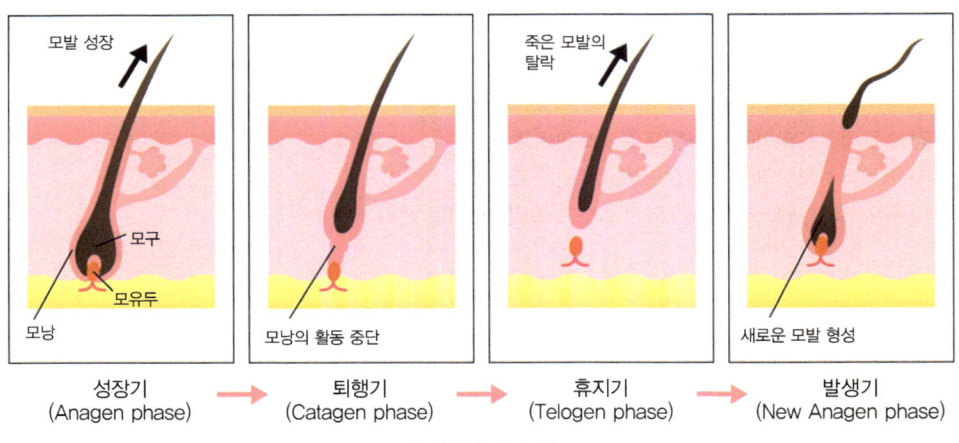

[모발의 성장주기]

(2) 모발의 손상 등

① 모발의 손상
   ㉮ 물리적 요인에 의한 손상 : 모표피의 손상으로 모발의 변성, 다공성 모발 등이 나타난다.

- ④ 화학적 요인에 의한 손상 : 잦은 퍼머, 염색, 탈색 등에 나타난다.
- ⑤ 환경적 요인에 의한 손상 : 자외선, 수영장, 바닷물, 대기 오염 등에 의해 다공성 모발 또는 건조한 모발이 된다.
- ⑥ 생리적 요인에 의한 손상 : 스트레스, 호르몬의 불균형, 영양소 결핍 등으로 모발의 형태 변화 및 탈모가 나타난다.
② **강모** : 손상이 없는 건강한 모발을 말한다.
③ **발수성 모발** : 모표피가 두꺼워 수분 또는 모발 제품을 흡수하지 않는 모발이다.

(3) 모발의 화학적·물리적 특성

① **모발의 화학적 특성** : 모발은 주쇄 결합과 측쇄 결합으로 이루어진다.
  - ㉮ 주쇄 결합: 펩타이드 결합이라고도 하며 가장 강한 결합으로 화학적인 처리에도 영향을 적게 받아 모발이 잘 끊기지 않는다.
  - ㉯ 측쇄 결합: 시스틴 결합, 이온 결합, 수소 결합 등의 다양한 결합들이 가로로 주쇄에 있는 폴리펩타이드를 고정시켜 준다.
    - ㉠ 시스틴 결합 : 두 개의 S 원자 사이에 형성되며 물리적, 화학적 성질에 안전성을 높여준다.
    - ㉡ 이온 결합 : 염 결합이라고도 하며, 모발을 구성하는 원자들 간에 서로 결합하여 새로운 구성을 하는 것을 이온 결합이라고 한다.
    - ㉢ 수소 결합 : 산소(O)와 수소(H) 분자가 공유 결합을 하는 것을 말한다.
② **모발의 물리적 특성**
  - ㉮ 인장강도 : 모발을 당겼을 때 끊어질 때까지의 힘을 말한다.
  - ㉯ 흡습성 : 모발이 공기 중의 수분을 흡수하고 배출하는 성질을 말한다.
  - ㉰ 팽윤성 : 모발이 수분을 흡수하여 부풀어 올라 한계에 도달할 때 팽윤이라 한다.
  - ㉱ 열변성 : 모발은 건열과 습열에 따라 변성의 정도가 다르다.
  - ㉲ 광변성 : 적외선은 케라틴 영향으로 손상, 자외선은 광화학적 반응을 일으켜 시스틴이 감소한다.
  - ㉳ 대전성 : 모발의 마찰로 전기가 발생하여 큐티클이 손상된다.

(4) 모발 관리 방법

① **모발 관리에 필요한 제품 및 도구**
  - ㉮ 샴푸제 : 인체에서 배출되는 피지, 땀, 각질, 외부 먼지 등을 제거하는 목적이다.
  - ㉯ 샴푸 종류 : 건강모, 손상모, 염색모 등의 pH에 따라 분류한다.
② **컨디셔너**
  - ㉮ 일반 컨디셔너 : 유·수분 막을 감싸주어 보습과 광택의 효과를 주는 제품이다.
  - ㉯ 산성 컨디셔너: 모발에 남아있는 알칼리 성분을 중화시켜 등전점을 회복시켜 주는 목적으로 사용된다.

③ 헤어트리트먼트
  ㉮ 종류 : 팩, 앰플 등의 종류가 있다.
  ㉯ 성분 : LPP의 저분자 트리트먼트, PPT의 고분자 트리트먼트가 있다.
  ㉰ 기기 : 미스트기, 열기구, 그 외 소품 등이 있다.

■ 두피·모발 상태에 따른 홈케어
• 두피 상태에 따른 홈케어
  – 건성 두피 : 건조한 두피는 잦은 샴푸보다 건성 두피용 샴푸를 사용하여 보습제를 사용하도록 한다.
  – 지성 두피 : 지성용 샴푸로 매일 샴푸하며 샴푸 후 진정용 토닉을 사용하도록 한다.
  – 민감성 두피 : 민감성 샴푸를 사용하며 진정용 토닉을 사용하도록 한다.
  – 탈모 두피 : 탈모 전용 샴푸를 사용하며 토닉과 영양 앰플을 사용하도록 한다.
• 모발 상태에 따른 홈케어
  – 손상 모발 : 간충물질이 유실되어 나타나는 다공성 모발에는 영양 앰플을 꾸준히 사용한다.
  – 가는 모발 : 건강한 모발을 위해 바른 식생활과 생활 태도가 중요하며 영양 앰플을 사용한다.

헤어커트

Lesson 01 헤어커트의 기초

1 헤어커트의 개요

(1) 헤어커트의 의의
① 헤어커트를 '헤어 셰이핑(Hair shaping)'이라고도 말하는데, 이것은 '머리 형태를 만든다'는 의미이다.
② 헤어커트는 모발의 길이를 잘 맞추어 자르거나(Cutting), 숱을 감소시키거나(Thinning), 밀도, 볼륨, 방향 등의 요소를 통해 머릿결의 움직임, 무게감(Weight), 질감(Texture) 등을 표현함으로써 머리 모양의 기초를 만드는 것이다.

(2) 헤어커트 도구
① 가위 : 길이가 짧을수록 섬세한 커트를 할 수 있고, 길수록 신속하게 커트할 수 있는 장점을 가지고 있다. 특히, 가위는 자기 손바닥과 손가락에 맞는 가위를 선택하는 것이 중요하다.
② 틴닝 가위 : 한날 또는 양날에 요철 모양의 날이 있고 요철이 촘촘할수록 숱을 쳐내는 양이 적다.
③ 레이저 : 빠른 시간 내에 능률적이고 세밀한 시술이 용이하므로 숙련자에게 적당하다. 하지만 지나치게 모발을 커트할 수 있다는 단점이 있다.
④ 클립(Clip) : 커트를 하기 위해 블록(Block), 섹션(Section), 판넬(Panel) 등을 고정하는 도구로 재질은 금속, 플라스틱 등이며 모양은 용도로 따라 다양하다.
⑤ 클리퍼(Clipper) : 남성 커트나 쇼트커트에 있어서 네이프(Nape) 부분, 사이드(Side) 부분을 짧게 커트할 때 사용하는 기구이다. '바리캉(Barrican)' 혹은 '트리머(Trimmer)'라고도 부른다.

(3) 헤어커트의 종류와 특징
① 웨트 커트(Wet cut) : 모발에 물을 적셔서 레이저(또는 가위)로 커트하는 방법이다.
② 드라이 커트(Dry cut) : 건조한 상태의 모발에 가위나 클리퍼를 사용하여 커트하는 방법이다.
③ 프레 커트(Pre cut) : 퍼머넌트 웨이빙 시술 전에 하는 커트 방법이다.
④ 애프터 커트(After cut) : 퍼머넌트 웨이빙 시술 후에 하는 커트 방법이다.

2 헤어커트의 방법에 따른 분류

(1) 블런트 커팅(blunt cutting)

① **블런트 커트의 개요** : 직선적으로 커트하는 방법을 말하며, 클럽 커팅(Club cutting)이라고도 한다.

② **블런트 커트의 기법**
- ㉮ 원랭스 커트(One-length cut)
  - ㉠ 동일선상의 외측과 내측에 단차를 주지 않고 자연 시술각 0°의 일직선으로 자르는 기법이다.
  - ㉡ 앞쪽이 길어지면 스파니엘, 앞쪽이 짧으면 이사도로와 같은 보브 스타일이다.
- ㉯ 스퀘어 커트(Square cut)
  - ㉠ 모발을 들어 올렸을 때 골든 포인트 라인에서 각이 있는 사각형 느낌이 생기도록 한다.
  - ㉡ 두피로부터 90°로 들어 모발의 길이가 같아지도록 커트한다.
- ㉰ 그라데이션 커트(Gradation cut)
  - ㉠ 보통 두발을 두피로부터 15~45°로 들어서 자르면 입체적인 헤어스타일 연출에 효과적이다.
  - ㉡ 그라데이션(단차)되는 각도에 따라 로우(Low), 미디움(Medium), 하이(High) 그라데이션으로 나눌 수 있다.
- ㉱ 레이어 커트(Layer cut)
  - ㉠ 윗머리보다 밑머리가 긴 모양이 되도록 두발의 길이에 많은 단차를 주어 커트한다.
  - ㉡ 두피에서 90° 이상의 각도로 들어서 자르는 커트로 단차에 따라 로우(Low), 미디움(Medium), 하이(High) 레이어로 나눌 수 있다.
- ㉲ 스트로크 커트(Stroke cut)
  - ㉠ 가위에 의한 테이퍼링을 스트로크 커트라 하며, 모발의 감소와 볼륨의 효과를 볼 수 있다.
  - ㉡ 모발에 대한 가위의 각도가 0~10° 정도인 쇼트 스트로크, 10~45° 정도인 미디움 스트로크, 45~90° 정도인 롱 스트로크가 있다.

(2) 테이퍼링(Tapering)의 종류

① **엔드 테이퍼(End taper)** : 스트랜드의 1/3 이내의 모발 끝을 테이퍼하는 경우로 모발의 양이 적을 때나 모발 끝을 테이퍼해서 표면을 정돈하는 때에 행한다.

② **노멀 테이퍼(Normal taper)** : 모발의 양이 보통인 경우에 스트랜드의 1/2 지점을 폭넓게 테이퍼 하는 경우로 아주 자연스럽게 모발 끝이 붓끝처럼 가는 상태로 되며 모발의 움직임이 가벼워진다.

③ **딥 테이퍼(Deep taper)** : 스트랜드의 2/3 지점에서 모발을 많이 쳐내어 탄력 있는 모발에 적당한 움직임을 주는 때에 이용된다.

(3) 기타

① **티닝(숱치기 : Thinning)** : 모발의 길이를 짧게 하지 않으면서 전체적으로 모량을 조절하는 방법을 말한다.

② **슬리더링(Slithering)** : 가위를 사용해서 모발을 틴닝하는 방법을 말하며, 주로 페이스라인에 사용한다.
③ **트리밍(Trimming)** : 이미 형태가 이루어진 모발선을 최종적으로 정돈하기 위하여 가볍게 커트하는 방법을 말한다.
④ **클리핑(Clipping)** : 클리퍼(Clipper)나 가위를 사용하여 튀어나오거나 삐져나온 모발을 잘라내는 것을 말한다.
⑤ **싱글링(Shingling)** : 주로 남성 커트에 이용되며 장가위를 사용하며 빗을 이용하여 45° 각도로 커트한다.

Lesson 02 원랭스 헤어커트

1 원랭스 커트

(1) 원랭스 커트의 특징
① 원랭스는 일반적으로 블런트 커트를 하며 블런트는 '무디게 한다, 둔하게 한다.'란 뜻으로 모발의 끝을 뭉툭하게 직선적으로 자르는 방법이며, 기초 헤어커트에 사용되는 방법이다.
② 동일선상의 외측과 내측에 단차를 주지 않고 자연 시술 각 0°의 일직선으로 자르는 기법이다.

(2) 원랭스 커트의 분류
① **패럴렐 보브형(Parallel bob style) 커트** : 네이프 포인트에서 0°로 떨어져 시작된 커트 선이 바닥면과 평행인 스타일이다.
② **스패니얼 보브형(Spaniel bob style) 커트** : 앞내림형 커트이며 네이프 포인트에서 0°로 떨어져 시작된 커트 선이 앞쪽으로 진행될수록 길어지며 전체적인 커트선은 A라인을 이루는 콘케이브 형태이다.
③ **이사도라 보브형(Isadora bob style) 커트** : 뒤내림형 커트이며 네이프 포인트에서 0°로 떨어져 시작된 커트 선이 앞쪽으로 진행될수록 짧아져 전체적인 커트 형태 선이 둥근 V라인을 이루는 형태이다.
④ **머시룸(Mushroom) 커트** : 네이프 포인트에서 0°로 떨어져 시작된 커트 선이 앞쪽으로 진행될수록 짧아지며 얼굴 정면의 짧은 머리끝과 후두부의 머리끝이 연결되어 전체적인 커트 형태 선이 급격한 V라인 모양이 된다.

(3) 원랭스 커트의 방법
① **원랭스 커트**
㉮ 깨끗한 이동식 작업대를 준비한다.

㉯ 커트 가위와 빗을 준비한다.
㉰ 분무기와 클립을 준비한다.
㉱ 어깨보와 커트보를 준비한다.
㉲ 모발의 수분 함량을 조절한다.
㉳ 4등분 블로킹을 한 후 네이프에서 약 2cm 폭, 평행 슬라이스 라인으로 섹션을 나눈다.
㉴ 중앙에서 가로 커트로 가이드라인을 설정하고 자연 시술 각도 0°로 좌우를 평행으로 커트한다.
㉵ 사이드 커트할 때는 E.P 모발의 가이드와 평행 슬라이스 라인에 맞추어 가로 커트한다.
㉶ 앞머리는 정중선의 모발까지 텐션 없이 빗질한 후 F.S.P에서 가볍게 잡고 자연 시술 각도 0°로 가이드라인에 맞추어 커트한다.
㉷ 수정이 필요한 경우 수정 커트로 스타일을 보완한다.

② 스패니얼 보브형 커트
㉮ 모발의 수분 함량을 조절한다.
㉯ 4등분 블로킹을 한 후 네이프에서 2cm 간격으로 A라인 섹션으로 나누고 정중선에서 좌우 1cm를 평행으로 커트하여 가이드라인을 설정한다.
㉰ 가이드라인에 맞추어 자연 시술 각도 0°로 하여 A라인으로 커트한다.
㉱ 사이드를 커트할 때에는 E.P 모발의 가이드와 섹션 라인에 맞추어 A라인으로 커트한다.
㉲ 앞머리는 정중선의 모발까지 텐션 없이 빗질한 후 F.S.P에서 가볍게 잡고 자연 시술 각도 0°로 가이드라인에 맞추어 커트한다.
㉳ 수정이 필요한 경우 수정 커트로 스타일을 보완한다.

③ 이사도라 보브형
㉮ 모발의 수분 함량을 조절한다.
㉯ 4등분 블로킹을 한 후 네이프에서 2cm 간격으로 섹션 라인으로 나누고 정중선에서 좌우 1.5cm를 커트하여 가이드라인을 설정한다.
㉰ 가이드라인에 맞춰 자연 시술 각도 0°로 하여 U라인으로 커트한다.
㉱ 사이드를 커트할 때는 E.P 모발의 가이드와 섹션 라인에 맞추어 앞쪽이 짧아지도록 커트한다.
㉲ 앞머리는 정중선의 모발까지 텐션 없이 빗질한 후 F.S.P에서 가볍게 잡고 자연 시술 각도 0°로 가이드라인에 맞추어 커트한다.
㉳ 수정이 필요한 경우 수정 커트로 스타일을 보완한다.

④ 머시룸 커트
㉮ 모발의 수분 함량을 조절한다.
㉯ 4등분 블로킹을 한 후 네이프에서 앞머리까지 연결하여 세로 폭 2cm로 V라인을 나누고 후두부의 정중선에서 좌우 1.5cm씩 3cm 너비로 커트하여 뒷머리 가이드라인을 설정한다.
㉰ 앞머리 정중선에서 1.5cm씩 3cm 너비로 커트하여 가이드라인을 설정한다.
㉱ 앞머리 가이드라인에 맞추어 자연 시술 각도 0°로 측면을 연결하며 V라인으로 커트한다.
㉲ 측면과 뒷머리 가이드라인과 연결하여 V라인이 되도록 커트한다.
㉳ 수정이 필요한 경우 수정 커트로 스타일을 보완한다.

2 원랭스 커트 마무리

(1) 원랭스 커트의 수정, 보완
원랭스의 마무리를 위해서는 이동식 작업대, 드라이기, 롤 브러시, 쿠션 브러시, 분무기, 클립, 스펀지 등의 도구가 필요하다.

(2) 원랭스 헤어커트 스타일의 수정 및 마무리 연출
헤어커트 끝난 후 마무리된 커트 스타일의 길이를 좌우로 체크하고 수정 체크 후 얼굴과 목 등에 묻어 있는 잔여 머리카락을 제거한다.

(3) 헤어커트 도구의 위생적 관리와 보관
미용실에는 공중위생관리법의 시설 및 기준에 의거하여 소독한 기구와 소독하지 않은 기구를 구분하여 보관하여 사용한다.
① **자외선 소독** : 브러시, 가위, 레이저 클립 등 / 20분 자외선 소독
② **알코올 소독** : 가위, 레이저 클립 등 / 70% 알코올 소독
③ **크레졸 소독** : 빗, 가위, 레이저 클립 등 / 크레졸수 3% 수용액에 10분간 담가 둠

(4) 마무리 도구 정리 정돈
시술자는 사용한 주변을 깨끗이 정리하고 머리카락과 같은 폐기물은 분리 배출한다.

(5) 개인위생
① 손 씻기는 모든 바이러스를 방지하는 중요한 수단이다.
② 가운, 어깨보, 커트보 등은 깨끗하게 세탁 후 건조하여 사용한다.
③ 사복과 작업용 복장을 구분하여 착용함으로써 깨끗하게 유지한다.

Lesson 03 그래주에이션 헤어커트

1 그래주에이션 커트

(1) 그래주에이션 헤어커트의 특징
① 그래주에이션 헤어커트는 그라데이션(Gradation) 커트라고도 하며, 그 의미는 단계적 변화, 점진적인 단차(층)를 뜻한다.

② 그래주에이션 커트는 두상에서 아래가 짧고 위로 올라갈수록 모발이 길어지며 층이 나는 스타일이다.
③ 시술 각도에 따라 모발 길이가 조절되면서 형태가 만들어지며, 레이어보다 층이 낮기 때문에 아래에서 위로 올라갈수록 모발 길이가 길어지며 서로 겹쳐지면서 두께가 생기고 부피가 만들어져 입체적으로 보인다.
④ 두께에 의한 부피감과 입체감에 의해 풍성하게 보이며 매끄러운 질감도 함께 나타나므로 두상의 함몰된 부분이나 얼굴에 살이 없거나 뾰족하여 날카로운 인상을 보완하며, 통통하고 부드럽게 만들고 싶을 때와 비교적 차분한 이미지를 나타내고 싶을 때 많이 이용된다.
⑤ 모발 길이, 슬라이스 라인, 베이스, 시술 각도를 변화시켜 다양한 형태의 응용 커트 스타일을 디자인해서 만들어 낼 수 있다.

(2) 그래주에이션 헤어커트의 종류

① **시술 각도에 따른 종류**
㉮ 로우(Low) 그래주에이션 커트 : 시술 각도 1°~40° 이하인 커트로 그래주에이션 커트 중에서 낮은 시술 각도에 속하며, 무게 선에 의한 볼륨이 비교적 낮은 위치에 만들어진다.
㉯ 미디엄(Medium) 그래주에이션 커트 : 시술 각도 45°~50°로 미디엄 이하의 짧은 길이에서 무게 선에 의한 볼륨이 중간 또는 중간보다 약간 낮은 위치에 만들어진다.
㉰ 하이(High) 그래주에이션 커트 : 시술 각도 50°~89°로 무게 선의 볼륨이 중간보다 높은 위치에 만들어진다.

② **패턴에 따른 종류**
㉮ 평행 그래주에이션 커트 : N.P에서부터 아래에서 위로 시술 각도에 따라 진행되는 커트
㉯ 증가 그래주에이션 커트 : 앞쪽에서 뒤쪽으로 가면서 층이 증가되는 A라인 커트
㉰ 감소 그래주에이션 커트 : 앞쪽에서 뒤쪽으로 가면서 층이 감소되는 V라인 커트

(3) 틴닝 기법

① 틴닝 기법은 모량 조절과 질감 처리를 말한다.
② 틴닝 기법은 끝이 점점 가늘어지게 하는 테이퍼가 모근 가까이 1/3지점에서 틴닝하는 딥 테이퍼, 모발의 중간에서 하는 노말 테이퍼, 모발 끝 1/3지점에서 틴닝하는 엔드 테이퍼가 있다.
③ **틴닝의 종류**
㉮ 루트 틴닝 : 모류가 강한 경우 모근 쪽 0.5cm 이하에서 보정 할 때 사용
㉯ 세임 틴닝 : 모량 조절 할 때 모발의 중간 지점에서 틴닝 방법을 사용
㉰ 이너 그래주에이션 틴닝 : 모발의 아래는 짧고 위가 길게 틴닝하는 방법으로 인컬(In-curl) 효과를 낼 때 사용
㉱ 이너 레이어 틴닝 : 모발의 아래가 길고 위가 짧게 커트하여 모량과 양감을 줄이고 아웃컬(Out-curl)에 사용

㉮ 사이드 틴닝 : 모발의 1/3지점에서 틴닝하는 방법으로 볼륨과 모발 끈의 움직임을 좋게하는 데 사용

㉯ 언더 틴닝 : 모발 끝 1/3지점에서 틴닝하는 방법으로 모량이 적은 사람들의 볼륨감과 인컬에 사용

㉰ 오버 틴닝 : 모발 끝 1/3지점에서 틴닝하는 방법으로 모량이 적은 사람들의 아웃 컬에 사용

2 그래주에이션 커트 방법

(1) 로우(low) 그래주에이션 커트 시술 방법

① 모발의 수분 함량을 조절한다.
② 4등분 블로킹 후 네이프에서 약 2cm 폭을 평행 슬라이스 라인으로 섹션을 나눈다.
③ 정중선에서 좌우 약 2cm를 취하여 너비 약 4cm를 잡아 다운 오프 더 베이스에 두상 시술 각도 약 30°로 빗질하여 커트한다.
④ T.P에서 방사상 섹션으로 다운 오프 더 베이스에 두상 시술 각도 약 30°로 빗질하여 가로로 커트한다.
⑤ 사이드는 E.P의 모발을 가이드로 하여 다운 오프 더 베이스에 두상 시술 각도 약 30°로 빗질하여 가로로 커트한다.
⑥ 커트 완성 후 빗질로 마무리한다.

(2) 미디엄(medium) 그래주에이션 커트

① 모발의 수분 함량을 조절한다.
② 4등분 블로킹 후 네이프에서 약 2cm 폭을 평행 슬라이스 라인으로 섹션을 나눈다.
③ 정중선에서 좌우 약 2cm를 취하여 너비 약 4cm를 잡아 다운 오프 더 베이스에 약 45°로 빗질하여 가로로 커트한다.
④ T.P에서 방사상 섹션으로 다운 오프 더 베이스에 두상 시술 각도 약 45°로 빗질하여 가로로 커트한다.
⑤ 사이드는 E.P의 모발을 가이드로 하여 다운 오프 더 베이스에 두상 시술 각도 약 45°로 빗질하여 가로로 커트한다.
⑥ 커트 완성 후 빗질로 마무리한다.

(3) 하이(high) 그래주에이션 커트

① 모발의 수분 함량을 조절한다.
② 4등분 블로킹 후 네이프에서 약 3cm 폭을 평행 슬라이스 라인으로 섹션을 나눈다.
③ 정중선에서 좌우 약 1.5cm를 취하여 너비 약 3cm로 세로 베이스를 나누고 온 더 베이스에 두상 시술 각도 약 70°로 빗질하여 세로로 커트한다.

④ T.P에서 방사상 섹션으로 다운 오프 더 베이스에 두상 시술 각도 약 70°로 빗질하여 커트한다.
⑤ 사이드는 E.P의 모발을 가이드로 하여 온 더 베이스에 두상 시술 각도 약 70°로 빗질하여 세로로 커트한다.
⑥ 커트 완성 후 빗질로 마무리한다.

3 그래주에이션 커트 마무리

(1) 그래주에이션 커트의 수정 및 보완
① 시술 후에는 고객의 얼굴과 목 등에 묻은 머리카락을 제거한다.
② 거울을 보며 완성된 스타일의 좌·우 균형을 확인한다.
③ 좌우 서로 같아지도록 수정 커트를 한다.
④ 수정·보완이 끝나면 고객의 요구 사항을 보정할 수 있어야 한다.

(2) 그래주에이션 헤어커트 스타일의 마무리 연출
스타일을 블로 드라이로 성공적인 마무리 하려면, 적당한 수분, 온도, 패널의 크기 및 각도, 브러시의 선택, 텐션, 브러싱의 속도를 조절해야 한다.
① 수분은 모발을 만져 보아 눅눅한 정도가 적당하다.
② 드라이 온도는 90℃ 전후로 열풍을 주면 원하는 형태가 만들어진다.
③ 패널의 크기는 가로 5~6cm, 세로 2~3cm가 적당하다.
④ 패널의 각도는 볼륨에 따라 모근쪽 볼륨을 살릴 때 110~130° 들어 올린 후 시술, 볼륨을 원하지 않을 때는 90° 이하로 시술한다.
⑤ 브러시의 형태, 크기, 재질이 다양하므로 모발 상태에 따라 사용방법이 다르다.
⑥ 모발에 질감과 탄력 있는 웨이브를 만들기 위해서는 적절한 텐션 조절이 필요하다.
⑦ 블로 드라이를 할 때 브러싱의 속도는 모발의 윤기와 매끈함을 좌우한다.

Lesson 04 레이어 헤어커트

1 레이어 헤어커트

(1) 레이어 헤어커트의 특징
① 90° 이상의 높은 시술 각도가 적용되는 커트 스타일로 시술 각도로 길이가 조절된다.
② 시술 각도가 높을수록 많은 층이 생겨 두상의 탑 부분에서 네이프로 갈수록 길어져 모발이 겹치는 부분이 없어지는 무게감 없는 가벼운 커트 스타일이 된다.

③ 커트 단면이 모두 드러나 거칠어 보이며 뻗치는 힘이 강한 특징이 있다.
④ 모발 길이, 슬라이스 라인, 베이스, 시술 각도를 변화시켜 다양한 형태의 스타일을 연출할 수 있다.

(2) 레이어 헤어커트의 종류

시술 각도에 따라 세임 레이어, 하이 레이어(인크리스 레이어), 스퀘어 레이어가 있다.

① **세임 레이어(same layer)** : 라운드 레이어, 유니폼 레이어라고도 하며 두상 시술 각도 90°와 온 더 베이스가 적용된다.
② **스퀘어 레이어(square layer)** : 사방에서 대칭적으로 길이를 같게 자르는 방법으로 사각형과 직각의 두 가지 의미를 지니고 있다.
③ **하이 레이어(high layer)** : 인크리스(increase) 레이어라고도 하며, 급격한 층이 나도록 하는 컷으로 두상 시술 각도 90° 이상을 적용하며 다양한 베이스 조절 기법 적용이 가능한 스타일이다.

2 레이어 커트 방법

(1) 세임 레이어(same layer)

① 모발의 수분 함량을 조절한다.
② 4등분 블로킹 후 네이프에서 약 2cm 간격으로 슬라이스 라인을 나누고 커트하여 가이드라인을 설정한다.
③ 세로 폭 3cm, 평행 슬라이스 라인으로 섹션을 나눈다. 좌우 약 1.5cm를 취하여 너비를 약 3cm를 잡아 온 더 베이스에 두상 시술 각도 90°로 빗질하여 세로로 커트한다.
④ T.P에서 방사상 섹션으로 온 더 베이스에 두상 시술 각도 90°로 빗질하여 세로로 커트한다.
⑤ 사이드를 커트할 때는 E.P의 모발을 가이드로 하여 온 더 베이스에 두상 시술 각도 90°로 빗질하여 세로로 커트한다.
⑥ 커트 완성 후 빗질로 마무리 한다.

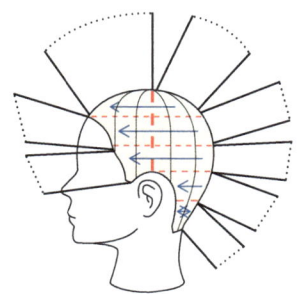 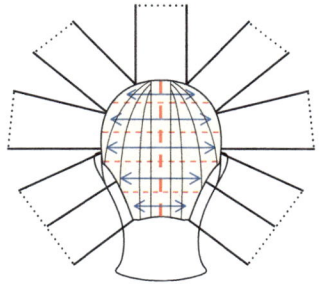 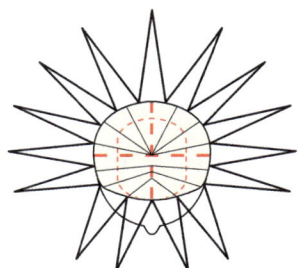

[세임 레이어 커트 도해도]

(2) 스퀘어 레이어(square layer)

① 모발의 수분 함량을 조절한다.

② 네이프에서 약 2cm 간격으로 슬라이스 라인을 나누고 커트하여 가이드라인을 설정한다.

③ 세로 폭 3cm, 평행 슬라이스 라인으로 섹션을 나눈다. 좌우 약 1.5cm를 취하여 너비 약 3cm를 잡아 온 더 베이스에 두상 시술 각도 90°로 빗질하여 세로로 커트한다.

④ 사이드를 커트할 때는 온 더 베이스에 자연 시술 각도 90°로 빗질하여 세로로 커트한다.

⑤ T.P에서 방사상 섹션으로 온 더 베이스에 자연 시술 각도 90°로 빗질하여 세로로 커트한다.

⑥ 커트 완성 후 빗질로 마무리한다.

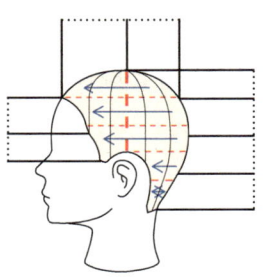 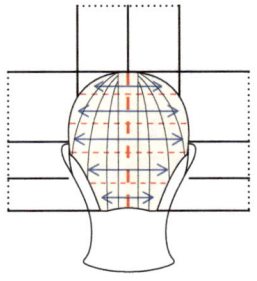 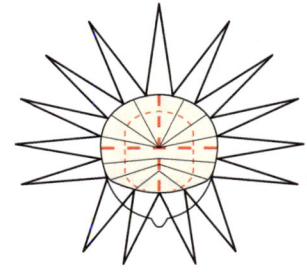

[스퀘어 레이어 커트 도해도]

(3) 하이 레이어(high layer)

① 모발의 수분 함량을 조절한다.

② 네이프에서 약 2cm로 섹션을 나누고 커트하여 가이드라인을 설정한다.

③ 세로 폭 3cm, 평행 슬라이스 라인으로 섹션을 나눈다. 좌우 약 1.5cm를 취하여 너비를 약 3cm를 잡아 세로 섹션을 나누고, 온 더 베이스에 두상 시술 각도 90° 이상으로 빗질하여 세로로 커트한다.

④ T.P에서 방사상 섹션으로 온 더 베이스에 두상 시술 각도 90° 이상으로 빗질하여 커트한다.

⑤ 사이드를 커트할 때는 E.P의 모발을 가이드로 하여 온 더 베이스에 두상 시술 각도 90° 이상으로 빗질하여 세로로 커트한다.

⑥ 커트 완성 후 빗질로 마무리한다.

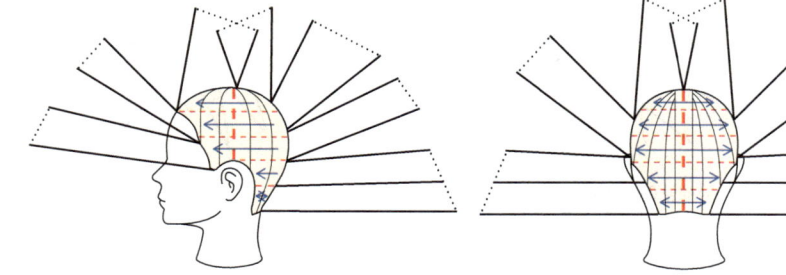 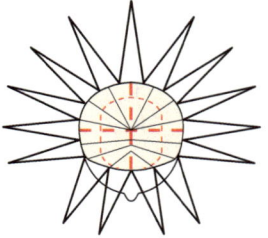

[하이 레이어 커트 도해도]

3 레이어 헤어커트 마무리

(1) 레이어 헤어커트 마무리

① **레이어 커트의 수정 및 보완** : 고객의 얼굴과 목 등에 묻어 있는 머리카락을 제거한 후 거울을 통해 완성된 커트 형태를 점검하고 수정, 보완한다.

② **레이어 헤어커트 스타일의 마무리 연출** : 헤어커트 완성도를 높이기 위해 층을 이용하여 블로 드라이 C컬로 마무리한다.

③ **헤어커트 도구의 위생적 관리와 보관** : 도구와 기기는 사용 후 머리카락과 수분을 제거한 후 적합한 소독을 실시한다.

(2) 레이어 헤어커트 마무리의 일반적 과정

① 고객의 얼굴과 목 등에 남아 있는 머리카락을 제거한다.
② 필요한 경우 수정 및 보정 커트를 한다.
③ 드라이기를 사용하여 모발을 건조시킨다.
④ 롤 브러시를 사용하여 후두부 중앙의 아래 네이프에서부터 모발을 가볍게 편다.
⑤ 볼륨이 필요한 곳은 패널을 약 90° 이상 들어 올려 블로 드라이한다.
⑥ 레이어 커트를 블로 드라이로 마무리한다.

Lesson 05 쇼트 헤어커트

1 장가위 헤어커트

(1) 쇼트 헤어커트 디자인

① **얼굴형에 따른 쇼트 헤어커트 디자인**
  ㉮ 둥근형 : 탑 부분은 살리고 사이드는 최대한 억제하여 연출하는 것이 둥근형을 보완할 수 있다.
  ㉯ 긴형 : 이마부터 턱선까지 얼굴 길이가 긴 형으로 얼굴의 세로선을 느낄 수 없도록 앞머리로 이마를 가려 주면 좋다.
  ㉰ 역삼각형 : 양쪽 귀 사이의 폭이 넓어 보이기 쉬우므로 옆머리와 뒷머리를 짧게 올려서 자르지 않는 것이 좋다.
  ㉱ 사각형 : 이마 부분에 형태를 주어 시선을 분산시켜야 한다.

② **모발의 특징에 따른 쇼트 헤어커트 디자인**
  ㉮ 순류 : 무거움을 정리하고 균형미를 맞춘다.
  ㉯ 좌·우측 모류 흐름 : 좌측과 우측의 모류의 흐름이 반대 방향으로 밀어주듯이 정리한다.

㉔ 다발성 모류 : 역류하는 모발의 흐름을 뿌리 부분을 정리하여 연결한다.
㉕ 제비추리 : 모여진 모발을 틴닝 가위를 이용하여 모량 조절하여 연결시킨다.

③ 헤어 트렌드에 따른 쇼트 헤어커트 디자인
㉮ 댄디 스타일 : 기본 레이어 커트에 싱글링 기법을 적용하여 탑 부분에 볼륨감을 형성하는 스타일이다.
㉯ 투 블록 스타일 : 탑 부분 모발은 층을 내고 네이프와 사이드는 싱글링 기법을 한다.
㉰ 모히칸 스타일 : 짧은 투 블록에서 사이드와 탑 부분을 연결하여 탑 부분이 길어지는 것이 특징이다.

④ 싱글링 커트 방법
싱글링 기법은 장가위와 클리퍼를 이용한 커트 기법이 있다.
㉮ 다운 싱글링 : 모발을 두피에서 띄운 채 길이에 맞게 위에서 내려오면서 커트한다.
㉯ 업 싱글링 : 빗으로 섹션을 떠서 아래에서 위로 올라가면서 커트하는 방법으로 주로 커트 선을 연결할 때 사용한다.
㉰ 연속 싱글링 : 빗을 두상에 대고 아래에서 위로 올리면서 커트선을 연결할 때 사용한다.

(2) 트리밍 커트 기술

모발을 정리할 때 장가위 정인날을 대고 손가락의 엄지나 중지를 지렛대로 하여 좌우 또는 상하로 움직이며 튀어나온 모발을 정리한다.
① 왼손에 빗은 검지와 중지 사이로 옮겨 잡는다.
② 왼쪽 엄지손가락에 가위 끝날을 받쳐 가위질하면서 왼손 검지는 두상에 지지대를 하고 트리밍하고자 하는 방향으로 밀고 나간다.

2　클리퍼 헤어커트

(1) 헤어 클리퍼

① 헤어 클리퍼의 구조
㉮ 고정날(밑날) : 고정날은 모발의 정돈을 용이하게 하고 이동 날의 작용 영역까지 모발이 걸리지 않게 만들었다.
㉯ 이동날(윗날) : 고정날에 의해 정돈되어 들어오는 모발을 뜯기지 않으면서 쉽게 커트하기 위해 날의 크기와 홈의 길이와 간격이 고정날보다 좁다.
㉰ 몸체(핸들) : 클리퍼 몸체에 전원 스위치가 있고 날의 길이 조정 스위치가 있다.

② 헤어 클리퍼의 선정과 관리
㉮ 디자이너의 체형과 손에 맞고 안정감을 줄 수 있는 무게감이 있는 것을 선택한다.
㉯ 가벼운 클리퍼는 흔들림이 생길 수 있다.
㉰ 무거운 클리퍼는 시술자에게 피로감이 생길 수 있다.

㉣ 사용 후에는 클리퍼의 날을 본체와 분리하여 기계 안에 모발을 청소한다.
㉤ 사용한 클리퍼와 가위는 오일을 발라 주어 보관한다.

③ **클리퍼 사용 방법**
㉮ 클리퍼 날의 방향이 위로 향하게 한다.
㉯ 엄지손가락으로 몸체의 앞쪽을 잡고 클리퍼 몸체 뒷면은 손가락을 대고 지지해준다.

(2) 클리퍼 커트 및 클러퍼 헤어커트 방법

① **클리퍼 커트 방법**
㉮ 클리퍼에 부착 날을 끼운다.
㉯ 빗과 클리퍼를 올바르게 잡는다.
㉰ 헤어스타일에 맞는 빗의 각도와 방향을 취한다.
㉱ 클리퍼로 아웃라인을 정리한다.
㉲ 회전 기법으로 아웃라인 커트를 정리한다.

② **클리퍼 헤어커트 방법**
클리퍼를 이용하여 두상 가까이 짧게 커트하고 모발을 고르게 커트할 때 부분적으로 사용된다.
㉮ 클리퍼를 사용하여 싱글링 헤어커트를 한다.
㉯ 도해도 분석한다.
㉰ 콤비네이션 쇼트 헤어커트를 한다.

3 쇼트 헤어커트 마무리

(1) 쇼트 헤어커트 마무리

① **보정 커트**
㉮ 커트의 마지막 단계에서 균형과 정확성을 준다.
㉯ 보정 커트의 섹션은 수직선이다.

② **드라이 커트**
㉮ 질감처리 : 커트에서 질감 처리는 모발에 볼륨을 주어 율동감이 생긴다.
㉯ 아웃라인 정리 : 헤어 라인을 정리해 주는 과정이다.

(2) 헤어커트 도구별 관리와 보관법

① **자외선 소독법** : 소독기에 브러시, 가위, 레이저, 클립 등 20분 정도 넣어 소독
② **알코올 소독법** : 70% 알코올로 레이저 클립 등 소독
③ **크레졸 소독법** : 크레졸수 3% 수용액에 10분간 담가 브러시, 가위, 레이저, 클립 등 소독

(3) 헤어커트 도구의 보관

① 가위는 날을 벌려서 깨끗이 제거한 후 날 안쪽과 회전축 부위에 오일을 바르고 서늘하고 건조한 곳에 보관
② 클리퍼는 날을 분리하여 깨끗이 제거한 후 오일을 발라 서늘한 곳에 보관

(4) 시술 후 정리 정돈

① 머리카락을 정리 분리 배출
② 시술 후에는 도구별 작업대 정리
③ 개인 위생관리를 통해 미생물 전파 방지, 복장, 가운, 어깨보, 커트보 등 오염 방지

(5) 헤어스타일링 제품

① **스프레이** : 고정력과 세팅 기능
② **젤** : 세팅력과 광택 및 촉촉함
③ **왁스** : 윤기 부여 및 고정력
④ **무스** : 볼륨과 고정력
⑤ **포마드** : 광택과 세팅력

헤어펌

Lesson 01 베이직 헤어펌

1 베이직 헤어펌 준비

(1) 헤어펌 도구와 재료 및 기기

① 헤어펌 도구와 재료
- ㉮ 가운, 펌용 어깨보 : 고객의 옷을 보호하기 위해 사용된다.
- ㉯ 꼬리빗 : 와인딩을 할 때 사용된다.
- ㉰ 로드(rod) : 헤어펌을 감아 웨이브를 만드는 기구이다.
- ㉱ 고무밴드 : 모발을 로드에 와인딩 한 후 고정할 때 사용된다.
- ㉲ 엔드 페이퍼(end paper) : 모발을 감싸는 작업을 할 때 사용된다.
- ㉳ 캡(cap) : 보온효과 및 두피 열을 일정하게 유지하며 약제의 건조방지용으로 사용된다.
- ㉴ 스틱 : 모발의 밴드 자국을 방지하기 위해 사용된다.
- ㉵ 클립(clip) : 모발 섹션을 나누어서 고정할 때 사용된다.
- ㉶ 헤어밴드 : 약제가 흐르는 것을 방지하기 위해 사용된다.
- ㉷ 미용 장갑 : 손을 보호하기 위해 착용한다.
- ㉸ 중화 받침대 : 펌2제인 산화제를 도포할 때 사용한다.
- ㉹ 공병 : 펌제를 필요한 양만큼 덜어서 사용한다.
- ㉺ 수건 : 고객의 피부에 묻은 물과 약제를 제거할 때 사용한다.
- ㉻ 분무기 : 모발에 수분 공급이 필요할 때 사용한다.

② 베이직 헤어펌에 필요한 기기
- ㉮ 열처리기 : 적외선 가열기, 스티머, 전기 모자 등이 있다
- ㉯ 타이머 : 시간을 정하고 알림을 받기 위하여 사용된다.

(2) 모발의 사전 처리와 피부 보호제 도포

① 모발의 사전 처리
- ㉮ 모발을 진단하여 모발의 질감에 따라 전처리와 연화처리를 해야 한다.
- ㉯ 손상된 모발에 트리트먼트, PPT 등 모발에 영양을 공급하여 전처리로 사용한다.
- ㉰ 모발에 특수 활성제 또는 펌1제를 사용하여 모발의 팽윤, 연화시키는 전처리로 사용한다.

② 모발의 연화 처리
- ㉮ 1제를 통하여 모발의 팽윤, 연화를 하는 환원제이다.
- ㉯ 열펌 진행을 위한 연화 처리: 매직 스트레이트, 세팅 펌, 디지털 펌, 아이론 펌, 볼륨 매직 등의 열을 이용한 펌제를 진행할 때 사용하는 사전 연화를 말한다.
- ㉰ 모발에 따라 펌1제를 선택하여 연화과정을 점검하고 트리트먼트로 헹군다.

2 베이직 헤어펌

(1) 헤어펌의 원리

① 헤어펌제 중 환원제(1제)는 티오글리콜산 또는 시스테인을 주성분으로 하는 환원작용에 의해 모발의 시스틴 결합을 절단하고, 시스틴 결합이 절단된 모발을 로드에 감으면 로드의 모양에 따라 케라틴 구조의 변화가 일어나 웨이브가 형성되는 작용을 한다.

② 퍼머넌트 웨이브제의 성분

구분	1제(환원제)	2제(산화제)
주성분	티오글리콜산암모늄, 디티오글리콜산에탄올아민, L-시스테인, L-1시스테인염산염 등	브로민산나트륨, 브로민산칼륨, 과산화수소
보조성분	알칼리제(암모니아, 아민류, 중성염), 계면활성제(침투제, 유화제, 습윤제 등), 안정제(에토토산염, 시트르산염, 시트르산 등)	pH 조절제(시트르산, 시트르산나트륨), 계면활성제(침투제, 유화제, 습윤제 등), 안정제(에토토산, 인산 등)

(2) 헤어펌의 분류

① **콜드펌(cold perm)** : 상온에서 약액을 이용하여 웨이브를 형성
- ㉮ 1욕법 : 1제인 환원제의 환원작용만을 사용하고 산화는 공기 중의 산소로 시스틴을 재결합시키는 방법으로 시간이 오래 걸려 미용실에서 사용할 때는 신중해야 함
- ㉯ 2욕법 : 펌제가 환원제인 1제와 산화제인 2제로 구성되어 있으며, 미용실에서 가장 많이 사용되는 방법
- ㉰ 3욕법 : 펌제가 1제인 전처리제, 2제인 환원제, 3제인 산화제로 구성되어 있으며, 저항성 모발에 주로 사용되는 방법

② **열펌(heating perm)** : 모발에 열을 가하여 웨이브를 형성
- ㉮ 직펌 : 헤어펌 와인딩 후에 펌제를 도포한 상태에서 열을 직접 가하는 방법
- ㉯ 연화펌 : 펌제 도포 후 연화를 체크하고 열펌을 시술하는 방법

> **헤어펌 1제**
> - 티오글리콜산 : 버진헤어, 발수성모, 저항성성모 등의 모발에 사용
> - 시스테인 : 손상된 모발에 사용

(3) 베이직 헤어펌 와인딩 요소와 사용 방법

① **헤어펌 와인딩의 구성 요소**
   ㉮ 블로킹 : 9등분, 세로 5등분, 가로 5등분, 가로 4등분 등 헤어펌 디자인에 맞춰 블록을 나눈다.
   ㉯ 섹션과 슬라이스 : 섹션은 와인딩 방법과 방향을 고려하여 나누며, 섹션의 모양을 따라 모발을 나누는 것을 슬라이스라 한다.
   ㉰ 와인딩 시술 각도
      ㉠ 온 더 베이스 : 높은 볼륨을 만들고자 할 때는 패널을 120°~135°로 빗어 올려 와인딩
      ㉡ 하프 오프 베이스 : 중간 정도의 볼륨을 만들고자 할 때는 패널 90°로 빗어 올려 와인딩
      ㉢ 오프 베이스 : 볼륨을 원하지 않을 때는 패널을 45°로 빗어서 와인딩
   ㉱ 고무 밴드 사용 : 일자형, X자형, 혼합X형이 있다.
   ㉲ 엔드 페이퍼(파마지) 사용 : 단면 사용법, 양면 사용법, 접기 사용법 등이 있다.

② **베이직 헤어펌 와인딩 방법**
   ㉮ 크로키놀식 와인딩 기법 : 모발 끝에서부터 두피 쪽으로 와인딩하는 방법
   ㉯ 스파이럴식 와인딩 기법 : 모발을 잡은 손목을 나선형으로 돌리거나 로드를 나선형으로 돌려가며 와인딩하는 방법
   ㉰ 압착식 기법 : 로드 모양에 따라 다양한 질감이 만들어지는 방법

■ **헤어펌의 와인딩 방법**

구분	설명
9등분 와인딩(크로키놀식 기법)	미용사(일반) 국가고시에서 제시하는 헤어펌 과제 중 하나이다.
5등분 와인딩(크로키놀식 기법)	기초적인 방법으로 직각 패턴 와인딩이다.
세로 와인딩(크로키놀식 기법)	세로말기 또는 다대말기의 와인딩이다.
윤곽 패턴 와인딩	두상의 측면 전체를 반타원형으로 블록을 나눠서 웨이브 흐름이 뒤쪽을 향해 넘어가도록 와인딩한다.
벽돌 쌓기 와인딩	두상 전체에 벽돌을 쌓은 것과 같은 모양으로 베이스와 베이스 사이가 틈이 없이 연결되도록 와인딩한다.
오블롱 패턴 와인딩	가로로 긴 블록에 45°의 사선으로 베이스를 나눠서 와인딩을 하는 것이다.
아웃 컬 와인딩	인덴테이션 와인딩이라고도 하며, 바깥말음이 되도록 와인딩을 하는 것이다.
혼합형 와인딩	오블롱 패턴과 벽돌 쌓기 와인딩이 혼합되어 있다.
트위스트 와인딩	스파이럴식 기법으로 모발을 꼬면서 감는 방법이다.
다대말기	모발의 끝에서부터 좌·우 텐션을 주면서 와인딩하는 기법

(5) 헤어펌의 진행 과정

① 준비 단계
- ㉮ 고객 가운 및 펌용 어깨보 착용을 시킨다.
- ㉯ 고객 상담 및 모발 진단을 한다.
- ㉰ 사전 애벌 샴푸를 한다.
- ㉱ 헤어스타일에 맞춰 사전 커트를 한다.

② 본 진행 단계
- ㉮ 선정된 약제 도포와 빗질 : 와인딩을 하기 전에 모발 진단에 따라 헤어펌에 사용할 펌제를 선택하여 1차 도포하고 빗질을 진행한다.
  - ㉠ 직접법 와인딩 : 펌1제를 도포한 후 와인딩하는 방법이다.
  - ㉡ 간접법 와인딩 : 물로 적신 모발을 와인딩하는 방법이다.
- ㉯ 선정된 로드 말기 : 스타일에 맞게 선정된 로드로 와인딩한다.
- ㉰ 헤어밴드 두르기 : 와인딩이 완성되면 헤어라인에 밴드로 고정한다.
- ㉱ 1제 도포 및 비닐 캡 씌우기 : 약제를 로드 위에 꼼꼼하게 도포 후 비닐 캡을 씌워 열전도율을 높인다.
- ㉲ 환원 작용 시간 주기 : 웨이브가 형성되기까지의 시간이며, 프로세싱 타임이라고 한다.
  - ㉠ 자연 방치 : 실온 상태에서 프로세싱 타임을 보는 과정을 말한다.
  - ㉡ 열처리 후 자연 방치 : 열처리 후 일정 타임을 보는 과정을 말한다.
- ㉳ 중간 테스트 : 웨이브의 형성 정도를 체크하기 위해 테스트하는 컬의 형성 정도이다.
- ㉴ 중간 세척 또는 산성 린스 : 만족하는 컬이 형성되었을 때 중간 세척 또는 산성 린스를 통해 알칼리 성분을 중화시키는 역할을 한다.
- ㉵ 2제 도포 : 산화제는 컬의 형성을 정착시키는 역할을 한다.
- ㉶ 산화작용 시간 : 2제의 도포 후에 헤어펌 웨이브가 고정되기까지의 처리 시간이다.
- ㉷ 로드 풀기 : 산화작용 시간이 끝나면 모발에서 로드를 제거하는 과정이다.

③ 마무리 단계
- ㉮ 마무리 샴푸 : 펌제를 충분히 헹구고 컨디셔너제를 도포 후 두피 지압과 함께 마무리한다.
- ㉯ 건조시키기 : 수건으로 건조시키는 과정으로 타월 드라이한다.
- ㉰ 마무리 커트 : 마무리 단계로 필요에 따라서 커트를 한다.
- ㉱ 헤어스타일링 : 모발을 적당하게 건조시킨 후에 헤어스타일링제를 가볍게 도포한다.
- ㉲ 홈케어 제안 : 고객에게 집에서 관리하는 케어 방법을 설명한다.

3 베이직 헤어펌 마무리

(1) 헤어펌 마무리

① 헤어펌 와인딩 풀기
- ㉮ 와인딩 풀기는 로드 오프 또는 로드 아웃이라고 한다.
- ㉯ 로드를 풀 때는 약액이 고객에게 튀지 않도록 주의한다.

㉰ 긴 머리인 경우는 로드를 풀고 산화제가 충분하게 침투하도록 재도포 후 헹군다.

② **마무리 세척**
㉮ 로드를 풀고 나서 모발에 펌제를 깨끗하게 씻어내기 위한 세척을 말한다.
㉯ 세척 후 트리트먼트로 마무리한다.
㉰ 마무리 세척은 연화된 모발을 약산성의 등전점으로 빠르게 돌리며 깨끗하게 헹구고 처치를 해야 한다.

(2) 헤어펌 디자인에 따른 수분 함량 조절
① 샴푸 후 타월 드라이와 함께 드라이어를 이용해 수분 조절을 한다.
② 열풍과 냉풍을 이용하여 모발을 건조한다.
③ 웨이브펌의 경우는 모발의 물기를 80~90% 정도 제거하고 스타일링 제품을 도포한다.
④ C컬 및 스트레이트는 샴푸 후 모발의 물기를 완전히 제거한다.

Lesson 02 롤 및 매직스트레이트 헤어펌

1 롤 헤어펌

(1) 롤 헤어펌의 개요
① **롤 헤어펌 특징**
㉮ 자연스러운 C컬과 볼륨을 만들고 싶을 때 진행한다.
㉯ 완만한 C컬은 1바퀴 미만으로 감아 와인딩을 한다.
㉰ 강한 C컬은 1바퀴 이상 2바퀴 미만으로 와인딩을 한다.
㉱ S컬은 2바퀴 이상으로 와인딩 한다.

② **롤 헤어펌에 필요한 도구**
일반 퍼머와 동일한 기구를 사용하며 추가로 헤어 롤, 핀컬 핀, 비닐 랩 등이 필요하다.
㉮ 헤어 롤 : 모발을 감아 C컬을 만드는 도구이다.
㉯ 핀컬 핀 : 헤어 롤을 고정할 때 사용한다.
㉰ 비닐 랩 : 비닐 캡을 씌우기 적당하지 않을 때 사용한다.

③ **롤 헤어펌의 와인딩**
㉮ 블로킹 : 롤 헤어펌 시술 시 주로 5등분 블로킹을 사용한다.
㉯ 롤 헤어펌의 베이스 : 베이스는 패널의 크기를 뜻한다.
㉰ 시술 각도
㉠ 최대의 볼륨 :120°~135°로 빗어 올려서 논스템이 되며 최대의 볼륨을 만들 수 있다.

ⓒ 중간 볼륨 : 90°로 빗질하여 하프스템이 되며 중간 정도의 볼륨을 만들 수 있다.
ⓓ 볼륨이 필요하지 않을 때 : 베이스를 45°로 빗질하여 롱스템이 되며 볼륨이 생기지 않는다.
㉣ 롤 헤어펌의 펌1제 : 1제는 유액과 크림상의 제형으로 나누어진다.

(2) 롤 헤어펌 진행 및 마무리

① **롤 헤어펌 진행 과정**
  ㉮ 와인딩 단계에서 크림타입의 약제를 필요한 양만큼 도포해 가면서 와인딩한다.
  ㉯ 비닐 랩은 캡을 씌우기 어려울 때 사용한다.
  ㉰ 산성 린스는 환원 작용 시간이 끝난 후에 중간 세척을 생략하고 pH 밸런스제를 도포하여 처리한다.

② **롤 헤어펌 마무리 방법**
  ㉮ 롤 헤어펌 풀기 : 롤 헤어펌의 풀기는 롤 아웃이라고도 한다.
  ㉯ 롤 헤어펌의 마무리 세척 : 롤 헤어펌의 마무리 세척은 마무리 샴푸를 의미한다.
  ㉰ 롤 헤어펌의 헤어스타일링 : 롤 헤어펌의 스타일링은 모발 길이에 따라서 샴푸 후 건조 방법에 따라 달라진다.

2 매직스트레이트 헤어펌

(1) 매직스트레이트 헤어펌의 개요

① **매직스트레이트 헤어펌 특징** : 전열식 아이론을 이용하여 스트레이트 또는 C컬의 만드는 열펌이다.

② **아이론**
  ㉮ 열을 이용하여 모발의 형태를 변형시킬 수 있는 기기이며 손잡이, 그루브, 로드로 이루어져 있다.
  ㉯ 아이론의 종류
    ⓐ 플랫 아이론 : 발열판이 평평한 판의 형태로 대, 중, 소의 크기가 있으며, 주로 스트레이트에 사용한다.
    ⓑ 반원형 아이론 : 발열판이 반원형의 형태이며, 뿌리 볼륨을 살리거나 C컬을 만들 때 사용한다.
    ⓒ 컬링 아이론 : 발열판이 둥근모양이며 원형 롤의 지름은 3~38mm까지 다양하며 웨이브의 형태를 만들 수 있다. C컬, S컬을 만들 때 사용한다.

③ **아이론의 사용 방법**
  ㉮ 모발의 패널을 모근부터 아이론의 열판 사이에 끼워 다림질 작업을 한다.
  ㉯ 건강모 160~180℃, 손상모 120~140℃, 저항성모 180~200℃를 사용한다.

(2) 매직스트레이트 헤어펌의 진행 및 마무리

① **매직 스트레이트 헤어 펌의 프레스 과정**
- ㉮ 블로킹 : 5등분, 6등분으로 블로킹을 나눈다.
- ㉯ 매직스트레이트 헤어펌의 패널 : 가로 폭은 약 5~7cm, 세로 폭은 약 1.5cm±0.5cm 내외로 한다.
- ㉰ 시술 각도 : 90° 이상으로 한다.

② **매직스트레이트 헤어펌의 프레스 작업**
- ㉮ 매직스트레이트 : 프레스 작업을 통해 모표피의 결을 다림질하는 작업을 한다.
- ㉯ 볼륨 매직 : 프레스 작업을 통해 C컬 작업을 한다.

③ **매직스트레이트 헤어펌 진행 과정**
- ㉮ 연화처리 : 매직스트레이트, 볼륨 매직 등의 사전 작업이다.
- ㉯ 연화 처리 후 헹굼 : 연화처리가 끝난 후에 헹굼은 물로 세척 후 모발에 따라 트리트먼트 등을 사용한다.
- ㉰ 프레스작업 : 열기가 있으므로 고객과 시술자가 화상에 주의한다.

④ **매직스트레이트 헤어펌 마무리**
- ㉮ 매직스트레이트 마무리 : 미지근한 물을 이용하여 세척 후 컨디셔너를 사용한다.
- ㉯ 헤어스타일링 : 스트레이트는 모발을 충분히 말려 주고 플랫 아이론으로 마무리한다.
- ㉰ 트리트먼트 : 모발에 따라 영양과 수분, 유분 등의 간충물질을 공급하기 위해 진행한다.
- ㉱ 홈 케어 손질법
  - ㉠ 펌 전용 샴푸를 손바닥에서 거품을 내어 두피부터 모발 쪽으로 발라 헹군다.
  - ㉡ 타월 사이에 모발을 넣어 두드려서 타월 드라이를 한다.
  - ㉢ 가급적 자연 건조가 바람직하다.
  - ㉣ 마무리는 오일 및 에센스 등을 발라 모발의 유·수분 밸런스를 맞춘다.

기타 미용 서비스

Lesson 01 기초 드라이

1 스트레이트 드라이

(1) 블로 드라이어 및 브러시

① 블로 드라이어
  ㉮ 용도 : 모발에 열풍을 가하여 일시적으로 스타일을 변화시킬 때 폭넓게 사용한다.
  ㉯ 각 부의 명칭
    ㉠ 노즐 : 바람이 나오는 드라이어 입구
    ㉡ 바디 : 드라이어의 몸통 부분
    ㉢ 스몰 팬 : 모터에 의해 바람을 만드는 역할
    ㉣ 컨트롤러 : 열풍, 온풍, 냉풍의 바람 조절 장치로 핸들에 부착
    ㉤ 핸들 : 드라이어의 손잡이 부분
  ㉰ 드라이어 잡는 방법
    ㉠ 손잡이를 잡는 방법
    ㉡ 노즐을 잡는 방법
  ㉱ 드라이 각도
    ㉠ 0~90° : 스트레이트 스타일에 사용되는 각도이다.
    ㉡ 90~180° : 모발 끝을 안정시켜 라인을 만든다
    ㉢ 180~270° : 하프 웨이브, 풀 웨이브를 만드는데 사용되는 각도이다.

② 브러시 종류
  ㉮ 라운드 브러시 : 모발에 볼륨을 주고 방향성있는 웨이브, 강한 컬을 형성하기 위해 사용되며 돈모, 나일론 재질, 금속성 재질 등이 있다.
  ㉯ 하프 라운드 브러시 : 가늘고 약한 서양인의 스트레이트 모발에 자연스러운 볼륨감을 형성하기에 적당하다.
  ㉰ 스켈레톤 브러시 : 모발을 건조시킴과 동시에 모근에 볼륨감을 형성하는데 적당하다.

(2) 스트레이트 시술 방법

① 드라이 브러시를 사용하여 4등분 블로킹을 한다.
② 사용되는 롤 브러시의 폭(지름)을 넘지 않게 클립을 이용하여 수평 섹션을 한 후 롤 브러시로 모발을 정리한다.
③ 모근에 볼륨감을 형성하면서 노즐 부분을 사용하여 드라이한다.
④ 드라이는 시험이 끝날 때까지 내려놓지 않으며 모발에 연기가 나지 않도록 드라이한다.
⑤ 클립의 아랫부분을 사용하여 수평 섹션을 정확하게 뜬다.
⑥ 드라이 할 모량을 정확하게 뜬 후 드라이 브러시로 드라이를 진행한다.
⑦ 모근 부분에 텐션과 볼륨을 유지하면서 드라이 브러시보다 판넬을 적게 잡고 반복 진행한다.
⑧ 다른 모발이 날리지 않게 드라이 노즐 각도를 잘 사용한다.
⑨ 오른쪽과 왼쪽은 동일하게 드라이 볼륨감을 맞춘다.
⑩ 드라이 동작 시 바른 자세로 드라이 방향과 몸의 방향을 같은 방향으로 시술한다.

2 C컬 드라이

(1) C컬 드라이 작업의 고려 사항

① **브러시(또는 아이론) 회전수와 컬의 형태**
  ㉮ 롤 브러시(또는 아이론)에 감는 모발의 회전 바퀴 수에 따라 웨이브 주기가 달라진다.
  ㉯ C컬은 $1\frac{1}{2}$ 이내로 감아야 하며, 인 컬은 두상 쪽을 향해 안으로 감아 주고, 아웃 컬은 밖으로 향해 감아 준다.
  ㉰ 롤 브러시(또는 아이론)의 굵기가 굵을수록 컬도 굵어진다.

② **베이스 너비**
  ㉮ 두상의 베이스의 너비는 롤 브러시(또는 아이론) 너비의 80% 정도가 이상적이다.
  ㉯ 너무 넓으면 작업 과정에서 모발이 브러시 밖으로 튀어 나가거나 엉키기 쉽고, 너무 좁으면 작업시간이 길어질 수 있다.

③ **각도**
  ㉮ 각도는 볼륨과 관련이 있다.
  ㉯ 모발을 120° 이상 들어 롤 브러시를 넣어 시술하는 오버 베이스는 볼륨이 크고, 움직임도 자유롭다. 이와 달리 60° 이하로 들고 시술하는 오프 베이스는 볼륨이 작고 움직임도 제한적이다.

④ **속도**
  ㉮ 무조건 빠르게 시술하기보다는 고객의 모발 상태나 연출하려는 스타일에 따라 시간 조절이 필요하다.
  ㉯ 곱슬머리나 웨이브가 있는 모발은 천천히 뜸을 들이고, 손상된 모발은 신속하게 시술하는 것이 좋다. 또한 슬라이스한 모발을 균일한 속도로 작업해야 웨이브의 탄력과 모양이 일정하고 윤기가 생긴다.

⑤ 텐션
  ㉮ 텐션이란 모발을 당겨주는 일정한 힘을 의미한다.
  ㉯ 텐션이 없으면 드라이가 잘되지 않고 모발의 윤기도 적게 된다. 지나치게 당기듯 드라이하면 고객이 불쾌할 수 있으므로 텐션의 적절한 조절이 필요하다.
⑥ 온도
  ㉮ 블로 드라이어의 열풍은 65~85℃, 헤어 아이론(매직기) 열판은 120~180℃가 일반적이다.
  ㉯ 단, 모발의 상태와 연출하고자 하는 헤어스타일에 따라 온도를 조절해야 한다.

(2) C컬 드라이 원리와 방법

① 드라이 브러시를 사용하여 4등분 블로킹을 한다.
② 수평 섹션 후 브러시를 모근 부분에 밀착시켜 일정한 텐션으로 모발 끝부분에서 브러시를 회전시켜 C컬을 만든다.
③ 양쪽 사이드는 커트선과 동일하게 C컬을 만든다.
④ 드라이는 시험이 끝날 때까지 내려놓지 않으며 모발에 연기가 나지 않도록 드라이한다.
⑤ 모발에 방향은 두상 라인 방향으로 드라이한다.
⑥ 드라이하는 모발의 양은 드라이 브러시 지름과 길이보다 넓지 않게 잡고 드라이한다.
⑦ 모발이 날리지 않게 드라이 노즐 각도를 잘 사용한다.
⑧ C컬 마무리 시 드라이 브러시를 회전시키면서 컬을 완성한다.
⑨ 오른쪽과 왼쪽은 동일하게 C컬을 맞춘다.
⑩ 드라이 동작 시 바른 자세로 드라이 방향과 몸의 방향을 같은 방향으로 시술한다.

Lesson 02 베이직 헤어컬러

1 헤어컬러의 원리

(1) 모발

① **모발의 이해**
  ㉮ 모발은 모근부와 모간부로 구분한다.
  ㉯ 모근부는 모발 성장이 일어나는 부분으로 이를 둘러싼 여러 부속 기관이 각각의 특성을 가지고 있다.
  ㉰ 모간부는 모표피, 모피질, 모수질로 구성되어 있다
    ㉠ 모표피 : 모발의 표면층으로 생선 비늘 모양의 형태를 하고 있으며 모간부 전체의 10~15%를 차지한다.

ⓒ 모피질 : 간충물질로 구성되어 있으며 모간부 전체의 85~90%를 차지한다.
　　　ⓒ 모수질 : 모발의 가장 중심 부분으로 벌집 모양의 다각형의 세포가 길게 나열되어 있으며 속이 비어 있다.
　　　ⓔ 멜라닌 색소가 분포되어 있는 모피질은 모발의 색을 결정하는 중요한 부분이다.
　② **모발의 명도**
　　　㉮ 명도란 색의 밝기를 의미하는 것으로 모발의 명도는 멜라닌에 의해 결정되는 자연모 레벨과 탈색제 등 화학제품에 의해 결정되는 블리치 레벨로 구분한다.
　　　㉯ 자연모 레벨은 멜라닌에 의해 결정되고, 블리치 레벨은 화학 제품에 의해 결정된다.
　　　㉰ 블리치 레벨은 탈색으로 모발의 명도를 10단계로 구분한 것으로 동양인의 자연 모발에 탈색을 하면 눈에 보이는 색과 같이 변화한다.
　③ **모발의 색소**
　　　㉮ 멜라닌은 멜라노사이트 내에서 티로신이 산화 효소인 타이로시네이트에 의해 산화, 중합하여 입자형 색소인 유멜라닌과 페오멜라닌이 생성된다.
　　　㉯ 유멜라닌(입자형 색소)은 흑색과 적색까지 모발에 어두운색을 나타낸다.
　　　㉰ 페오멜라닌(분사형 색소)은 적색에서 노랑까지 모발에 밝은색을 나타낸다.

(2) 탈색 및 탈색제

　① **탈색의 이해**
　　　㉮ 모발 속의 멜라닌과 인공 색소가 화학 작용에 의해 파괴, 분해, 산화과정을 거치는 것을 말한다.
　　　㉯ 1제는 과황산암모늄과 과붕산나트륨이 함유되어 있다.
　　　㉰ 2제는 과산화수소가 함유되어 있다.
　　　㉱ 1제와 2제를 혼합하여 모발을 팽윤시켜 큐티클을 열리게 한다.
　　　㉲ 탈색제가 모피질 속으로 들어가 멜라닌을 감소시키는 작용을 한다.
　　　㉳ 탈색으로 인해 모발 내부의 케라틴까지도 파괴되어 손상모가 된다.
　② **탈색제의 종류**
　　　㉮ 파우더 타입 : 강한 침투력으로 고명도까지 짧은 시간에 빠르게 탈색이 가능하다.
　　　㉯ 크림 타입 : 부분 탈색이 용이하지만 고명도로 탈색하기는 어렵다.
　　　㉰ 오일 타입 : 어두운 모발을 자연스러운 색상으로 변화시킬 때 사용하기 적합하다.
　③ **탈색제의 구성 성분**
　　　㉮ 탈색제는 파우더, 크림, 오일 등의 형태로 되어 있으며 일반적으로 파우더를 사용한다.
　　　㉯ 탈색제의 2제는 액체 형태이며 주성분은 과산화수소로 다음의 종류가 있다.
　　　　ⓐ 3% : 과산화수소로부터 발생되는 산소의 양이 10볼륨으로 손상모 염색, 백모 염색에 많이 사용한다.
　　　　ⓑ 6% : 과산화수소로부터 발생되는 산소의 양이 20볼륨으로 멋내기 염색, 백모 염색, 일반적인 탈색 시 주로 사용한다.
　　　　ⓒ 9% : 과산화수소로부터 발생되는 산소의 양이 30볼륨으로 하이라이트 기법이나 가발의 염색, 탈색에 사용한다.

(3) 염색의 이해

① **염모제의 종류**
- ㉮ 일시적 염모제 : 모표피에 흡착시켜 샴푸로 제거되는 염모제로 모발 손상이 없다.
- ㉯ 반영구적염모제 : 모표피의 안층과 겉층에 흡착되어 4~6주 정도 유지되며 피부 자극이 없다.
- ㉰ 영구적 염모제 : 모피질까지 색이 침투하여 6주 이상 유지되는 산화 염모제와 비산화 염모제가 있다.

② **염모제의 번호 체계** : 8-12의 염모제라면 8은 명도로 고객의 밝기를 의미하고 12는 색상을 의미한다.

③ **염모제의 작용** : 제1제의 알칼리 성분이 모표피를 팽윤시켜 모피질 속으로 들어가 염모제는 제2제인 과산화수소의 분해 작용에 의해 멜라닌 색소가 파괴되면서 컬러의 변화가 생긴다.

2 헤어컬러 색상환 제작

(1) 색채의 이해

① **색의 3요소**
- ㉮ 빛 : 태양광은 대표적인 빛으로 우리 눈에 보이지 않는 백광으로 되어 있어 무색광이다. 파장은 nm의 길이 단위로 표기하는데 그중에 380~780nm 사이에 있는 파장의 빛이 색을 느끼게 한다.
- ㉯ 물체 : 색을 보기 위한 어떠한 대상이 물체가 된다.
- ㉰ 눈(시각계) : 우리의 눈을 통해 들어온 빛은 망막을 자극하게 되며, 망막을 구성하고 있는 세포층이 자극을 받아 들여야 색을 볼 수 있게 된다.

② **색의 3속성**
- ㉮ 색상 : 빨강, 파랑, 노랑처럼 색의 이름으로 유채색만이 지닌 속성이다. 유채색을 둥글게 배열한 것을 색상환이라고 한다.
- ㉯ 명도 : 명도는 색을 보고 밝고 어두운 정도를 말한다. 흰색에 가까울수록 명도가 높아지고 검정색에 가까울수록 명도가 낮아진다.
- ㉰ 채도 : 색의 맑고 탁한 정도를 나타내는 척도로 1부터 14까지 14단계로 구분한다.

③ **색의 분류**
- ㉮ 무채색 : 흰색, 회색, 검은색과 같이 밝고 어두운 정도 즉 명도의 차이로 구분되는 색을 무채색이라 한다.
- ㉯ 유채색 : 무채색의 반대로 눈에 보이는 물체의 모든 색상을 말한다.
- ㉰ 난색 : 따뜻하게 느껴지는 색상을 말한다.
- ㉱ 한색 : 차갑게 느껴지는 색상을 말한다.

④ **색의 혼합**
- ㉮ 1차색 : 혼합되지 않은 색을 1차색이라고 하며, 빨강, 노랑, 파랑을 3원색이라 한다.

㉯ 2차색 : 1차색을 혼합하여 만들어진 색을 2차색이라고 한다.
  ㉠ 빨강 + 파랑 =보라색
  ㉡ 노랑 + 파랑 =초록색
  ㉢ 빨강 + 노랑 =주황색
③ 3차색 : 붉은 주황, 연한 주황, 연두, 청록, 자주, 청보라색이 있다.
⑤ **보색, 대비, 중화**
  ㉮ 색의 보색 : 색상환에서 정반대편의 두 색상을 보색이라고 한다.
  ㉯ 보색 대비 : 색의 배색으로 상대의 색이 더 선명해 보이는 현상이다.
  ㉰ 색상의 중화 : 특정 반사 빛을 없애고 갈색 계열로 변화시키는 것이다.

3 헤어컬러 방법 및 마무리

(1) 베이직 헤어컬러 준비

헤어 컬러 시술 전에 반드시 패치 테스트를 진행한다. 헤어컬러 시술에는 염모제, 컬러 차트, 컬러 보, 타월, 염색용 브러시, 염색 볼, 비닐 캡, 이어 캡, 빗, 저울, 클립, 호일, 염모제 짜개, 앞치마, 장갑 등 필요한 도구를 준비해야 한다.

① **두피 보호 제품** : 두피에 알칼리 산화 염모제가 닿으면 자극을 줄 수 있으므로 이를 방지하기 위해 두피 보호제품을 사용하여 자극을 최소화한다.
② **모발, 두피 상태 분석** : 견진, 촉진, 문진을 통해서 모발 및 두피 상태를 분석할 수 있다.
③ **염색성과 모발의 특성** : 모발은 착색이 쉬운 모발과 착색이 어려운 모발이 있다. 착색이 쉬운 모발은 흡수성 모발이며, 착색이 어려운 모발은 발수성 모발이다.
④ **패치 테스트** : 염모제 사용 24~48시간 전에 팔 안쪽, 귀 뒤쪽에 염모제를 소량 도포하여 알레르기 반응 테스트를 진행하여야 하며, 이를 패치 테스트라고 한다.
⑤ **스트랜드 테스트** : 염색약 도포 후 약 20분 방치 후 모발 다발을 잡아 수건 또는 꼬리빗으로 닦아 색상을 확인하는 방법이다.
⑥ **식물성 염모제** : 식물의 꽃, 열매 등의 색소가 산성 용액 속에서 케라틴을 염색시킬 수 있는 성질을 이용하여 만든 염모제를 헤나라고 한다.
⑦ **금속성 염모제** : 납, 철, 카드뮴, 동 등을 기초로 한 염모제로 모피질에 안착이 되어 고명도로 염색하는 약제로 가장 많이 사용된다.
⑧ **합성 염모제** : 산성염료, 산화염료로 구분한다.
  ㉮ 산성염료 : 1제로만 형성되어 있으며 멜라닌 색소를 변형시키는 것이 아니라 모발 표면에 협착되는 염료이다.
  ㉯ 산화염료 : 1제의 알칼리제가 모표피를 팽윤시키고 제2의 과산화수소가 서로 반응하여 산소를 발생시키고 이때 발생한 산소는 멜라닌 색소를 파괴시켜 탈색이 일어난다.

(2) 헤어컬러 진행

① **전처리 제품 종류** : 전처리 제품의 조건은 염모제의 침투나 발색에 지장이 없으며, 염모제의 모발 흡수력과 색소 유지력에 도움을 주는 것이어야 한다.
   ㉮ 케라틴 : 모발 구조를 강화시키는 전, 후 처리제 중 가장 입자가 크며 액상 타입으로 되어 있다.
   ㉯ 콜라겐 : 고농축 하이 콜라겐과 세라마이드 성분으로 가늘고, 거칠고, 건조하고 푸석한 모발에 침투하여 윤기와 보습을 부여한다.

② **염모제** : 붓의 각도에 따라 도포할 염모제 양의 조절이 가능하고 도포할 부분이 달라진다.
   ㉮ 붓으로 조절하는 염모제의 양과 도포 부위
      ㉠ 모근 가까이 1cm 미만의 부분을 도포하는 방법 : 붓 면적의 1/3 지점에만 소량의 염모제를 덜어 도포
      ㉡ 모근 쪽 3cm 미만의 부분을 도포하는 방법 : 붓 면적의 1/2 지점까지 염모제를 덜어 도포
      ㉢ 모근 가까이를 제외한 넓은 부분을 도포하는 방법 : 붓 면적의 3/2 지점까지 염모제를 덜어 도포
   ㉯ 멋내기 염색
      ㉠ 원터치 : 모근에서 모발 끝까지 한 번에 도포하는 방법이다.
      ㉡ 투터치 : 두피 쪽과 모발의 온도 차이를 구분하여 얼룩 없이 균일한 컬러를 얻기 위해 도포하는 방법이다.
      ㉢ 쓰리터치 : 신생부와 기염부의 명도를 맞추면서 기염부 모발 끝부분이 색소의 과잉 침투로 인해 균일한 결과를 얻기 어려울 때 도포하는 방법이다.
      ㉣ 리터치 : 기염부와 신생모를 연결할 때 리터치라고 하며 신생모를 기염부의 염색보다 밝게 염색할 때 리터치-톤업이라 한다.

(3) 베이직 헤어컬러 마무리

① **유화의 방법 및 기능**
   ㉮ 유화의 목적 : 유화란 모발 및 두피에 잔류하는 알칼리제를 제거하는 방법으로 샴푸 전에 진행하며 헤어컬러 발색과 유지력을 높인다.
   ㉯ 유화의 방법 : 유화는 헤어라인과 두피에 묻은 염모제를 손가락으로 부드럽게 두피를 문질러 유화작업을 한다.
   ㉰ 유화의 기능
      ㉠ 두피에 남은 헤어컬러 제품을 완벽하게 제거함으로써 두피 트러블을 예방할 수 있다.
      ㉡ 두피에 남은 알칼리 색소를 제거하기 쉽게 하며 색소의 정착을 촉진한다.
      ㉢ 모표피의 수렴 작용을 촉진한다.
      ㉣ 샴푸 시 모발의 마찰을 최소화한다.

② **헤어 컬러 전용 샴푸와 트리트먼트** : 모발의 알칼리 성분을 중화시켜 큐티클을 단단하게 하며 컬러의 색상을 유지시키는 역할을 한다.

③ **헤어컬러 리무버** : 피부에 묻은 염모제를 제거하는 제품으로 크림형, 액상형, 티슈형이 있다.
④ **모발 건조** : 샴푸와 트리트먼트로 모발에 타월 드라이를 충분히 하고 냉풍으로 두피와 모발을 먼저 건조시킨 후 핸드 드라이 등의 온풍으로 모발을 건조한다.
⑤ **헤어 에센스** : 모발의 엉킴과 정전기를 방지하며 모발의 광택 효과와 헤어 컬러로 손상된 모발의 보호용으로 사용한다.

Lesson 03 헤어미용 전문제품 사용

1 헤어미용 전문제품의 정의

(1) 화장품 및 기능성 화장품

① **화장품**
  ㉮ 인체를 청결·미화하여 매력을 더하고 용모를 밝게 변화시키거나 피부·모발의 건강을 유지 또는 증진하기 위하여 인체에 바르고 문지르거나 뿌리는 등 이와 유사한 방법으로 사용되는 물품으로서 인체에 대한 작용이 경미한 것
  ㉯ 다만, 의약품에 해당하는 물품은 화장품에서 제외

② **기능성화장품**
  ㉮ 피부의 미백에 도움을 주는 제품
  ㉯ 피부의 주름개선에 도움을 주는 제품
  ㉰ 피부를 곱게 태워주거나 자외선으로부터 피부를 보호하는 데에 도움을 주는 제품
  ㉱ 모발의 색상 변화·제거 또는 영양공급에 도움을 주는 제품

(2) 헤어미용 전문제품

① 모발의 색상 변화·제거 또는 영양 공급에 도움을 주는 제품
② 피부나 모발의 기능 약화로 인한 건조함, 갈라짐, 빠짐, 각질화 등을 방지하거나 개선하는 데에 도움을 주는 제품

2 제품의 종류 및 사용

(1) 헤어미용 제품

① **헤어샴푸** : 피지 및 노폐물을 제거하여 모공에 원활한 산소 공급을 도와 건강한 모발과 두피를 만드는 데 목적이 있다.

종류	기능
천연 샴푸	천연 성분에서 추출한 성분으로 만든 샴푸
프레 샴푸	시술 전에 가볍게 하는 샴푸
탈모 샴푸	모공을 건강하게 만들어 주며 모발을 건강하게 하는 샴푸
베이비 샴푸	영·유아용 전용 샴푸로 자극을 최소화한 샴푸

② **트리트먼트** : 모발 내부의 간충물질이 유실된 손상모에 모발과 유사한 성분으로 배합된 물질을 공급하여 모발에 탄력과 광택을 준다.

③ **컨디셔너** : 모발 표면에 광택과 정전기 방지를 한다.

④ **헤어스타일링용**

타입	종류	특징
유성타입	헤어오일	모발에 유분을 공급하여 광택과 유연성 부여
	포마드	모발에 광택을 주며 헤어스타일을 단정하게 해주는 제품
유화타입	헤어로션(크림)	모발을 단정히 정돈해주고 보습효과의 광택을 부여
고분자 피막 타입	세트로션	웨이브를 유지하기 위한 목적으로 사용
	헤어무스	거품 형태로 원하는 헤어스타일로 손쉽게 사용
	헤어스프레이	세팅한 모발에 분무해 헤어스타일을 유지하는데 사용
	헤어젤	촉촉하고 자연스럽게 고정할 때 사용
액체타입	헤어리퀴드	산뜻하고 끈적임 없고 부드러운 효과

(2) 헤어 컬러용

① **영구 염모제** : 색소 형성 물질이 모발 내부의 모피질 또는 모수질층까지 침투하여 화학변화를 일으켜 불용성 색소를 형성하는 것으로 염색의 효과가 장기간에 걸쳐 지속된다.

② **반영구 염모제** : 탈색된 모발의 염색에 적합하며 시간이 지나면 색이 빠지게 된다.

③ **일시 염모제** : 모발의 표면에 안료와 같은 불용성 색소를 일시적으로 부착시켜 모발의 색을 바꾸어 주는 제품으로 세정으로 제거된다.

(3) 퍼머넌트 웨이브 로션

① **1제(환원제)**
　㉮ 모발의 시스틴(-S-S-)결합을 절단하여 티올(-SH)기로 환원시킨다.
　㉯ 환원제, 알칼리제, 금속이온봉쇄제(EDTA)로 구성되어 있다.

② **2제(산화제)**
　㉮ 1제에 의해 만들어진 티올(-SH)기를 산화시켜 시스틴(-S-S-)결합으로 돌아가게 한다.
　㉯ 산화제로 브롬산나트륨, 브롬산칼륨 및 과산화수소가 사용된다.

(4) 헤어 스트레이트

① 곱슬머리나 퍼머머리를 곧게 풀고자 할 때 사용한다.
② 1제인 환원제는 알칼리성 크림 타입이며, 2제는 산화제로 구성된다.
③ 1제를 바른 후 20~30분간 빗질을 반복하여 컬을 풀어준 후 2제를 바르고 10분 후 헹구어 준다.

Lesson 04 베이직 업스타일

1 베이직 업스타일 준비

(1) 모발 상태와 디자인에 따른 사전 준비

① 헤어 세트롤러
　㉮ 일반 세트롤러 : 롤 형태로 주로 인컬과 볼륨 형성에 사용하며 굵기가 다양하다.
　㉯ 전기 세트롤러 : 반드시 마른 모발에 사용, 짧은 시간에 웨이브 연출, 감전과 화상에 주의해야 한다.
　㉰ 스파이럴형 : 긴 모발에 사용하며 전용 고리로 모발을 당겨서 사용한다.
② 헤어 세트롤러의 고정 방식
　㉮ 세팅 클립 : 전기 세트롤러에 고정할 때 주로 사용한다.
　㉯ 꽂이 : 퍼머넌트 웨이브에서 고무줄 자국이 생기지 않도록 고정할 때 사용한다.
　㉰ 덮개(집게) : 세팅 위에 집게로 집듯이 고정하여 사용한다.
③ 세팅 롤 활용 방법
　㉮ 세팅 롤 : 롤의 굵기가 지름이 클수록 웨이브가 굵고, 지름이 작을수록 컬이 작다.
　㉯ 롤의 베이스 너비와 폭 : 베이스의 헤어 세트롤러 지름의 80% 정도가 이상적이다.
　㉰ 롤의 각도와 볼륨 : 120° 이상이면 컬의 볼륨이 크고, 반면 60° 이하이면 볼륨이 작다.
　㉱ 텐션 : 모발을 잡아당기는 일정한 힘을 텐션이라 말하며 웨이브의 탄력을 좌우한다.

(2) 업스타일 도구의 종류와 사용법

① 브러시 종류
　㉮ 업스타일 브러시(돈모) : 모발의 표면을 깨끗하게 정리할 때 사용한다.
　㉯ 플라스틱 브러시 : 빗살 간격이 엉성하며 주로 마무리용으로 사용한다.
　㉰ 금속 브러시 : 열전도율이 높아 빠른 세팅 효과가 있다.
② 빗의 종류와 특징
　㉮ 꼬리빗 : 업스타일의 작업과정에서 블로킹, 섹션, 백콤 등에 사용된다.
　㉯ 빗살 간격이 넓은 빗 : 간격이 넓어 모발의 큐티클을 보호하며, 엉킨 모발을 정돈할 때 사용된다.

㉰ 스타일링 콤 : 백콤을 넣거나 완성된 상태의 형을 잡을 때 사용한다.
③ 업스타일 핀의 종류와 특징
㉮ 핀셋 : 모발을 고정할 때 사용한다.
㉯ 핀컬 핀 : 부분적으로 모량이 작은 모발을 고정할 때 사용한다.
㉰ 웨이브 클립 : 릿지 간격을 고려하거나 웨이브를 강조할 때 사용한다.
㉱ 실핀 : 가장 일반적으로 업스타일 할 때 고정하는 핀이다.
㉲ 대핀 : 모량이 많을 때 대핀으로 고정한다.
㉳ U핀 : 가볍게 컬을 고정하거나 망과 토대를 고정할 때 사용한다.
④ 그 외의 소품
㉮ 싱 : 모발의 볼륨감을 만들거나, 마개를 만들 때 사용된다.
㉯ 망 : 쉬뇽형태에서 고정하거나, 모발을 고정할 때 사용된다.
㉰ 패드 : 도넛 형태의 패드를 당고머리 또는 볼륨을 표현할 때 사용된다.
㉱ 고무줄 : 모발을 묶을 때 사용된다.

2 베이직 업스타일 진행

(1) 업스타일 사전 작업

① **업스타일 시술 전 사전 작업** : 드라이어, 마샬기, 세팅기 등을 이용하여 웨이브를 만든다.
㉮ 블로 드라이어 세팅 : 업스타일 시술 전 세팅, 블로 드라이로 사전 작업한다.
㉯ 마샬기 세팅 : 강모, 직모는 마샬기로 사전 작업한다.
㉰ 세팅 : 전열식 에어 세팅으로 사전 작업한다.
② **업스타일 기초 작업**
㉮ 블로킹 : 모발의 구획을 나누어 작업에 용이하게 만든다.
㉯ 백콤 : 모발을 부풀리는 방법으로 디자인에 따라 모류의 변화를 줄 수 있다.
㉰ 묶기 : 고무줄이 모발과 엉키거나 당겨지지 않도록 유의하여 묶는다.
㉱ 토대 : 업스타일의 디자인, 형태, 모양, 크기, 위치 등을 잘 활용하여야 작업이 용이하다.
㉲ 핀처리 : 대핀, 실핀은 단단하게 고정, U핀은 임시로 고정, 실핀은 정돈용으로 사용한다.

(2) 업스타일의 기본 기법

① **땋기** : 세가닥 땋기, 안땋기, 겉땋기, 편끌어 땋기, 포인트 땋기 등 다양하다.
② **트위스트** : 한가닥 꼬기, 두가닥 꼬기, 편끌어 꼬기, 포인트 꼬기 등 다양하다.
③ **매듭** : 한 가닥 매듭, 두 가닥 매듭을 연속으로 묶는 방법이다.
④ **롤링** : 패널을 크게 감아서 수직말기, 수평말기가 있다.
⑤ **겹치기** : 겹쳐진 모양이 생선 가시처럼 생겼다고 해서 피시본이라 하며 맨 위쪽 모발을 소량씩 끌어당겨 땋는 방법이다.
⑥ **고리** : 모발을 둥글게 감아서 토대의 위치, 루프의 크기, 개수 및 방향 등에 디자인이 달라진다.

3 베이직 업스타일 마무리

(1) 헤어스타일링 제품의 종류 및 특징
① **고정 스프레이** : 하드 스프레이, 소프트 스프레이 등이 있으며 모발 고정에 사용된다.
② **광택 스프레이** : 모발의 광택을 부여하기 위해서 사용된다.
③ **왁스** : 검 타입(볼륨용), 크리스털 타입(웨이브용), 크림 타입(아웃컬용)등이 있다.

(2) 디자인의 기본요소
① **디자인의 3대 요소**
  ㉮ 형태 : 크기, 볼륨, 방향, 위치 등의 형태
  ㉯ 질감 : 텍스쳐 중심의 매끈함, 올록볼록함, 거칠함, 무거움, 가벼움 등의 질감
  ㉰ 색상 : 어둡고 밝음의 명도, 다양한 색의 표현
② **디자인의 7대 법칙**
  ㉮ 균형 : 무게, 대칭, 비대칭의 느낌이 표현된다.
  ㉯ 강조 : 디자인을 강조하여 중점이 표현된다.
  ㉰ 반복 : 반복하여 표현된다.
  ㉱ 교대 : 두 가지 이상의 디자인이 번갈아 가면서 표현된다.
  ㉲ 진행 : 디자인의 요소가 늘어나거나 줄어드는 것을 표현한다.
  ㉳ 대조 : 상호 반대되는 느낌을 표현한다.
  ㉴ 부조화 : 서로 맞지 않고 차이가 크게 나도록 표현한다.

Lesson 05 가발 헤어스타일 연출

1 가발 헤어스타일

(1) 가발의 종류와 특성
① **가발의 구성과 특성**
  ㉮ 인모 : 동양인과 서양인의 모발로 제작하며 아시아 모발은 스트레이트, 인도 모발은 곱슬이 많다.
  ㉯ 인조모 : 인조모는 화학 섬유를 원료로 하여 제작된 합성 섬유로 가격이 저렴하며 헤어스타일이 오랫동안 유지되는 장점이 있다.
  ㉰ 동물모 : 염소, 앙고라, 말, 양 등의 털을 이용하여 제작한 가발은 마네킹 디스플레이용, 뮤지컬 극단에 판타지 헤어스타일로 연출할 때 사용된다.
  ㉱ 합성모 : 인조, 인조모, 동물모를 합성하여 가발로 제작한다. 인모를 적절하게 사용하여 열에 강하고 화학적 처리가 용이하다.

② 스킨과 망
　㉮ 스킨 : 두피를 대신하여 모발을 심을 수 있는 기본 틀을 말한다.
　㉯ 망 : 스킨과 같은 용도로 사용되는 재료로서 환자용, 패션용 가발로 제작된다.
③ 가발의 분류와 특성
　㉮ 패션용 : 부분 가발, 전체 가발로 다양하게 제작되고 액세서리용, 연극용, 역할 놀이용 등 다양하게 사용된다.
　㉯ 탈모용 : 모발의 숱이 감소하거나 탈모 환자용으로 사용된다.
④ 착용 형태에 따른 분류
　㉮ 전체 가발 : 두상 전체에 착용하는 가발
　㉯ 부분 가발 : 특정한 부분을 가리거나 특별한 효과를 내기 위해 착용

(2) 가발 제작 과정
① 얼굴 형태, 두상의 크기, 헤어라인의 모양, 탈모의 위치 등을 정확하게 진단하여 패턴을 뜬다.
② 조화미를 높이기 위하여 고객 모발에서 견본을 채취하여 완성된 패턴에 부착한다.
③ 견본 모발과 함께 가발 회사에 보내고 가발 회사에서는 패턴을 토대로 가발 제작한다.
④ 가발이 완성되기까지 대략 3주 정도 소요된다.
⑤ 고객이 가발을 착용하여 불편함이 없는지 확인한다.
⑥ 착용 후에는 세팅 작업을 한다.
⑦ 본인 모발과 가발이 자연스럽게 연결되도록 작업한다.

(3) 가발 헤어스타일의 연출
① 네팅
　㉮ 손뜨기 : 망에 직접 모발을 심는 방법
　㉯ 기계 뜨기 : 조각 위에 십자형 패턴으로 기계가 고정하는 방법
② 가발 부착법
　㉮ 클립 고정법 : 가발 둘레에 클립을 부착하여 고객의 모발에 고정하는 방법
　㉯ 테이프 고정법 : 테이프를 이용하여 고객의 탈모 부위에 가발을 부착하는 방법
　㉰ 특수 접착법 : 탈모 부분의 모발을 제거하고 특수 접착제를 이용하여 가발을 부착하는 방법
　㉱ 반영구 부착법 : 가발과 고객의 모발을 미세하게 엮어서 부착하는 방법
　㉲ 증모술 : 모발의 가닥과 인조모를 자연스럽게 연결하여 모발이 숱이 많아 보이게 하는 방법
③ 가발 사전, 사후 작업
　㉮ 커트 : 고객의 모발과 가발이 연결이 잘되도록 사전 커트가 필요하다.
　㉯ 염색 : 고객의 모발과 유사한 색상의 견본을 패턴에 부착하든지 원하는 컬러로 염색한다.
　㉰ 인모 : 일시적 염모제, 반영구 염모제, 영구 염모제를 이용하여 컬러 체인지가 가능하다.
　㉱ 인조모 : 염색을 직접 시술하기 어렵지만 다양한 컬러를 선택하여 주문, 제작할 수 있다.

④ 스타일 연출
- ㉮ 퍼머넌트 웨이브 : 인모에는 퍼머넌트가 가능하지만 인조모 가발은 연출이 불가능하다.
- ㉯ 스타일 연출 방법 : 블로 드라이어, 아이론, 전기 세트 등으로 스타일 연출한다.

(4) 가발 헤어스타일의 관리
① 가발 관리 방법
- ㉮ 가발 샴푸 방법 : 인모는 2~4주에 한번, 인조모는 6~12주에 한 번 샴푸한다.
- ㉯ 인모 : 미지근한 물에 샴푸를 풀어서 거품을 낸 후, 가발의 망을 충분히 적신 후 가볍게 마사지하며 샴푸한다.
- ㉰ 인조모 : 샴푸를 할 경우 형태에 변화가 생기므로 샴푸는 자주 하지 않는 것을 권장한다.

② 가발 건조 방법
- ㉮ 인모 : 물기는 타월로 살짝 눌러서 70% 정도 제거 후 드라이어의 미풍으로 말려 거치대에 보관한다.
- ㉯ 인조모 : 타월로 물기를 제거한 후 자연 건조하여 보관한다.

③ 가발 보관 방법
- ㉮ 가발을 착용 후 거치대에 씌어서 보관한다.
- ㉯ 이물질을 제거한 후 통풍이 잘되는 그늘진 곳에 보관한다.

④ 가발 수선 방법
- ㉮ 전문 회사를 통하여 수선하는 방법이 있다.
- ㉯ 테이핑 부분은 자신이 리무버로 제거할 수 있다.
- ㉰ 클립 연결 부분도 본인이 직접 바느질로 단단하게 고정할 수 있다.

2 헤어 익스텐션

(1) 헤어 익스텐션 방법 및 관리
① 헤어 익스텐션의 개념 및 종류
- ㉮ 개념 : 붙임머리, 특수머리, 레게머리, 내피헤어 등 본인의 모발에 가모를 이용하여 모발의 길이 연장, 모량 증가, 모발의 질감과 컬러의 변화를 통해 다양한 스타일이 연출된다.
- ㉯ 헤어 익스텐션의 종류
  - ㉠ 붙임머리 : 짧은 모발에 링 붙임머리, 팁 붙임머리, 실 붙임머리, 클립형 붙임머리 등이 있다.
  - ㉡ 특수머리 : 드레드락, 콘로, 브레이즈 등의 특수머리를 본 머리에 가모를 연결하여 트위스트, 브레이드 기법을 이용하여 연출한다.

② 피스의 종류와 특성
- ㉮ 인모 피스 : 화학적 시술이 가능한 피스이다.
- ㉯ 인조모 피스 : 열이나 외부 마찰에 쉽게 손상되며 높은 온도의 스타일링은 제한된다.

㉰ 길이에 따른 분류 : 익스텐션은 롱, 미디엄, 쇼트의 다양한 길이로 제작된다.
㉱ 질감에 따른 분류 : 스트레이트용, 웨이브용 등의 질감이 있다.
㉲ 컬러에 따른 분류 : 헤어피스는 색상, 명도, 채도, 원색부터 파스텔 계열까지 염색 제품으로 연출이 가능하다.

③ **헤어 익스텐션의 재료와 도구**
㉮ 붙임머리 재료와 도구 : 붙임용 헤어피스, 접착 도구, 이음 고무줄, 가위, 글루, 글루건 등이 있다.
㉯ 특수머리 재료와 도구 : 인조모 원사, 색실, 이음 고무줄, 핀셋, 스킬, 코바늘, 레게 머리 등이 있다.

(2) 헤어 익스텐션의 연출

① **헤어 익스텐션의 섹션에 대한 이해**
㉮ 붙임머리 : 가로섹션, 사선섹션 등에 따라 연출이 달라진다.
㉯ 특수머리 : 플랫 콘로, 플랫 트위스트 등의 스타일을 두상의 흐름에 따라 연출한다.

② **헤어 익스텐션의 접착 기법**
㉮ 붙임머리
  ㉠ 테이프 : 가모와 본인 모발에 테이프를 이용하여 고정하는 방식이다.
  ㉡ 클립 : 헤어피스에 클립이 부착된 형태로 두상에 클립을 고정하는 방식이다.
  ㉢ 링 : 링에 연결된 헤어피스를 모발에 부착하는 방식이다.
  ㉣ 팁 : 접착제를 이용하여 헤어피스를 모발에 직접 부착하는 방식이다.
  ㉤ 고무실 : 2~3가닥의 브레이즈 기법으로 모발을 연장한 다음 고무실로 본 머리와 가모를 고정하는 방법이다.
  ㉥ 실 : 콘로 스타일과 같은 흑인 모발에 연결할 때 실을 사용한다.
㉯ 특수머리
  ㉠ 트위스트 : 한 가닥, 두 가닥의 모발을 비틀어서 교차하는 방법으로 두피에 밀착 또는 연장용피스를 활용하여 연출한다.
  ㉡ 콘로 : 세 가닥을 땋기 기법을 통해 두피에 밀착하여 표현하는 스타일이다.
  ㉢ 브레이즈 : 세 가닥 땋기를 기본으로 모발을 가늘고 길게 늘어뜨려 연출하는 스타일이다.
  ㉣ 드레드 : 곱슬머리에 가모를 이용하여 모발 다발을 연출하는 스타일이다.

③ **익스텐션 작업 시 유의 사항**
㉮ 붙임머리 : 익스텐션 시술 전에는 모발을 깨끗하게 샴푸하여 건조하는 것이 좋다.
㉯ 특수머리 : 특수머리는 흑인 모발처럼 곱슬 모발에서의 연출을 권장한다.

(3) 헤어 익스텐션의 관리

① **붙임머리**
㉮ 주 2~3회 샴푸 시술한다
㉯ 샴푸 후 전 모발이 엉키지 않도록 충분히 빗질한다.

㉢ 미온수로 샴푸하는 것이 좋다.
　　㉣ 피스 부분에는 트리트먼트 제품을 사용하여 부드럽게 머릿결을 유지한다.
② **특수머리**
　　㉮ 샴푸할 때 두피 가까이 물을 적시고 두피에 직접 도포하여 손가락으로 문지른다.
　　㉯ 거품을 낸 샴푸로 가볍게 헹구어 준다.
　　㉰ 수분으로 연장한 부분이 느슨해 질 수 있으므로 주의해야 한다.
　　㉱ 두피 위주로 먼저 건조한다.
　　㉲ 두피가 습하면 세균번식, 비듬 유발, 두피 염증 등이 발생한다.
　　㉳ 완전 건조가 필수적이다.

출제 예상문제 CHECK POINT QUESTION

PART 02 | 미용 서비스

CHAPTER 01 고객 응대 서비스

001 미용인으로서의 고객 응대와 관련한 내용으로 적절하지 않은 것은?

① 예의 바르고 친절한 서비스를 고객에게 제공한다.
② 고객의 기분에 주의를 기울여야 한다.
③ 효과적인 의사소통 방법을 익혀두어야 한다.
④ 대화 시 주제는 종교나 정치 같은 논쟁의 대상이 되거나 개인적인 문제에 관련된 것이 좋다.

🔍 고객과 원만한 대화를 위해 고객의 눈높이에 맞는 화제를 이끌 수 있도록 교양을 쌓고 견문을 넓혀야 한다.

002 대화의 3요소가 아닌 것은?

① 시각적 요소
② 공간적 요소
③ 청각적 요소
④ 언어적 요소

🔍 대화의 3요소
• 시각적 요소 : 표정, 시선, 제스처, 옷차림 등
• 청각적 요소 : 목소리의 톤, 발음, 속도, 크기 등
• 언어적 요소 : 공손한 어휘 선택 등

003 공중위생관리법 시행규칙상 미용서비스를 몇 가지 이상 제공하는 경우에 개별 미용서비스의 최종 지급가격 및 전체 미용서비스의 총액에 관한 내역서를 이용자에게 미리 제공하여야 하는가?

① 1가지
② 2가지
③ 3가지
④ 4가지

🔍 3가지 이상의 미용서비스를 제공하는 경우에는 개별 미용서비스의 최종 지급가격 및 전체 미용서비스의 총액에 관한 내역서를 이용자에게 미리 제공하여야 한다.

004 이용자에게 미리 제공한 미용서비스의 총액에 관한 내역서 사본은 얼마 동안 보관하여야 하는가?

① 15일
② 1개월
③ 3개월
④ 1년

🔍 공중위생관리법 시행규칙에 따라 미용업자는 이용자에게 미리 제공한 미용서비스의 총액에 관한 내역서 사본을 1개월간 보관하여야 한다.

005 신고한 영업장 면적이 몇 m² 이상인 경우 영업소 외부에도 최종지급요금표를 게시 또는 부착하여야 하는가?

① 33m²
② 50m²
③ 66m²
④ 80m²

🔍 신고한 영업장 면적이 66m² 이상인 영업소의 경우 영업소 외부에도 손님이 보기 쉬운 곳에 최종지급요금표를 게시 또는 부착하여야 한다. 이 경우 최종지급요금표에는 일부항목(5개 이상)만을 표시할 수 있다.

CHAPTER 02 헤어샴푸 및 두피·모발관리

006 샴푸 시술의 기초단계라고 할 수 있는 것은?

① 셰이핑
② 샴푸
③ 브러싱
④ 탈색

🔍 샴푸 전에는 브러싱으로 두피 마사지를 가볍게 한 다음 샴푸 시술로 들어가는 것이 기본이다.

007 헤어 샴푸잉의 기초지식 내용 중 틀린 것은?

① 샴푸잉은 미용시술의 기초 작업이다.
② 샴푸잉은 모발의 대전성을 방지한다.
③ 샴푸잉은 모발의 이물질을 제거한다.
④ 샴푸잉을 통해 고객의 마음을 얻을 수도 있다.

🔍 모발의 대전성 방지는 린스의 목적에 포함된다.

정답 001 ④ 002 ② 003 ③ 004 ② 005 ③ 006 ③ 007 ②

008 다음 중 헤어 샴푸의 일반적인 목적과 거리가 먼 것은?

① 상쾌감을 유지해 준다.
② 만족의 효과를 얻을 수 있다.
③ 두피 상태에 따라 건강한 발육을 촉진한다.
④ 두피에 유분을 공급해 준다.

🔍 두피의 유분은 피지선에서 분비하는 것이며, 샴푸를 하면 유분이 제거될 수 있다.

009 웨트 샴푸에 속하지 않는 것은?

① 에그 파우더 드라이 샴푸
② 플레인 샴푸
③ 스페셜 샴푸
④ 에그 샴푸

🔍 에그 파우더 드라이 샴푸는 주로 가발 세정에 사용한다.

010 모발의 알칼리 성분을 중화시키기 위해 사용되는 린스는?

① 유성린스
② 산성린스
③ 오일린스
④ 플레인린스

🔍 산성린스는 샴푸제의 불용성 성분을 중화시키고 금속성 피막을 제거한다.

011 샴푸도기의 설명 중 옳지 않은 것은?

① 고객의 목이 편안한 것으로 사용한다.
② 샴푸도기의 샤워기 구멍은 일정하게 수압 조절이 어려운 것이 좋다.
③ 냉수 및 온수가 잘 나오는 것이 용이하다.
④ 샴푸도기는 고객의 목이 편안하고 각도에 잘 맞는 것으로 사용한다.

🔍 샴푸도기의 샤워기 구멍은 일정하게 수압 조절이 잘되는 것이 좋다.

012 샴푸 시술 시 주의사항으로 틀린 것은?

① 시술자는 손톱을 짧게 자른다.
② 반지, 액세서리는 하지 않는다.
③ 샴푸 시 물의 온도는 26~32℃가 적당하다.
④ 화학 시술 전에는 두피를 너무 자극하지 않는다.

🔍 샴푸 시 물의 온도는 35~40℃가 적당하다.

013 헤어 샴푸 시 일반적인 순서로 바르게 나열된 것은?

① 전두부, 측두부, 두정부, 후두부
② 두정부, 후두부, 전두부, 두정부
③ 후두부, 두정부, 두정부, 전두부
④ 두정부, 전두부, 측두부, 후두부

🔍 앞에서부터 전두부, 측두부, 두정부, 후두부 순서로 시술한다.

014 비듬 제거 샴푸로 적당한 것은?

① 토닉 샴푸
② 에그 파우더 드라이 샴푸
③ 플레인 샴푸
④ 핫오일 샴푸

🔍 토닉 샴푸는 이물질 및 비듬 제거에 효과가 있다.

015 화학 시술 전의 샴푸로 적당한 것은?

① 알칼리 샴푸   ② 핫 오일 샴푸
③ 토닉 샴푸   ④ 중성 샴푸

🔍 중성 샴푸(pH 7)는 퍼머나 염색 시술 전에 주로 사용한다.

016 연수, 경수에도 사용할 수 있는 샴푸법은?

① 핫 오일 샴푸   ② 플레인 샴푸
③ 토닉 샴푸   ④ 에그 샴푸

🔍 핫 오일 샴푸는 온유성 세발로 연수, 경수 어느 물에도 가능하다.

정답 008 ④ 009 ① 010 ② 011 ② 012 ③ 013 ① 014 ① 015 ④ 016 ①

017 헤어 린스의 목적과 거리가 먼 것은?

① 샴푸 후 모발에 남아 있는 알칼리 성분을 중화 시킨다.
② 모발의 엉킴을 방지한다.
③ 모발에 지방을 공급하고 정전기를 방지한다.
④ 피지를 제거하는 작업을 한다.

🔍 모발의 엉킴 방지와 윤기를 증가시키며, 건조해진 모발에 지방공급과 정전기 방지를 위한 제품을 사용한 후 헹구는 것을 말한다.

018 다공성 모발에 알맞은 샴푸는?

① 중성 샴푸　② 산성 샴푸
③ 프로테인 샴푸　④ 알칼리 샴푸

🔍 • 산성 샴푸 : pH를 변회시키지 않으며 모표피를 안정시키는 샴푸제
• 프로테인 샴푸 : 모발에 탄력과 강도를 좋게 하며 다공성모 속에 침투해서 간충물질로 작용하여 모발을 어느 정도 회복시키고 강하게 함

019 산성 린스에 속하지 않는 것은?

① 구연산 린스　② 식초 린스
③ 레몬 린스　④ 올리브유 린스

🔍 보기 ①, ②, ③항은 산을 포함하고 있지만, 올리브유는 지방을 보급하기 위한 린스이다.

020 다음 중 두피관리 설명 중 틀린 것은?

① 이물질이 모공을 막으면 두피 호흡에 방해가 된다.
② 두피의 생리 기능이 떨어지면 혈액순환이 원활하지 않게 된다.
③ 모발에 충분한 영양공급을 받지 못하면 모근 성장이 약화되어 모발이 잘 빠진다.
④ 질병없이 건강하고 탄력있는 아름다운 모발을 유지, 관리하는 방법이다.

🔍 모근에 충분한 영양이 공급되지 못하면 모발 성장이 약화되어 모발이 잘 빠지거나 비듬의 원인이 될 수도 있다.

021 다음 중 두피관리 목적 중 틀린 것은?

① 비듬을 제거하고 비듬 발생을 예방한다.
② 모발의 혈액 순환을 촉진시키고 생리기능을 높인다.
③ 모근에 자극을 주어 탈모를 방지하고, 모발의 발육을 촉진한다.
④ 두피에 유분 및 수분을 공급한다.

🔍 두피관리는 두피의 혈액 순환을 촉진시키고 생리기능을 높이기 위한 것이다.

022 다음 중 올바르지 않게 연결된 것은?

① 정상두피 – 플레인 스캘프 트리트먼트
② 건성두피 – 드라이 스캘프 트리트먼트
③ 지성두피 – 민트 스캘프 트리트먼트
④ 비듬성두피 – 댄드러프 스캘프 트리트먼트

🔍 지성두피는 피지 분비가 과잉된 상태로서 만져보면 끈적거리고 과잉된 지방막으로 싸여 있는 두피로 오일리 스캘프 트리트먼트를 하여야 한다.

023 다음 중 두피관리 방법 중 물리적인 방법이 아닌 것은?

① 브러시를 사용하는 방법
② 양모제를 사용하는 방법
③ 스캘프 머니플레이션에 의한 방법
④ 습열, 적외선 등의 온열을 이용하는 방법

🔍 양모제 및 두피관리제품을 사용하는 것은 화학적인 방법이다.

024 건성두피 마사지를 할 때 헤어 스티머 사용 시간으로 적당한 것은?

① 5분
② 8분
③ 10분
④ 20분

🔍 헤어 스티머 이용 시간은 두피 상태에 따라 달라지는데 건성두피의 경우 10분 정도가 적당하다.

정답 017 ④　018 ③　019 ④　020 ③　021 ②　022 ③　023 ②　024 ③

025 두피관리를 하는 사람에게 해로운 음식은?

① 검은콩
② 다시마
③ 동물의 간
④ 동물성 지방

🔍 동물성 지방은 피지 분비를 촉진시켜 모공을 막아 균의 번식을 초래할 수 있다.

026 원인이 일정하지 않고 자각증상이 없으며 둥근 모양으로 경계가 명확한 탈모증은?

① 비강성 탈모증
② 결절성 염모증
③ 원형 탈모증
④ 결발성 탈모증

🔍
- 비강성 탈모증 : 비듬이 많은 사람에게 발생하기 쉬우며, 비듬에 대한 치료와 샴푸에 신경을 써야 한다.
- 결절성 염모증 : 모발이 세로로 갈라지는 것이며, 모발에 영양이 좋지 않을 때 생긴다.
- 결발성 탈모증 : 기계적인 자극 또는 모발을 강하게 잡아당기거나 묶는 머리에 발생하는 경우가 많다.

027 다음 중 가볍게 주먹을 쥐고 두드리는 마사지 방법은?

① 비팅　　② 탭핑
③ 슬랩핑　④ 컵핑

🔍
- 탭핑(Tapping) : 손바닥의 바닥 부분을 이용하여 두드린다.
- 슬랩핑(Slapping) : 벌린 손바닥의 새끼손가락 측면으로 가볍게 두드린다.
- 컵핑(Cupping) : 손바닥을 컵 상태로 만들어 구부려서 두드린다.

028 다음 중 모발의 성장단계를 옳게 나타낸 것은?

① 성장기 → 휴지기 → 퇴화기
② 휴지기 → 발생기 → 퇴화기
③ 퇴화기 → 성장기 → 발생기
④ 성장기 → 퇴화기 → 휴지기

🔍 모발은 "성장기 → 퇴화기 → 휴지기 → 발생기"의 성장단계를 거치며, 피지 분비가 많아지고 혈액순환이 잘 이루어지는 봄과 여름에 성장이 가장 활발하다.

029 모발의 측쇄결합으로 볼 수 없는 것은?

① 수소결합
② 염결합
③ 폴리펩티드결합
④ 시스틴결합

🔍
- 측쇄결합 : 수소결합, 염결합(이온결합), 시스틴 결합(황결합)
- 주쇄결합 : 폴리펩티드 결합

030 모발의 구성 중 피부 밖으로 나와 있는 부분은?

① 피지선
② 모표피
③ 모구
④ 모유두

🔍 모발은 모근부와 모간부로 나누며 모간부는 크게 모표피, 모피질, 모수질로 나눈다.

031 다음 중 주로 검은 모발의 색을 나타나게 하는 멜라닌은?

① 티로신(tyroslne)
② 멜라노사이트(melanocyte)
③ 유멜라닌(eumelanin)
④ 페오멜라닌(pheomelanin)

🔍 유멜라닌은 흑색과 갈색, 페오멜라닌은 황색과 적색을 나타낸다.

CHAPTER 03 헤어커트

032 헤어커팅의 의의 중 의미가 틀린 것은?

① 기초 조형기술이다.
② 헤어 셰이핑이라고도 한다.
③ 헤어스타일링의 구성의 기초이다.
④ 머리 형태를 만든다.

🔍 헤어스타일링은 커팅 후 완성된 스타일링을 연출하는 것을 말한다.

정답 025 ④　026 ③　027 ①　028 ④　029 ③　030 ②　031 ③　032 ③

033 커팅 도구 설명 중 잘못 연결된 것은?

① 가위 – 가위의 길이가 길수록 섬세한 커트를 할 수 있다.
② 틴닝 가위 – 양날의 요철이 촘촘할수록 숱을 쳐내는 양이 적다.
③ 레이저 – 짧은 시간 내에 능률적이고 세밀한 시술이 용이하다.
④ 빗 – 각도를 만들어 모발을 곤두세우는 용도로 사용된다.

🔍 가위의 길이가 짧을수록 섬세한 커트를 할 수 있다.

034 모발의 길이는 그대로 두고 모발 숱만 감소시키는 커팅 방법은?

① 레이어 커트   ② 체크 커트
③ 틴닝 커트   ④ 쇼트 커트

🔍 틴닝은 모발의 길이는 그냥 두고 머리숱을 감소시킬 때 사용되는 방법이다.

035 헤어커트의 종류와 특징이 잘못 연결된 것은?

① 웨트 커트 – 모발에 물을 적셔서 레이저로 커트하는 방법이다.
② 드라이 커트 – 건조한 상태의 모발에 가위, 클리퍼를 사용하는 커트하는 방법이다.
③ 프레 커트 – 퍼머넌트 웨이빙 시술 전에 많이 하는 커트 방법이다.
④ 애프터 커트 – 커트 시술 후 디자인에 따라 행하는 마무리 커트 방법이다.

🔍 애프터 커트는 퍼머넌트 웨이빙 시술 후 디자인에 따라 행하는 마무리 커트 방법이다.

036 헤어커트 시술 시 모발의 층이 가장 많이 나는 커팅 방법은?

① 이사도라   ② 그라데이션
③ 스파니엘   ④ 레이어

🔍 레이어 커트는 상부 머리가 짧고 하부로 갈수록 길어지는 스타일로 90° 각도로 층을 내면서 커팅을 한다.

037 커트 시술 시 슬라이스는 어느 정도가 적당한가?

① 1~1.5cm
② 1.5~2cm
③ 2~3cm
④ 3~4cm

🔍 커트 시술 시 슬라이스는 1~1.5cm가 적당하다.

038 동일선상에서 커트 시술할 때 앞내림 커트를 무엇이라 하는가?

① 레이어   ② 이사도라
③ 스파니엘   ④ 그라데이션

🔍 스파니엘 커트는 앞쪽으로 내려오며, 이사도라는 반대로 앞쪽이 올라간다.

039 엔드 테이퍼에 관한 설명 중 올바른 것은?

① 테이퍼링을 할 때 스트랜드 1/3 이내의 모발 끝을 테이퍼하는 것
② 테이퍼링을 할 때 스트랜드 1/2 이내의 모발 끝을 테이퍼하는 것
③ 테이퍼링을 할 때 스트랜드 2/4 이내의 모발 끝을 테이퍼하는 것
④ 테이퍼링을 할 때 스트랜드 2/3 이내의 모발 끝을 테이퍼하는 것

🔍 테이퍼링
• 엔드 테이퍼 : 스트랜드의 1/3 이내의 모발 끝을 테이퍼링
• 노멀 테이퍼 : 스트랜드의 1/2 지점을 폭넓게 테이퍼링
• 딥 테이퍼 : 스트랜드의 2/3 지점에서 테이퍼링

040 형태가 이루어진 모발선에 대해 손상모 등의 불필요한 모발 끝을 제거하거나 정리 정돈하기 위하여 가볍게 손질하는 커트법은?

① 슬리더링   ② 싱글링
③ 클리핑   ④ 트리밍

🔍 트리밍(trimming)은 이미 형태가 이루어진 모발선에 대해 손상모 등의 불필요한 모발 끝을 제거하거나 정리 정돈하기 위하여 가볍게 손질하는 커트법을 말한다.

정답 033 ① 034 ③ 035 ④ 036 ④ 037 ① 038 ③ 039 ① 040 ④

041 커트의 3요소에 해당하지 않는 것은?

① 조화　　　② 유행
③ 기술　　　④ 계절

🔍 커트의 3요소는 조화, 유행, 기술이다.

042 원랭스 커트에 관한 설명 중 틀린 것은?

① 각도 없이 커트 시술한다.
② 동일 선상에서 커트한다.
③ 상부로 갈수록 모발이 짧아진다.
④ 이사도라도 원랭스 커트에 속한다.

🔍 원랭스 커트는 단발머리를 말한다. 앞이 길어지는 스파니엘형, 앞이 짧아지는 이사도라형, 커트선이 수평인 보브형이 있다.

043 틴닝 가위의 시술 포인트가 아닌 것은?

① 모발의 질감
② 헤어스타일
③ 모발의 조밀도
④ 모발의 원리

🔍 틴닝의 시술 포인트 : 모발의 질감, 헤어스타일, 모발의 조밀도, 모발의 기장

044 틴닝 시술 시 모근에서 어느 정도 띄우는 것이 적당한가?

① 약 2.5cm　　　② 약 4.5~5.5cm
③ 약 5~6cm　　　④ 약 3~5cm

🔍 틴닝 시술 시 모근에서 약 5~6cm 정도 띄우는 것이 좋다.

045 헤어커트 완성 시 윗부분 모발이 짧고 아래가 길며 단차가 큰 커트는?

① 그라데이션　　　② 스템 레이어
③ 하이 레이어　　　④ 하이 그라데이션

🔍 주로 짧은 헤어스타일의 헤어커트 시 두부 상부에 있는 두발은 길고 하부로 갈수록 짧게 커트해서 두발의 길이에 작은 단차가 생기게 한 커트 기법을 레이어 커트라 하며 단차에 따라 로우(low), 미디움(medium), 하이(high) 레이어로 나눌 수 있다.

046 상부로 갈수록 모발이 길어지는 커트는?

① 레이어　　　② 이사도라
③ 스파니엘　　　④ 그라데이션

🔍 • 그라데이션 커트 : 상부 머리가 길고 하부가 짧은 스타일
• 레이어 커트 : 상부 머리가 짧고 하부가 길어지는 스타일

047 레이어 헤어커트의 종류가 아닌 것은?

① 세임 레이어
② 미디엄 레이어
③ 하이 레이어
④ 스퀘어 레이어

🔍 레이어 커트는 시술 각도에 따라 세임 레이어, 하이 레이어(인크리스 레이어), 스퀘어 레이어로 구분할 수 있다.

048 일반적으로 둥근형 얼굴의 머리 형태로 적당하지 않은 것은?

① 두정부에 부피감을 줌으로써 둥근 골격을 길게 보이게 한다.
② 6 : 4, 7 : 3 파팅에 이마가 살짝 보이는 뱅처리를 한다.
③ 가벼운 쇼트 헤어스타일이 어울린다.
④ 전체적으로 볼륨이 있는 펌 스타일이 어울린다.

🔍 전체적으로 볼륨이 들어가면 얼굴형이 더 둥글어 보이므로 피해야 한다.

049 빗을 천천히 위쪽으로 이동시키면서 가위의 개폐를 재빨리 하여 빗에 끼어있는 두발을 잘라나가는 커팅 기법은?

① 싱글링(shingling)
② 틴닝 시저즈(thinning scissors)
③ 레이저 커트(razer cut)
④ 슬리더링(slithering)

🔍 • 틴닝 시저즈 : 모발의 양을 조절하는 가위
• 레이저 커트 : 스트랜드를 쥐고 레이저로 사용하는 커트
• 슬리더링 : 모발의 길이를 짧게 하지 않으면서 가위로 모발을 자르는 방법

정답 041 ④　042 ③　043 ④　044 ③　045 ③　046 ④　047 ②　048 ④　049 ①

CHAPTER 04 헤어펌

050 퍼머 시술 과정 중에서 전처리에 속하지 않는 것은?

① 백코밍
② 샴푸잉
③ 타월드라잉
④ 헤어셰이핑

🔍 백코밍은 모발에 볼륨을 넣을 때 사용하는 시술이다.

051 콜드 웨이브를 최초로 발명한 사람은

① 마셀 그라또우
② 조셉 메이어
③ 찰스 네슬러
④ 스피크먼

🔍 1936년 열을 가하지 않고 상온에서 약제의 환원, 산화반응을 이용해 웨이브를 얻어내는 콜드 웨이브 방식이 영국의 스피크먼에 의해 개발되었다.

052 콜드 웨이브 시술 순서를 가장 잘 나열한 것은?

① 사전 샴푸 - 모발 진단 - 약액 도포 - 블로킹
② 블로킹 - 1액 도포 - 로드 감기 - 대기 - 1액 도포
③ 전처리 - 약액 선택 - 로드 선정 - 블로킹 - 1액 도포
④ 1액 도포 - 로드 감기 - 2액 도포 - 테스트

🔍 전처리 - 약액 선택 - 로드 선정 - 블로킹 - 1액 도포의 순서로 시술한다.

053 모발을 로드에 마는 기술을 무엇이라 하는가?

① 컴아웃
② 핀컬
③ 엔드오브컬
④ 와인딩

🔍 와인딩은 로드에 모발을 감는 것으로 균일한 웨이브 형성을 위해 적당한 텐션을 주면서 모발 끝이 꺾이지 않도록 고르게 편 상태로 말아주는 것을 말한다.

054 퍼머넌트 웨이브의 프로세싱으로 가장 적당한 대기 시간은?

① 20~30분
② 10~15분
③ 5~10분
④ 25~30분

🔍 모발에 따라 대기 시간은 조금 다르지만 보통 10~15분의 대기 시간보다 오버타임을 하게 되면 모발이 손상되는 현상을 볼 수 있다.

055 퍼머넌트 웨이브가 가장 늦게 나오는 모발은?

① 염색 모발
② 탈색 모발
③ 다공성 모발
④ 발수성 모발

🔍 손상 모발과 다공성 모발은 흡입력이 강하지만, 발수성 모발은 저항성을 지니고 있어 수분을 밀어내는 성질이 강해 웨이브가 늦게 형성된다.

056 콜드 웨이브 시술 시 비닐 캡을 씌우는 이유로 적당하지 않은 것은?

① 산화 방지를 위해
② 환원을 높여주기 위해
③ 일정한 온도를 위해
④ 탈모 방지를 위해

🔍 캡을 씌우는 목적은 일정한 온도 유지와 산화를 방지하고 환원을 높여주며 휘발성을 방지하기 위해서이다.

057 퍼머넌트 웨이브 시술 시 사후 처리로 피하여야 할 사항은?

① 핸드 드라이
② 오리지널 세트
③ 샴푸
④ 콤 아웃

🔍 샴푸는 퍼머넌트 웨이브 시술 전 유분 및 이물질을 제거하기 위해 전처리 방법으로 시술한다.

정답 050 ① 051 ④ 052 ③ 053 ④ 054 ② 055 ④ 056 ④ 057 ③

058 퍼머넌트 시술 전 처리에 사용되는 샴푸로 가장 적당한 것은?

① 알칼리성 샴푸 ② 중성 샴푸
③ 산성 샴푸 ④ 토닉 샴푸

🔍 퍼머넌트 시술 전 두피를 자극하지 않는 중성 샴푸로 모발의 이물질을 깨끗하게 제거한다.

059 퍼머넌트 웨이브 시술 시 1액의 작용에 속하는 것은?

① 산화작용 ② 환원작용
③ 중화작용 ④ 정착작용

🔍 1액은 환원작용, 2액은 산화작용을 한다.

060 퍼머넌트 1액의 주성분이라고 할 수 있는 것은?

① 브롬산나트륨
② 탄산나트륨
③ 과산화수소
④ 티오글리콜산

🔍 헤어펌제 중 환원제(1제)는 티오글리콜산 또는 시스테인을 주성분으로 하는 환원작용에 의해 모발의 시스틴 결합을 절단한다.

061 퍼머넌트 웨이브 시술시 1액과 2액의 주의할 점이 아닌 것은?

① 상처가 난 두피에 1액을 도포하면 피부염을 일으킬 수 있다.
② 유분이 많을 경우에는 작용이 저하될 수 있다.
③ 염색모, 탈색모, 손상모는 높은 농도의 1액을 사용할수록 좋다.
④ 1액의 작용시간은 짧게, 2액은 충분히 한다.

🔍 염색모, 탈색모, 손상모인 경우 높은 농도의 1액을 사용하면 극손상모발이 된다.

062 스피크먼이 콜드 웨이브를 개발한 연도는?

① 1936년 ② 1946년
③ 1937년 ④ 1947년

🔍 1936년 콜드 웨이브 방식이 영국의 스피크먼에 의해 개발되었다.

063 용액이 가장 빠르게 침투하는 모발은?

① 굵은 모발
② 강모
③ 다공성 모발
④ 발수성 모발

🔍 다공성 모발은 구멍이 많이 있으므로 채우고자 하는 성질이 큰 모발로 용액의 침투력이 가장 빠르다.

064 퍼머넌트 와인딩의 시술 순서를 바르게 연결한 것은?

① 네이프 – 백 – 사이드 – 탑
② 네이프 – 백 – 탑 – 사이드
③ 사이드 – 백 – 탑 – 네이프
④ 탑 – 사이드 – 백 – 네이프

🔍 퍼머넌트 와인딩 시술 순서 : 네이프 – 백 – 사이드 – 탑

065 퍼머넌트 웨이브 와인딩 방법으로 틀린 것은?

① 텐션을 일정하게 유지하면서 모발을 균일하게 마는 것이 중요하다.
② 와인딩 할 때 스트랜드에 1액을 바르고 행하면 말기가 쉽다.
③ 팽팽하게 당기면서 감는다.
④ 강하지도 느슨하지도 않게 평균적으로 감는다.

🔍 팽팽하게 말면 모발이 상하거나 솔루션이 모발에 골고루 스며들지 않고 웨이브의 형성을 방해하므로 텐션을 일정하게 유지하면서 모발을 균일하게 마는 것이 중요하다.

066 중화제의 근본적인 역할로써 올바른 것은?

① 웨이브 형성 작용 역할
② 웨이브 정착 작용 역할
③ 두피의 영양 공급 역할
④ 모발의 영양 공급 역할

🔍 1액은 웨이브 형성 작용 역할을 하며, 2액은 웨이브의 정착 작용 역할을 한다.

정답 058 ② 059 ② 060 ④ 061 ③ 062 ① 063 ③ 064 ① 065 ③ 066 ②

067 퍼머넌트 웨이브 시술시 중화제 사용 직전 행해야 할 것은?

① 1액을 도포한다.　② 플레인 린싱한다.
③ 와인딩을 푼다.　④ 레이저한다.

🔍 중화제 전 처리로 미지근한 물로 플레인 린싱을 하면 약액도 씻어 주면서 모발보호 작용과 웨이브 텐션의 강도를 올릴 수 있다.

068 퍼머넌트 시술 후 샴푸제를 사용하면 모발에 어떤 현상이 일어나는가?

① 모발이 발색 된다.
② 모발이 윤기가 난다.
③ 웨이브가 느슨해진다.
④ 모발 손상이 생긴다.

🔍 약액의 알칼리 성분이 모발을 팽윤시켜 큐티클을 열어 컬을 형성한다. 이때 샴푸를 사용하면 샴푸의 알칼리 성분이 큐티클을 열어 웨이브가 느슨해진다.

069 아미노산을 일종을 환원제로 사용하여 연모와 손상모 등의 퍼머넌트에 적당한 것은?

① 시스테인 퍼머넌트
② 산성 퍼머넌트
③ 거품 퍼머넌트
④ 히트 퍼머넌트

🔍 시스테인 퍼머넌트는 시스테인이라고 하는 아미노산을 사용하여 모발을 환원시키는 방법으로 모발을 손상시키지 않으면서도 시간이 경과할수록 웨이브를 안정시킬 수 있다는 특징이 있다.

070 와인딩 각도 및 방법으로 틀린 것은?

① 와인딩 각도는 모근에서 120° 정도의 각도로 만다.
② 뿌리를 살리고자 할 때는 모근 부분을 앞쪽으로 일으켜서 90° 정도의 각도로 감는다.
③ 뿌리를 줄이고자 할 때는 모근의 각도를 60° 정도로 눕혀서 만다.
④ 웨이브의 크기는 로드의 굵기와 관계없다.

🔍 로드의 굵기를 조절하면 볼륨과 컬의 정도를 조절할 수 있다. 즉, 웨이브의 크기는 로드의 굵기에 비례한다.

CHAPTER 05 기타 미용 서비스

071 오리지널 세팅에서 기초적인 요소에 해당하지 않는 것은?

① 롤러 컬링　② 헤어 셰이핑
③ 헤어 파팅　④ 프린지 뱅

🔍 오리지널 세팅의 주요 요소에 포함되는 것은 헤어 파팅, 헤어 컬링, 헤어 웨이빙, 롤러 컬링이다.

072 두정부 탑 부분의 가마로부터 자연스러운 분배인 방사상 형태로 나누는 것으로 가장 기본적인 내추럴한 파팅법은?

① 사이드 파트
② 헤어 셰이핑
③ 센터 파트
④ 카우릭 파트

🔍 카우릭 파트는 두정부 탑 부분의 가마로부터 자연스러운 분배인 방사상 형태로 나누는 것으로 가장 기본적인 파팅이다.

073 컬의 명칭에 해당하지 않는 것은?

① 루프
② 베이스
③ 피벗포인트
④ 클리핑

🔍 클리핑은 형태가 이루어진 두발선을 최종적으로 정돈하는 커트 기법이다.

074 반 정도의 스템에 의해서 서클이 베이스로부터 어느 정도 움직임을 유지하는 스템은?

① 풀 스템　② 하프 스템
③ 논 스템　④ 플랩 스템

🔍 • 풀 스템 : 모발에 컬의 형태와 방향만을 부여하며, 컬의 움직임이 가장 크다.
• 하프 스템 : 반 정도의 스템에 의해서 서클이 베이스로부터 어느 정도 움직임을 유지한다.
• 논 스템 : 컬이 오래 지속되며 움직임이 가장 적다.

정답 067 ②　068 ③　069 ①　070 ④　071 ④　072 ④　073 ④　074 ②

075 모발의 각도를 120°로 빗어서 로드를 감으면 논스템(non-stem)이 되는 섹션 베이스는?

① 온 베이스(on-base)
② 오프 베이스(off base)
③ 트위스트 베이스(twist base)
④ 온 하프 오프 베이스(on half off base)

🔍 논스템은 줄기가 없는 것으로 온 베이스가 적당하다.

076 마무리 과정의 세트 과정을 무엇이라 하는가?

① 오리지널 세트 ② 리세트
③ 백콤 ④ 컬 피닝

🔍 최초의 세트를 오리지널 세트라고 하며, 리세트는 마무리 세트 과정을 말한다.

077 웨이브의 리지선이 수평으로 된 웨이브는?

① 다이애거널 웨이브
② 호리존탈 웨이브
③ 버티컬 웨이브
④ 리세트 웨이브

🔍 버티컬은 수직 웨이브, 호리존탈 웨이브는 수평 웨이브, 다이애거널 웨이브는 사선 방향으로 되어 있다.

078 루프가 두피에서 45° 각도로 세워져 있는 컬은?

① 스탠드 업컬 ② 리프트 컬
③ 플랫 컬 ④ 핀 컬

🔍 스탠드 업 컬은 두피에 90° 각도, 리프트 컬은 45°, 플랫 컬은 0° 각도, 핀 컬은 컬이 바깥쪽이 된 컬을 말한다.

079 크레스트가 뚜렷하지 못해 가장 자연스러운 웨이브는?

① 내로우 웨이브 ② 와이드 웨이브
③ 섀도우 웨이브 ④ 호리존탈 웨이브

🔍 섀도우 웨이브는 크레스트가 뚜렷하지 못해 가장 자연스러운 웨이브이다.

080 세팅의 마지막 단계에 해당하는 것은?

① 빗질
② 롤링
③ 뱅
④ 백코밍

🔍 헤어 세팅의 마지막 단계는 콤 아웃 또는 백콤이다.

081 컬의 줄기 부분을 무엇이라고 하는가?

① 베이스
② 롤링
③ 뱅
④ 스템

🔍 베이스에서 피벗 포인트까지 부분을 스템이라 한다.

082 논 스템 롤러 컬을 하려면 두발을 몇 도의 각도를 말아야 하는가?

① 45° ② 70°
③ 90° ④ 120°

🔍 논 스템 롤러 컬은 전방 45°, 하프 스템 롤러 컬은 직각 90°, 롱 스템 롤러 컬은 후방 45° 이다.

083 뱅은 주로 어느 부위에 사용되는가?

① 전두부
② 측두부
③ 후두부
④ 두정부

🔍 뱅은 이마의 장식으로 사용하며, 주로 전두부에 사용된다.

084 마샬 웨이브를 창안한 사람의 이름은?

① 마셀 끄라또우 ② 조셉 메이어
③ 스피드 메이어 ④ 찰스 네슬러

🔍 1875년 프랑스의 마셀 끄라또우가 아이론을 발명하였다.

정답 075 ① 076 ② 077 ② 078 ② 079 ③ 080 ④ 081 ④ 082 ① 083 ① 084 ①

085 마샬 아이론의 온도는 어느 정도가 적절한가?

① 80~90℃
② 90~100℃
③ 120~130℃
④ 120~140℃

🔍 마샬 아이론의 온도는 120~140℃를 유지하는 것이 가장 적당하다.

086 아이론의 작동법으로 잘못 설명된 것은?

① 아이론은 시술자의 배부분에서 수직이 되게 한다.
② 프롱 부분에 연결된 손잡이는 검지와 엄지로 맞잡는다.
③ 나머지 손가락은 그루브 부분의 손잡이에 나란히 잡는다.
④ 새끼손가락만 안쪽으로 끼워 개폐 동작을 한다.

🔍 아이론은 시술자의 가슴 정도 높이에서 수평이 되게 한다.

087 바람이 나오는 드라이어의 입구의 명칭을 무엇이라 하는가?

① 바디　　② 스몰 팬
③ 핸들　　④ 노즐

🔍 바디는 드라이어의 몸통 부분이며, 스몰 팬은 작은 프로펠러이며, 핸들은 드라이어의 손잡이 부위를 말한다.

088 가늘고 약한 서양인의 스트레이트 모발에 자연스러운 볼륨감을 형성하기 위해 적당한 브러시는?

① 덴멘 브러시
② 하프 라운드 브러시
③ 스켈톤 브러시
④ 라운드 브러시

🔍 • 라운드 브러시 : 모발에 볼륨을 주고 방향성있는 웨이브, 강한 컬 형성
• 하프 라운드 브러시 : 가늘고 약한 서양인의 스트레이트 모발에 자연스러운 볼륨감을 형성
• 스켈레톤 브러시 : 모발을 건조시킴과 동시에 모근에 볼륨감을 형성

089 블로우 드라이 기초 기술 방법으로 틀린 것은?

① 웨이브를 만들지 않고 모발을 펴주는 기술이다.
② 긴 모발에 윤기를 준다.
③ 짧은 모발에 약간의 볼륨을 주는 테크닉이다.
④ 슬라이스 폭은 1~3cm 떠서 바람을 쏘인다.

🔍 슬라이스 폭은 3~5cm 떠서 바람을 쐬인 후 롤을 돌리면서 훑어 내린다.

090 다음 중 웨이브 만들기 방법으로 틀린 것은?

① 웨이브는 스트레이트 모발에서 만들면 컬이 잘 형성된다.
② 웨이브의 크기와 부드러움의 정도에 따라 롤 브러시를 선택한다.
③ 롤에 머리를 감고 3~4초 동안 열을 가한 다음 그 자리에서 롤을 몇 번 돌린 후 빼낸다.
④ 드라이어는 드라이 롤을 끝까지 쫓아가면서 마무리한다.

🔍 웨이브는 컬이 있는 모발에 주로 만들며, 드라이를 이용하면 부드럽고 자연스러운 웨이브를 만들기 쉽다.

091 일시적 염모제에 대한 설명 중 틀린 것은?

① 모발의 표면에 염모제가 입혀진다.
② 샴푸로 쉽게 지워진다.
③ 모발 손상이 없으며 간편하다.
④ 다양한 색상 연출이 어렵다.

🔍 일시적 염모제는 모표피에 흡착시켜 샴푸로 제거되는 염모제로 모발 손상이 없으며, 다양한 색상 연출이 가능하다.

092 영구 염모제에 대한 설명 중 틀린 것은?

① 염모제는 1, 2제로 구성되어 있다.
② 1제는 산화제, 2제는 염료로 구성되어 있다.
③ 산화제는 인공색소를 탈색시키는 역할을 한다.
④ 대표적인 유기색소로 파라페닐렌디아민이 있다.

🔍 영구 염모제의 1제는 염료, 2제는 산화제로 구성되어 있다.

정답 085 ④　086 ①　087 ④　088 ②　089 ④　090 ①　091 ④　092 ②

093 하이레벨 탈색 시 나타내는 노란끼를 잡기 위해 주로 사용하는 보색은 무엇인가?

① 블루
② 그린
③ 오렌지
④ 바이올렛

🔍 노란색의 보색은 바이올렛이다.

094 염모제를 바르기 전 올바른 색상 선정과 정확한 염모제의 작용 시간을 알기 위한 테스트는?

① 테스트 컬
② 컬러 테스트
③ 패치 테스트
④ 스트랜드 테스트

🔍 모발의 색상을 테스트하는 것을 스트랜드 테스트라 한다.

095 염색하기 전 알레르기 유·무를 알아보기 위해 하는 테스트는?

① 스트랜드 테스트
② 두드러기 테스트
③ 패치 테스트
④ 알레르기 테스트

🔍 패치 테스트란 염색 시술 전 알레르기성 유무를 알아보기 위한 것으로 귀 뒤나 팔꿈치 안쪽에 약액을 묻혀 24~48시간 방치하여 반응을 알아보는 테스트이다.

096 헤어 브릿지제에 사용되는 과산화수소의 일반적인 농도로 가장 알맞은 것은?

① 15% 용액
② 6% 용액
③ 10% 용액
④ 4% 용액

🔍 • 3% 용액 : 손상모 염색, 백모 염색에 주로 사용
• 6% 용액 : 멋내기 염색, 백모 염색, 일반적인 탈색 시 주로 사용
• 9% 용액 : 하이라이트 기법이나 가발의 염색, 탈색에 사용

097 두발 염색 시 헤어 컬러링에 있어서 색채의 기본적인 원리를 이해하고 응용할 수 있어야 하는데, 색의 3원색에 해당하지 않은 것은?

① 청색   ② 황색
③ 적색   ④ 백색

🔍 색의 3원색은 황색, 적색, 청색이다.

098 색의 속성이 아닌 것은?

① 명도   ② 보색
③ 색상   ④ 채도

🔍 색상환 중에서 반대 측에 있는 색을 보색이라 한다.

099 모발을 밝은 갈색으로 염색한 후 다시 자라난 모발에 염색하는 것을 무엇이라 하는가?

① 영구적 염색
② 패치 테스트
③ 스트랜드 테스트
④ 리터치

🔍 다시 자란 모발에 염색을 해서 색을 맞추는 것을 리터치(다이 터치업)라고 한다.

100 버진헤어란 어떤 모발을 말하는가?

① 1달에 한번 염색하는 모발
② 1달에 한번 탈색하는 모발
③ 1년에 한번 블리치한 모발
④ 처음 염색하는 모발

🔍 모발에 어떠한 화학적 시술을 하지 않은 모발을 버진헤어라고 한다.

101 디자인의 3대 요소가 아닌 것은?

① 형태   ② 질감
③ 색상   ④ 보정

🔍 디자인의 3대 요소는 형태, 질감, 색상이다.

정답 093 ④ 094 ④ 095 ③ 096 ② 097 ④ 098 ② 099 ④ 100 ④ 101 ④

102 업스타일의 사전 작업과 거리가 먼 것은?

① 백콤으로 볼륨 형성
② 모발에 적합하게 블로 드라이어와 롤 브러시로 웨이브 형성
③ 마샬기로 웨이브 형성
④ 전열식 헤어 세트롤러를 주로 사용

🔍 백콤 작업은 업스타일의 기초 작업에 해당된다.

103 헤어 세트 롤러의 각도와 볼륨의 크기가 가장 큰 각도는?

① 모발을 120° 이상 들어 와인딩
② 모발을 100° 이상 들어 와인딩
③ 모발을 80° 이상 들어 와인딩
④ 모발을 60° 이상 들어 와인딩

🔍 모발을 120° 이상 들어 와인딩하면 컬의 볼륨이 크고 움직임도 자유롭다.

104 부분가발을 무엇이라고 하는가?

① 위그
② 달비
③ 피스
④ 셰이핑

🔍 피스는 부분가발로써 크기와 모양이 다양하고 헤어 패션을 위해 다양한 연출을 할 수 있다.

105 가발에 적당한 샴푸 방법은?

① 리퀴드 드라이 샴푸
② 에그 샴푸
③ 산성 샴푸
④ 플레인 샴푸

🔍 리퀴드 드라이 샴푸는 벤젠 등 휘발성 용제나 알코올을 사용하는 것으로 주로 가발 세정에 사용한다.

정답 102 ① 103 ① 104 ③ 105 ①

PART

03

공중위생관리

CHAPTER

01. 공중보건
02. 소독
03. 공중위생관리법규

CHAPTER 01 공중보건

Lesson 01 공중보건학 기초

1 공중보건학의 개념

(1) 공중보건학의 개요

① 공중보건학의 정의 및 목표
  ㉮ 윈슬로우(Winslow)에 따르면 공중보건학은 체계적인 지역사회의 노력을 통하여 질병을 예방하고 수명을 연장하며, 신체적·정신적 효율을 증진시키는 기술 과학으로 정의된다.
  ㉯ 특히 체계적인 지역사회의 노력으로 환경위생, 감염병 관리, 개인위생에 관한 보건교육, 예방적 치료, 의료 및 간호서비스의 조직화, 생활수준의 적합화를 위한 사회적 기반의 개발을 포함해야 한다고 강조한 바 있다.

② 공중보건의 범위
  ㉮ 환경관리 분야 : 환경위생, 식품위생, 환경오염, 산업보건
  ㉯ 질병관리 분야 : 감염병관리, 역학, 기생충 관리, 성인병 관리
  ㉰ 보건관리 분야 : 보건행정, 보건교육, 의료보장제도, 영유아 보건, 가족계획 등

(2) 공중보건의 목적과 대상

① 공중보건의 목적
  ㉮ 질병예방
  ㉯ 수명(생명)연장
  ㉰ 신체적, 정신적 건강 및 효율의 증진

② 공중보건학의 대상
  개인이 아닌 지역사회의 인간집단, 더 나아가 국민전체를 대상으로 한다.

2 건강과 질병

(1) 건강의 정의와 수준

① 세계보건기구(WHO)의 건강의 정의
  건강이란 '단지 질병이 없거나 허약의 부재상태만을 뜻하는 것이 아니라 신체적, 정신적 및 사회

적으로 완전히 안녕한 상태'라고 정의하였다.
② **건강의 수준**
㉮ 종합건강지표 : 비례사망지수, 평균수명, 보통 사망률이 사용된다.
㉯ 특수건강지표 : 영아 사망률, 감염병 사망률이 사용된다.
㉰ 보건봉사활동지표 : 의료봉사자수 및 병상수 등의 평가지표가 이용된다.

(2) 질병의 개념과 예방
① **질병의 개념**
㉮ 인체의 조직 또는 기관에 이상이 생겨 정상적인 생리기능을 하지 못하는 상태를 질병이라고 한다.
㉯ 질병은 인간의 연령, 병에 대한 저항력, 영양상태, 생활습관 등과 같은 병원체의 균형이 깨어짐으로 생기는 것으로, 인체의 저항력이 높고 영양상태가 좋을 때는 병원균이 침범하더라도 병이 발생하지 않는다.
② **질병 예방 단계**
㉮ 1차 예방(질병 발생 전 단계) : 환경개선, 건강관리, 예방접종 등
㉯ 2차 예방(질병 감염 단계) : 조기검진, 건강검진, 악화방지 및 치료 등
㉰ 3차 예방(불구 예방 단계) : 재활 및 사회복귀, 적응 등

3 인구보건 및 보건지표

(1) 인구보건
① **양적문제 및 질적문제**
㉮ 양적문제
㉠ 3P : 인구(Population), 공해(Pollution), 빈곤(Poverty)
㉡ 3M : 기아(Malnutrition), 질병(Morbidity), 사망(Mortality)
㉯ 질적문제 : 열성 유전인자의 전파와 역도태 작용, 연령별, 성별, 계층별간의 인구구성 등의 문제를 일으킨다.
② **인구 연령별 구성형태**
㉮ 피라미드형(증가형) : 유소년층이 큰 비중을 차지하는 형으로 출생률과 사망률이 모두 높은 다산다사의 저개발국가나 출생률이 높고 사망률이 낮은 다산소사의 개발도상국에서 나타나는 구성형태
㉯ 종형(정체형) : 출생률과 사망률이 모두 낮은 형으로 노령화 현상에 따른 노인복지 문제가 대두된다.
㉰ 방추형(감소형) : 사망률은 낮고 평균수명이 길어지지만 출생률이 낮아 인구가 줄어드는 감소형으로 항아리형이라고도 하며, 현재 우리나라의 경우가 해당된다.
㉱ 도시형(유입형) : 출생 및 사망 이외에 지역간 인구이동에 의해 나타나는 형태이며, 생산연령 인구가 유입되는 형태로 별형이라고도 한다.

㉤ 농촌형(유출형) : 도시형과 반대로 생산연령 인구가 유출되는 형태로 호로형 또는 표주박형이라고도 한다.

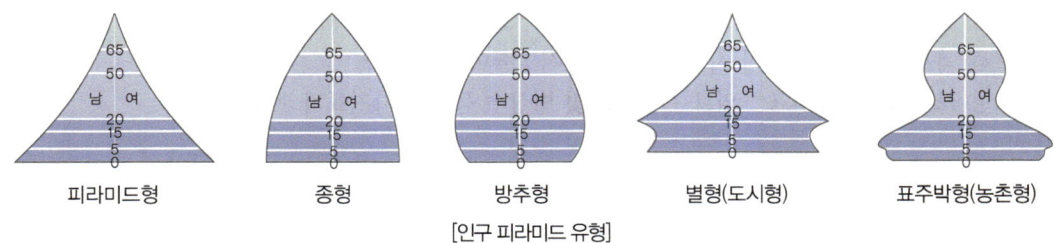

[인구 피라미드 유형]

(2) 보건지표

① 보건 및 건강지표의 개념적 차이
  ㉮ 보건지표의 정의 : 여러 단위 인구집단의 건강상태 뿐만 아니라 이에 관련되는 보건정책, 의료제도, 의료자원 등 여러 내용의 수준이나 구조 또는 특성을 설명할 수 있는 광의의 수량적 개념이다.
  ㉯ 건강지표의 정의 : 개인이나 인구집단의 건강수준이나 특성을 설명하는 수량적 내용으로 협의의 개념이다.

② 보건 수준 평가의 지표
  ㉮ 비례사망지수 : 전체 사망자수에 대한 50세 이상의 사망자수의 구성 비율로 수치가 높을수록 사망자 중 고령자수가 많다는 것을 의미한다.
  ㉯ 평균수명 : 생명표상에서 생후 1년 미만(0세) 아이의 기대여명을 말한다.
  ㉰ 조사망률 : 인구 1,000명당 1년간의 발생 사망자수 비율로 보통사망률 또는 일반사망률이라고도 한다.
  ㉱ 영아사망률 : 출생아 1,000명당 1년간 생후 1년 미만 영아의 사망자수 비율로 한 국가의 건강수준을 나타내는 가장 대표적인 지표로 사용된다.

$$영아사망률 = \frac{연간\ 생후\ 1년\ 미만\ 사망자\ 수}{연간출생아\ 수} \times 1,000$$

Lesson 02 질병관리

1 역학

(1) 역학의 정의 및 범위

① 역학이란 특정 인구집단이나 특정 지역에서 환경유해인자로 인한 건강피해가 발생하였거나 발생할 우려가 있는 경우에 질환과 사망 등 건강피해의 발생 규모를 파악하고 환경유해인자와 질환 사이의 상관관계를 확인하여 그 원인을 규명하기 위한 활동을 말한다.(환경보건법)
② 역학은 감염성질환 및 비감염성질환 모두를 포함하여 연구한다.

(2) 감염병의 유행양식 및 역학 현상

① **감염병의 유행양식**
　㉮ 지역의 유행양식 : 범세계적 유행, 전국적 유행, 지방적 유행
　㉯ 질병의 유행형태 : 다발적 유행, 산발적 유행, 현성 유행, 불현성 유행

② **역학의 4대 현상**
　㉮ 순환 변화 : 3~4년을 주기로 발생하는 감염병(홍역, 백일해, 유행성뇌염)
　㉯ 추세 변화 : 10~15년을 주기로 발생하는 감염병(장티푸스, 디프테리아 등)
　㉰ 계절적 변화 : 1년을 주기로 발생하는 감염병(여름 : 소화기계, 겨울 : 호흡기계)
　㉱ 불규칙 변화 : 외래 전파에 의한 감염병(인플루엔자, 콜레라, 페스트, 황열 등)

2　감염병 관리

(1) 감염병 발생원인과 발생단계

① **감염병 발생의 3대 요인**
　㉮ 병인(Agent) : 질병을 일으키는 데 필요한 요소로 세균, 바이러스, 곰팡이, 기생충 등의 생물학적 인자와 대기, 수질오염, 화학물질, 냉·과열 등의 물리화학적 인자 그리고 정서적 및 정신적 긴장과 관습 등의 사회적 인자가 있다.
　㉯ 숙주(Host) : 감염병은 숙주 개인이 병인에 대한 저항성 혹은 면역성을 갖고 있다면 발생되지 않는다. 즉, 숙주란 병원체의 기생으로 영양물질의 탈취 및 조직손상 등을 당하는 생물을 말한다.
　㉰ 환경(Environment) : 질병 발생에 영향을 미치는 외적 요인이다. 물리적 요인, 사회경제적 요인, 생물학적 요인에 의해 질병의 발생이 결정된다.

② **감염병 발생단계(생성 과정)**
　감염병이 발생되는 과정에는 일반적으로 다음과 같은 6개 요인이 반드시 연쇄적으로 상호관계가 유지됨으로써 생성(병원체 → 병원소 → 병원소로부터 병원체의 탈출 → 병원체의 전파 → 신 숙주에의 침입 → 숙주의 감수성 및 면역성)되며, 이 중 어느 한 가지라도 성립되지 못하면 감염병의 전파가 발생되지 않는다.

③ **병원체**

병원체	소화기계	호흡기계	피부점막계
세균 (Bacteria)	장티푸스, 파라티푸스, 콜레라, 파상열, 세균성 이질	결핵, 나병, 디프테리아, 성홍열, 백일해, 수막구균성, 수막염, 폐렴 등	매독, 임질, 연성하감, 파상풍, 야토병, 페스트 등
바이러스 (Virus)	소아마비, 간염 등	두창, 인플루엔자, 홍역, 유행성이하선염 등	AIDS, 트라코마, 일본뇌염, 광견병, 황열 등
리케차	Q열	Q열	발진티푸스, 발진열, 양충병(쯔쯔가무시병)
원충류	아메바성 이질	–	말라리아

④ 병원소
  ㉮ 인간병원소
    ㉠ 회복기 보균자(발병 후 보균자) : 병에 걸린 후 치료가 되었으나 병원균이 몸 안에 남아있는 보균자를 말한다.
    ㉡ 잠복기 보균자(발병 전 보균자) : 병원체에 감염되었으나 병의 증상이 없는 보균자를 말한다.
    ㉢ 건강 보균자 : 병원체에 감염된 증상이 없이 몸안에 병원균을 가지고 있어 병원체를 배출하는 사람으로 감염병 관리에 있어 가장 관리가 어렵다.
  ㉯ 동물병원소
    ㉠ 동물이 감염된 질병 중에서 2차적으로 인간 숙주에게 감염되어 질병을 일으킬 수 있는 감염원으로 작용하는 경우를 말한다.
    ㉡ 소(살모넬라), 돼지(일본뇌염), 개(공수병), 쥐(쯔쯔가무시병)
  ㉰ 토양 : 파상풍이 대표적인 질병이다.
⑤ 감수성 지수(접촉감염지수)
  ㉮ 감수성이 있다는 것은 숙주에 침입한 병원체에 대항하여 감염 또는 발병을 막을 수 있는 능력이 안 되는 상태를 말한다.
  ㉯ 질병별 감수성 지수 : 두창·홍역(95%) > 백일해(60~80%) > 성홍열(40%) > 디프테리아(10%) > 폴리오(유행성소아마비, 0.1%)
⑥ 병원소로부터 병원체의 탈출
  ㉮ 호흡기 계통으로 탈출 : 대화, 기침, 재채기를 통해 전파(폐결핵, 폐렴, 백일해, 홍역, 수두, 천연두 등)
  ㉯ 소화기 계통으로 탈출 : 위 장관을 통한 탈출로 분변이나 토사물에 의해 탈출(이질, 콜레라, 장티푸스, 소아마비 등)
  ㉰ 비뇨·생식기 계통으로 탈출 : 소변이나 분비물을 통해 탈출
  ㉱ 개방병소로 탈출 : 상처 또는 발병부위에서 병원체가 직접 탈출(농양, 피부병 등)
  ㉲ 기계적 탈출 : 모기, 이, 벼룩 등의 흡혈성 곤충에 의한 탈출 또는 주사기 등을 통한 탈출(발진티푸스, 발진열, 말라리아 등)

> **발생률과 유병률**
> 만성 감염병은 발생률이 낮고 유병률이 높으나, 급성 감염병은 발생률이 높고 유병률이 낮다.

(2) 감염병의 종류 및 전파

① 감염병의 종류
  ㉮ 소화기계 감염병 : 장티푸스, 콜레라, 세균성이질, 폴리오(유행성소아마비), 유행성간염, 파라티푸스 등
  ㉯ 호흡기계 감염병 : 디프테리아, 홍역, 백일해, 천연두(두창), 풍진, 성홍열, 결핵, 수두, 유행성이하선염 등

㉰ 동물매개 감염병 : 공수병(광견병), 탄저병, 페스트(흑사병), 파상열(브루셀라), 발진티푸스, 말라리아, 유행성일본뇌염 등
㉱ 만성 감염병 : 결핵, 나병(한센병, 문둥병), 성병(매독), AIDS(후천성면역결핍증), B형간염, 임질 등

② **직접전파와 간접전파**
㉮ 직접전파
  ㉠ 병원체가 전파체 없이 숙주에서 다른 숙주로 접촉이나 기침, 재채기 등에 의해 전파되는 것을 말한다.
  ㉡ 성병, 결핵, 홍역, 파상풍, 탄저, 렙토스피라증, 사상균증, 구충증 등
㉯ 간접전파
  ㉠ 병원체와 숙주간에 밀접한 관계없이 중간매체를 통해 숙주에게 전파되는 경우이며, 대부분이 세균감염이다.
  ㉡ 간접전파가 일어나기 위해서는 병원체가 병원소 밖에서 어느 기간 동안 생활할 수 있는 능력이 있어야 하며, 병원체를 운반하는데 필요한 매개체가 있어야 한다.

(3) 면역과 질병
① **면역의 분류**
㉮ 선천성 면역 : 종족, 인종, 풍토, 개인 등에 따른 차이
㉯ 후천성 면역(능동면역)
  ㉠ 자연능동면역 : 감염병에 감염된 후 성립되는 면역
  ㉡ 인공능동면역 : 예방접종 후 생성된 면역
㉰ 수동면역(피동면역)
  ㉠ 자연수동면역 : 모체 면역, 태반 면역
  ㉡ 인공수동면역 : 혈청제제(백신 등) 접종 후 얻게되는 면역

② **백신의 종류와 질병**
㉮ 생균 백신 : 홍역, 결핵, 황열, 폴리오(소아마비), 탄저, 두창, 공수병(광견병) 등
㉯ 사균 백신 : 콜레라, 백일해, 장티푸스, 파라티푸스, 일본뇌염 등
㉰ 순화독소(toxoid) : 디프테리아, 파상풍 등

③ **감염 경로에 따른 감염병의 분류**
㉮ 직접 접촉 : 매독, 임질
㉯ 간접 접촉
  ㉠ 비말 감염 : 기침이나 재채기에 의해 감염되는 것(디프테리아, 인플루엔자, 성홍열)
  ㉡ 진애 감염 : 먼지에 의해 감염되는 것(결핵, 천연두, 디프테리아)
㉰ 개달물 감염 : 의복, 수건에 의해 감염(결핵, 트라코마, 천연두)
㉱ 수인성 감염 : 이질, 콜레라, 파라티푸스, 장티푸스
㉲ 음식물 감염 : 이질, 콜레라, 파라티푸스, 장티푸스, 소아마비, 유행성간염

⑭ 절족동물(해충) 감염
  ㉠ 이 : 발진티푸스, 재귀열
  ㉡ 모기 : 일본뇌염, 황열(말레이), 말라리아, 사상충증, 뎅구열
  ㉢ 벼룩 : 페스트, 재귀열, 발진열
  ㉣ 바퀴 : 콜레라, 장티푸스, 이질, 소아마비
  ㉤ 파리 : 파라티푸스, 이질, 콜레라, 결핵, 장티푸스, 디프테리아
  ㉥ 쥐 : 재귀열, 발진열, 페스트, 서교증, 와일씨병, 유행성출혈열
⑮ 토양감염 : 파상풍

④ 잠복기를 갖는 감염병
  ㉮ 1주일 이내 : 콜레라(호열자), 이질, 성홍열, 뇌염(유행성일본뇌염), 파라티푸스, 황열, 디프테리아, 인플루엔자(겨울독감)
  ㉯ 1~2주일 : 발진티푸스, 백일해, 홍역, 두창(천연두), 풍진, 유행성이하선염(볼거리), 장티푸스, 수두, 폴리오(소아마비, 급성회백수염)등
  ㉰ 잠복기가 긴 감염병 : 나병(한센병, 문둥병), 결핵, 공수병(광견병) 등은 잠복기가 특히 길다.

■ 감염병의 잠복기
잠복기가 가장 긴 감염병은 결핵이며, 가장 짧은 감염병은 콜레라이다.

(4) 법정감염병과 인수공통감염병

① 법정감염병의 종류
  ㉮ 제1급 감염병
    ㉠ 정의 : 생물테러감염병 또는 치명률이 높거나 집단 발생의 우려가 커서 발생 또는 유행 즉시 신고하여야 하고, 음압격리와 같은 높은 수준의 격리가 필요한 감염병
    ㉡ 종류 : 에볼라바이러스병, 마버그열, 라싸열, 크리미안콩고출혈열, 남아메리카출혈열, 리프트밸리열, 두창, 페스트, 탄저, 보툴리눔독소증, 야토병, 신종감염병증후군, 중증 급성호흡기증후군(SARS), 중동호흡기증후군(MERS), 동물인플루엔자 인체감염증, 신종인플루엔자, 디프테리아
  ㉯ 제2급 감염병
    ㉠ 정의 : 전파가능성을 고려하여 발생 또는 유행 시 24시간 이내에 신고하여야 하고, 격리가 필요한 감염병
    ㉡ 종류 : 결핵, 수두, 홍역, 콜레라, 장티푸스, 파라티푸스, 세균성이질, 장출혈성대장균 감염증, A형간염, 백일해, 유행성이하선염, 풍진, 폴리오, 수막구균 감염증, b형헤모필루스인플루엔자, 폐렴구균 감염증, 한센병, 성홍열, 반코마이신내성황색포도알균(VRSA) 감염증, 카바페넴내성장내세균속균종(CRE) 감염증, E형간염
  ㉰ 제3급 감염병
    ㉠ 정의 : 그 발생을 계속 감시할 필요가 있어 발생 또는 유행 시 24시간 이내에 신고하여야

하는 감염병
- ⓒ 종류 : 파상풍, B형간염, 일본뇌염, C형간염, 말라리아, 레지오넬라증, 비브리오패혈증, 발진티푸스, 발진열, 쯔쯔가무시증, 렙토스피라증, 브루셀라증, 공수병, 신증후군출혈열, 후천성면역결핍증(AIDS), 크로이츠펠트-야콥병(CJD) 및 변종크로이츠펠트-야콥병(vCJD), 황열, 뎅기열, 큐열(Q열), 웨스트나일열, 라임병, 진드기매개뇌염, 유비저, 치쿤구니야열, 중증열성혈소판감소증후군(SFTS), 지카바이러스 감염증, 매독

㉣ 제4급 감염병
- ⓘ 정의 : 제1급 감염병부터 제3급 감염병까지의 감염병 외에 유행 여부를 조사하기 위하여 표본감시 활동이 감염병
- ⓒ 종류 : 인플루엔자, 회충증, 편충증, 요충증, 간흡충증, 폐흡충증, 장흡충증, 수족구병, 임질, 클라미디아감염증, 연성하감, 성기단순포진, 첨규콘딜롬, 반코마이신내성장알균(VRE) 감염증, 메티실린내성황색포도알균(MRSA) 감염증, 다제내성녹농균(MRPA) 감염증, 다제내성아시네토박터바우마니균(MRAB) 감염증, 장관감염증, 급성호흡기감염증, 해외유입기생충감염증, 엔테로바이러스감염증, 사람유두종바이러스 감염증

② **인수공통감염병**
- ㉮ 정의 : 인수공통감염병이란 감염병 가운데 사람과 사람 이외의 동물 사이에서 동일한 병원체에 의해서 발생하는 질병이나 감염상태를 말한다.
- ㉯ 인수공통감염병의 종류
    - ⓘ 결핵 : 소
    - ⓒ 공수병(광견병) : 개
    - ⓒ 페스트 : 쥐
    - ㉣ 탄저 : 양, 소, 말, 돼지
    - ㉤ 살모넬라 : 고양이, 돼지, 쥐
    - ㉥ 돈단독, 선모충, 일본뇌염, 유구조충 : 돼지
    - ㉦ 페스트, 발진열, 와일씨병, 양충병, 서교증 : 쥐
    - ㉧ 야토병 : 산토끼
    - ㉨ 파상열(브루셀라) : 돼지, 양, 개, 사람(열병), 동물(유산)
    - ㉩ 황열 : 원숭이

■ **검역감염병의 검사기간**
다음의 검역감염병 검사기간은 다음의 시간을 초과할 수 없다.
- 콜레라 : 120시간
- 페스트, 황열 : 144시간

3. 기생충 질환관리

(1) 기생충 관리

① **기생충의 종류**
  ㉮ 선충류 : 회충, 요충, 편충, 구충, 동양모양선충, 사상충, 아니사키스충 등
  ㉯ 흡충류 : 간흡충, 폐흡충, 요꼬가와흡충(횡천흡충), 이형흡충 등
  ㉰ 조충류 : 유구조충, 무구조충, 광절열두조충, 만손열두조충 등
  ㉱ 원충류 : 이질아메바원충, 말라리아원충 등

② **기생충 질환의 예방대책**
  ㉮ 위생상태의 개선 : 파리, 모기 등을 구제하고 위생관리를 철저히 하도록 한다.
  ㉯ 식생활 개선 : 수육, 어육의 생식을 금하도록 해야 하며, 요리한 기구를 위생적으로 청결하게 보관하도록 해야 한다.
  ㉰ 소독 실시 : 음식물의 가열소독 및 냉동처리 등으로 기생충 질환을 예방할 수 있으며, 야채를 씻을 때 염소 소독된 상수를 사용하는 것이 기생충 질환을 예방하는 데 바람직하다.

(2) 숙주와 기생충

① **채소류 매개 기생충 및 질환**
  ㉮ 회충 : 분변으로 탈출한 회충 수정란이 감염형이 되어 오염된 야채, 불결한 손, 파리의 매개로 오염된 음식물을 통해 경구침입을 한다.
  ㉯ 구충 : 인체의 소장에 기생하면서 감염 4~7주 후 산란을 해서 분변으로 배출되며 자연환경에서 부화한다.
  ㉰ 요충 : 성숙한 충란이 불결한 손이나 음식물을 통해 경구침입하여 소장 상부에서 맹장에 이르러 성충이 된다.
  ㉱ 말레이 사상충 : 매개체인 모기가 감염자의 혈류에서 사상충의 자충을 흡혈하고 2~3주 후 말라리아형으로 되어 건강인을 흡혈할 때 감염시킨다.

② **어패류 매개 기생충(중간숙주가 2개인 기생충)**

기생충	제1중간숙주	제2중간숙주
간흡충(간디스토마)	다슬기류	민물고기
폐흡충(폐디스토마)	두창, 인플루엔자, 홍역, 유행성 이하 선염 등	가재, 게
요꼬가와흡충(횡천흡충)	다슬기류	민물고기
유극악구충	물벼룩	민물고기
긴촌충(광절열두조충)	물벼룩	반 민물고기
아니사키스	크릴새우 등 바다갑각류	해산어류

③ 육류 매개 기생충(중간숙주가 1개인 기생충)
⑦ 무구조충(민촌충) : 소 → 사람
㉯ 유구조충(갈고리촌충) : 돼지 → 사람
㉰ 선모충 : 돼지, 개 → 사람
㉱ 톡소플라스마 : 돼지, 개, 고양이, 생달걀 → 사람
㉲ 만소니열두조충 : 닭 → 사람

중간숙주와 기생충
- 중간숙주가 없는 기생충 : 회충, 구충, 요충, 편충 등(매개식품은 주로 채소)
- 사람이 중간숙주 구실을 하는 기생충 : 말라리아병원충

4 성인병 관리와 정신보건

(1) 성인병 관리

① **동맥경화와 심장병**
⑦ 동맥경화 : 혈관에 지방, 콜레스테롤, 중성지방 등이 침착되어서 혈관의 내경이 좁아져 탄력성을 잃어 혈액의 운반이 원활하게 일어나지 못하게 되는 병명을 말한다.
㉯ 위험인자 : 연령, 성, 유전, 체질, 비만증, 내분비이상, 경구용 피임제 복용, 스트레스, 운동부족 등이 있다. 그 중 고지혈증, 고혈압, 흡연은 동맥경화를 유발시키는 3대 요인 이다.
㉰ 예방 : 과도한 스트레스, 과로, 자극을 피하고 규칙적인 생활습관을 가지며 채소, 과일을 많이 섭취하고 동물성 지방은 제한하며, 적절한 운동을 통하여 적절한 체중을 유지한다.

② **고혈압**
⑦ 고혈압 : 성인의 경우 최고혈압 150~160mmHg 이상, 최저혈압 90~95mmHg 이상을 고혈압으로 보고 있다.
㉯ 원인 : 신장질환, 대혈관의 변화, 호르몬 이상에 의한 질환이나 극도의 정신불안이나 긴장상태에서 유래한다고 볼 수 있다. 그밖에 과도한 지방섭취, 운동부족 등 잘못된 생활습관으로 인하여 고혈압이 생기기도 한다.
㉰ 예방 : 채식 위주의 식사와 소식, 동물성 지방을 제한하고, 콜레스테롤은 고혈압을 진행시키는 원인이므로 콜레스테롤을 많이 함유한 식품을 제한하며, 식염을 1일 1g 이상은 섭취하지 않도록 제한하는 것이 중요하다.

③ **뇌졸중**
⑦ 뇌졸중 : 머리 속의 뇌동맥이상으로 혈관이 파괴되어 발생한다. 파괴부위에 따라 말을 못하거나 손발을 못쓰게 된다.
㉯ 원인 : 고혈압, 동맥경화, 협심증, 술, 짠 음식, 과로와 스트레스, 흡연 등이다.
㉰ 예방 : 뇌졸중의 원인이 되는 고혈압, 당뇨병, 심장병의 예방이 중요하다. 콜레스테롤이 많은 음식, 단 음식, 식염이 많은 음식의 섭취 제한, 규칙적인 운동 등도 매우 중요하다.

④ 당뇨병
  ㉮ 당뇨병 : 췌장에서 분비되는 인슐린의 부족에 의해 생기는 대사장애로 당뇨병은 혈액 중의 포도당 수치가 지나치게 높은 것이다.
  ㉯ 원인 : 인체의 혈당을 조절하는 인슐린의 분비가 감소되거나 조직에서 인슐린의 작용이 저하되어 고혈당과 요당을 나타낸다.
  ㉰ 예방 : 정상 체중 유지를 위해 식생활 및 운동 등의 관리를 생활화하고 조기 발견, 조기 치료가 중요하다.

⑤ 암
  ㉮ 암 : 정상세포와 달리 비정상적인 세포가 성장·증식하여 조직을 파괴하고, 원발부위에서 다른 부위로 이전하여 그 조직을 파괴시키는 질환을 말한다.
  ㉯ 원인 : 흡연, 음주, 자외선, 잘못된 식생활습관, 오염된 공기 등을 원인으로 본다.
  ㉰ 예방 : 비타민 C, 비타민 E 등을 비롯한 항산화제 섭취, 동물성 지방은 피하고 채소와 과일을 많이 섭취, 규칙적인 적절한 운동과 더불어 과음, 과식, 흡연, 과도한 자외선 노출과 과도한 스트레스를 피하도록 한다.

(2) 정신보건

① 정신보건의 개념
  ㉮ 심리적 안녕과 정신질환의 개념을 모두 포함하는 광의의 개념이다.
  ㉯ 정신보건은 개인의 정신적 장애를 예방하고 치료하여 개인은 물론 사회를 정신적으로 건강하게 유지·증진시키는 데 목적이 있다.

② 정신보건사업의 목표
  ㉮ 정신장애를 예방한다.
  ㉯ 건전한 정신 기능의 유지를 증진시킨다.
  ㉰ 정신병을 조기에 발견한다.
  ㉱ 치료자의 사회복귀를 돕는 일을 실현한다.

③ 정신질환의 종류
  ㉮ 정신분열증 : 청소년기에 많이 발생하는 정신병의 일종으로 환청, 망상 등의 증세를 주로 보인다.
  ㉯ 조울병 : 우울, 희열과 같은 인간의 내적 기분상태에 지속적으로 장애가 일어나는 병을 말한다.
  ㉰ 진성간질 : 경련발작, 정신발작, 불쾌증을 수반하는 정신질환이다. 원인은 알코올 중독증, 뇌막염, 매독감염 등에 의한 외적 요인에 의한 경우가 많다.
  ㉱ 인격장애 : 유전적, 체험, 기질적, 심리적, 사회문화적 요인 등이 모두 관여하는 것으로 편집성 인격장애는 모든 것을 의심하며, 어떤 상황에서도 사람과 환경에 대하여 경계하고 의심한다.
  ㉲ 신경증 : 노이로제라고 더 알려진 것으로, 정신적 원인에 의해 일어나는 정신적 또는 신체적 이상 증상을 일으키는 질병이다.
  ㉳ 정신박약 : 선천적 또는 생후 비교적 조기에 중추신경계에 장애를 받아 그로 인해 지능발달이 항구적으로 저지되어 있는 상태를 말한다.

④ 정신보건 관리
  ㉮ 지역사회 정신보건
    ㉠ 일정 지역 내의 인구집단을 대상으로 정신장애의 예방과 정기 건강증진을 위하여 정신건강 전문가들에 의해 행해지는 활동을 말한다.
    ㉡ 지역사회보건의 방향은 예방과 조기발전, 조기치료 및 사회복귀이다.
  ㉯ 예방정신보건
    ㉠ 1차 예방 : 새로운 환자의 발생을 감소시키는 예방활동이다.
    ㉡ 2차 예방 : 효과적인 조기조정을 통하여 장애의 기간을 단축시키는 활동이다.
    ㉢ 3차 예방 : 장기적인 합병증을 예방하고 만성 정신질환의 합병증을 감소시키는데 주된 목표를 둔다.

Lesson 03 가족 및 노인보건

1 가족보건

(1) 모자보건과 가족계획

① 모자보건의 목적과 대상
  ㉮ 모자보건의 목적과 분류 : 모성의 생명과 건강을 보호하고 건전한 자녀의 출산과 양육을 도모함으로써 국민보건향상에 기여함을 목적으로 하며, 분만보호, 산전보호, 산욕보호 모성보건과 영유아보건으로 나뉜다.
  ㉯ 모자보건의 대상 : 임신, 출산, 육아를 담당하는 모성집단과 출생, 성장, 발달이라는 일련의 성숙과정을 거치는 어린이 집단을 대상으로 한다.

② 가족계획의 의의와 필요성
  ㉮ 가족계획의 의의 : 가족계획은 원치 않는 아이의 출산을 방지하는 것이다.
  ㉯ 가족계획의 필요성 : 모체의 건강상태, 경제력, 자녀 터울 등을 고려하여 임신의 시기를 조절하여 우수하고 튼튼한 자녀를 갖도록 해야 한다.
  ㉰ 모자보건의 3대 사업 : 분만보호, 산전보호, 산욕보호

(2) 모성의 주요 질병과 이상

① 임신중독증
  ㉮ 임신 8개월 이후에 주로 발생하고, 임산부 사망의 최대 원인이 되며, 유산, 조산, 사산 등의 주요 원인이며, 또한, 임신중독증에 따른 미숙아 출생률이 높다.
  ㉯ 부종, 고혈압, 단백뇨의 3가지가 임신중독증의 3대 증상이 되고 경련, 태반조기박리, 폐수종 등을 수반하는 증후군을 말한다.

② 자궁외 임신
    ㉮ 자궁외 임신의 대부분은 난관 임신이며, 난소 및 복강 임신이 있을 수도 있다.
    ㉯ 임신의 원인은 임균성 및 결핵성 난관염이나 인공유산 후의 염증 등이 원인이 되는 경우가 다수이며, 난관 및 자궁파열 등에 의해 출혈과 극심한 하복통을 수반하는 것이 특징이다.

> ■ 영유아와 신생아
> • 영유아 : 출생 후 6년 미만인 사람
> • 신생아 : 출생 후 28일 이내의 영유아

2 노인보건

(1) 노인보건의 목적과 중요성

① 노인보건의 목적
    ㉮ 65세 이상 노인에게 적합한 각종 운동프로그램을 통하여 신체적 기능상태를 제고시킨다.
    ㉯ 노인에게 적합한 건강검진사업을 통하여 신체적 및 정신적 기능상태의 하락, 위험요소를 조기에 발견, 제거시킴으로써 전반적인 건강수준을 제고시킨다.

② 노인보건의 중요성
    ㉮ 고령화 사회로의 진입
    ㉯ 노인인구의 증가에 따라 노화의 기전이나 유전적 조절 등에 관한 관심 고조
    ㉰ 노인인구의 급증에 따라 만성, 비감염성 질환의 비중이 점차 증가
    ㉱ 국민 총 의료비의 관점이나 개인의 관점에서 볼 때 의료비가 현저하게 증가

(2) 노화와 질병예방

① 노화의 정의화 특성
    ㉮ 노화의 정의 : 연령이 증가함에 따라 발생하는 점진적인 구조적 변화로서 궁극적으로는 사망을 초래하는 것
    ㉯ 노화의 특성 : 보편성, 내인성, 점진성, 쇠퇴성

② 노인의 질병예방
    ㉮ 1차 예방 : 상담, 예방접종 및 화학적 예방이 있으며, 흡연, 신체적 비 활동, 영양, 음주 및 사고예방, 구강검진, 우울증 등에 대하여 실시한다.
    ㉯ 2차 예방 : 선별과 치료가 주요 요소이다. 선별은 문진에 의한 확인, 이학적 검사에 의한 확인 및 선별검사에 의한 확인이 있다.
    ㉰ 3차 예방 : 노인재활의 가장 중요한 목적은 일상생활 활동에 있어 잃었던 독립성을 다시 획득하는 것이다.

Lesson 04 환경보건

1 환경보건의 개요

(1) 환경보건의 정의와 개념

① **환경보건의 정의**

환경보건이란 환경오염과 유해화학물질 등(환경유해인자)이 사람의 건강과 생태계에 미치는 영향을 조사·평가하고 이를 예방·관리하는 것을 말한다.

② **환경오염과 유해화학물질**

㉮ 환경오염 : 사람의 활동에 따라 발생되는 대기오염, 수질오염, 토양오염, 해양오염, 방사능오염, 소음·진동, 악취, 일조방해 등으로서 사람의 건강이나 환경에 피해를 주는 상태를 말한다.

㉯ 유해화학물질 : 유독물, 관찰물질, 취급제한물질 또는 취급금지물질, 사고대비물질, 그밖에 유해성 또는 위해성이 있거나 그러할 우려가 있는 화학물질을 말한다.

(2) 환경위생의 정의와 분류

① **환경위생의 정의(WHO)**

인간의 신체발육, 건강 및 생존에 유해한 영향을 미치거나 미칠 가능성이 있는 인간의 물리적 생활환경에 있어서의 모든 요소를 통제하는 것이다.

② **환경위생의 분류**

㉮ 자연적 환경 : 공기, 토지, 광선, 물, 음향 등
㉯ 생물학적 환경(생리적 환경) : 설치류, 모기, 파리 등의 위생해충 등
㉰ 사회적 환경
　㉠ 인위적 환경 : 의복, 식생활, 주거위생 등
　㉡ 사회적 환경 : 정치, 경제, 종교, 교육, 문화예술 등

2 대기환경

(1) 공기의 조성과 유해성분

① **공기의 조성**(0℃, 1기압 하에서)

성분	질소(N_2)	산소(O_2)	아르곤(Ar)	이산화탄소(CO_2)	기타
함유비율	78%	21%	0.93%	0.03%	0.04%

② **구성 성분**

㉮ 산소(O_2)

㉠ 호흡에 가장 중요하며 성인 1일 산소 소비량은 500~700ℓ 정도이다.

ⓒ 산소의 양이 10% 이하가 되면 호흡곤란, 7% 이하가 되면 질식사한다.
　　　ⓒ 산소가 결핍된 상태에서는 저산소증이, 고농도 상태에서는 산소중독증이 발생한다.
　　㉯ 질소(N_2)
　　　㉠ 공기 중 가장 많은 양을 차지(78%)하고 있다.
　　　ⓒ 정상기압 하에서 인체에 피해는 없지만, 고압환경에서 감압시 잠함병(잠수병)을 유발하게 된다.
　　㉰ 이산화탄소(CO_2)
　　　㉠ 실내공기 오염의 지표로 위생학적 허용한계는 0.1%(=1,000ppm) 정도이다.
　　　ⓒ 실내에 사람의 밀집도가 높아질수록 CO_2는 증가한다.
　　　ⓒ CO_2가 7% 이상이면 호흡곤란을 유발하며, 10% 이상이면 질식사하게 된다.
　③ 공기의 유해성분
　　㉮ 군집독
　　　㉠ 실내에 다수인이 밀집해 있을 때 공기의 물리적·화학적 변화(CO_2의 증가)에 의해 초래된다.
　　　ⓒ 주요 증상으로 불쾌감, 권태감, 현기증 등의 생리적 이상현상 등이 있다.
　　㉯ 일산화탄소(CO)
　　　㉠ 물체의 불완전 연소 시 발생하는 무색, 무취, 무미, 무자극성 가스이다.
　　　ⓒ 헤모글로빈(Hb)과의 친화성이 산소에 비하여 높아 조직 내 산소결핍증을 초래한다.
　　　ⓒ 일산화탄소의 최고 허용한도는 8시간을 기준으로 0.01%(100ppm)이며, 0.1%(1,000ppm) 이상이면 생명이 위험해진다.
　　㉰ 아황산가스(SO_2)
　　　㉠ 중유의 연소 시 다량 발생하며 도시 공해의 주범(자동차 배기가스)이다.
　　　ⓒ 실외 공기오염(대기오염)의 지표로 사용된다.
　　　ⓒ 식물의 고사(농작물 피해), 호흡기계 점막의 염증, 호흡곤란 등을 유발시키고 금속을 부식시킨다.

(2) 일광

① 자외선(태양광선의 약 5%)
　㉮ 파장이 200~400nm(2,000~4,000Å) 범위
　㉯ 260nm(2,600Å) 부근의 파장인 경우 살균작용이 가장 강함
　㉰ 비타민 D 형성을 촉진시켜 구루병을 예방
　㉱ 피부의 홍반, 색소침착 및 피부암 유발
　㉲ 신진대사 촉진, 적혈구생성 촉진, 혈압강하 작용

② 가시광선(태양광선의 약 34%)
　㉮ 망막을 자극하여 인간에게 색채와 명암을 부여
　㉯ 파장이 400~700nm(4,000~7,000Å)의 범위

③ 적외선(열선, 태양광선의 약 52%)
    ㉮ 지상에 복사열을 주어 온실효과와 백내장, 일사병 등을 유발
    ㉯ 3부분 중 파장이 가장 길며, 파장 범위는 780nm(7,800Å) 이상

> **기온역전현상**
> - 대기층의 온도는 100m 상승 때마다 1℃ 정도 낮아지나, 상부기온이 하부기온보다 높을 때 발생한다.
> - 기온역전일 때 대기오염이 크게 나타나며, 예로 LA스모그, 런던스모그 등이 있다.

(3) 기후
① 기온(온도)
    ㉮ 100m 상승시 약 1℃씩 낮아지며, 지상 1.5m에서의 건구온도를 측정
    ㉯ 쾌감온도 : 18±2℃
    ㉰ 일교차 : 내륙 > 해안 > 산림지대
    ㉱ 연교차 : 한대 > 온대 > 열대
② 기습(습도)
    ㉮ 인체에 쾌적한 습도는 40~70%이며, 습도가 높으면 피부질환, 낮을 때는 호흡기질환에 잘 걸림
    ㉯ 상대습도(비교습도, 일반적인 습도) = $\dfrac{\text{절대습도(현 공기중에 함유된 수증기량)}}{\text{포화습도(현 기온하에서 함유된 수증기량)}} \times 100$
③ 기류(공기의 흐름)
    ㉮ 무풍 : 0.1m/sec
    ㉯ 불감기류 : 0.2~0.5m/sec로 실내나 의복 내에 항상 존재하며 인체 신진대사 촉진
    ㉰ 쾌감기류 : 1m/sec
④ 복사열
    ㉮ 대류를 통해서 열이 전달되지 않고, 열이 직접 이동하는 것
    ㉯ 거리의 제곱에 비례해서 온도가 감소
    ㉰ 측정은 흑구온도계로 15~20분간 측정

> **기후의 3요소와 4대 온열인자**
> - 기후의 3요소 : 기온, 기습, 기류
> - 4대 온열인자 : 기온, 기습, 기류, 복사열

(4) 불쾌지수와 체온 조절

① **불쾌지수(D.I)**
  ㉮ 정의 : 습도와 온도의 영향에 의해서 인체가 느끼는 불쾌감을 숫자로 표시
  ㉯ 불쾌지수 정도
    ㉠ 불쾌지수 70 이하 : 10%의 사람이 불쾌감 느낌
    ㉡ 불쾌지수 75 이하 : 50%의 사람이 불쾌감 느낌
    ㉢ 불쾌지수 80 이하 : 거의 모든 사람이 불쾌감 느낌
    ㉣ 불쾌지수 85 이하 : 견딜 수 없는 상태

② **체온조절**
  ㉮ 체온의 정상범위 : 36.1~37.2℃
  ㉯ 지적온도
    ㉠ 주관적 지적온도 : 감각적으로 가장 쾌적하게 느끼는 온도
    ㉡ 생산적 지적온도 : 생산 능률을 가장 많이 올릴 수 있는 온도
    ㉢ 생리적 지적온도 : 최소의 에너지 소모로 최대의 생리적 기능을 발휘할 수 있는 온도

3 수질환경

(1) 수질환경의 개요

① **인체와 물(수분)**
  ㉮ 물은 인체의 주요 구성성분으로 체중의 약 2/3(60~70%)가 물로 구성되어 있다.
  ㉯ 성인 1일 필요량은 2.0~2.5ℓ이다.
  ㉰ 체내 수분을 10% 상실하면 생리적으로 이상이 발생하며, 20% 이상 상실하면 생명이 위험해진다.

② **물의 경도**
  ㉮ 경수(센물) : 칼슘, 마그네슘 등이 다량 함유된 물로 비누거품이 잘 일어나지 않는다.
  ㉯ 연수(단물) : 칼슘, 마그네슘 등의 함량이 적은 물로 비누거품이 잘 일어난다.

(2) 물의 보건적 문제

① **수인성 감염병**
  ㉮ 물을 통해 감염되는 질병을 말한다.
  ㉯ 장티푸스, 파라티푸스, 세균성이질, 아메바성이질, 콜레라, 유행성간염 등이 해당된다.

② **수인성 감염병의 특징**
  ㉮ 환자의 발생이 폭발적이다.
  ㉯ 감염병 유행지역과 음료수 사용지역이 일치한다.
  ㉰ 계절, 성별, 나이에 관계없이 발생한다.

- ㉣ 시간이 지나면 영양원의 부족, 잡균과의 생존경쟁, 일광의 살균작용, 온도의 부적당 등의 원인으로 수중에서 병원체의 수가 감소한다.
- ㉤ 2차 감염에 의한 환자발생률이 낮다.

(3) 상·하수도

① 상수도
  - ㉮ 상수 처리과정 : 취수 → 침사 → 침전 → 여과 → 소독 → 급수
  - ㉯ 물의 정수작용 : 희석작용, 침전작용, 살균작용, 자정작용
  - ㉰ 소독 : 염소(Cl_2), 오존(O_3), 자외선, 브롬(Br_2), I_2, Ag, 표백분 등을 사용
    - ㉠ 염소 소독의 장점 : 소독력이 강함, 방법이 간편, 가격 저렴, 잔류성이 큼
    - ㉡ 염소 소독의 단점 : 냄새가 남, 독성물질(THM)을 생성

② 하수도
  - ㉮ 하수 처리방법 : 예비처리 → 본처리 → 오니처리
    - ㉠ 예비처리 : 침사법, 침전법
    - ㉡ 본처리 : 혐기성 분해처리, 호기성 분해처리
    - ㉢ 오니처리 : 육상투기, 소각처리, 사상건조법, 소화법
  - ㉯ 하수 처리방식
    - ㉠ 합류식 : 생활하수와 천수(눈 또는 비)를 같이 처리
    - ㉡ 분류식 : 생활하수와 천수를 따로 처리
    - ㉢ 혼합식 : 생활하수와 천수의 일부를 같이 처리

(4) 수질 오염 지표 및 오물처리

① 수질 오염 지표
  - ㉮ 생물학적 산소요구량(BOD) : 호기성 상태에서 세균이 유기물질을 20℃에서 5일간 안정화시키는 데 소비한 산소량
  - ㉯ 용존 산소(DO) : 물에 녹아있는 유리산소
  - ㉰ 화학적 산소요구량(COD) : 수중에 함유된 유기물질을 강력한 산화제로 화학적으로 산화시킬 때 소모되는 산소의 양
  - ㉱ 부유물질(SS) : 유기와 무기의 물질을 함유한 고형물

② 오물처리
  - ㉮ 분뇨의 처리 : 완전 부숙 기간은 여름 1개월, 겨울은 3개월
  - ㉯ 진개(쓰레기)의 처리
    - ㉠ 2분법 : 주개와 잡개를 나누어 처리하는 방법으로 가정에서 처리하는 방법이다.
    - ㉡ 매립법 : 땅에 묻는 방법으로 진개의 두께가 2m을 초과하지 않고, 복토의 두께는 60cm~1m가 적당하다.
    - ㉢ 소각법 : 가장 위생적이나 대기 오염의 원인, 비용이 비싸다.

ⓔ 비료화법(고속 퇴비화) : 음식물 처리에 가장 효과적인 방법으로 화학 분해하여 퇴비로 다시 사용하는 방법이다.

> **BOD와 DO**
> - BOD가 높고 DO가 낮을 경우 : 오염된 물
> - BOD가 낮고 DO가 높을 경우 : 깨끗한 물
> - BOD 측정온도와 기간 : 20℃에서 5일간

4 주거 및 의복환경

(1) 주거환경

① 냉방 및 난방
  ㉮ 실내온도 18 ± 2℃(16~20℃), 습도 40~70% 정도를 유지할 수 있도록 냉·난방한다.
  ㉯ 냉방과 난방
    ㉠ 냉방 : 실내온도가 26℃ 이상일 때 필요하며, 외부와의 온도차는 5~7℃ 이내가 적당
    ㉡ 난방 : 목표 온도는 18~22℃, 환기와 습도조절(40~70%)이 필요

② 채광 및 조명
  ㉮ 채광을 위한 창의 조건
    ㉠ 남향이 가장 밝고 채광시간이 길다.
    ㉡ 일반적으로 거실 바닥면적의 1/5~1/7 이상(15~20%), 벽면적의 70%가 적당하다.
    ㉢ 거실 안쪽의 길이는 바닥면에서 창틀 상단까지 길이의 1.5배 이하로 한다.
    ㉣ 입사각은 28° 이상, 개각은 4~5° 이상이 되도록 한다.
  ㉯ 인공조명
    ㉠ 직접조명 : 광원이 직접비치는 것으로 조명효율이 크고 경제적이나 현휘를 일으키며 강한 음영으로 불쾌감을 준다.
    ㉡ 간접조명 : 광원을 다른 곳에 반사시키는 것으로 조명효율이 낮고, 설비의 유지비가 많이 든다.
    ㉢ 반간접조명 : 직접조명과 간접조명의 절충식이다.

> **중성대(neutral zone)**
> - 들어오는 공기는 하부로, 나가는 공기는 상부로 이루어지는데, 그 중간에 압력이 0인 지대를 말한다.
> - 중성대가 높은 위치에 형성될수록 환기량이 크며, 중성대는 방의 천장 가까이에 있는 것이 좋다.

(2) 의복환경

① **의복의 일반적 조건**
- ㉮ 기후(온도, 습도, 기류 등) 조절력이 양호할 것
- ㉯ 감촉이 좋고 활동에 적합할 것
- ㉰ 쉽게 더럽혀지지 않을 것
- ㉱ 세탁이 용이할 것
- ㉲ 가볍고 외력에 대한 방어력이 있을 것

② **의복의 위생적 조건**
- ㉮ 함기성 : 함기량이 많으면 많을수록 열전도율이 적어져서 보온력이 커진다.
- ㉯ 보온성 : 열전도율이 적은 것이 보온성이 크며, 함기량이 많고 통기량이 적은 것이 보온성이 크다.
- ㉰ 통기성 : 기공의 다소와 대소에 따라 좌우되며, 함기량, 직물의 조직, 두께, 풀먹임, 건습상태 등에 의해서도 달라진다.
- ㉱ 흡수성 : 내의나 양말과 같이 직접 피부에 닿는 의복재료는 적당한 흡수성이 있어야 한다.
- ㉲ 압축성 : 의복의 단위면적에 일정한 힘을 가했을 때 그 부피를 축소할 수 있는 성능을 말한다.
- ㉳ 흡습성 : 공기중에 수증기를 흡수하는 성질로 화학섬유, 목면, 마직, 견직, 모직의 순으로 크다.
- ㉴ 내열성 : 열에 대하여 가장 약한 것은 화학섬유이고 목면, 마직, 모직의 순으로 강해져 견직물이 가장 강하다.
- ㉵ 오염성 : 목면이 오염되기 쉽고, 모직이나 견직물은 잘 오염되지 않는다.

Lesson 05 식품위생과 영양

1 식품위생의 개념

(1) 식품위생의 개요

① **식품위생의 정의와 목적**
- ㉮ 식품위생의 정의
    - ㉠ 세계보건기구(WHO)의 정의 : 식품위생이란 식품원료의 재배, 생산, 제조로부터 유통과정을 거쳐 최종적으로 사람에게 섭취되기까지의 모든 수단에 대한 위생을 말한다.
    - ㉡ 우리나라 식품위생법상의 정의 : 식품위생이란 식품, 식품첨가물, 기구 또는 용기·포장을 대상으로 하는 음식에 관한 위생을 말한다.
- ㉯ 식품위생의 목적
    - ㉠ 식품으로 인한 위생상의 위해를 방지
    - ㉡ 식품 영양의 질적 향상 도모
    - ㉢ 식품에 관한 올바른 정보를 제공함으로써 국민보건의 향상과 증진에 기여

② 식품의 변질

종류	설명
부패	주로 식품 중의 단백질 성분이 미생물에 의하여 분해되어 악취가 나고 인체에 유해한 물질이 생성되는 현상
변패	단백질 이외의 성분, 즉 탄수화물이나 지방이 미생물에 의하여 분해되는 현상으로 이 경우 유해물질이 생기는 일이 비교적 적다. 발효도 일종의 변패에 해당함
발효	탄수화물이 미생물의 분해 작용을 받아서 유기산, 알코올 등이 생기는 현상으로 이는 식생활에 유용함
산패	유지가 산화되어 불쾌한 냄새가 나고 빛깔이 변하는 현상

(2) 식중독

① 식중독의 개요
  ㉮ 식중독의 정의
    ㉠ 식중독이란 일반적으로 세균 및 유독, 유해물질이 첨가 또는 오염된 식품섭취로 인하여 얻은 질병들에 대한 총칭으로서, 급성 위장염을 주 증상으로 하는 건강장애를 말한다.
    ㉡ 증상은 일반적으로 두통, 복통, 설사, 구토 등을 주된 증상으로 하지만 때로는 호흡마비, 극도의 탈수 증상을 일으키는 경우도 있다.
  ㉯ 식중독의 분류

대분류	중분류	소분류	원인균 및 물질
미생물	세균성	감염형	살모넬라, 장염비브리오균, 병원성대장균, 캠필로박터, 여시니아, 리스테리아 모노사이토제네스, 바실러스 세레우스
		독소형	황색포도상구균, 클로스트리디움 보툴리눔, 클로스트리디움 퍼프린젠스(웰치균) 등
	바이러스성	공기·접촉·물 등의 경로로 감염	노로바이러스, 로타바이러스, 아스트로바이러스, 장관아데 노바이러스, 간염 A 바이러스, 간염 E 바이러스 등
화학물질	자연독	동물성 자연독	어, 섭조개, 대합, 모시조개, 굴, 바지락
		식물성 자연독	감자(눈), 독버섯, 독미나리, 청매
		곰팡이 독소	황변미독, 맥각, 아플라톡신 등
	화학적	유해물질 중독	식품첨가물, 잔류농약, 유해성 금속화합물, 지질의 산화생성물, 니트로소아민
		조리 기구·포장에 의한 중독	녹청(구리), 납, 비소 등
		기타 물질	메탄올 등

㉰ 식중독의 특징
  ㉠ 급격히 집단적으로 발병한다.
  ㉡ 발생지역이 국한되어 있다.
  ㉢ 여자보다 활동성이 강한 남자에게 많이 발생한다.
  ㉣ 주로 여름철에 많이 발생한다.
㉱ 세균성 식중독과 소화기기계 감염병의 차이

구분	세균성 식중독	소화기계(경구) 감염병
발생 원인	• 오염된 음식물의 섭취로 발생 • 다량의 균이나 독소에 의해 발생	• 오염된 음식물 및 음용수에 의해 경구감염 • 적은 양의 균으로 발생
특징	• 잠복기가 짧고, 2차 감염이 없음	• 잠복기가 비교적 길고, 2차 감염이 있음
면역성	• 면역성 없음	• 면역성 있음

② **주요 세균성 식중독**
  ㉮ 살모넬라 식중독
    ㉠ 병원소 및 감염원 : 쥐, 파리, 바퀴, 가축, 닭, 오리
    ㉡ 원인식품 : 식육류나 그 가공품, 어패류, 달걀, 우유 및 유제품
    ㉢ 잠복기 : 8~48시간(평균 24시간 전후)이며, 발병률은 75% 이상이나 사망률은 낮음
    ㉣ 증상 : 구역질, 구토, 복통, 설사, 두통, 급격한 발열(38~40℃), 3~4주 관절염증상
    ㉤ 예방 : 도축장의 위생검사 철저, 환자의 식품 취급 금지. 식육류의 안전보관과 저온보존(균의 증식 방지), 식품의 저장 장소, 조리장 등에 방충방서시설 설치(파리 및 서족 구제 철저), 식품은 먹기 전에 반드시 가열 처리한다. 보균자의 색출 등이 중요
  ㉯ 장염비브리오 식중독
    ㉠ 원인세균 : 해수세균으로 3%의 식염농도에서 잘 자람
    ㉡ 원인식품 : 어패류(70%)와 그 가공품, 2차로 오염된 도시락, 야채 샐러드 등
    ㉢ 잠복기 : 10~18시간(평균 12시간)
    ㉣ 증상 : 오한, 두통, 급성위장증세, 구토, 복통, 설사, 발열(37.5~38.5℃)
    ㉤ 예방 : 장염비브리오는 열에 약하고 담수에 의하여 사멸하므로 식품의 가열 및 깨끗한 수돗물에 의한 세정, 7~9월(3개월간) 어패류의 생식을 피함, 조리기구와 행주 등의 위생적 처리
  ㉰ 클로스트리디움 퍼프린젠스(웰치균) 식중독
    ㉠ 원인세균 : 주로 A형과 C형이 식중독 유발
    ㉡ 원인식품 : 육류, 어패류
    ㉢ 잠복기 : 8~22시간(평균 12시간)
    ㉣ 증상 : 심한 설사, 복통
    ㉤ 예방 : 100℃에서 1~4시간 가열해도 견디기 때문에, 식품저장 시 급속냉동하여 저온에서 보관하거나 60℃ 이상에서 보존

⑭ 병원성 대장균 식중독
  ㉠ 원인세균 : 병원성 대장균, 장관침습성 대장균, 독소원성 대장균, O-157(H$_7$인 장관출혈성 대장균 등)
  ㉡ 잠복기 : 10~24시간(평균 12시간)
  ㉢ 감염경로 : 영유아에 대하여 병원성이 강하며, 이질과 같이 사람에게서 사람으로 감염되므로 영아원이나 병원(산부인과)에서는 극히 위험
  ㉣ 증상 : 급성위장증세로 설사, 복통, 두통, 발열
  ㉤ 예방 : 음식물의 가열섭취, 생육과 조리된 음식의 구분 보관, 조리기구 구분 사용으로 2차 오염 방지

③ **주요 독소형 식중독**
  ㉮ 포도상구균 식중독
    ㉠ 원인세균 : 동물, 사람, 환경 등 주위에 널리 분포하고 있으며, 건강한 피부에도 존재. 균이 생성하는 장독소는 엔테로톡신(enterotoxion)에 의한 식중독이며, 균은 열에 약하나 독소인 엔테로톡신은 120℃에서 20분간 처리해도 파괴되지 않음
    ㉡ 원인식품 : 우유, 유제품, 어육, 곡류 및 가공품, 김밥, 도시락
    ㉢ 잠복기 : 1~6시간(평균 3시간)
    ㉣ 증상 : 급성위장염으로 구토, 복통, 설사
    ㉤ 예방 : 식품의 오염방지와 깨끗한 조리법 실시, 저온에서 보존, 화농성 질환자의 식품취급 및 조리금지 등
  ㉯ 보툴리누스 식중독
    ㉠ 원인균 : A, B, E, F 형이 있고 독소는 뉴로톡신(80℃에서 30분 안에 파괴, 신경독소)
    ㉡ 원인식품 : 통조림 식품, 진공포장된 식품(소시지, 햄 등)
    ㉢ 잠복기 : 12~36시간(평균 24시간)
    ㉣ 증상 : 위장염, 시력감퇴, 언어곤란, 신경장애, 변비 등이며, 심한 경우 호흡곤란으로 사망 (치사율 30~70%)
    ㉤ 예방 : 통조림 등은 가열 조리하여 섭취하고 4℃ 이하에서 저온보관

④ **자연독 식중독**
  ㉮ 동물성 식중독의 종류와 독소
    ㉠ 복어 중독 독소 : 테트로도톡신
    ㉡ 굴, 바지락, 모시조개 중독 : 베네루핀
    ㉢ 마비성조개 중독(검은조개, 섭조개) : 삭시톡신
  ㉯ 식물성 식중독의 종류와 독소
    ㉠ 독버섯 중독 : 무스카리딘, 팔린, 아마니타톡신, 무스카린, 필지오린
    ㉡ 감자 : 독소 : 솔라닌
    ㉢ 청매 : 아미그달린
    ㉣ 독미나리 : 시큐톡신
    ㉤ 맥각 : 에르고톡신

⑤ 화학적 식중독
  ㉮ 유해성 중금속에 의한 식중독
    ㉠ 납(Pb) : 용기, 기구, 조리기구에 의한 중독이 많으며 만성중독과 급성중독이 있다.
    ㉡ 비소(As) : 비소계 살충제의 오용, 비소계 농약의 잔류, 불량한 기구·용기 등에 함유되어 있는 비소화합물의 용출 등에 의해 식품에 혼입된다.
    ㉢ 구리(Cu) : 식기, 냄비, 주전자에서 용출되거나 과수원에서 살포하는 수산화동의 부착, 황산동과 같은 착색제의 과다 사용에 의해 식품에 혼입된다.
    ㉣ 카드뮴(Cd) : 식기, 용기, 기구 등의 도금에 이용되며, 산성 식품을 오래 취급하면 용출되어 식품을 오염시킨다.
    ㉤ 수은(Hg) : 체내에 장기간 축적되어 만성중독을 일으킬 우려가 있다.
  ㉯ 유기화합물에 의한 중독
    ㉠ 메틸알코올(methanol) : 두통, 현기증, 심한 복통, 설사를 하고 시신경의 위축과 실명을 일으킨다.
    ㉡ 유기살충제 : 유기염소제, 유기인제제 등이 야채, 곡류, 과실 등에 잔류·침투하여 인체에 유해한 작용을 한다. 유기염소제는 잔류성이 강하고, 유기인제제는 침투성이 강하다.
    ㉢ 용기기구포장 등에 의한 중독 : 합성수지제 식기 및 기타 기구, 용기 등의 사용으로 인해서 발생되는 중독이다. 포름알데히드, 페놀 등의 용출이 문제가 된다.

2 영양소

(1) 영양소의 개념

① 영양과 영양소
  ㉮ 영양 : 사람이 생명을 유지하고 생활하기 위한 물리적인 현상을 말한다.
  ㉯ 영양소 : 영양을 유지하기 위하여 외부로부터 섭취하여야 되는 물질을 말한다.
② 영양소의 종류
  ㉮ 3대 영양소 : 단백질, 탄수화물(당질), 지방(지질)
  ㉯ 5대 영양소 : 단백질, 탄수화물, 지방, 무기질, 비타민
  ㉰ 6대 영양소 : 단백질, 탄수화물, 지방, 무기질, 비타민, 물(수분)

> **필수아미노산**
> - 성인에게 필요한 필수아미노산 : 8가지(이소루신, 루신, 라이신, 트레오닌, 발린, 트립토판, 페닐알라닌, 메티오닌)
> - 성장기 어린이, 노인에게 필요한 필수아미노산 : 10가지(성인 필수 아미노산 8가지 + 알기닌, 히스티딘)

(2) 3대 영양소

① 단백질
㉮ 단백질은 약 20종의 아미노산이 결합되어 있는 고분자 화합물로 발생열량은 1g당 4kcal이다.
㉯ 단백질이 부족하면 발육부진, 빈혈, 지방간 초래, 부종, 신체소모, 감염병에 대한 면역력 저하 등이 발생된다. 단백질 결핍이 심각한 경우 마라스무스증이 발생한다.
㉰ 단백질이 풍부한 식품으로는 두부, 계란, 된장, 콩과류, 육류, 생선 등이 있다.

② 탄수화물
㉮ 탄수화물은 탄소(C), 수소(H), 산소(O)의 3원소로 구성되어 있는 중요한 열량원으로 이용률이 96%로 가장 높다.
㉯ 발생열량은 1g당 4kcal 이며, 탄수화물이 부족하거나 소모가 끝나면 단백질이 분해되어 열량원이 되기 때문에 탄수화물은 단백질을 절약하는 작용을 한다.
㉰ 탄수화물이 풍부한 식품으로는 각종 곡류와 곡류 제품, 빵, 과자류, 고구마 등이 있다.

③ 지방
㉮ 지방 1g당 열량은 9kcal 로서 탄수화물과 단백질의 2배 이상이 된다.
㉯ 지방이 부족하면 빈혈, 허약, 거친 피부, 피부질병에 대한 면역력이 저하될 수도 있다.
㉰ 지방이 풍부한 식품으로는 버터, 식물성 오일, 육류 등이다.
㉱ 지방질의 작용
  ㉠ 열량원으로 체온을 유지하고, 인체를 따뜻하게 한다.
  ㉡ 피부를 부드럽게 하고 탄력성 있게 한다
  ㉢ 체내 단백질을 유지시킨다.
  ㉣ 지용성 비타민(A, D, E, K 등)을 함유, 운반한다.

(3) 비타민과 무기질

① 비타민

구분	종류	결핍증	특징
지용성	비타민 A(레티놀)	야맹증, 안구건조등	• 상피 세포보호, 눈의 작용 개선 • 식물성 식품체는 프로비타민으로 존재
지용성	비타민 D(칼시페롤)	구루병	• 칼슘과 인의 흡수 촉진 • 자외선에 의해 인체 내에서 합성
지용성	비타민 E(토코페롤)	노화촉진, 불임증	• 항산화상, 항불임성 비타민 • 활성이 가장 큰 것은 α-토코페롤
지용성	비타민 K(필로퀴논)	혈액응고지연	• 혈액응고에 관여(지혈작용) • 장내세균에 의해 인체 내에서 합성
수용성	비타민 B_1(티아민)	각기병	• 탄수화물 대사작용에 필수적인 보조효소 • 마늘의 알리신에 의해 흡수율 증가
수용성	비타민 B_2(리보플라빈)	구순염, 구각염	• 성장촉진과 피부점막 보호작용

구분	종류	결핍증	특징
수용성	비타민 B_6(피리독신)	피부염	• 항피부염 인자 • 단백질 대사작용과 지방 합성에 관여
	비타민 B_{12}(시아노코발라민)	악성빈혈	• 성장 촉진과 조혈작용에 관여 • 코발트(Co) 함유
	비타민 C(아르코르빈산)	괴혈병	• 체내 산화, 환원작용에 관여 • 조리시 가장 많이 손상됨
	나이아신(니코틴산)	펠라그라(설사, 피부병, 우울증)	• 탄수화물의 대사작용 증진 • 트립토판 60mg로 1mg 합성됨

② 무기질
  ㉮ 식염(NaCl) : 성인의 경우 필요량은 1일 15g 정도이지만, 발한과 탈수 시에는 그 이상으로 보충할 필요가 있다.
  ㉯ 철분(Fe)
    ㉠ 혈액의 구성성분으로서 체내 저장이 안 되므로 반드시 음식물을 통해 보충되어야 한다.
    ㉡ 간, 고기, 노른자에 특히 많이 함유되어 있으며, 1일 필요량은 성인남자 10~12mg, 10~50세 여자는 18~20mg이고, 결핍되면 빈혈증상이 나타난다.
    ㉢ 특히 임산부, 영유아, 신생아, 수유부에게 많은 양의 철분이 필요하다.
  ㉰ 인(P) : 뼈, 치아, 뇌신경의 주성분이며, 지방과 탄수화물의 에너지 대사에 관여한다.
  ㉱ 요오드(I) : 갑상선 기능을 유지시키는 작용을 한다.

3 영양상태 판정 및 영양장애

(1) 영양상태 판정

① 직접적 판정
  ㉮ 주관적 판정법 : 의사의 시진이나 촉진 등의 진단에 의해 판정하는 방법으로 빈혈, 구각염, 각화증, 부종, 건반사소실, 갑상선의 변화 등 임상증상으로 판정하는 방법이다.
  ㉯ 객관적 판정법
    ㉠ 신체계측에 의한 판정법
      ⓐ Kaup 지수
        • 영·유아기로부터 학령 전반까지 적용하며 22 이상은 비만, 15 이하는 마른 아이로 판정
        • Kaup 지수 = (체중/신장^2) × 10^4
      ⓑ Rohrer 지수
        • 학령기 이후의 소아에게 적용하며 160 이상은 비만, 110 이하는 마른 아이로 판정
        • Rohrer 지수 = (체중/신장^3) × 10^7
      ⓒ Broca 지수
        • 성인의 비만증 판정에 사용
        • Broca 지수 = (체중/신장−100) × 10^2

                    ⓓ 비만도(obesity index, %) = (실측체중－표준체중)/표준체중 × 10^2
                    ⓔ Vervaek 지수 = (체중+흉위)/신장 × 10^2
                ㉡ 이화학적 검사에 의한 판정
                    ⓐ 최근에는 질병상태나 영양상태의 판정을 위해서 생화학적 검사 방법이 많이 쓰여진다.
                    ⓑ 혈액 비중의 측정, 헤모글라빈 미량 정량 등으로 단백질 및 철분의 영양상태를 판정하는 등 혈액검사, 소변검사 등 미량 정량검사와 간이 정량법이 발전됨에 따라서 임상 또는 집단검사에 응용되고 있다.
        ② 간접적 판정
            ㉮ 기존에 있는 통계들을 수집·재분석하여 한 지역사회의 영양상태를 간접으로 판정하는 방법이다.
            ㉯ 영아 또는 1~4세 특정 연령의 사망률, 특정 감염병의 이환율, 식품의 섭취 종류 또는 양을 알아보는 식이섭취 평가 등을 판정한다.

(2) 영양장애

① **영양장애와 결핍증**
    ㉮ 영양장애란 영양소의 과량섭취나 부족으로 발생되는 비만증이나 결핍증 등의 건강장애 혹은 질병 상태를 말한다.
    ㉯ 결핍증은 필요영양소의 결핍으로 발생되는 병적 상태이고, 저영양은 열량섭취 부족상태이며, 영양실조증은 영양소의 공급의 질적·양적 부족으로 나타난 불건강상태이다. 또한 기아상태는 저영양과 영양실조증이 함께 발생된 상태를 말한다.
    ㉰ 1차적 영양결핍증은 열량단백질 실조증, 골연화증, 기아상태, 식욕부진증, 구루병, 펠라그라, 괴혈병, 안구건조증, 갑상선종 등 매우 다양하다.

② **열량단백질 실조증**
    ㉮ 콰시오커(Kwashiorker)증 : 단백질과 무기질이 부족한 음식물을 장기적으로 섭취함으로써 발생되는 단백질 결핍현상으로, 주로 이유기 이후 어린이에게 잘 발생한다.
    ㉯ 마라스무스(Marasmus)증 : 출생 직후부터 영유아기에 모유나 인공영양의 공급이 부족하거나 비위생적인 수유로 인해서 설사가 계속되는 경우에 발생되는 현상이다.

③ **비만증**
    ㉮ 실측체중이 평균체중의 20%를 초과하는 경우를 비만이라 하는데, 체지방이 체중의 25% 이상이면 비만증이라 할 수 있다.
    ㉯ 비만증의 원인과 예방대책
        ㉠ 비만증의 발생원인 : 유전적인 요인, 운동부족, 지나친 초과열량의 섭취, 내분비계의 장애, 생리적·심리적 요인 등으로 나타난다.
        ㉡ 비만증 예방대책 : 동물성 지방을 제한하고, 식물성 지방을 충분히 그리고, 주기적으로 섭취하고 정기적인 적절한 운동과 식생활습관의 개선, 지방질과 당질의 식품을 제한하고 열량가가 적은 단백질 식품의 섭취 등이 필요하다.

Lesson 06 보건행정

1 보건행정의 정의 및 체계

(1) 보건행정의 개념과 정의, 분류

① **보건행정의 개념**
  ㉮ 지역사회 주민의 건강을 유지, 증진시키고 정신적 안녕 및 사회적 효율을 도모할 수 있도록 하기 위한 공적인 행정 활동을 말한다.
  ㉯ 즉, 국가나 지방자치단체가 주도적으로 수행하는 국민의 건강을 위한 제반활동을 말하는 것이다.

② **보건행정의 정의**
  ㉮ 행정학적 정의 : 보건 분야에 행정일반원리를 적용하여 국가 혹은 지방자치단체 등이 국민의 보건을 위한 정책을 형성, 집행, 통제 기능을 발휘하는 것이다.
  ㉯ 보건학적 정의 : 국가의 보건의료체계가 국민보건향상을 위해 효과적이고 효율적으로 인적, 물적, 제도적 제반 조건들이 작용되도록 관리하고 집행하는 기능이다.

③ **보건행정의 분류**

구분	주관	대상	담당 업무
일반보건행정	보건복지부	일반 주민	기생충질환, 각종 감염병 등에 대한 예방 대책
산업보건행정	고용노동부	산업체 근로자	작업환경, 산업재해예방, 근로자 복지 및 안전 관리 등
학교보건행정	교육부	학생과 교직원	학교보건사업, 급식, 건강교육, 학교체육 등

※ 보건행정은 일반행정보다 기술행정이 중심이 되는 특징이 있다.

(2) 우리나라 보건행정 체계

① **중앙보건행정조직**

조직명	역할 등
보건복지부	국민 보건과 복지 정책의 수립 및 관장
식품의약품안전처	식품·의약품 등의 안전관리를 위해 설립한 국무총리실 산하 행정기관
질병관리청	국가 감염병 연구 및 관리, 생명과학 연구, 교육훈련 기능을 수행
국립검역소	감염병의 국내침입 및 국외전파 방지에 관한 사무를 담당
국립의료원	보건복지부 산하 중앙의료원으로 환자진료와 함께 의료 수준과 의료기술 수준의 향상을 위한조사연구, 의료요원의 훈련 등의 사무를 담당

② **지방보건행정조직**
    ㉮ 시·도 보건 행정조직 : 복지여성국, 보건복지국 하에 의료위생복지 등의 업무 취급
    ㉯ 시·군·구 보건행정조직 : 보건소(보건행정의 대부분은 보건소를 통해 이루어지므로 비중이 큼)
    ㉰ 보건소의 주요 업무
        ㉠ 국민건강 증진, 보건교육, 구강건강 및 영양개선 사업
        ㉡ 감염병의 예방관리 및 진료
        ㉢ 모자보건 및 가족계획 사업, 노인보건사업
        ㉣ 공중위생 및 식품위생
        ㉤ 가정 및 사회복지시설 등을 방문하여 행하는 보건의료사업
        ㉥ 지역주민에 대한 진료, 건강진단 및 만성퇴행성질환 등의 질병관리에 관한 사항
        ㉦ 장애인의 재활사업 기타 보건복지부령이 정하는 사회복지사업
        ㉧ 기타 지역주민의 보건의료의 향상증진 및 이를 위한 연구 등에 관한 사업

2 사회보장과 국제보건기구

(21) 사회보장

① **사회보장의 구분**
    ㉮ 사회보장은 사회보험, 공적부조 및 공공서비스로 대별할 수 있다.
    ㉯ 사회보험은 소득보장과 의료보장으로 구분되며, 공적부조는 기초생활보장(생활보호)와 의료급여로 나누어지고, 공공서비스는 사회복지서비스와 보건의료서비스로 구분할 수 있다.

② **사회보험, 공적부조, 공공서비스의 비교**

구분	사회보험	공적부조	공공서비스
대상	전 국민	저소득층	보호가 필요한 국민
재원	보험료	조세	기부금, 국가 보조금
주관부서	국가	시·군·구	국가 또는 사회복지 단체
정책사례	연금, 실업보험, 산재보험, 고용보험	의료보호, 거택보호, 시설보호, 생활보호, 교육보호 등	상수도 사업, 보건의료서비스, 노인복지, 장애인복지, 아동복지, 부녀복지 등

(2) 국제보건기구

① **국제공중보건사무국**
    ㉮ 감염병 예방을 위하여 1851년 파리에서 지중해 연안 125개국이 모여 국제적인 협력의 필요성을 논의하였으며, 그 후 제 11차 회의가 로마에서 열리면서 국제공중보건사무국의 출범을 결의하였고, 파리에 본부를 두고 국제보건업무를 개시하였다.

㉯ 1918년에 국제연맹이 창설되었으며 1921년에 산하조직으로 보건기구를 발족시켰다. 보건기구와 국제공중보건사무국의 업무의 중복으로 1923년에 국제연맹 보건기구에서 파리에 있는 국제공중보건사무국의 업무를 흡수하게 되었다.

② **범미보건기구**
㉮ 미주 국제회의가 1889년 워싱턴에서 개최되었고 1902년 멕시코의 제2차 회의에서 범미위생국을 창설하였다.
㉯ 그 후 1924년 국제연맹 보건기구의 지역사무처로 되었다가, 1949년에 PAHO는 세계보건기구와 협력을 체결하여 범미보건기구는 세계보건기구의 미주지역기구 역할을 하기로 하였다.

③ **세계보건기구**(WHO : World Health Organization)
㉮ 1946년 샌프란시스코 회의에서 국제연합헌장이 기초될 때 국제보건기구의 필요성이 인정되어 1946년 6월 19일부터 7월 22일까지 뉴욕에서 61개국의 대표가 참석하여 개최된 국제보건회의 의결에 의하여 UN 헌장 제 57조를 근거로 세계보건기구 헌장을 기초하여 서명하였으며, 1948년 4월 7일에 그 효력을 발생하게 되어 세계보건기구가 정식으로 출범하게 되었다.
㉯ 세계보건기구는 UN의 경제사회 이사회 전문기관의 하나로 탄생하였으며, 우리나라는 1949년 8월 17일 65번째로 가입하였으며, 북한은 1973년 5월 19일에 138번째 회원국으로 가입하였다.
㉰ 세계보건기구의 본부는 스위스의 제네바에 두고, 세계를 6개 지역으로 나누어 지역사무소를 두어 운영하고 있다. 우리나라는 서태평양 지역에, 북한은 동남아시아 지역에 소속되어 있다.
㉱ 세계보건기구는 국제보건사업의 지휘 및 조정, 회원국에 대한 지원 및 자료 제공, 전문가 파견으로 기술자문 활동 등을 수행한다.

소독

Lesson 01 소독의 정의 및 분류

1 용어와 소독기전

(1) 소독관련 용어정의

분류	설명
멸균	병원성 또는 비병원성 미생물 및 포자를 가진 것을 전부 사멸 또는 제거하는 것을 말한다.
살균	생활력을 가지고 있는 미생물을 여러 가지 물리적·화학적 작용에 의해 급속하게 죽이는 것을 말한다. 멸균과 달리 내열성 포자는 잔존하게 된다.
소독	사람에게 유해한 미생물을 파괴시켜 감염의 위험성을 제거하는 비교적 약한 살균작용으로 세균의 포자에까지는 작용하지 못한다.
방부	병원성 미생물의 발육과 그 작용을 제거하거나 정지시켜서 음식물의 부패나 발효를 방지하는 것을 말한다.

(2) 소독기전과 소독약의 구비조건

① 소독(살균)기전
  ㉮ 산화작용 : 과산화수소, 오존, 염소, 과망간산칼륨
  ㉯ 균체 단백의 응고 : 석탄산, 알코올, 크레졸, 포르말린, 승홍
  ㉰ 균체 효소의 불활성화 작용 : 알코올, 석탄산, 중금속염
  ㉱ 가수분해작용 : 강산, 강알칼리, 열탕수
  ㉲ 탈수작용 : 식염, 설탕, 알코올
  ㉳ 중금속염의 형성 : 승홍, 머큐로크롬, 질산은
  ㉴ 핵산에 작용 : 자외선, 방사선, 포르말린, 에틸렌옥사이드
  ㉵ 세포막의 삼투성 변화작용 : 석탄산, 중금속용, 역성비누 등

② 소독약의 구비조건
  ㉮ 살균력이 강해야 한다(미량으로 효과가 클 것).
  ㉯ 물품의 부식성, 표백성이 없어야 한다.
  ㉰ 용해성이 높고, 안정성이 있어야 하며 침투력이 강해야 한다.

㉣ 경제적이고 사용방법이 간편해야 한다.
㉤ 독성이 약하여 인체에 무독해야 한다.
㉥ 식품에 사용 후에도 씻어낼 수 있어야 한다.
㉦ 냄새(방취력)가 강하지 않아야 한다.

■ 소독력의 크기
멸균 〉 살균 〉 소독 〉 방부 〉 청결

2 소독법의 분류와 소독인자

(1) 소독법의 분류

구분		내용
자연소독법		희석, 태양광선, 한랭
물리적소독법	건열에 의한 멸균법	화염멸균법, 건열멸균법, 소각소독법
	습열에 의한 멸균법	자비소독법, 저온소독법, 유통증기소독법, 간헐멸균법, 고압증기멸균법
	무가열에 의한 멸균법	자외선조사, 방사선조사, 세균여과법, 초음파살균법
화학적소독법	가스에 의한 멸균법	E.O(에틸렌 옥사이드), 포름알데히드, 오존 등
	기타 방법	알코올, 역성비누, 계면활성제, 페놀화합물, 과산화수소 등

(2) 소독인자

① **병원성 미생물의 존재와 저항성**
   ㉮ 소독대상 미생물은 세포조직이나 생리작용이 다르므로 미생물의 종류와 소독환경을 감안하여 적절한 소독약을 선택·사용하여야 한다.
   ㉯ 소독제는 균을 직접 죽이므로 특정 미생물의 특정 소독약에 대한 내성이 없다.

② **소독약의 유효농도**
   ㉮ 소독약을 많이 희석할수록 살균효과가 떨어진다.
   ㉯ 적절한 유효농도를 선택하여야 살균효과가 보장된다.

③ **온도**
   ㉮ 일반적으로 온도가 10℃ 상승시 소독력은 2배가 된다.
   ㉯ 염소제, 요오드제, 알데하이드제제와 같은 할로겐계 소독약은 반대로 고온에서 효력이 저하된다.

④ 물의 경도
  ㉮ 경수인 경우 소독약의 효과가 저해된다.
  ㉯ 경수를 이용하여 소독약을 희석 시는 농도를 높게 하거나 연수기나 연수제를 사용하여 경수를 연수로 바꾼 후 사용하여야 한다.
⑤ 산도(pH)
  ㉮ 할로겐계와 페놀계의 소독효과는 소독대상의 pH가 강산성일수록 상승하고 알칼리(pH 5~6)으로 변하면 소독효과는 급격히 하락한다.
  ㉯ 4급 암모늄제재는 광범위한 pH 범위 내에서 소독효과를 발휘하나 알칼리에서 더욱 효력을 발휘한다.
⑥ 유기물의 존재 여부
  ㉮ 유기물은 소독약 입자를 흡착함으로써 유효농도를 떨어뜨리는 등의 작용으로 소독 효과를 저하시킨다.
  ㉯ 따라서, 소독 전에 세척을 해서 먼지나 배설물 등 불순물을 제거한 후에 소독을 실시하는 것이 좋다.

(3) 대상물에 따른 소독방법
① **배설물** : 석탄산, 크레졸, 생석회, 소각법
② **고무·피혁제품** : 포르말린수, 크레졸
③ **하수오물** : 크레졸, 생석회, 석탄산
④ **수지 및 피부** : 승홍수, 석탄산, 크레졸, 역성비누액
⑤ **금속제품** : 메탄올, 증기소독, 자비소독
⑥ **종이** : 포름알데히드

Lesson 02 미생물 총론 및 병원성 미생물

1 미생물의 정의와 역사

(1) 미생물의 정의 등
① **미생물의 정의**
  미생물은 육안의 가시한계를 넘어선 0.1mm 이하의 크기인 미세한 생물로 조류(algae), 균류(bacteria), 원생동물류(protozoa), 사상균류(mold), 효모류(yeast)와 한계적 생물이라고 할 수 있는 바이러스(virus) 등이 이에 속한다.
② **병원성·비병원성·유용 미생물**
  ㉮ 병원성 미생물 : 식중독이나 각종 질병을 유발하는 병원성을 띤 미생물을 가리킨다.

㉯ 비병원성 미생물 : 공중 및 지중에 있는 병원성이 없는 미생물을 말한다.
㉰ 유용 미생물 : 술, 간장, 된장 등의 발효 식품을 만드는 미생물을 말한다.

(2) 미생물의 역사

① **생물 발생에 관한 논쟁**
  ㉮ 자연발생설 : 생물은 자연적으로 우연히 무기물로부터 발생한 것이라는 설로 그리스의 철학자인 아리스토텔레스(Aristoteles)가 주장하였다.
  ㉯ 생물속생설 : 생물이 발생하기 위해서는 반드시 그 어버이가 있어야 한다는 이론으로 이탈리아의 생물학자였던 레디(Francesco Redi)가 대조실험을 통해 처음으로 주장하였으며 이후 니담(JohnT. Needham), 파스퇴르(Louis Pasteur)의 실험을 통해 확립되었다.

② **미생물의 발견**
  ㉮ 1665년에 로버트 훅(Robert Hooke)이 복합 광학현미경을 조립하고 얇게 썬 코르크를 관찰하는데 사용하였으며, 세포(cell)라는 새로운 용어를 만들었다.
  ㉯ 안톤 반 레벤훅(Anton van Leeuwenhoeck)은 1673년에 자신이 고안한 단일 렌즈 현미경으로 살아있는 미생물을 최초로 관찰하였다.

③ **파스퇴르와 코흐의 업적**
  ㉮ 루이 파스퇴르(Louis Pasteur)
    ㉠ 면섬유 여과로 수집한 먼지 속에서 많은 세균을 증명
    ㉡ 저온멸균법, 간헐멸균법, 고압증기멸균법, 건열멸균법 등을 발견
    ㉢ 포도주와 맥주의 발효, 견사병의 병원체, 면양의 탄저병 예방법, 광견병 백신 등을 개발
  ㉯ 로버트 코흐(Robert Koch)
    ㉠ "병원균 설"을 확립하고 세균의 순수배양법을 발견
    ㉡ 결핵균, 콜레라균을 발견

2 미생물의 분류와 증식

(1) 미생물의 분류

① **곰팡이**(Filamentous fungi)
  ㉮ 병원성 미생물로 일부는 발효식품이나 항생물질에 유익하게 이용되며, 생육 최적온도는 0~25℃이다.
  ㉯ 종류로는 누룩곰팡이, 푸른곰팡이, 털곰팡이, 거미줄곰팡이가 있다.

② **효모**(Yeast)
  ㉮ 포도주, 메주 등의 발효 식품과 제빵에 이용되며, 세균과 공존하여 식품을 변패 시킨다.
  ㉯ 원형, 난원형, 균사형의 형태로 존재하는 단세포 생물로 발육 최적온도는 25~30℃이다.

③ **리케차**(Rickettsia)
  ㉮ 세균과 바이러스의 중간에 속하는 미생물로 운동성이 없으며, 감염병(발진티푸스, 발진열) 등의 원인이 된다.

④ 형태는 원형 또는 타원형으로, 2분법으로 증식하며 세균과 바이러스의 중간에 속한다.
④ **바이러스**(Virus)
   ② 미생물 중에서 가장 작아 세균여과기로도 분리할 수 없으며, 생체세포에서만 증식한다.
   ④ 생존에 필요한 물질로 핵산과 소수의 단백질만을 가지고 있어 숙주에 전적으로 의존한다.
⑤ **균류**(Bacteria)
   ② 구균, 간균, 나선균, 대장균 등이 있으며 2분법으로 증식한다.
   ④ 특히, 대장균은 식품의 위생 지표균 및 분변오염의 지표균으로 사용된다.
⑥ **원생동물**(Protozoa)
   ② 가장 간단한 단세포 동물로 1개의 세포로 구성(이질, 아메바, 말라리아의 병원충)되어 있으며, 운동성이 있다.
   ④ 분열 또는 출아에 의한 무성생식, 접합(接合)이나 배우자에 의한 유성생식을 통해 증식한다.

■ 미생물의 크기
곰팡이 〉 효모 〉 스피로헤타 〉 세균 〉 리케차 〉 바이러스

(2) 미생물 증식에 영향을 주는 요인

① **수분**
   ② 미생물의 몸체를 구성하고 생리기능을 조절하는 성분으로 필요량은 종류에 따라 다르나 보통 40% 이상이다.
   ④ 미생물 증식에 필요한 수분활성도 즉, 생육에 필요한 수분량은 세균(Aw 0.94) 〉 효모(Aw 0.88) 〉 곰팡이(Aw 0.80)이며, 일반적으로 Aw 0.6 이하에서는 미생물의 증식이 억제된다.

② **온도**
   ② 저온균 : 저온에서 보존하는 식품에 부패를 일으키는 세균. 발육가능 온도는 0~25℃(최적온도 : 15~20℃)
   ④ 중온균 : 대부분의 병원성 세균이 이에 속한다. 발육가능 온도는 15~25℃(최적온도 : 25~37℃)
   ④ 고온균 : 온천수에서 서식하는 세균. 발육가능 온도는 40~70℃(최적온도 : 50~60℃)

③ **최적 수소이온농도**(pH)
   ② 가장 높은 증식 상태를 보이는 pH를 최적 pH라 한다.
   ④ 세균별 최적 pH
      ㉠ 일반세균 : 약알칼리성(pH 7.0~8.0)
      ㉡ 젖산균, 진균류, 결핵균 : 산성(pH 4~5)
      ㉢ 콜레라균 : 알칼리성(pH 8.0~8.6)
      ㉣ 곰팡이, 효모 : 약산성(pH 4.0~6.0)

④ 산소
  ㉮ 호기성균 : 산소를 필요로 하는 균(곰팡이, 결핵균, 디프테리아균, 백일해균)
  ㉯ 혐기성균 : 산소를 필요로 하지 않는 균
    ㉠ 통성혐기성균 : 산소가 있더라도 이용되지 않는 균(대장균, 포도상구균, 젖산균)
    ㉡ 편성혐기성균 : 산소가 있으면 생육에 지장을 받는 균(보툴리누스균, 파상풍균)
⑤ 삼투압
  ㉮ 염이나 당분의 농도는 미생물 증식에 영향을 주며, 농도가 높으면 미생물로부터 수분이 빠져나와 쪼그라들며 원형질 분리(plasmolysis) 현상이 일어나 미생물이 사멸한다.
  ㉯ 세균과 삼투압
    ㉠ 일반 세균 : 3% 정도의 식염 속에서는 증식 억제
    ㉡ 내염성 세균 : 식염이 거의 없어도 증식하거나 8~20% 정도의 식염농도에서도 증식
    ㉢ 호염성 세균 : 어느 정도의 식염농도가 있어야 증식
⑥ 광선 및 방사선
  ㉮ 가시광선 : 많은 미생물들은 밝은 곳보다 어두운 곳에서 잘 생육하며 오히려 광선을 조사하였을 경우 사멸되기도 한다.
  ㉯ 자외선
    ㉠ 자외선 조사에 의해 미생물은 변이를 일으키기도 하고 사멸되기도 한다.
    ㉡ 자외선 중에서도 핵산의 흡수대인 260nm 파장의 빛은 살균력이 가장 강하다.
  ㉰ 방사선
    ㉠ 방사선은 자외선보다 파장이 더욱 짧으므로 투과력이 높고 살균작용이 있다.
    ㉡ 식품 살균에는 주로 코발트 60(Co)의 감마(γ)선이 사용된다.

3 병원성 미생물

(1) 바이러스(Virus)

① 바이러스의 개요
  ㉮ 바이러스는 살아있는 생명체 중 가장 작은 20~300nm 크기의 병원체 균으로 세균 여과기로도 분리할 수 없다.
  ㉯ 생존에 필요한 물질로 핵산과 소수의 단백질만을 갖고 있어 숙주에 의존해서는 살아간다.
  ㉰ 페놀, 염소, 포르말린 등의 소독제를 이용하여 56℃ 이상의 온도에서 30분 이상 가열시 감염력을 상실하게 된다.
  ㉱ 간장염, 수두, 인플루엔자, 홍역, 유행성 이하선염 그리고 감기 등의 질병을 발생시키며 기침이나 재채기 등의 접촉에 의해 다른 사람을 쉽게 감염시킬 수 있다.

② 종류와 특징
  ㉮ 동물 바이러스 : 동물 세포를 감염시키는 바이러스로 폴리오(polio)바이러스, 폭스(pox)바이러스 등이 있고 후천성면역결핍증(AIDS)이나 백혈병을 일으키는 레트로(retro)바이러스도 해당된다.

㊇ 식물 바이러스 : 식물 세포를 감염시키는 바이러스로 담배 잎의 모자이크병을 일으키는 토바코 모자이크(tobacco mosaic)바이러스가 대표적인 경우이다.
㊈ 세균 바이러스 : 세균에 침입하는 바이러스로 세균 연구 실험에 주로 이용되며 박테리오파아지(bacteriophage)라고 부른다.

(2) 세균(Bacteria)

① **세균의 개요**
  ㉮ 비병원체 박테리아를 제외한 나머지 30% 정도가 병원체 박테리아로 아주 위험하며 인간의 감염과 질병의 가장 큰 원인이 된다. 미생물 또는 세균이라 불리며 살아있는 생물이나 동물의 조직에 침입하여 서식한다.
  ㉯ 번식 속도가 빠르며, 조직 속에서 유해물질을 발생시켜 질병을 확산시킨다.
  ㉰ 모양을 한 것과 막대 모양을 한 것이 있는데 둥근 모양의 세균(구균) 지름은 0.75~1.25마이크로미터이며 막대 모양은 폭이 0.5~1마이크로미터, 길이가 1.5~3마이크로미터 정도이다.

② **종류와 특징**
  ㉮ 구균(coccus, 구형이나 타원형인 것)
    ㉠ 포도상구균 : 분열방향이 불규칙하여 포도송이처럼 되는 것으로 부스럼, 습진 같은 화농증을 유발하며, 건강한 피부나 비강에도 기생한다.
    ㉡ 연쇄상구균 : 한쪽 방향으로만 분열하여 길게 연결되는 사슬모양의 구균이며 단독으로 화농증을 일으킨다.
    ㉢ 이외에도 단구균, 쌍구균, 4연구균, 8연구균 등이 있다.
  ㉯ 간균(bacillus, 원통형 또는 막대기처럼 길쭉한 것)
    ㉠ 쌍을 이루거나 연쇄상으로 배열하는 경우가 있는데, 이것을 연쇄상간균이라 하며 디프테리아균에서 볼 수 있다.
    ㉡ 간균은 그 길이가 폭보다 약간 긴 것이 보통이다. 그러나, 편의상 길이가 폭의 2배 이상인 장간균, 2배 이하인 단간균으로 대별한다.
  ㉰ 나선균(spirillum, 나선형이나 꼬여 있는 코일형인 것)
    ㉠ 외형이 가늘고 긴 것이 꼬여 있는 모양을 하고 있는데 콜레라균처럼 한번 꼬여 있는 경우도 있고 보렐리다처럼 불규칙적이고 부드러운 꼬임, 트레포네마처럼 규칙적이고 작은 꼬임 등 여러 형태를 하고 있다.
    ㉡ 나선균은 개개의 세포가 흩어져 있고 배열하는 경우는 거의 없다. 나선균은 나선의 정도가 불완전한데, 마치 짧은 콤마처럼 생긴 호균과 일반적으로 나선균으로 구분한다.

(3) 리케차(Rickettsia)

① **리케차의 개요**
  ㉮ 세균보다는 작고 바이러스보다는 큰 짧은 막대 모양으로 구균과 같이 한 개씩 또는 쌍으로 서식한다. 절지동물에 기생 급성·열성 질환으로 발열, 피부발진, 맥관염 등 증상을 나타낸다.
  ㉯ 사람을 비롯한 가축, 고양이, 개 등에게도 감염되는 인수공통의 미생물 병원체이다.

② **종류와 특징**
- ㉮ 발진티푸스리케차(Rickettsia. prowazekii) : 유행성 발진티푸스를 유발하며 이로 매개된다.
- ㉯ 발진열리케차(R. typhi/mooseri) : 발진열을 유발하며 쥐벼룩으로 매개된다.
- ㉰ 반점열리케차(R. rickettsii) : 로키산 홍반열을 유발하며 진드기로 매개된다.
- ㉱ 지중해열리케차(R. conorii) : 부톤네즈열을 유발하여 진드기의 일종인 트롬비쿨라로 매개된다.
- ㉲ 콕시엘라부르네티(Coxiella burnetii) : Q열을 유발하는 것으로 일반적인 감염경로와 열에 대한 반응(내열성) 등이 다른 리케차병과는 상이한데, 주로 공기 또는 접촉에 의해서 감염된다.
- ㉳ 쯔쯔가무시병 리케차(R. tsutsugamushi) : 쯔쯔가무시병을 유발하며 털진드기에 의해서 감염된다.

(4) 균류(Fungi)

① **균류의 개요**
- ㉮ 곰팡이, 효모, 버섯류 등이 진균에 포함되며 박테리아보다 크기가 큰 진핵 세포로 구성되어 다양한 방식으로 증식한다.
- ㉯ 대부분의 균류는 균사라고 하는 가는 실 모양의 세포로 이루어져 있고 또 이러한 균사를 방처럼 나누어주는 것을 격벽이라고 하는데, 격벽의 유무에 따라 균류를 분류할 수 있다.

② **종류와 특징**
- ㉮ 진균증의 종류
  - ㉠ 표재성 진균증 : 피부, 모발, 손톱 등의 각질 조직에 주로 감염을 일으키는 것으로 대표적인 예로는 피부 사상균(dermatophyte)에 의해 유발되는 무좀, 칸디다증(candidosis) 등이 있다.
  - ㉡ 피하성 진균증 : 스포로트리쿰증(sporothrichosis)
  - ㉢ 심재성 진균증 : 히스토플라스마증(histoplasmosis), 분아균증(blastomycosis)
- ㉯ 진균독소(mycotoxin)
  - ㉠ 균류에 의해 생산되는 독소로 중독되면 구역질, 구토, 설사 등이나 오한, 발열, 경련, 환각, 과민성 알레르기 반응을 유발하며 심하면 혼수상태에 빠지거나 사망하기도 한다.
  - ㉡ 대표적인 예로 청록색 곰팡이에서 생성되는 아플라톡신(aflatoxin)이 있다.

(5) 원생동물(Protozoa)와 클라디미아(Chlamydia)

① **원생동물(원충류)**
- ㉮ 운동능력을 가진 것이 많으며 원시적인 동물로 간주하고 있다.
- ㉯ 중간숙주에 의해 전파되면 면역이 생기는 일이 드물고 원충에 따라서는 포낭을 만들어 좋지 않은 조건에서도 장기간 생존하기도 한다.
- ㉰ 말라리아, 아메바성 이질, 아프리카 수면병 등을 일으킨다.

② **클라디미아**
- ㉮ 편성세포내 기생체로서 리케치와 동일하게 세균과 유사한 특성을 갖지만 에너지생성을 위한

대사계를 갖지 않으며 기생숙주 내에서 이분열로 증식하고 핵산인 DNA, RNA를 소유하며 크기는 세균보다 작지만 세포벽을 가진 것과 갖지 않은 것이 있다.
㉯ 트라코마, 앵무병, 서혜 림프 육아종 따위의 병원균으로 이들 균은 감염되어도 강한 면역은 형성되지 않으며 지속감염, 재발, 재감염 등이 일어난다.

Lesson 03 소독방법 및 분야별 위생·소독

1 소독력 평가 및 고려요인

(1) 소독기준 및 살균력 평가

① 이·미용기구 소독의 일반기준

구분	설명
자외선소독	1cm²당 85㎼ 이상의 자외선을 20분 이상 쬐어준다.
건열멸균소독	섭씨 100℃ 이상의 건조한 열에 20분 이상 쐬어준다.
증기소독	섭씨 100℃ 이상의 습한 열에 20분 이상 쐬어준다.
열탕소독	섭씨 100℃ 이상의 물속에 10분 이상 끓여준다.
석탄산수소독	석탄산수(석탄산 3%, 물 97%의 수용액)에 10분 이상 담가둔다.
크레졸소독	크레졸수(크레졸 3%, 물 97%의 수용액)에 10분 이상 담가둔다.
에탄올소독	에탄올수용액(에탄올이 70%인 수용액)에 10분 이상 담가두거나 에탄올수용액을 머금은 면 또는 거즈로 기구의 표면을 닦아준다.

② 살균력 평가

㉮ 소독제의 살균력을 평가하는 기준은 석탄산계수이다.

㉯ 석탄산계수 = $\dfrac{(다른)소독약의\ 희석배수}{석탄산의\ 희석배수}$

㉰ 예를 들어 석탄산 계수가 2이고 석탄산 희석배수가 40인 경우 소독약품의 희석배수는 80이다.

(2) 소독시 고려요인 및 주의사항

① 소독시 고려요인

㉮ 현존하는 유기체의 특성 : 어떤 유기체들은 쉽게 파괴되지만 반면에 어떤 것들은 일반적으로 이용되는 멸균, 소독법에도 파괴되지 않을 수 있다.

㉯ 현존하는 유기체의 수 : 유기체가 물품에 많으면 많을수록 파괴하는 데 시간이 오래 걸린다.

㉰ 기구의 유형 : 좁은 관, 갈라진 틈, 이음새가 있는 물품들은 특별한 관리가 요구된다.

㉣ 기구의 사용 의도 : 가정에서는 깨끗한 기구 또는 공급품을 사용하는 것이 안전할지 모르나, 가능한한 멸균된 물품을 사용한다.
㉤ 멸균, 소독을 위해 이용할 수 있는 방법 : 멸균과 소독을 위한 물리적 또는 화학적 방법의 선택은 유기체의 특성과 수, 기구의 유형과 사용의도 그리고 방법의 유용성과 실용성을 근거로 결정된다.
㉥ 시간 : 권장된 시간을 반드시 준수해야 한다.

② 소독시 주의사항
㉠ 소독할 물건의 성질에 유의하여 적당한 소독약이나 소독법을 선택하여 실시한다.
㉡ 병원미생물의 종류와 멸균, 살균 또는 소독의 목적과 방법, 그리고 시간을 염두에 둔다.
㉢ 소독약은 사용할 때마다 필요한 양만큼 조금씩 새로 만들어서 쓴다.
㉣ 약품에 따라 밀폐해서 냉암소에 보존해 둔다. 라벨(Label)은 더러워지지 않도록 하며 다른 것과 구별되도록 한다.

2 소독방법과 용도

(1) 물리적 소독방법

① 무가열에 의한 방법
㉠ 자외선 조사 : 태양의 자외선(일광소독)이나 자외선등을 이용하는 방법으로 290~320nm의 파장이 주로 사용되며 무균실, 수술실, 재약실 등에서 공기, 식품, 기구 및 용기 등의 소독에 사용된다.
㉡ 전류 및 방사선 조사 : 전류를 통해 균체가 갖고 있는 염화칼슘(Sodium chlride) 이온을 유리시켜 살균하며, 이때 생긴 열로도 살균작용이 된다.
㉢ 세균여과법 : 음료수나 액체식품 등을 세균여과기로 걸어서 균을 제거시키는 방법이다. 단, 바이러스는 걸러지지 않는다.
㉣ 초음파 살균법
  ㉮ 교반작용(충체 파괴하는 살균력) : 8800 cycle/sec
  ㉯ 진동작용(강력한 살균력) : 2000 cycle/sec

② 가열에 의한 방법
㉠ 화염 및 소각법 : 화염멸균은 표면 살균으로 불꽃에서 20초 이상 태우며, 불에 타지 않는 금속류, 유리봉, 도자기류에 이용한다. 오물은 소각으로 가장 강력한 멸균이 된다.
㉡ 건열멸균법 : 건열멸균기(dry oven)를 이용하여 170℃에서 1~2시간 처리한다. 주사침, 유리기구, 금속제품에 이용된다.
㉢ 자비소독(열탕소독)법 : 100℃의 끓는 물에서 15~20분간 처리하며, 소독효과를 높이기 위해 석탄산(5%), 크레졸(2~3%), 중조(1~2%)를 넣어주기도 한다. 단, 금속부식성에 주의하면서 식기류, 도자기류, 주사기, 의류 소독에 사용된다.
㉣ 고압증기멸균법 : 고압증기멸균기를 이용하는 것으로 미생물뿐만 아니라 아포까지 사멸시킨다.
  ㉮ 10Lbs, 115.5℃의 상태 : 30분

　　　　ⓒ 15Lbs, 121.5℃의 상태 : 20분
　　　　ⓒ 20Lbs, 126.5℃의 상태 : 15분
　　㉳ 유통증기멸균법 : 100℃의 유통증기에서 30~60분 가열하는 방법으로 식기, 조리기구, 행주 등에 사용한다.
　　㉴ (유통증기)간헐멸균법 : 1일 1회씩 3일 동안 100℃에서 30분간 가열하는 방법으로, 세균의 포자까지 멸균시키는 방법이다.
　　㉵ 저온소독법(LTLT법) : 61~65℃에서 30분간 가열하는 방법으로 포자를 형성치 않은 세균의 멸균을 위해서 결핵균, 소 유산균, 살모넬라균 소독에 사용한다.
　　㉶ 초고온단시간소독법(HTST법) : 70~75℃에서 15~20초간 가열하는 방법으로 우유 등의 살균에 사용된다.
　　㉷ 초고온 순간 멸균법(UHT법) : 멸균처리 기간의 단축과 영양 물질의 파괴를 줄이기 위하여 사용되는 순간적인 열처리로, 우유를 135℃에서 2초간 동안 가열한다.

(2) 화학적 소독방법

① **석탄산(페놀, C_6H_5OH)**
　㉮ 일반적으로 3%의 수용액(온수)을 사용하며, 산성도가 높고 고온일수록 소독 효과가 크다.
　㉯ 살균력이 안정되고, 유기물질(배설물 등)에도 약화되지 않는다.
　㉰ 금속부식성이 있고, 냄새와 독성이 강하며 피부점막에 자극성이 있다.
　㉱ 소독약의 살균력을 비교하는 기준이 된다(석탄산 계수).
　㉲ 대상물 : 환자의 오염의류, 오물, 배설물 등

② **크레졸**
　㉮ 3%의 수용액을 사용하며, 석탄산 소독력의 2배 효과가 있다(석탄산 계수 2).
　㉯ 불용성이므로 비누액으로 만들어 사용한다.
　㉰ 피부 자극성이 없으며, 유기물질 소독에 효과적이고 세균소독에 이용한다.
　㉱ 강한 냄새가 단점이다.
　㉲ 대상물 : 손(조리사는 안됨), 오물, 객담.

③ **승홍($HgCl_2$)**
　㉮ 0.1%의 농도를 사용(승홍 1+식염 1+물 1000 비율로 만듦)한다.
　㉯ 맹독성이며 금속 부식성이 강하므로 식기류나 피부소독에는 부적합하다.
　㉰ 단백질과 결합하면 침전이 생기므로 유기물질(배설물)을 소독할 때 주의해야 한다.
　㉱ 온도가 높을수록 살균력이 강해지므로 가온해서 사용한다.

④ **생석회(CaO)**
　㉮ 습기 있는 분변, 하수, 오수, 오물, 토사물 소독에 적당하다.
　㉯ 건조한 소독대상물인 경우는 석회유[$Ca(OH)_2$]를 생석회 분말 2, 물 8의 비율로 사용한다.
　㉰ 포자 형성 세균에는 효과가 없으며, 공기에 오래 노출되면 살균력이 저하된다.

⑤ **과산화수소(옥시풀, H_2O_2)**
　㉮ 3%의 수용액을 사용하며, 무포자균을 빨리 살균한다.

㉯ 자극성이 적어서 구내염, 인두염, 입안 세척, 상처 등에 사용한다.

⑥ 알코올(Alcohol)
㉮ 70~75%의 에탄올(에틸알코올)을 사용한다.
㉯ 손, 피부 및 기구 소독에 사용하며, 무포자균에 유효하다.
㉰ 값이 비싸고, 인화하기 쉬우며 아포에는 효력이 없다.
㉱ 고무나 플라스틱 제품은 녹기 때문에 주의해야 하며 상처, 눈, 구강, 비강, 음부 등 점막에는 사용하지 않는다.

⑦ 머큐로크롬
㉮ 2%의 수용액을 사용(과망간산칼륨은 0.2~0.5% 수용액 사용)한다.
㉯ 자극성이 없으나 살균력이 약하다.
㉰ 점막 및 피부 상처에 사용한다.

⑧ 역성비누(양성비누)
㉮ 0.01~0.1%의 농도를 사용(손 소독인 경우에는 10% 용액을 100~200배 희석 사용하고, 식기류 소독일 때는 300~500배 희석 사용.)한다.
㉯ 무미, 무해, 무독이면서도 침투력과 살균력이 강하다.
㉰ 포도상 구균, 결핵균에 유효하여 조리사의 손 소독이나 식품 소독에 사용한다.
㉱ 알칼리성이나 유기물(단백질)에서는 소독력이 저하되므로 음성 비누와의 병행은 피하고, 먼저 유기물(단백질)을 음성비누로 없앤 후 역성비누 사용하여야 소독효과가 있다.

⑨ 약용비누
㉮ 비누에 살균제를 혼합시킨 것이다.
㉯ 손, 피부소독에 이용되는 세탁효과와 살균제의 소독효과가 얻어진다.

⑩ 염소류
㉮ 액화염소(0.4기압) : 많은 양의 수돗물 소독에 이용한다.
㉯ 클로르칼크(표백분, $CaCl_2$) : 적은 양의 우물물, 수영장 소독에 이용된다.
㉰ 차아염소산나트륨($NaOCl$) : 야채, 과실류 소독에 이용된다.

3 분야별 위생·소독

(1) 실내환경 위생·소독

① 실내 작업장
㉮ 작업장 시설을 할 때에 천장 덕트를 설치하여 인공 환기장치를 하여야 한다. 밀폐 공간 내에 장시간 근무하므로 군집독에 유의하여야 하며 신선한 공기의 유입이 중요하다.
㉯ 조명, 전구부분의 이물질을 제거해야 하며 이와 더불어 적당한 조명을 유지해야 한다.
㉰ 화장대, 미용의자, 카운터, 작업장 시설물에 먼지, 머리카락, 퍼머액이 묻지 않도록 한다.
㉱ 벽, 마루 등에 각종의 퍼머액, 염모제 등이 묻지 않도록 주의하며 떨어뜨린 즉시 닦는다. 또한 벽면의 장식물, 액자 등에 먼지가 끼지 않게 청결히 하며 모발은 쓸어서 밀폐된 지정장소에 버린다.

㉮ 에어컨 및 제습기의 필터 부분을 주기적으로 청소하여 소독한다.

② **샴푸실**
㉮ 거울 및 선반은 이물질이 없도록 잘 닦는다.
㉯ 샴푸 세면대는 머리카락이 묻어있지 않고 세면대 표면에 이물질이 끼지 않도록 항상 청결히 해야 한다.
㉰ 샴푸, 린스, 트리트먼트는 제품이 용기에 흘러내리지 않게 청결히 하며 항상 적정량을 보충해 놓는다.
㉱ 샴푸대 주변은 미끄러지지 않게 바닥을 청소한다.
㉲ 제품보관은 통풍이 잘되는 곳에서 보관을 하며, 일회용품은 사용 즉시 처리할 수 있도록 뚜껑이 있는 쓰레기통을 준비한다.

③ **카운터 및 입구, 대기실**
㉮ 입구는 항상 청결하게 유지한다.
㉯ 제품진열, 사물함은 청결하게 유지한다.
㉰ 쇼파, 쿠션, 방석, 가운 등은 자주 세탁하여 항상 청결하게 유지한다.
㉱ 고객용 테이블은 항상 청결하게 유지한다.
㉲ 쓰레기통은 뚜껑이 있는 것을 사용한다.

④ **화장실 및 세면대**
㉮ 환기가 잘되도록 주의하며, 방향제, 생리대, 화장지, 비누, 핸드로션을 구비해 둔다.
㉯ 변기, 세면대에 이물질이 생기지 않도록 청소 및 소독을 정기적으로 한다.
㉰ 깨끗한 핸드 타월을 구비해 둔다.
㉱ 쓰레기통은 넘치거나, 냄새가 나지 않도록 관리를 철저하게 한다.
㉲ 화장실 바닥은 물기가 없도록 주의한다.

(2) 기구 및 도구의 위생·소독

① **가위**
㉮ 금속제품을 소독할 때는 부식되거나 날이 상하지 않도록 유의하며, 70% 에탄올을 이용하여 소독한다(70%의 알코올 용액에 20분간 침수시켜 소독).
㉯ 고압증기멸균기를 사용할 때에는 소독포에 싸서 소독하며, 소독하기 전 물이나 수건 등을 사용하여 이물질을 제거한다.

② **레이저**
㉮ 갈아 끼우는 부분에 때나 이물질이 끼어 소독 상태가 불완전하게 되는 경우가 많으므로 주의해야 한다.
㉯ 고객마다 소독된 일회용 날을 사용해야 하며 재사용해서는 안 된다.

③ **헤어 클리퍼**
㉮ 사용 후 클리퍼 앞쪽을 분리한 후 머리카락을 털어 낸 다음 70% 알코올을 적신 솜으로 소독한다.
㉯ 소독 후 건조한 다음 기름칠을 해야 하며, 주 1회 정도는 완전 분해하여 소독을 한다.

④ 각종 빗류
- ㉮ 미온수에 세제 및 샴푸를 풀어 빗 종류를 담근 후에 세척하여 물기를 제거한 후 자외선 소독기에서 소독한다.
- ㉯ 항박테리아 용액에 담궈 놓았다가 헹군 후 물기를 제거하며, 특히 플라스틱 빗 종류는 약액 및 열에 변형되기 쉬우므로 주의한다.

⑤ 타월
- ㉮ 염모제 전용 타월과 일반 타월, 색깔있는 타월과 백색 타월을 구분하여 세탁한다.
- ㉯ 타월 세탁시에는 세제와 염소계통의 소독약을 넣어 세탁한다.

⑥ 가운류
- ㉮ 섬유제품 : 세탁할 때 염소계통의 소독약을 넣어 세탁한다.
- ㉯ 비닐제품 : 샴푸, 염색용 케이프는 물을 전혀 흡수하지 않아 세탁하면 뒤처리가 곤란하므로 손 세탁으로 씻어내고 소독한 후 건조는 그늘에서 건조시킨다.

⑦ 기타 도구의 소독
- ㉮ 로드, 고무줄, 세팅롤 : 약액이 남으면 다음 고객에게 사용할 때 악영향을 미칠 수 있으므로 약액이 남지 않도록 꼼꼼하게 세척한다.
- ㉯ 퍼머용 고무장갑, 스펀지 : 미온수에 약액이 남지 않도록 깨끗하게 헹궈 그늘에서 건조한다.
- ㉰ 핀과 클립 : 진균 등으로 인한 피부염을 방지하기 위해 70% 알코올 용액에 20분 정도 담가 소독한 후 사용한다. 단, 재질이 플라스틱일 경우에는 70%의 알코올을 적신 솜으로 닦아준다.

(3) 미용업 종사자 및 고객의 위생관리

① 질병감염의 유형
- ㉮ 디자이너의 실수로 고객에게 가벼운 상처를 입혀 감염
- ㉯ 디자이너 자신이 상처를 입어 출혈에 의한 감염
- ㉰ 시술시 도구를 통한 감염
- ㉱ 미용인의 부적절한 위생상태로 인해 홍역, 간염, 바이러스 독감 등과 같은 질병이 고객에게 감염

② 예방방법
- ㉮ 작업환경의 철저한 위생관리로 병균으로부터 고객 보호
- ㉯ 전문가들의 위생교육 및 기본상식 습득
- ㉰ 올바른 청소관리로 세균감염 예방
- ㉱ 에이즈, 간염 등 질병으로부터 보호하기 위해 일회용 장갑 착용
- ㉲ 시술도구 및 기구의 고압증기, 멸균소독, B형 간염 예방접종

CHAPTER 03 공중위생관리법규

Lesson 01 공중위생법규

1 목적 및 정의

(1) 공중위생관리법의 목적
공중이 이용하는 영업과 시설의 위생관리 등에 관한 사항을 규정함으로써 위생수준을 향상시켜 국민의 건강증진에 기여함을 목적으로 한다.

(2) 용어의 정의

용어	정의
공중위생영업	다수인을 대상으로 위생관리서비스를 제공하는 영업으로서 숙박업·목욕장업·이용업·미용업·세탁업·위생관리용역업을 말한다.
이용업	손님의 머리카락 또는 수염을 깎거나 다듬는 등의 방법으로 손님의 용모를 단정하게 하는 영업을 말한다.
미용업	손님의 얼굴·머리·피부 등을 손질하여 손님의 외모를 아름답게 꾸미는 영업을 말한다.
공중이용시설	다수인이 이용함으로써 이용자의 건강 및 공중위생에 영향을 미칠 수 있는 건축물 또는 시설로서 대통령령이 정하는 것을 말한다.

2 영업의 신고 및 폐업, 승계

(1) 공중위생영업의 신고 및 폐업
① 시장·군수·구청장에 신고
  ㉮ 공중위생영업을 하고자 하는 자는 공중위생영업의 종류별로 보건복지부령이 정하는 시설 및 설비를 갖추고 시장·군수·구청장에게 신고해야 한다.
  ㉯ 공중위생영업 신고 시 시장·군수·구청장에게 제출할 서류
    ㉠ 영업시설 및 설비개요서
    ㉡ 영업시설 및 설비의 사용에 관한 권리를 확보하였음을 증명하는 서류
    ㉢ 교육수료증(미리 교육을 받은 경우에만 해당)

② 이용업과 미용업의 시설·설비기준

구분	시설 설비기준
이용업	• 이용기구는 소독을 한 기구와 소독을 하지 아니한 기구를 구분해 보관할 수 있는 용기를 비치해야한다. • 소독기, 자외선살균기 등 이용기구를 소독하는 장비를 갖추어야 한다. • 응접장소와 작업장소 또는 의자와 의자를 구획하는 커튼, 칸막이, 그밖에 이와 유사한 장애물을 설치해서는 아니된다. • 영업소 안에서 별실, 그 밖에 이와 유사한 시설을 설치해서는 아니된다.
미용업	• 미용기구는 소독을 한 기구와 소독을 하지 아니한 기구를 구분해 보관할 수 있는 용기를 비치해야 한다. • 소독기, 자외선살균기 등 미용기구를 소독하는 장비를 갖추어야 한다.

(2) 변경신고

영업신고사항의 변경 시 보건복지부령이 정하는 중요사항의 변경인 경우에는 시장·군수·구청장에게 변경신고를 해야 한다.

① **보건복지부령이 정하는 중요한 사항일 경우**
  ㉮ 영업소의 명칭 또는 상호
  ㉯ 영업소의 소재지
  ㉰ 신고한 영업장 면적의 3분의 1이상의 증감
  ㉱ 대표자 성명 또는 생년월일

② **영업신고사항 변경신고 시 시장·군수·구청장에게 제출할 서류**
  ㉮ 영업신고증(신고증을 분실하여 영업신고사항 변경신고서에 분실 사유를 기재하는 경우에는 첨부하지 않음)
  ㉯ 변경사항을 증명하는 서류

> **영업신고증의 재교부 신청사유**
> • 신고증을 잃어 버렸을 때
> • 신고증이 헐어 못쓰게 된 때
> • 신고인의 성명이나 주민등록번호가 변경된 때

(3) 폐업신고 및 영업의 승계

① **폐업신고**
  ㉮ 공중위생영업을 폐업한 자는 폐업한 날부터 20일 이내에 시장·군수·구청장에게 신고해야 한다.
  ㉯ 신고 시 폐업신고서에는 영업신고증을 첨부하여야 한다.

② **영업의 승계**
  ㉮ 공중위생영업자가 그 공중위생영업을 양도하거나 사망한 때 또는 법인의 합병이 있는 때에는 그 양수인·상속인 또는 합병후 존속하는 법인이나 합병에 의하여 설립되는 법인은 그 공중위생영업자의 지위를 승계한다.

㉯ 이용업·미용업의 경우에는 면허를 소지한 자에 한해 공중위생영업자의 지위를 승계할 수 있다.
㉰ 공중위생영업자의 지위를 승계한 자는 1월 이내에 보건복지부령이 정하는 바에 따라 시장·군수 또는 구청장에게 신고해야 한다.
㉱ 영업자의 지위승계신고 첨부서류
  ㉠ 영업양도의 경우 : 양도·양수를 증명할 수 있는 서류 사본
  ㉡ 상속의 경우 : 상속인임을 증명할 수 있는 서류
  ㉢ 위 ㉠ 및 ㉡외의 경우 : 해당 사유별로 영업자의 지위를 승계하였음을 증명할 수 있는 서류

3 영업자 준수사항

(1) 이·미용업자의 위생관리기준

구분	위생관리기준
이용업자	• 이용기구 중 소독을 한 기구와 소독을 하지 아니한 기구는 각각 다른 용기에 넣어 보관하여야 한다. • 1회용 면도날은 손님 1인에 한하여 사용하여야 한다. • 업소 내에 이용업신고증, 개설자의 면허증 원본 및 이용요금표를 게시하여야 한다. • 영업장 안의 조명도는 75룩스(Lux) 이상이 되도록 유지하여야 한다.
미용업자	• 점빼기, 귓볼뚫기, 쌍커풀수술, 문신, 박피술 그밖에 이와 유사한 의료행위를 하여서는 아니된다. • 피부미용을 위하여 약사법 규정에 의한 의약품 또는 의료용구를 사용하여서는 아니된다. • 미용기구 중 소독을 한 기구와 소독을 하지 아니한 기구는 각각 다른 용기에 넣어 보관하여야 한다. • 1회용 면도날은 손님 1인에 한하여 사용하여야 한다. • 업소 내에 미용업신고증, 개설자의 면허증 원본 및 미용요금표를 게시하여야 한다. • 영업장 안의 조명도는 75룩스(Lux) 이상이 되도록 유지하여야 한다.

(2) 공중이용시설의 위생관리

① 실내공기 등
  ㉮ 실내공기는 보건복지부령이 정하는 위생관리기준에 적합하도록 유지해야 한다.
  ㉯ 영업소, 화장실, 기타 공중이용시설 안에서 시설이용자의 건강을 해칠 우려가 있는 오염물질이 발생되지 않도록 한다.

② 규제대상 오염물질의 종류와 오염허용기준

오염물질의 종류	오염허용기준
미세먼지(PM-10)	24시간 평균치 150mg/m^3 이하
일산화탄소(CO)	1시간 평균치 25ppm 이하
이산화탄소(CO_2)	1시간 평균치 1,000ppm 이하
포름알데히드(HCHO)	1시간 평균치 120mg/m^3 이하

4 이·미용사의 면허 및 업무범위

(1) 이용사 및 미용사의 면허

① **자격기준**

이용사 또는 미용사가 되고자 하는 자는 다음의 어느 하나에 해당하는 자로서 보건복지부령이 정하는 바에 의하여 시장·군수·구청장의 면허를 받아야 한다.

㉮ 전문대학 또는 이와 동등 이상의 학력이 있다고 교육부장관이 인정하는 학교에서 이용 또는 미용에 관한 학과를 졸업한 자
㉯ 학점인정 등에 관한 법률의 관련 규정에 따라 대학 또는 전문대학을 졸업한 자와 동등 이상의 학력이 있는 것으로 인정되어 이용 또는 미용에 관한 학위를 취득한 자
㉰ 고등학교 또는 이와 동등의 학력이 있다고 교육부장관이 인정하는 학교에서 이용 또는 미용에 관한 학과를 졸업한 자
㉱ 교육부장관이 인정하는 고등기술학교에서 1년 이상 이용 또는 미용에 관한 소정의 과정을 이수한 자
㉲ 국가기술자격법에 의한 이용사 또는 미용사의 자격을 취득한 자

② **결격사유**

㉮ 피성년후견인
㉯ 정신보건법에 따른 정신질환자(다만, 전문의가 이용사 또는 미용사로서 적합하다고 인정하는 사람은 예외)
㉰ 공중의 위생에 영향을 미칠 수 있는 감염병 환자로서 보건복지부령이 정하는 자(감염성 결핵환자)
㉱ 마약 기타 대통령령으로 정하는 약물 중독자(대마 또는 향정신성의약품의 중독자)
㉲ 면허가 취소된 후 1년이 경과되지 아니한 자

③ **면허의 정지 및 취소**

시장·군수·구청장은 이용사 또는 미용사가 다음의 어느 하나에 해당하는 때에는 그 면허를 취소하거나 6월 이내의 기간을 정하여 그 면허의 정지를 명할 수 있다.

㉮ 공중위생관리법 또는 법의 규정에 의한 명령에 위반한 때 : 면허취소 또는 6월 이내의 면허정지
㉯ 위의 '② 결격사유' 중 ㉮~㉱에 해당하게 된 때 : 면허취소
㉰ 면허증을 다른 사람에게 대여한 때 : 취소 또는 정지(세부 내용은 행정처분기준에 따름)

(2) 이용사 및 미용사의 업무범위

① **이·미용사의 업무범위와 관련된 일반 사항**

㉮ 이용사 또는 미용사의 면허를 받은 자가 아니면 이용업 또는 미용업을 개설하거나 그 업무에 종사할 수 없다. 다만, 이용사 또는 미용사의 감독을 받아 이용 또는 미용 업무의 보조를 행하는 경우에는 그러지 아니하다.
㉯ 이용 및 미용의 업무는 영업소외의 장소에서 행할 수 없다. 다만, 보건복지부령이 정하는 특별한 사유가 있는 경우에는 그러하지 아니하다.

ⓒ 보건복지부령이 정하는 특별한 사유
- ㉠ 질병, 기타의 사유로 인하여 영업소에 나올 수 없는 자에 대하여 이용 또는 미용을 하는 경우
- ㉡ 혼례, 기타 의식에 참여하는 자에 대하여 그 의식 직전에 이용 또는 미용을 하는 경우
- ㉢ 사회복지사업법의 관련 규정에 따른 사회복지시설에서 봉사활동으로 이용 또는 미용을 하는 경우
- ㉣ 위의 경우 외에 특별한 사정이 있다고 시장·군수·구청장이 인정하는 경우

② 이·미용사의 업무범위
- ㉮ 이용사 : 이발·아이론·면도·머리피부손질·머리카락염색 및 머리감기로 한다.
- ㉯ 미용사
  - ㉠ 2007년 12월 31일 이전에 미용사자격을 취득한 자로서 미용사면허를 받은 자 : 아래 미용관 관련한 영업에 해당하는 모든 업무
  - ㉡ 2008년 1월 1일 이후 2015년 4월 16일까지 미용사(일반)자격을 취득한 자로서 미용사면허를 받은 자 : 파마·머리카락자르기·머리카락모양내기·머리피부손질·머리카락염색·머리감기, 의료기기나 의약품을 사용하지 아니하는 눈썹손질, 얼굴의 손질 및 화장, 손톱과 발톱의 손질 및 화장
  - ㉢ 2015년 4월 17일부터 2015년 12월 31일까지 미용사(일반)자격을 취득한 자로서 미용사면허를 받은 자 : 파마·머리카락자르기·머리카락모양내기·머리피부손질·머리카락염색·머리감기, 의료기기나 의약품을 사용하지 아니하는 눈썹손질, 얼굴의 손질 및 화장
  - ㉣ 2016년 1월 1일 이후 미용사(일반)자격을 취득한 자로서 미용사 면허를 받은 자 : 파마·머리카락자르기·머리카락모양내기·머리피부손질·머리카락염색·머리감기, 의료기기나 의약품을 사용하지 아니하는 눈썹손질. 다만, 2016년 5월 31일까지 미용사(일반)자격을 취득한 사람의 경우에는 얼굴의 손질 및 화장에 관한 업무를 추가로 할 수 있다.
  - ㉤ 미용사(피부)자격을 취득한 자로서 미용사면허를 받은 자 : 의료기기나 의약품을 사용하지 아니하는 피부상태분석·피부관리·제모·눈썹손질
  - ㉥ 미용사(네일)자격을 취득한 자로서 미용사면허를 받은 자 : 손톱과 발톱의 손질 및 화장
  - ㉦ 미용사(메이크업)자격을 취득한 자로서 미용사면허를 받은 자 : 얼굴 등 신체의 화장·분장 및 의료기기나 의약품을 사용하지 아니하는 눈썹손질

5 영업자 준수사항

(1) 보고 및 출입·검사, 영업의 제한

① 보고 및 출입·검사
- ㉮ 특별시장·광역시장·도지사 또는 시장·군수·구청장은 공중위생관리상 필요하다고 인정하는 때에는 공중위생영업자 및 공중이용시설의 소유자 등에 대하여 필요한 보고를 하게 하거나 소속공무원으로 하여금 영업소·사무소·공중이용시설등에 출입하여 공중위생영업자의 위생관리의무이행 및 공중이용시설의 위생관리실태 등에 대하여 검사하게 하거나 필요에 따라 공중위

생영업장부나 서류를 열람하게 할 수 있다.
　　　　㉻ 위 ㉮항의 경우에 관계공무원은 그 권한을 표시하는 증표를 지녀야 하며, 관계인에게 이를 내보여야 한다.
　　② **영업의 제한**
　　　　시·도지사는 공익상 또는 선량한 풍속을 유지하기 위하여 필요하다고 인정하는 때에는 공중위생영업자 및 종사원에 대하여 영업시간 및 영업행위에 관한 필요한 제한을 할 수 있다.

(2) 영업소의 폐쇄, 공중위생감시원
　① **공중위생영업소의 폐쇄**
　　㉮ 시장·군수·구청장은 공중위생영업자가 공중위생관리법 또는 법에 의한 명령에 위반하거나 또는 「성매매알선 등 행위의 처벌에 관한 법률」, 「풍속영업의 규제에 관한 법률」, 「청소년보호법」, 「의료법」에 위반하여 관계행정기관의 장의 요청이 있는 때에는 6월 이내의 기간을 정하여 영업의 정지 또는 일부 시설의 사용중지를 명하거나 영업소폐쇄 등을 명할 수 있다.
　　㉯ 규정에 의한 영업의 정지, 일부 시설의 사용중지와 영업소폐쇄명령 등의 세부적인 기준은 보건복지부령으로 정한다.
　　㉰ 시장·군수·구청장은 공중위생영업자가 영업소폐쇄명령을 받고도 계속하여 영업을 하는 때에는 관계공무원으로 하여금 당해 영업소를 폐쇄하기 위하여 다음의 조치를 하게 할 수 있다.
　　　㉠ 당해 영업소의 간판 기타 영업표지물의 제거
　　　㉡ 당해 영업소가 위법한 영업소임을 알리는 게시물 등의 부착
　　　㉢ 영업을 위하여 필수불가결한 기구 또는 시설물을 사용할 수 없게 하는 봉인
　　㉱ 시장·군수·구청장은 규정에 의한 봉인을 한 후 봉인을 계속할 필요가 없다고 인정되는 때와 영업자 등이나 그 대리인이 당해 영업소를 폐쇄할 것을 약속하는 때 및 정당한 사유를 들어 봉인의 해제를 요청하는 때에는 그 봉인을 해제할 수 있다. 규정에 의한 게시물 등의 제거를 요청하는 경우에도 또한 같다.
　② **공중위생감시원**
　　㉮ 공중위생 감시원의 자격 및 임명 : 특별시장, 광역시장, 도지사 또는 시장, 군수, 구청장은 다음에 해당하는 소속공무원 중에서 공중위생감시원을 임명한다.
　　　㉠ 위생사 또는 환경기사 2급 이상의 자격증이 있는 자
　　　㉡ 대학에서 화학·화공학·환경공학 또는 위생학 분야를 전공하고 졸업한 자 또는 이와 동등 이상의 자격이 있는 자
　　　㉢ 외국에서 위생사 또는 환경기사의 면허를 받은 자
　　　㉣ 3년 이상 공중위생 행정에 종사한 경력이 있는 자
　　㉯ 공중위생감시원의 업무범위
　　　㉠ 시설 및 설비의 확인
　　　㉡ 공중위생영업 관련 시설 및 설비의 위생상태 확인·검사, 공중위생영업자의 위생관리의무 및 영업자준수사항 이행여부의 확인

ⓒ 공중이용시설의 위생관리상태의 확인·검사
ⓔ 위생지도 및 개선명령 이행여부의 확인
ⓜ 공중위생영업소의 영업의 정지, 일부 시설의 사용중지 또는 영업소 폐쇄명령 이행여부의 확인
ⓗ 위생교육 이행여부의 확인

6 업소 위생등급 및 보수교육

(1) 위생평가

① 위생서비스수준의 평가
㉮ 시·도지사는 공중위생영업소(관광숙박업 제외)의 위생관리수준을 향상시키기 위하여 위생서비스평가계획을 수립하여 시장·군수·구청장에게 통보하여야 한다.
㉯ 시장·군수·구청장은 평가계획에 따라 관할지역별 세부평가계획을 수립한 후 공중위생영업소의 위생서비스수준을 평가하여야 한다.
㉰ 시장·군수·구청장은 위생서비스평가의 전문성을 높이기 위하여 필요하다고 인정하는 경우에는 관련 전문기관 및 단체로 하여금 위생서비스평가를 실시하게 할 수 있다.

② 위생서비스수준 평가의 주기
공중위생영업소의 위생서비스수준 평가는 2년마다 실시하되, 공중위생영업소의 보건·위생관리를 위하여 특히 필요한 경우에는 보건복지부장관이 정하여 고시하는 바에 의하여 공중위생영업의 종류 또는 위생관리등급별로 평가주기를 달리할 수 있다.

> **청문을 실시해야 하는 경우**
> - 이용사 및 미용사의 면허취소·면허정지
> - 공중위생영업의 정지, 일부 시설의 사용중지
> - 영업소폐쇄명령 등

(2) 위생등급

① 위생관리등급 공표
㉮ 시장·군수·구청장은 보건복지부령이 정하는 바에 의하여 위생서비스평가의 결과에 따른 위생관리등급을 해당 공중위생영업자에게 통보하고 이를 공표하여야 한다.
㉯ 공중위생영업자는 시장·군수·구청장으로부터 통보 받은 위생관리등급의 표지를 영업소의 명칭과 함께 영업소의 출입구에 부착할 수 있다.
㉰ 시·도지사 또는 시장·군수·구청장은 위생서비스평가의 결과 위생서비스의 수준이 우수하다고 인정되는 영업소에 대하여 포상을 실시할 수 있다.

㉣ 시·도지사 또는 시장·군수·구청장은 위생서비스평가의 결과에 따른 위생관리등급별로 영업소에 대한 위생감시를 실시하여야 한다. 이 경우 영업소에 대한 출입·검사와 위생감시의 실시주기 및 횟수 등 위생관리등급별 위생감시기준은 보건복지부령으로 정한다.

② **위생관리등급의 구분**
㉮ 최우수업소 : 녹색등급
㉯ 우수업소 : 황색등급
㉰ 일반관리대상 업소 : 백색등급

(3) 영업자 위생교육 및 교육기관

① **위생교육**
㉮ 공중위생영업자는 매년 위생교육을 받아야 하며, 교육시간은 3시간으로 한다.
㉯ 공중위생영업의 신고를 하고자 하는 자는 미리 위생교육을 받아야 한다. 다만, 다음의 사유로 미리 교육을 받을 수 없는 경우에는 영업개시 후 6개월 이내에 위생교육을 받을 수 있다.
㉰ 천재지변, 본인의 질병·사고, 업무상 국외출장 등의 사유로 교육을 받을 수 없는 경우
㉱ 교육을 실시하는 단체의 사정 등으로 미리 교육을 받기 불가능한 경우
㉲ 위생교육을 받아야 하는 자 중 영업에 직접 종사하지 아니하거나 2 이상의 장소에서 영업을 하는 자는 종업원 중 영업장별로 공중위생에 관한 책임자를 지정하고 그 책임자로 하여금 위생교육을 받게 하여야 한다.
㉳ 위생교육을 받은 자가 위생교육을 받은 날부터 2년 이내에 위생교육을 받은 업종과 같은 업종의 영업을 하려는 경우에는 해당 영업에 대한 위생교육을 받은 것으로 본다.
㉴ 위생교육 대상자 중 보건복지부장관이 고시하는 도서·벽지지역에서 영업을 하고 있거나 하려는 자에 대하여는 교육교재를 배부하여 이를 익히고 활용하도록 함으로써 교육에 갈음할 수 있다.

② **위생교육기관**
㉮ 위생교육은 보건복지부장관이 허가한 단체 또는 규정에 따라 설립된 "공중위생영업자단체(공중위생과 국민보건의 향상을 기하고 그 영업의 건전한 발전을 도모하기 위하여 영업의 종류별로 전국적인 조직을 가지는 영업자단체)"가 실시할 수 있다.
㉯ 위생교육 실시단체는 교육교재를 편찬하여 교육대상자에게 제공하여야 한다.
㉰ 위생교육 실시단체의 장은 위생교육을 수료한 자에게 수료증을 교부하고, 교육실시 결과를 교육 후 1개월 이내에 시장·군수·구청장에게 통보하여야 하며, 수료증 교부대장 등 교육에 관한 기록을 2년 이상 보관·관리하여야 한다.
㉱ 위 규정 외에 위생교육에 관하여 필요한 세부사항은 보건복지부장관이 정한다.

Lesson 02 벌칙 등

1 벌칙 및 과태료

(1) 벌칙

① 1년 이하의 징역 또는 1천만원 이하의 벌금
  ㉮ 시장·군수·구청장에게 규정에 의한 공중위생영업의 신고를 하지 아니한 자
  ㉯ 영업정지명령 또는 일부 시설의 사용중지명령을 받고도 그 기간 중에 영업을 하거나 그 시설을 사용한 자 또는 영업소 폐쇄명령을 받고도 계속하여 영업을 한 자

② 6월 이하의 징역 또는 500만원 이하의 벌금
  ㉮ 공중위생영업의 변경신고를 하지 아니한 자
  ㉯ 공중위생영업자의 지위를 승계한 자로서 규정에 의한 신고를 하지 아니한 자
  ㉰ 건전한 영업질서를 위하여 공중위생영업자가 준수하여야 할 사항을 준수하지 아니한 자

③ 300만원 이하의 벌금
  ㉮ 면허의 취소 또는 정지 중에 미용업을 한 사람
  ㉯ 면허를 받지 아니하고 미용업을 개설하거나 그 업무에 종사한 사람

> **양벌규정**
> 법인의 대표자나 법인 또는 개인의 대리인·사용인 기타 종업원이 그 법인 또는 개인의 업무에 관하여 위 "(1) 벌칙"에 해당하는 위반행위를 한 때에는 행위자를 벌하는 외에 그 법인 또는 개인에 대하여도 동조의 벌금형을 과한다.

(2) 과태료

① 300만원 이하의 과태료
  ㉮ 보고를 하지 아니하거나 관계공무원의 출입·검사 기타 조치를 거부·방해 또는 기피한 자
  ㉯ 개선명령에 위반한 자

② 200만원 이하의 과태료
  ㉮ 미용업소의 위생관리 의무를 지키지 아니한 자
  ㉯ 영업소외의 장소에서 미용업무를 행한 자
  ㉰ 규정에 위반하여 위생교육을 받지 아니한 자

③ 과태료의 부과징수 절차
  ㉮ 과태료는 대통령령이 정하는 바에 의하여 시장·군수·구청장(처분권자)이 부과·징수한다.
  ㉯ 과태료처분에 불복이 있는 자는 그 처분의 고지를 받은 날부터 30일 이내에 처분권자에게 이의를 제기할 수 있다.

2 행정처분기준

(1) 일반기준

① 위반행위가 2 이상인 경우로서 그에 해당하는 각각의 처분기준이 다른 경우에는 그 중 중한 처분기준에 의하되, 2 이상의 처분기준이 영업정지에 해당하는 경우에는 가장 중한 정지처분기간에 나머지 각각의 정지처분기간의 2분의 1을 더하여 처분한다.

② 위반행위의 차수에 따른 행정처분기준은 최근 1년간 같은 위반행위로 행정처분을 받은 경우에 이를 적용한다. 이때 그 기준적용일은 동일 위반사항에 대한 행정처분일과 그 처분후의 재적발일(수거검사에 의한 경우에는 검사결과를 처분청이 접수한 날)을 기준으로 한다.

③ 행정처분권자는 위반사항의 내용으로 보아 그 위반정도가 경미하거나 해당위반사항에 관하여 검사로부터 기소유예의 처분을 받거나 법원으로부터 선고유예의 판결을 받은 때에는 다음의 '(2) 개별기준–미용업'에 불구하고 그 처분기준을 다음의 구분에 따라 경감할 수 있다.
　㉮ 영업정지의 경우에는 그 처분기준 일수의 2분의 1의 범위 안에서 경감할 수 있다.
　㉯ 영업장폐쇄의 경우에는 3월 이상의 영업정지처분으로 경감할 수 있다.

(2) 개별기준 – 미용업

위반행위	행정처분기준			
	1차 위반	2차 위반	3차 위반	4차 이상
가. 영업신고를 하지 않거나 시설과 설비기준을 위반한 경우				
1) 영업신고를 하지 않은 경우	영업장 폐쇄명령			
2) 시설 및 설비기준을 위반한 경우	개선명령	영업정지 15일	영업정지 1월	영업장 폐쇄명령
나. 변경신고를 하지 않은 경우				
1) 신고를 하지 않고 영업소의 명칭 및 상호 또는 영업장 면적의 3분의 1 이상을 변경한 경우	경고 또는 개선명령	영업정지 15일	영업정지 1월	영업장 폐쇄명령
2) 신고를 하지 않고 영업소의 소재지를 변경한 경우	영업정지 1월	영업정지 2월	영업장 폐쇄명령	
다. 지위승계신고를 하지 않은 경우	경고	영업정지 10일	영업정지 1월	영업장 폐쇄명령
라. 공중위생영업자의 위생관리의무등을 지키지 않은 경우				
1) 소독을 한 기구와 소독을 하지 않은 기구를 각각 다른 용기에 넣어 보관하지 않거나 1회용 면도날을 2인 이상의 손님에게 사용한 경우	경고	영업정지 5일	영업정지 10일	영업장 폐쇄명령
2) 피부미용을 위하여 약사법에 따른 의약품 또는 의료기기법에 따른 의료기기를 사용한 경우	영업정지 2월	영업정지 3월	영업장 폐쇄명령	
3) 점빼기·귓볼뚫기·쌍꺼풀수술·문신·박피술 그 밖에 이와 유사한 의료행위를 한 경우	영업정지 2월	영업정지 3월	영업장 폐쇄명령	
4) 미용업 신고증 및 면허증 원본을 게시하지 않거나 업소 내 조명도를 준수하지 않은 경우	경고 또는 개선명령	영업정지 5일	영업정지 10일	영업장 폐쇄명령

위반행위	행정처분기준			
	1차 위반	2차 위반	3차 위반	4차 이상
5) 개별 미용서비스의 최종 지불가격 및 전체 미용서비스의 총액에 관한 내역서를 이용자에게 미리 제공하지 않은 경우	경고	영업정지 5일	영업정지 10일	영업정지 1월
마. 면허 정지 및 면허 취소 사유에 해당하는 경우				
1) 면허 취득의 결격사유에 해당하게 된 경우	면허취소			
2) 면허증을 다른 사람에게 대여한 경우	면허정지 3월	면허정지 6월	면허취소	
3) 국가기술자격법에 따라 자격이 취소된 경우	면허취소			
4) 국가기술자격법에 따라 자격정지처분을 받은 경우	면허정지			
5) 이중으로 면허를 취득한 경우(나중에 발급받은 면허임)	면허취소			
6) 면허정지처분을 받고도 그 정지 기간 중 업무를 한 경우	면허취소			
바. 영업소 외의 장소에서 미용 업무를 한 경우	영업정지 1월	영업정지 2월	영업장 폐쇄명령	
사. 보고를 하지 않거나 거짓으로 보고한 경우 또는 관계 공무원의 출입, 검사 또는 공중위생영업 장부 또는 서류의 열람을 거부·방해하거나 기피한 경우	영업정지 10일	영업정지 20일	영업정지 1월	영업장 폐쇄명령
아. 개선명령을 이행하지 않은 경우	경고	영업정지 10일	영업정지 1월	영업장 폐쇄명령
자. 성매매알선 등 행위의 처벌에 관한 법률, 풍속영업의 규제에 관한 법률, 청소년 보호법, 아동·청소년의 성보호에 관한 법률 또는 의료법 위반하여 관계 행정기관의 장으로부터 그 사실을 통보받은 경우				
1) 손님에게 성매매알선 등 행위 또는 음란행위를 하게 하거나 이를 알선 또는 제공한 경우				
가) 영업소	영업정지 3월	영업장 폐쇄명령		
나) 미용사	면허정지 3월	면허취소		
2) 손님에게 도박 그 밖에 사행행위를 하게 한 경우	영업정지 1월	영업정지 2월	영업장 폐쇄명령	
3) 음란한 물건을 관람·열람하게 하거나 진열 또는 보관한 경우	경고	영업정지 15일	영업정지 1월	영업장 폐쇄명령
4) 무자격안마사로 하여금 안마사의 업무에 관한 행위를 하게 한 경우	영업정지 1월	영업정지 2월	영업장 폐쇄명령	
차. 영업정지처분을 받고도 그 영업정지 기간에 영업을 한 경우	영업장 폐쇄명령			
카. 공중위생영업자가 정당한 사유 없이 6개월 이상 계속 휴업하는 경우	영업장 폐쇄명령			
타. 공중위생영업자가 관할 세무서장에게 폐업신고를 하거나 관할 세무서장이 사업자 등록을 말소한 경우	영업장 폐쇄명령			

PART 03 | 공중위생관리

CHAPTER 01 공중보건

001 공중보건사업의 대상이라고 할 수 있는 것은?

① 전체 국민을 대상으로 삼는다.
② 개인을 대상으로 삼는다.
③ 학교를 대상으로 삼는다.
④ 가족을 대상으로 삼는다.

🔍 공중보건사업은 개인이 아니라 지역사회 또는 전체 국민을 대상으로 한다.

002 W.H.O의 보건헌장에서 건강의 정의를 가장 잘 표현한 것은?

① 허약하지 않도록 권장하는 상태
② 정신적, 육체적, 사회적으로 완전한 상태
③ 정신적, 육체적으로 완전한 상태
④ 육체적, 사회적으로 완전한 상태

🔍 세계보건기구에 따르면 "건강이란 육체적, 정신적, 사회적으로 완전한 상태를 의미하며, 단지 질병이나 병약함이 없는 상태만을 의미하지 않는다."

003 공중보건학의 필요성이 아닌 것은?

① 국민은 건강한 생활을 할 기본 권리를 가지고 있다.
② 보건문제는 지역사회의 협력이 필요하다.
③ 체계화된 지역사회의 노력으로 달성할 수 있다.
④ 개인의 건강문제는 지역주민의 건강과 상관이 없다.

🔍 개개인의 건강문제는 전체 지역주민의 건강에 지대한 영향을 초래할 수 있다.

004 인구 정의의 양적문제 중 3P에 해당하지 않는 것은?

① 인구　　② 빈곤
③ 공해　　④ 의·식·주

🔍 인구 정의의 양적문제
• 3P : 인구(Population), 공해(Pollution), 빈곤(Poverty)
• 3M : 기아(Malnutrition), 질병(Morbidity), 사망(Mortality)

005 출생률과 사망률이 높은 형태로 저개발국에서 주로 나타나는 인구구성 형태는?

① 종형　　② 피라미드형
③ 도시형　　④ 표주박형

🔍 피라미드형(증가형)은 유소년층이 큰 비중을 차지하는 형으로 출생률과 사망률이 모두 높은 다산다사의 저개발국이나 출생률이 높고 사망률이 낮은 다산소사의 개발도상국에서 나타나는 인구구성 형태이다.

006 지역사회의 보건수준을 비교할 때 사용되는 지표가 아닌 것은?

① 영아 사망률　　② 일반 사망률
③ 평균수명　　④ 국세조사

🔍 영아 사망률, 일반 사망률, 평균수명은 지역사회의 보건수준 지표로 쓰인다.

007 한 국가의 건강수준을 나타내는 가장 대표적인 지표로 사용되는 것은?

① 영아사망률　　② 조사망률
③ 평균수명　　④ 비례사망자수

🔍 영아사망률이 대표적인 지표로 사용되는 이유는 영아 사망이 상대적으로 경제, 사회, 환경적 특성에 민감하게 반응하기 때문이며, 생후 12개월 미만의 한정된 집단을 대상으로 하여 정확성이 높을 뿐 아니라 국가 간의 변동범위가 커서 비교 시 편의성이 높기 때문이다.

정답　001 ①　002 ②　003 ④　004 ④　005 ②　006 ④　007 ①

008 역학의 4대 현상 중 시간적 현상이 아닌 것은?

① 추세변화　　② 순환변화
③ 유행변화　　④ 계절변화

🔍 역학의 4대 현상 : 추세변화, 순환변화, 계절변화, 불규칙변화

009 감염병 발생의 3대 요인이 아닌 것은?

① 병인　　② 숙주
③ 환경　　④ 유행

🔍 • 질병 발생의 3대 요인 : 병인, 숙주, 환경
• 감염병 유행의 3대 요인 : 감염원, 감염경로, 숙주

010 소화기계 감염병이 아닌 것은?

① 장티푸스
② 콜레라
③ 풍진
④ 유행성간염

🔍 소화기계 감염병 : 파라티푸스, 세균성 이질, 장티푸스, 콜레라, 아메바성이질, 소아마비, 유행성간염 등

011 호흡기계 감염병이 아닌 것은?

① 디프테리아
② 백일해
③ 홍역
④ 발진티푸스

🔍 호흡기계 감염병 : 백일해, 디프테리아, 폐렴, 결핵, 인플루엔자, 두창, 홍역, 풍진, 성홍열 등

012 공중보건상 감염병 관리가 가장 어려운 대상은?

① 병후 보균자　　② 건강 보균자
③ 잠복기 보균자　④ 감염병 증상자

🔍 건강 보균자는 병원체에 감염된 증상이 없이 몸 안에 병원균을 가지고 있어 병원체를 배출하는 사람으로 감염병 관리에 있어 가장 어렵다.

013 다음 중 선천성 면역에 해당되지 않는 것은?

① 능동면역
② 종속면역
③ 개인저항성
④ 인종면역

🔍 능동면역은 수동면역과 함께 후천성 면역에 해당된다.

014 다음 보기 중 감수성 지수가 가장 높은 질병은?

① 홍역
② 백일해
③ 디프테리아
④ 소아마비

🔍 감수성 지수란 감염되지 않은 사람에게 병원체가 침입했을 때 발병하는 비율을 의미하며, 천연두와 홍역은 95%, 백일해는 60~80%, 성홍열은 40%, 디프테리아는 10%이며, 소아마비가 0.1%로 가장 낮다. 참고로 감수성 지수가 높으면 면역성이 낮다는 것으로 그만큼 질병이 발병되기 쉽다는 것을 의미한다.

015 다음 중 잠복기가 가장 짧은 감염병은 무엇인가?

① 백일해
② 장티푸스
③ 콜레라
④ 결핵

🔍 잠복기가 가장 긴 감염병은 결핵이며, 가장 짧은 감염병은 콜레라이다.

016 법정 감염병 중 제1급 감염병에 해당되는 것은?

① 수두
② 유행성이하선염
③ 신종인플루엔자
④ 브루셀라증

🔍 제1급 감염병 : 에볼라바이러스병, 마버그열, 라싸열, 크리미안콩고출혈열, 남아메리카출혈열, 리프트밸리열, 두창, 페스트, 탄저, 보툴리눔독소증, 야토병, 신종감염병증후군, 중증급성호흡기증후군(SARS), 중동호흡기증후군(MERS), 동물인플루엔자 인체감염증, 신종인플루엔자, 디프테리아

정답 008 ③　009 ④　010 ③　011 ④　012 ②　013 ①　014 ①　015 ③　016 ③

017 감염병의 예방 및 관리에 관한 법률상 "전파가능성을 고려하여 발생 또는 유행 시 24시간 이내에 신고하여야 하고, 격리가 필요한 감염병"은?

① 제1급 감염병 ② 제2급 감염병
③ 제3급 감염병 ④ 제4급 감염병

🔍 법정감염병
- 제1급 감염병 : 생물테러감염병 또는 치명률이 높거나 집단 발생의 우려가 커서 발생 또는 유행 즉시 신고하여야 하고, 음압격리와 같은 높은 수준의 격리가 필요한 감염병
- 2급 감염병 : 전파가능성을 고려하여 발생 또는 유행 시 24시간 이내에 신고하여야 하고, 격리가 필요한 감염병
- 제3급 감염병 : 그 발생을 계속 감시할 필요가 있어 발생 또는 유행 시 24시간 이내에 신고하여야 하는 감염병
- 제4급 감염병 : 제1급 감염병부터 제3급 감염병까지의 감염병 외에 유행 여부를 조사하기 위하여 표본감시 활동이 필요한 감염병

018 다음 중 인수공통감염병이 아닌 것은?

① 결핵   ② 탄저
③ 살모넬라증   ④ 라슈마니아증

🔍 인수공통감염병에는 결핵(소), 광견병(개), 페스트(쥐), 탄저(양, 소, 말, 돼지), 살모넬라(고양이, 돼지, 쥐), 돈단독, 선모충, 일본뇌염, 유구조충(이상 돼지), 페스트, 발진열, 와일씨병, 양충병, 서교증(이상 쥐), 야토병(산토끼), 파상열(돼지, 양, 개, 사람, 동물), 황열(원숭이) 등이 있다.

019 다음 중 검역 감염병에 해당되지 않는 것은?

① 콜레라 ② 폴리오
③ 페스트 ④ 황열

🔍 검역감염병은 콜레라, 페스트, 황열, 중증급성호흡기증후군, 조류인플루엔자 인체감염증, 신종인플루엔자감염증, 신종전염병 증후군 등 보건복지부장관이 긴급검역조치가 필요하다고 인정하는 감염병을 말한다.

020 우리나라 낙동강, 금강, 영산강, 한강 등의 강 유역 주민들에게 많이 감염되고 있으며 민물고기를 생식할 경우에 발생할 우려가 있는 질병은?

① 아니사키스증   ② 페디스토마
③ 만소니열두조충 ④ 간디스토마

🔍 우리나라 낙동강, 영산강, 금강, 한강 등의 강 유역 주민들에게 많이 감염되고 있는 것은 간디스토마이다.

021 췌장에서 분비되는 인슐린의 부족에 의해 생기는 병은?

① 고혈압
② 당뇨병
③ 뇌졸중
④ 암

🔍 당뇨병은 췌장에서 분비되는 인슐린의 부족에 의해 생기는 대사장애로 혈액 중의 포도당 수치가 지나치게 높은 것이다.

022 다음 중 정신보건사업의 목표가 아닌 것은?

① 정신장애의 예방
② 정신장애의 원인 치료
③ 건전한 정신 기능의 유지 및 증진
④ 정신병의 조기 발견

🔍 치료는 보건사업이 아닌 의료분야의 역할이다.

023 모자보건에 대한 내용으로 잘못된 것은?

① 모성의 생명과 건강을 보호한다.
② 건전한 자녀의 출산과 양육을 도모한다.
③ 국민보건향상에 기여한다.
④ 모자보건은 영유아보건만을 대상으로 한다.

🔍 모자보건은 모성의 생명과 건강을 보호하고 건전한 자녀의 출산과 양육을 도모함으로써 국민보건 향상에 기여함을 목적으로 하며, 모성보건과 영유아보건으로 나뉜다.

024 신생아란 생후 몇 주 이내의 아이를 말하는가?

① 2주 ② 3주
③ 4주 ④ 6주

🔍 출생 후 첫 4주 동안의 아이를 신생아라고 한다.

025 노화의 특성이 아닌 것은?

① 쇠퇴성 ② 역학성
③ 내인성 ④ 보편성

🔍 노화의 특성 : 보편성, 내인성, 점진성, 쇠퇴성

정답 017 ② 018 ④ 019 ② 020 ④ 021 ② 022 ② 023 ④ 024 ③ 025 ②

026 실내공기 오염의 지표가 되는 것은?

① 산소 ② 질소
③ 아황산가스 ④ 이산화탄소

> 이산화탄소는 실내공기의 오염도 지표이며, 아황산가스는 대기오염의 지표이다.

027 다음 중 살균작용이 가장 강한 자외선의 파장 범위는?

① 1,800Å~2,000Å
② 2,200Å~2,400Å
③ 2,600Å~2,800Å
④ 3,000Å~3,200Å

> 자외선은 빛의 3 부분 중 파장이 가장 짧으며, 파장이 200~400nm(2,000~4,000Å) 범위로 살균작용이 가장 강한 파장 범위는 260nm(2,600Å) 부근이다.

028 감각온도의 3요소가 아닌 것은?

① 기온 ② 기후
③ 기습 ④ 기류

> 감각온도의 3요소
> • 기온(온도) : 쾌감온도 18±2℃
> • 기습(습도) : 쾌적습도 40~70%
> • 기류(공기 흐름) : 쾌감기류 1m/sec(실외의 경우)

029 대기오염이 가장 잘 발생하는 기후조건은?

① 고기압 ② 저기압
③ 기온역전 ④ 고온

> 기온역전은 상층부의 기온이 하층부의 기온보다 높은 상태를 말하며 상공으로 올라갈수록 기온이 상승하는 현상이다.

030 일산화탄소와 가장 관계가 없는 것은?

① 색깔이 있다.
② 냄새가 없다.
③ 공기보다 가볍다.
④ 불완전연소체이다.

> 일산화탄소는 무색, 무취하며 자극성이 없는 불완전연소체이다.

031 보건학적으로 가장 쾌적한 온도는?

① 18~20℃ ② 15~17℃
③ 20~23℃ ④ 37~39℃

> 쾌감온도는 18±2℃, 쾌적습도는 40~70% 정도이다.

032 성인의 1일 수분 필요량으로 옳은 것은?

① 2.0~2.5ℓ ② 1.5~2.0ℓ
③ 2.0~3.0ℓ ④ 2.5~3.5ℓ

> 물은 인체 체중의 약 60~70%를 차지하며 이중 10%를 상실하면 신체에 이상이 오고, 20% 이상 상실하면 생명이 위험하다. 성인 1일 생존에 필요한 물의 양은 2.0~2.5ℓ이다.

033 물을 통해 감염되는 질병이 아닌 것은?

① 세균성이질 ② 콜레라
③ 유행성간염 ④ 이타이이타이병

> 이타이이타이병은 카드뮴 중독에 의해 발생하는 질병이다.

034 다음 중 수인성 감염병의 특징이 아닌 것은?

① 음료수 사용지역과 유행지역이 일치한다.
② 여러 요인 중 계절과 밀접한 관련이 있다.
③ 환자의 발생이 폭발적으로 일어난다.
④ 생활 수준에 따른 발생빈도의 차이가 없다.

> 수인성 감염병의 특징
> • 환자 발생이 폭발적이다.
> • 음료수 사용지역과 유행지역이 일치한다.
> • 계절과 관계없이 발생 가능하다.
> • 성별·연령·직업·생활 수준에 따른 발생빈도의 차이가 없다.

035 다음 중 상수 처리 과정이 바르게 된 것은?

① 침사 → 침전 → 여과 → 소독
② 침전 → 여과 → 소독 → 침사
③ 여과 → 소독 → 침사 → 침전
④ 소독 → 침사 → 침전 → 여과

> 상수의 처리과정은 취수 → 침사 → 침전 → 여과 → 소독 → 급수 순서로 이루어진다.

정답 026 ④ 027 ③ 028 ② 029 ③ 030 ① 031 ① 032 ① 033 ④ 034 ② 035 ①

036 다음 중 상수의 소독에 가장 널리 사용되는 것은?

① 염소(Cl_2)
② 오존(O_3)
③ 브롬(Br_2)
④ 표백분

🔍 물의 소독에는 염소(Cl_2), 오존(O_3), 자외선, 브롬(Br_2), 요오드(I_2), 표백분 등을 사용하며 이들 중 가장 일반적으로 사용되는 것은 염소(Cl_2)이다.

037 다음 중 물을 소독할 때 염소 소독의 장점이 아닌 것은?

① 소독력이 강하다.
② 방법이 간편하다.
③ 가격이 저렴하다.
④ 바이러스를 효과적으로 사멸시킨다.

🔍 염소 소독은 바이러스를 사멸시킬 수 없으며, 바이러스를 사멸시키기 위해서는 오존(O_3) 소독법을 사용해야 한다.

038 하수처리 방법 중 생활하수와 천수(눈 또는 비)를 같이 처리하는 방법은?

① 분류식　　② 혼합식
③ 합류식　　④ 복합식

🔍 하수의 처리방법
• 분류식 : 생활하수와 천수를 따로 처리하는 방법
• 합류식 : 생활하수와 천수를 같이 처리하는 방법
• 혼합식 : 생활하수와 천수의 일부를 같이 처리하는 방법

039 다음 중 깨끗한 물은 무엇인가?

① BOD는 높고 DO가 낮은 물
② BOD와 DO가 모두 높은 물
③ BOD는 낮고 DO가 높은 물
④ BOD와 DO가 모두 낮은 물

🔍 BOD와 DO
• 생화학적 산소요구량(BOD) : 호기성 미생물이 일정 기간 동안 물속에 있는 유기물을 분해할 때 사용하는 산소의 양을 말하는 것으로 오염도가 심할수록 BOD 수치도 높아진다.
• 용존산소량(DO) : 물 또는 용액 속에 녹아있는 분자 상태의 산소량으로 오염도가 심할수록 낮아진다.

040 다음 중 음식물 쓰레기의 처리에 가장 효과적인 방법은?

① 비료화법　　② 매립법
③ 소각법　　　④ 활성슬러지법

🔍 쓰레기 처리방법에는 2분법, 비료화법, 매립법, 소각법이 있으며 이 중 음식물 쓰레기의 처리에 가장 효과적인 방법은 비료화법(고속 퇴비화)이다. 참고로 활성슬러지법(활성오니법)은 폐수 또는 하수처리에 사용되는 방법이다.

041 다음 중 광선 이용률이 가장 큰 인공조명은 무엇인가?

① 직접조명
② 간접조명
③ 반간접조명
④ 채광

🔍 인공조명에는 직접조명, 간접조명, 반간접조명이 있으며 이 중 직접조명은 직접 빛을 받으므로 광선 이용률이 커서 경제적이지만 눈이 부시고 강한 음영으로 불쾌감을 줄 수 있다.

042 실내 자연환기의 근본 원인이 아닌 것은?

① 실내외의 온도차
② 기체의 확산력
③ 외기의 풍력
④ 실내공기의 산소분압

🔍 특별한 장치없이 출입문, 창, 벽 등이 틈으로 공기가 유통되는 것(외기의 풍력), 실내의 온도차, 대류, 기체의 확산력 등에 의해 자연적으로 일어나는 환기를 자연환기라 한다.

043 다음 보기 중 생선이나 조개류의 생식과 가장 관계 깊은 식중독은 무엇인가?

① 살모넬라 식중독
② 병원성 대장균 식중독
③ 포도상구균 식중독
④ 장염비브리오 식중독

🔍 장염비브리오 식중독은 균에 오염된 어류 및 패류의 생식이 주된 원인으로 칼, 도마, 행주 등에 의한 2차 오염이 가능하다. 이를 예방하기 위해서는 생식을 삼가고 식품의 가열조리와 저온 저장이 요구된다.

정답 036 ① 037 ④ 038 ③ 039 ③ 040 ① 041 ① 042 ④ 043 ④

044 보기 중 세균성 식중독 중 독소형 식중독의 원인균은?

① 살모넬라균
② 장염비브리오균
③ 포도상구균
④ 병원성대장균

🔍 세균성 독소형 식중독 : 황색포도상구균, 클로스트리디움 퍼프린젠스, 클로스트리디움 보툴리눔

045 다음 중 세균성 식중독에 대한 설명으로 틀린 것은?

① 많은 양의 균이나 많은 양의 독소에 의해 발생된다.
② 일반적으로 잠복기가 짧고, 2차 감염이 없다.
③ 면역성이 없다.
④ 주로 음용수에 의해 경구감염된다.

🔍 음용수에 의해 경구감염되는 것은 소화기계(경구) 감염병이다.

046 다음 중 항히스타민제 복용으로 쉽게 치료되는 식중독으로 맞는 것은?

① 알레르기성 식중독
② 비브리오 식중독
③ 살모넬라 식중독
④ 병원성 대장균 식중독

🔍 알레르기성 식중독의 원인식품은 꽁치, 고등어, 다랑어, 정어리 등으로 단백질 분해산물인 히스타민을 제거할 수 있는 항히스타민제를 복용하거나 주사를 맞으면 쉽게 치료된다.

047 일반적으로 복어의 식중독 원인물질(tetrodotoxin)이 가장 많이 들어있는 부위는?

① 껍질
② 근육
③ 아가미
④ 난소

🔍 복어의 독성물질인 테트로도톡신은 난소에 가장 많이 들어 있으며, 산란기 직전인 5~6월에 특히 강하게 작용한다.

048 다음 중 3대 영양소가 아닌 것은?

① 탄수화물
② 단백질
③ 무기질
④ 지방

🔍
- 3대 영양소 : 탄수화물, 단백질, 지방
- 4대 영양소 : 탄수화물, 단백질, 지방, 무기질
- 5대 영양소 : 탄수화물, 단백질, 지방, 무기질, 비타민

049 영양소 중 조절소에 해당되는 것은?

① 무기질
② 단백질
③ 탄수화물
④ 지방질

🔍 조절소는 에너지를 내지는 않지만 체내 대사 조절에 관여하는 영양소로 비타민, 무기질과 물이 이에 해당된다.

050 보건행정에 대한 설명으로 가장 올바른 것은?

① 공중보건의 목적을 달성하기 위해 공공의 책임 하에 수행하는 행정활동
② 개인보건의 목적을 달성하기 위해 공공의 책임 하에 수행하는 행정활동
③ 국가 간의 질병교류를 막기 위해 공공의 책임 하에 수행하는 행정활동
④ 공중보건의 목적을 달성하기 위해 개인의 책임 하에 수행하는 행정활동

🔍 보건행정은 질병의 예방, 수명의 연장 및 건강·효율의 증진을 위해 행정조직을 통하여 행하는 일련의 과정이다.

CHAPTER 02 소독

051 다음 중 병원미생물을 죽이거나 병원성을 약화시켜 감염 및 증식력을 없애는 조작을 무엇이라 하는가?

① 소독
② 멸균
③ 방부
④ 위생

🔍
- 소독 : 병원미생물을 죽이거나 병원성을 약화시켜 감염 및 증식력을 없애는 것
- 멸균 : 강한 살균력을 작용시켜 병원균, 비병원균, 아포 등 모든 미생물을 완전 사멸시키는 것
- 방부 : 미생물의 발육을 저지 또는 정지시켜 부패나 발효를 방지하는 방법

정답 044 ③ 045 ④ 046 ① 047 ④ 048 ③ 049 ① 050 ① 051 ①

052 다음 작용들은 미생물에 작용하는 강도의 순으로 표시한 것이다. 맞는 것은?

① 소독 〉 멸균 〉 방부
② 멸균 〉 소독 〉 방부
③ 소독 〉 방부 〉 멸균
④ 방부 〉 멸균 〉 소독

🔍 멸균은 미생물의 완전 사멸, 소독은 병원미생물을 사멸시키거나 약화시켜 감염의 위험을 제거하는 것이며, 방부란 미생물의 발육을 저지 또는 정지시켜 부패를 방지하는 것을 말한다.

053 다음 중 화학적 소독에 사용되는 소독약의 구비조건으로 보기 어려운 것은?

① 살균력이 높을 것
② 용해성이 높을 것
③ 표백성이 높을 것
④ 침투력이 강할 것

🔍 소독약의 구비조건
- 살균력이 강해야 한다(미량으로 효과가 클 것).
- 물품의 부식성, 표백성이 없어야 한다.
- 용해성이 높고, 안정성이 있어야 하며 침투력이 강해야 한다.
- 경제적이고 사용방법이 간편해야 한다.
- 독성이 약하여 인체에 무독해야 한다.
- 식품에 사용 후에도 씻어낼 수 있어야 한다.
- 냄새(방취력)가 강하지 않아야 한다.

054 다음 중 소독약품의 살균력 측정시험에서 지표로서 주로 사용하는 것은?

① 크레졸   ② 석탄산
③ 알코올   ④ 승홍

🔍 석탄산(페놀, phenol)은 3%의 수용액을 사용하며, 산성도가 높고 고온일수록 소독 효과가 크다. 또한, 석탄산은 소독약의 살균력을 비교하는 기준이 된다.

055 피부 및 기구소독에 사용되는 알코올의 종류와 농도는?

① 70%의 에탄올   ② 100%의 에탄올
③ 70%의 메탄올   ④ 100%의 메탄올

🔍 소독에 사용되는 알코올은 에탄올(에틸알코올)이며, 70%의 에탄올이 소독력이 가장 크다.

056 다음 중 금속제품의 소독에 적당하지 않은 소독약품은?

① 역성비누
② 알코올
③ 승홍
④ 과산화수소

🔍 승홍은 금속을 부식시키기 때문에 철제품 등의 금속제품 소독에 사용해서는 안 된다.

057 역성비누에 대한 설명으로 틀린 것은?

① 양이온 계면활성제이다.
② 살균제, 소독제 등으로 사용된다.
③ 자극성 및 독성이 없다.
④ 무미·무해하나 침투력이 약하다.

🔍 역성비누는 0.01~0.1%의 농도를 사용하며, 무미·무해·무독하면서도 침투력과 살균력이 강하여, 포도상구균, 결핵균에 유효하며 손 소독이나 식품소독 등에 사용한다.

058 물리적 소독법 중 건열에 의한 멸균법에 해당되지 않는 방법은?

① 화염멸균법   ② 자비소독법
③ 소각소독법   ④ 세균여과법

🔍 물리적 소독법
- 건열에 의한 멸균법 : 화염멸균법, 건열멸균법, 소각소독법
- 습열에 의한 멸균법 : 자비소독법, 저온소독법, 유통증기소독법, 간헐멸균법, 고압증기멸균법
- 무가열에 의한 멸균법 : 자외선조사, 방사선조사, 세균여과법, 초음파살균법

059 자비소독의 설명 중 맞는 것은?

① 결핵균, 살모넬라균은 사멸되지만 대장균은 사멸되지 않는다.
② 코흐의 증기솥이나 아놀드의 증기 살균기를 이용한다.
③ 가장 확실한 소독법으로 재생이 불가능하다.
④ 비등된 열탕에 의해 소독이나 살균을 행하는 방법이다.

🔍 ① 저온살균, ② 유통증기소독, ③ 소각

정답 052 ② 053 ③ 054 ② 055 ① 056 ③ 057 ④ 058 ② 059 ④

060 중성세제와 역성비누에 대한 다음 설명 중 맞는 것은?

① 역성비누는 살균력이 약하다.
② 중성세제는 살균력이 강하다.
③ 역성비누는 세정력이 강하다.
④ 중성세제는 세정력이 강하다.

> 역성비누는 살균력이 강하고 세정력이 약하며, 중성세제는 살균력이 약하고 세정력이 강하다.

061 다음 병원 미생물 중 가장 큰 것은?

① 리케차　　② 바이러스
③ 곰팡이　　④ 세균

> 미생물의 크기 : 곰팡이 > 효모 > 스피로헤타 > 세균 > 리케차 > 바이러스

062 미생물의 증식과 사멸에 영향을 미치는 인자로 거리가 먼 것은?

① 온도
② 물의 양
③ 산소농도
④ 삼투압

> • 외인성 인자 : 온도
> • 화학성 인자 : 삼투압
> • 환경인자 : 산소 농도
> • 그 외 수소이온농도, 습도 등

063 생육이 가능한 최저 수분활성도가 가장 높은 것은?

① 내건성 포자
② 세균
③ 곰팡이
④ 효모

> 미생물 증식에 필요한 수분활성도(Aw)는 세균 0.94, 효모 0.88, 곰팡이 0.80이다.

064 다음 중 저온균의 최적 온도는?

① 2~5℃　　② 5~10℃
③ 15~20℃　④ 25~37℃

구분	종류	발육가능 온도	최적온도
저온균	부패균의 일부, 곰팡이의 일부, 수생균	0~25℃	15~20℃
중온균	곰팡이, 효모, 일반세균, 대부분의 병원균	15~55℃	25~37℃
고온균	바실러스속, 클로스트리디움속 일부	40~70℃	50~60℃

065 다음 중 이·미용기구 소독의 일반기준으로 알맞지 않은 것은?

① 건열소독 : 섭씨 100℃ 이상의 건조한 열에 10분 이상 쐬어준다.
② 열탕소독 : 섭씨 100℃ 이상의 습한 열에 20분 이상 쐬어준다.
③ 크레졸소독 : 3%의 크레졸 수용액에 10분 이상 담가둔다.
④ 석탄산수소독 : 3% 석탄산수 수용액에 10분 이상 담가둔다.

> 건열소독시 섭씨 100℃ 이상의 건조한 열에 20분 이상 쐬어준다.

066 다음 중 고압증기멸균법의 방법이 알맞은 것은?

① 10Lbs, 115.5℃의 상태 : 10분
② 15Lbs, 121.5℃의 상태 : 20분
③ 20Lbs, 126.5℃의 상태 : 30분
④ 25Lbs, 130.5℃의 상태 : 40분

> 고압증기멸균법
> • 10Lbs, 115.5℃의 상태 : 30분
> • 15Lbs, 121.5℃의 상태 : 20분
> • 20Lbs, 126.5℃의 상태 : 15분

067 결핵환자의 객담처리 방법 중 가장 효과적인 것은?

① 알코올 소독　　② 크레졸 소독
③ 소각법　　　　④ 매몰법

> 결핵환자의 배설물, 토사물, 객담은 반드시 소각해야 한다.

정답 060 ④　061 ③　062 ②　063 ④　064 ③　065 ①　066 ②　067 ③

068 미용업에서 질병감염의 예로 해당하지 않는 것은?

① 디자이너 실수로 고객에게 가벼운 상처를 입혀 감염
② 디자이너 자신이 상처를 입어 출혈에 의한 감염
③ 약품이 공기 중에 산화되었을 경우에 의한 감염
④ 시술 시 도구를 통한 감염

🔍 염모제, 펌제 등의 산화는 질병감염과 관련이 없다.

069 석탄산 30배 희석액과 어느 소독약 240배 희석액이 같은 살균력을 가졌다면 이 소독약의 석탄계수는?

① 2 ② 4
③ 6 ④ 8

🔍 석탄산계수 = $\dfrac{\text{소독약의 희석배수}}{\text{석탄산의 희석배수}} = \dfrac{240}{30} = 8$

070 이·미용실 바닥 소독용으로 가장 알맞은 소독 약품은?

① 알코올 ② 크레졸
③ 생석회 ④ 승홍수

🔍 크레졸은 소독력이 강하고 적용범위가 넓어 사용이 용이하다.

CHAPTER 03 공중위생관리법규

071 공중위생관리법의 목적이 아닌 것은?

① 국민건강증진 ② 영리추구
③ 위생수준향상 ④ 국민보건

🔍 공중위생관리법은 공중이 이용하는 영업과 시설의 위생관리 등에 관한 사항을 규정함으로써 위생수준을 향상시켜 국민의 건강증진에 기여함을 목적으로 한다.

072 미용업을 하고자 할 때 신고해야 될 대상자가 아닌 것은?

① 시장 ② 군수
③ 구청장 ④ 도지사

🔍 개업 신고 및 폐업신고는 시장, 군수, 구청장에게 한다.

073 공중위생영업에 포함되지 않은 것은?

① 숙박업
② 이·미용업
③ 요식업
④ 목욕장업

🔍 공중위생영업이라 함은 다수인을 대상으로 위생관리 서비스를 제공하는 영업으로서 숙박업, 목욕장업, 이용업, 미용업, 세탁업, 위생관리 용역업을 말한다.

074 미용사의 업무범위가 아닌 것은?

① 머리카락 다듬기
② 면도하기
③ 얼굴, 머리, 메이크업 손질하기
④ 두피관리

🔍 면도하기는 이용업의 범위에 속한다.

075 공중위생영업을 폐업할 때 폐업한 날로부터 며칠 이내에 시장, 군수, 구청장에게 신고하여야 하는가?

① 10일
② 20일
③ 30일
④ 40일

🔍 미용업자는 폐업하는 날부터 20일 이내에 시장, 군수, 구청장에게 신고하여야 하며, 신고 시 폐업신고서를 제출한다.

076 이·미용사가 되고자 하는 자는 누구에게 면허를 받아야 하는가?

① 시장·군수·구청장
② 광역시장
③ 도지사
④ 대통령

🔍 보건복지부령이 정하는 바에 의하여 시장·군수·구청장에게 면허를 받아야 한다.

정답 068 ③ 069 ④ 070 ② 071 ② 072 ④ 073 ③ 074 ② 075 ② 076 ①

077 다음 중 미용사가 될 수 있는 사람은?

① 피성년후견인
② 약물중독자
③ 감염성 결핵환자
④ 당뇨병 환자

🔍 결격사유
- 피성년후견인
- 정신보건법에 따른 정신질환자(다만, 전문의적합하다고 인정하는 사람은 예외)
- 감염성 결핵환자(비감염성인 경우는 예외)
- 마약 기타 대통령령으로 정하는 약물중독자(대마 또는 향정신성의약품의 중독자)
- 면허가 취소된 후 1년이 경과되지 아니한 자

078 공중위생업자가 매년 받아야 하는 교육은?

① 위생교육
② 보건교육
③ 건강검
④ 소독교육

🔍 공중위생영업자는 매년 3시간의 위생교육을 받아야 한다.

079 이·미용업소의 영업정지 명령 또는 일부 시설의 사용중지명령을 받고도 그 기간 중에 영업을 하거나 그 시설을 사용한 자에 대한 벌칙은?

① 1년 이하의 징역 또는 1천만원 이하의 벌금
② 1년 이하의 징역 또는 500만원 이하의 벌금
③ 2년 이하의 징역 또는 500만원 이하의 벌금
④ 2년 이하의 징역 또는 1천만원 이하의 벌금

🔍 1년 이하의 징역 또는 1천만원 이하의 벌금
- 시장·군수·구청장에게 규정에 의한 공중위생영업의 신고를 하지 아니한 자
- 영업정지명령 또는 일부 시설의 사용중지명령을 받고도 그 기간 중에 영업을 하거나 그 시설을 사용한 자 또는 영업소 폐쇄명령을 받고도 계속하여 영업을 한 자

080 이·미용업자가 위생관리 기준을 지키지 아니하여 당국의 개선명령을 따르지 않았을 때의 벌칙사항은?

① 300만원 이하의 과태료
② 500만원 이하의 과태료
③ 1년 이하의 징역 또는 300만원 이하의 과태료
④ 1년 이하의 징역 또는 500만원 이하의 과태료

🔍 300만원 이하의 과태료
- 보고를 하지 아니하거나 관계공무원의 출입·검사 기타 조치를 거부·방해 또는 기피한 자
- 개선명령에 위반한 자

081 이·미용사의 면허증을 재교부 신청할 수 없는 경우는?

① 면허증이 훼손되었을 때
② 면허증을 분실했을 때
③ 이름을 변경하였을 때
④ 면허가 취소되었을 때

🔍 면허증 재교부 대상
- 면허증의 기재사항에 변경이 있을 때
- 면허증을 분실하였을 때
- 면허증이 헐어 못쓰게 된 때

082 위생교육에 대한 내용으로 옳지 않은 것은?

① 공중위생 영업자는 매년 받아야 한다.
② 이·미용업의 개설시 받아야 한다.
③ 위생교육의 방법, 절차 등은 대통령령으로 정한다.
④ 공중위생관리법에 의한 명령의 위반 시 받아야 한다.

🔍 위생교육의 방법, 절차 등은 보건복지부령으로 정한다.

083 미용업 영업장 안의 조명도는 얼마 이상이 되도록 유지하여야 하는가?

① 55Lux 이상
② 75Lux 이상
③ 80Lux 이상
④ 100Lux 이상

🔍 미용업 영업장 안의 조도는 75룩스 이상 되도록 유지한다.

정답 077 ④ 078 ① 079 ① 080 ① 081 ④ 082 ③ 083 ②

084 이·미용업 개설자가 위생교육을 받아야 할 시기는 언제인가?

① 개설 전에 미리
② 개설 후 1개월 이내
③ 아무 때나 상관없다.
④ 받지 않아도 된다.

🔍 위생교육은 미용실 오픈 전 받아야 하며 매년 3시간의 교육을 이수해야 한다.

085 이·미용업소에 반드시 게시하여야 하는 것은?

① 신분증
② 면허증 원본
③ 임대계약서 원본
④ 신고필증

🔍 미용업자의 위생관리의 의무 : 미용사 면허증을 영업소 안에 게시할 것

086 이·미용사의 면허를 받지 아니한 자가 이·미용 영업 업무를 행하였을 때의 벌칙 사항은?

① 100만원 이하의 벌금
② 300만원 이하의 벌금
③ 500만원 이하의 벌금
④ 1년 이하의 징역 또는 500만원 이하의 벌금

🔍 300만원 이하의 벌금
• 면허의 취소 또는 정지 중에 미용업을 한 사람
• 면허를 받지 아니하고 미용업을 개설하거나 그 업무에 종사한 사람

087 이·미용사의 면허증을 영업소 안에 게시하여야 하는 의무를 지키지 아니한 자에 대한 벌칙 사항은?

① 100만원 이하의 과태료
② 200만원 이하의 과태료
③ 6개월 이하의 징역 또는 1천만원 이하의 벌금
④ 1년 이하의 징역 또는 1천만원 이하의 벌금

🔍 영업소 내 게시 의무는 위생관리기준에 규정된 사항이며, 공중위생관리법상 위생관리기준을 지키지 아니한 자는 200만원 이하의 과태료에 처한다.

088 이·미용사의 면허증을 다른 사람에게 대여한 2차 위반 시의 행정처분 기준은?

① 영업정지 3개월
② 영업정지 6개월
③ 면허정지 3개월
④ 면허정지 6개월

🔍 • 1차 위반 : 면허정지 3개월
• 2차 위반 : 면허정지 6개월
• 3차 위반 : 면허취소

089 이·미용업소에서의 면도기 사용법에 대한 설명으로 옳은 것은?

① 1회용 면도날만을 손님 1인에 한하여 사용
② 정비용 면도기를 손님 1인에 한하여 사용
③ 매 손님마다 같은 면도날 사용
④ 매 손님마다 소독한 면도기 교체 사용

🔍 이·미용업 공중위생영업자가 준수하여야 하는 위생관리기준에 의하면 1회용 면도날은 손님 1인에 한하여 사용하여야 한다.

090 과태료 처분에 불복이 있는 이·미용 영업자는 그 처분의 고지를 받은 날로부터 몇 일 이내에 처분권자에게 이의를 제기할 수 있는가?

① 10일 ② 20일
③ 30일 ④ 40일

🔍 과태료 처분 불복이 있는 자는 그 처분의 고지를 받은 날로부터 30일 이내에 처분권자에게 이의를 제기할 수 있다.

091 건강 보균자에 대한 설명으로 가장 옳은 것은?

① 감염병에 걸렸다가 완전히 치유된 자
② 감염병에 걸려 자각증상이 있지만 정상적인 생활을 하고 있는 자
③ 감염병에 이환되어 앓고 있는 자
④ 병원체를 보유하고 있으나 증상이 없으며 체외로 이를 배출하고 있는 자

🔍 건강보균자란 병원체에 감염된 증상은 없지만 몸 안에 병원균을 가지고 있어 병원체를 배출하는 사람으로 감염병 관리에 있어 가장 어려운 대상이다.

정답 084 ① 085 ② 086 ② 087 ② 088 ④ 089 ① 090 ③ 091 ④

092 공중위생관리법상 미용업의 시설 및 설비기준에 해당되지 않는 것은?

① 미용기구를 소독하는 장비를 갖추어야 한다.
② 미용기구는 소독을 한 기구와 소독을 하지 않은 기구를 구분해 보관할 수 있는 용기를 비치해야 한다.
③ 화장실은 반드시 영업소 외부에 있어야 한다.
④ 설치할 때는 전체 벽면적의 3분의 1이상은 투명하게 해야 한다.

🔍 화장실은 공중시설 안에서 시설이용자의 건강을 해할 우려가 있는 오염물질이 발생되지 않도록 한다. 즉, 반드시 영업소 외부에 있어야 하는 것은 아니다.

093 영업의 변경신고가 필요한 사항이 아닌 것은?

① 영업소의 명칭 변경시
② 영업소 직원의 증감시
③ 영업소의 소재지 변경시
④ 영업소의 상호 변경시

🔍 영업의 변경신고
  • 상호 변경시
  • 소재지 변경시
  • 대표자 성명 변경시
  • 신고한 영업장 면적 1/3 이상 증감시

094 위생교육을 받지 아니한 자에 대한 벌칙은?

① 100만원 이하의 과태료
② 200만원 이하의 과태료
③ 300만원 이하의 과태료
④ 500만원 이하의 과태료

🔍 200만원 이하의 과태료
  • 미용업소의 위생관리 의무를 지키지 아니한 자
  • 영업소외의 장소에서 미용업무를 행한 자
  • 규정에 위반하여 위생교육을 받지 아니한 자

095 위생 서비스 수준의 평가는 몇 년마다 실시하는가?

① 1년   ② 2년
③ 3년   ④ 4년

🔍 위생관리등급은 최우수, 우수, 일반 관리 대상업소로 나누며 평가주기는 2년마다 시행한다.

096 소독한 기구와 소독을 하지 아니한 기구를 각각 다른 용기에 보관하지 않았을 때 1차 행정처분은?

① 경고
② 영업정지 1개월
③ 영업정지 3개월
④ 폐쇄명령

🔍 행정처분 기준
  • 1차 : 경고
  • 2차 : 영업정지 5일
  • 3차 : 영업정지 10일
  • 4차 : 폐쇄명령

097 영업장 폐쇄명령을 받고도 계속해서 영업을 할 때 관계 공무원의 당해 영업을 폐쇄하기 위한 조치가 아닌 것은?

① 영업장에서 사용한 필수 불가결한 기구 또는 시설물 압수
② 영업소가 위법임을 알리는 게시물 부착
③ 영업소의 간판 제거
④ 기구 또는 시설물을 사용할 수 없게 봉인

🔍 영업장 폐쇄 명령 조치
  • 당해 영업소의 간판, 영업표지물 제거
  • 당해 영업소가 위법임을 알리는 게시물
  • 영업을 위하여 필수불가결한 기구 또는 시설물을 사용할 수 없게 하는 봉인

098 위생관리 등급의 구분과 관련하여 최우수 업소는 어떤 등급인가?

① 백색등급
② 황색등급
③ 녹색등급
④ 적색등급

🔍 위생관리 등급
  • 백색등급 : 일반관리 대상 업소
  • 황색등급 : 우수업소
  • 녹색등급 : 최우수 업소

정답 092 ③ 093 ② 094 ② 095 ② 096 ① 097 ① 098 ③

099 다음 중 청문을 실시하여야 할 경우에 해당되지 않은 것은?

① 면허취소, 면허정지
② 공중위생영업의 정지처분을 하려할 때
③ 공중위생영업의 일부시설의 사용 중지
④ 벌금을 부과 처분하려 할 때

🔍 청문을 실시해야 하는 경우
 • 미용사의 면허 취소, 면허정지
 • 공중위생 영업의 정지, 일부시설 사용 중지
 • 영업소 폐쇄 명령 등

100 미용사가 해야 할 행위가 아닌 것은?

① 헤어 컷　　② 헤어 펌
③ 귓볼 뚫기　④ 염색

🔍 귓볼 뚫기는 의료행위에 속한다.

정답　099 ④　100 ③

PART 04

미용사일반 필기 적중모의고사

제 01 회 적중모의고사

○ CHECK POINT QUESTION

001
횡거 웨이브의 종류 중 큰 움직임을 보는 듯한 웨이브는?

① 스월 웨이브(swirl wave)
② 스윙 웨이브(swing wave)
③ 하이 웨이브(high wave)
④ 덜 웨이브(dull wave)

- 스윙 웨이브 : 큰 움직임을 보는 듯한 웨이브
- 하이 웨이브 : 융기점이 높고, 웨이브의 형성이 강한 웨이브
- 덜 웨이브 : 융기점이 흐르고 느슨한 웨이브

002
마샬 웨이브시 아이롱의 온도로 가장 적당한 것은?

① 100~120℃   ② 120~140℃
③ 140~160℃   ④ 160~180℃

마샬 아이롱의 온도는 120~140℃를 유지하는 것이 가장 적당하다.

003
콜드 웨이브의 제2액에 관한 설명 중 옳은 것은?

① 두발의 구성 물질을 환원시키는 작용을 한다.
② 약액은 티오글리콜산염이다.
③ 형성된 웨이브를 고정시켜준다.
④ 시스틴의 구조를 변화시켜 거의 갈라지게 한다.

콜드 웨이브의 제1액은 시스틴 결합을 끊어 시스테인 상태로 만들어 일시적인 웨이브를 만든다. 또한, 제2액은 산화작용에 의해서 시스테인이 재결합되어 시스틴이 됨으로써 영구적인 웨이브가 형성된다.

004
의조(artificial nail)를 하는 경우로 틀린 것은?

① 손톱이 보기 흉할 때
② 손톱이 다쳤을 때
③ 손톱을 소독할 때
④ 손톱이 떨어져 나갔을 때

인조를 하는 경우는 손톱이 보기 좋지 않아 아름답게 꾸미고자 할 경우 인위적으로 사용된다

005
코의 화장법으로 좋지 않은 방법은?

① 큰 코는 전체가 드러나지 않도록 코 전체를 다른 부분보다 연한색으로 펴바른다.
② 낮은 코는 코의 양측면에 세로로 진한 크림파우더 또는 다갈색의 아이섀도우를 바르고 코 등에 엷은 색을 바른다.
③ 코끝이 둥근 경우 코끝의 양측면에 진한색을 펴바르고 코 끝에는 엷은색을 바른다.
④ 너무 높은 코는 코 전체에 진한색을 펴바른 후 양측면에 엷은 색을 바른다.

큰 코인 경우 코 전체를 진하게 처리한다.

006
우리나라에서 현대미용의 시초라고 볼 수 있는 시기는?

① 조선 중엽   ② 한일합방 이후
③ 해방 이후   ④ 6.25 이후

1901년 최초의 동호이발소 개원, 1923년 이용사 자격시험실시, 이화 학당 여학생의 두발의 변화 등의 사례를 현대미용의 시초라고 볼 수 있다.

007
커트용 가위 선택 시의 유의사항 중 옳은 것은?

① 일반적으로 협신에서 날끝으로 갈수록 만곡도가 큰 것이 좋다.
② 양날의 견고함이 동일한 것이 좋다.
③ 일반적으로 도금된 것은 강철의 질이 좋다.
④ 잠금 나사는 느슨한 것이 좋다.

좋은 가위 선택법
• 협신 : 끝부분으로 갈수록 자연스럽게 구부러진 것이 좋다.
• 날의 견고성 : 양쪽 날의 견고함이 동일한 것이 좋다.
• 날의 두께 : 날은 얇고 협신은 가볍고 양다리는 강한 것이 좋다.

008
헤어커팅 시 두발의 양이 적을 때나 두발 끝을 테이퍼해서 표면을 정돈할 때, 스트랜드의 1/3 이내의 두발 끝을 테이퍼 하는 것은?

① 노멀 테이퍼(nomal taper)
② 엔드 테이퍼(end taper)
③ 딥 테이퍼(deep taper)
④ 미디움 테이퍼(medium taper)

테이퍼(Taper)
• 엔드테이퍼(End Taper) : 스트랜드의 1/3 이내의 모발 끝을 테이퍼 하는 경우로 모발의 양이 적을 때나 모발 끝을 테이퍼해서 표면을 정돈하는 때에 행한다.
• 노멀 테이퍼(Normal Taper) : 모발의 양이 보통인 경우에 스트랜드의 1/2 지점을 폭넓게 테이퍼 하는 경우로 아주 자연스럽게 모발 끝이 붓끝처럼 가는 상태로 되며 모발의 움직임이 가벼워진다.
• 딥테이퍼(deep Tapper) : 스트랜드의 2/3 지점에서 모발을 많이 쳐내어 탄력있는 모발에 적당한 움직임을 주는 때에 이용된다.

009
헤어 세팅에 있어 오리지널 세트의 주요한 요소에 해당되지 않은 것은?

① 헤어 웨이빙   ② 헤어 컬링
③ 콤 아웃   ④ 헤어 파팅

• 오리지널 세트 : 헤어파팅, 헤어세 이핑, 헤어컬링, 헤어롤링, 헤어웨이빙
• 리셋 세트 : 브러시아웃, 콤아웃

010
다음 중 헤어브러시로서 가장 적합한 것은?

① 부드러운 나일론, 비닐계의 제품
② 탄력 있고 털이 촘촘히 박힌 강모로 된 것
③ 털이 촘촘한 것보다 듬성듬성 박힌 것
④ 부드럽고 매끄러운 연모로 된 것

탄력있고 털이 촘촘히 박힌 강모로 된 천연재질 돈모가 헤어드라이 시술 시 가장 적합하다.

011
매니큐어(manicure)시술 시 주의사항으로 올바른 것은?

① 손·발톱에 감염성 질환이 있는 경우 깨끗이 세척한 후에 시술한다.
② 큐티클 푸셔(cuticle pusher)를 이용하는 경우 강한 힘으로 하는 것이 좋다.
③ 손톱의 양 가장자리는 되도록 깊게 줄질하는 것이 자라는 손톱 모양에 좋다.
④ 반월 뒤의 매트릭스(matrix)에는 무리한 힘을 주지 않는다.

매니큐어 시술 시 주의사항
• 손과 발가락 주위에 염증 또는 질환이 있을 때는 시술을 하지 않는다.
• 시술 전, 후로 소독을 철저히 하여 감염이 되지 않도록 주의한다.
• 시술 시 상처에 대비하여 비상약을 준비해 둔다.
• 손톱, 발톱 관리할 때 모서리를 너무 깊게 시술하지 않는 것이 좋다.
• 반월 뒤의 매트릭스는 무리한 힘을 주지 않는 것이 좋다.

012
헤어틴트 시 패치테스트를 반드시 해야 하는 염모제는?

① 글리세린이 함유된 염모제
② 합성왁스가 함유된 염모제

③ 파라페닐렌디아민이 함유된 염모제
④ 과산화수소가 함유된 염모제

> 염모제에 검정색을 내기 위해 사용되는 파라페닐렌디아민은 접촉성 알레르기를 일으킬 위험이 높은 성분이므로 반드시 패치테스트가 이루어져야 한다.

013
프레커트(pre-cut)에 해당되는 것은?

① 두발의 상태가 커트하기에 용이하게 되어 있는 상태를 말한다.
② 퍼머넌트 웨이브 시술 전의 커트를 말한다.
③ 손상모 등을 간단하게 추려내기 위한 커트를 말한다.
④ 퍼머넌트 웨이브 시술 후의 커트를 말한다.

> - 웨트커팅 : 모발에 물을 적셔서 레이저(또는 가위)로 커트하는 방법
> - 드라이커팅 : 건조한 상태의 모발에 시저스(가위), 클리퍼(바리캉)를 사용하여 커팅하는 방법
> - 프레커트 : 퍼머넌트 웨이빙 시술 전에 하는 커트하는 방법
> - 애프터커트 : 퍼머넌트 웨이빙 시술 후에 커트하는 방법

014
루프가 귓바퀴를 따라 말리고 두피에 90°로 세워져 있는 컬은?

① 리버스 스탠드업 컬
② 포워드 스탠드업 컬
③ 스컬프처 컬
④ 플랫 컬

> - 리버스 스탠드업 컬 : 귓바퀴 반대방향으로 말리고 두피에서 90°로 세워진 컬
> - 스컬프처 컬 : 모발끝이 컬의 중심이 된 컬
> - 플랫 컬 : 루프가 두피에 0°각도로 납작하게 형성된 것

015
염모제에 대한 설명 중 틀린 것은?

① 제1액의 알칼리제로는 휘발성이라는 점에서 암모니아가 사용된다.
② 염모제 제1액은 제2액 산화제(과산화수소)를 분해하여 발생기 수소를 발생시킨다.
③ 과산화수소는 모발의 색소를 분해하여 탈색한다.
④ 과산화수소는 산화염료를 산화해서 탈색시킨다

> 염모제는 1제(알칼리제+색소+계면 활성제+항산화제)와 2제(산화제 : 과산화수소+물)로 구성되어 있으며, 탈색과 발색이 동시에 이루어진다.

016
두피상태에 따른 스캘프 트리트먼트(scalp treatment)의 시술방법의 잘못된 것은?

① 지방이 부족한 두피상태 - 드라이 스캘프 트리트먼트
② 지방이 과잉된 두피상태 - 오일리 스캘프 트리트먼트
③ 비듬이 많은 두피상태 - 핫오일 스캘프 트리트먼트
④ 정상 두피상태 - 플레인 스캘프 트리트먼트

> 두피에 따른 스캘프 트리트먼트
> - 정상두피 : 플레인 스캘프 트리트 먼트
> - 건성두피 : 드라이 스캘프 트리트 먼트
> - 지성두피 : 오일리 스캘프 트리트 먼트
> - 비듬성두피 : 댄드러프 스캘프 트리트먼트

017
큐티클 리무버(cuticle remover)의 용도는?

① 손상된 모발의 영양 공급
② 손·발톱의 상조피 제거
③ 손·발톱의 폴리시 제거
④ 지방성 여드름 치료

> 네일과 관련한 기구의 용도
> - 큐티클 푸셔 : 큐티클을 밀어 올릴 때 사용
> - 큐티클 리무버 : 상조피 제거용
> - 핑거볼 : 큐티클을 불릴 때 사용
> - 토우 세퍼레이터 : 발가락을 고정할 때 사용

018
화학약품만의 작용에 의한 콜드 웨이브를 처음으로 성공시킨 사람은?

① 마셀 그라또 ② 죠셉 메이어
③ J.B. 스피크먼 ④ 챨스 네슬러

인물과 미용
- 마셀 그라또우 : 아이롱의 열을 이용하여 일시적 웨이브
- 죠셉 메이어 : 크로키놀식 퍼머넌트 웨이브 창안
- 챨스 네슬러 : 스파이럴식 퍼머넌트 웨이브 창안

019
조선시대에 사람 머리카락으로 만든 가채를 얹은 머리형은?

① 큰머리 ② 쪽진머리
③ 귀밑머리 ④ 조짐머리

조선시대 머리모양에는 큰머리, 쪽 낭자머리, 얹은머리, 둘레머리, 조짐머리, 첩지머리, 새앙머리, 낭자쌍계, 귀밑머리, 종종머리 등이 있으며, 가채는 주로 큰머리에 사용되었다.

020
다음 설명에 해당되는 손톱은?

> 이상적인 손톱형으로 네일 폴리시를 손톱 전체에 바르거나, 반달형으로 칠한다.

① 뾰족한 손톱 ② 타원형 손톱
③ 장방형 손톱 ④ 원형 손톱

방형과 첨형 손톱
- 방형 손톱 : 손톱 전체에 폴리시를 바르는 것보다는 손톱의 양옆과 반월 부분을 남겨서 칠하면 손톱이 가늘어 보인다.
- 첨형 손톱 : 손가락의 모양도 뾰족한 것이 많다. 이 경우 반월형으로 하거나 또는 양쪽을 남겨서 네일 폴리시를 칠하면 짧게 보일 수가 있다.

021
법정 감염병 중 제2급 감염병이 아닌 것은?

① 결핵 ② C형간염
③ 수두 ④ 폴리오

C형간염은 제3급 감염병에 속한다.

022
다음 질병 중 병원체가 바이러스(virus)인 것은?

① 장티푸스 ② 쯔쯔가무시병
③ 폴리오 ④ 발진열

장티푸스는 세균, 쯔쯔가무시병과 발진열은 리케차가 그 병원체이다. 폴리오(polio)는 폴리오 바이러스에 의한 감염성 질환으로 급성회백수염, 척수전각염이라고도 한다.

023
인수공통감염병에 해당되는 것은?

① 홍역 ② 한센병
③ 풍진 ④ 공수병

인수공통감염병 : 결핵, 광견병(공수병), 페스트, 탄저, 살모넬라, 돈단독, 선모충, 일본뇌염, 유구조충, 페스트, 발진열, 와일씨병, 양충병, 서교증, 아토병, 파상열, 황열

024
현재 우리나라 근로기준법상에서 보건상 유해하거나 위험한 사업에 종사하지 못하도록 규정되어 있는 대상은?

① 임신중인 여자와 18세 미만인 자
② 산후 1년 6개월이 지나지 아니한 여성
③ 여자와 18세 미만인 자
④ 13세 미만인 어린이

근로기준법에 따르면 '사용자는 임신 중이거나 산후 1년이 지나지 아니한 여성과 18세 미만자를 도덕상 또는 보건상 유해·위험한 사업에 사용하지 못한다.'고 명시되어 있다.

025
감각온도의 3대 요소에 속하지 않는 것은?

① 기온 ② 기습
③ 기압 ④ 기류

감각온도(체감온도)의 변화인자는 기온(온도), 기습(습도), 기류(공기의 흐름)이다.

026
폐흡충증의 제2중간 숙주에 해당되는 것은?

① 잉어 ② 다슬기
③ 모래무지 ④ 가재

폐흡충증(폐디스토마)은 다슬기 → 민물 게, 가재 → 사람의 경로를 거쳐 감염된다.

027
일명 도시형, 유입형이라고도 하며 생산층 인구가 전체 인구의 50% 이상이 되는 인구 구성의 유형은?

① 별형(star form)
② 항아리형(pot form)
③ 농촌형(guitar form)
④ 종형(bell form)

인구구성형
- 항아리형 : 출생률이 사망률보다 더 낮은 선진국형에 해당된다.
- 농촌형 : 생산연령 인구가 많이 유출되는 형으로 기타형이라고도 한다.
- 종형 : 출생률과 사망률이 낮으므로 이상적인 인구형이다.

028
고도가 상승함에 따라 기온도 상승하여 상부의 기온이 하부의 기온보다 높게 되어 대기가 안정화되고 공기의 수직확산이 일어나지 않게 되며, 대기오염이 심화되는 현상은?

① 고기압
② 기온역전
③ 엘리뇨
④ 열섬

상부기온이 하부기온보다 높을 때 발생하는 기온역전현상으로 인해 LA 스모그, 런던 스모그와 같은 대기오염이 발생한다.

029
다음 중 불량 조명에 의해 발생되는 직업병이 아닌 것은?

① 안정피로 ② 근시
③ 근육통 ④ 안구진탕증

근육통은 근육을 과도하게 사용했을 때 생긴다.

030
페스트, 살모넬라증 등을 감염시킬 가능성이 가장 큰 동물은?

① 쥐 ② 말
③ 소 ④ 개

인수공통감염병
- 쥐 : 페스트, 살모넬라, 발진열 와일씨병, 양충병, 서교증
- 말 : 탄저
- 소 : 결핵, 탄저

031
다음 중 건열멸균에 관한 내용이 아닌 것은?

① 화학적 살균 방법이다.
② 주로 건열 멸균기(dry oven)를 사용한다.
③ 유리기구, 주사침 등의 처리에 이용된다.
④ 160℃에서 1시간 30분 정도 처리한다.

소독법의 분류
- 자연소독법 : 희석, 태양광선, 한랭
- 물리적 소독법 : 건열에 의한 멸균법, 습열에 의한 멸균법, 자외선조사, 방사전조사, 초음파살균법, 세균여과법 등
- 화학적 소독법 : 가스에 의한 멸균법, 알코올, 역성비누, 계면활성제, 페놀화합물, 과산화수소 등

032
태양광선 중 가장 강한 살균작용을 하는 것은?

① 중적외선 ② 가시광선
③ 원적외선 ④ 자외선

자외선은 태양광선 중 파장이 200~400nm의 범위에 속하며, 특히 260nm 부근의 파장인 경우 강력한 살균작용을 한다.

033
미용용품이나 기구 등을 일차적으로 청결하게 세척하는 것은 다음의 소독방법 중 어디에 해당되는가?

① 희석　　　　② 방부
③ 정균　　　　④ 여과

> 희석 : 자연소독법, 세척하는 방법으로 균수가 줄어든다.

034
B형 간염 바이러스에 가장 유효한 소독제는?

① 양성계면활성제　　② 포름알데히드
③ 과산화수소　　　　④ 양이온계면활성제

035
다음 소독제 중 상처가 있는 피부에 가장 적합하지 않은 것은?

① 승홍수　　　　② 과산화수소
③ 포비돈　　　　④ 아크리놀

> 승홍수는 살균력은 좋으나 금속을 부식시키고 피부 점막에 자극을 주며 인체에 축적되어 수은중독을 일으킬 수 있다.

036
다음 중 이·미용업소에서 손님으로부터 나온 객담이 묻은 휴지 등을 소독하는 방법으로 가장 적합한 것은?

① 소각소독법　　　　② 자비소독법
③ 고압증기멸균법　　④ 저온소독법

> 소독법 설명
> • 자비소독법 : 식기류, 도자기류, 주사기, 의류 등
> • 고압증기멸균법 : 초자기구, 의류, 고무제품, 자기류, 거즈 및 약액 등
> • 저온소독법 : 유제품, 알코올, 건조 과실 등

037
살균 및 탈취뿐만 아니라 특히 표백의 효과가 있어 두발 탈색제와도 관계가 있는 소독제는?

① 알콜　　　　② 석탄수
③ 크레졸　　　④ 과산화수소

> 과산화수소(Hydrogen Peroxide)는 표백제로도 사용되는 소독제로 3%의 수용액을 사용한다.

038
생석회 분말소독의 가장 적절한 소독 대상물은?

① 감염병 환자실　　② 화장실 분변
③ 채소류　　　　　　④ 상처

> 변소, 하수구 소독에는 석탄산수, 크레졸수, 포르말린액 등을 분무 살포하거나 표백분, 생석회 분말을 가하여 소독한다.

039
운동성을 지닌 세균의 사상부속기관은 무엇인가?

① 아포　　　　② 편모
③ 원형질막　　④ 협막

> 편모는 생물의 세포표면으로부터의 돌기물로 형성된 운동성이 있는 세포기관으로, 원생동물인 편모충류의 운동 및 포식기관이다.

040
손소독에 가장 적당한 크레졸수의 농도는?

① 1~2%　　　　② 0.1~0.3%
③ 4~5%　　　　④ 6~8%

> 손 소독에는 알코올, 승홍수, 역성비누액, 크레졸수 등이 사용되며 크레졸수 사용시에는 1~2%의 수용액을 사용한다.

041
강한 자외선에 노출될 때 생길 수 있는 현상과 가장 거리가 먼 것은?

① 아토피 피부염
② 비타민 D 합성
③ 홍반반응
④ 색소침착

> 자외선의 영향 : 비타민 D 합성, 신진대사 촉진, 홍반, 색소침착, 피부암 유발

042
피부가 느낄 수 있는 감각 중에서 가장 예민한 감각은?

① 통각　　　　　② 냉각
③ 촉각　　　　　④ 압각

> 피부의 감각은 통각 > 촉각 > 냉각 > 압각 > 온각 순으로 분포하며 온각이 가장 둔하다.

043
두발의 영양 공급에서 가장 중요한 영양소이며 가장 많이 공급되어야 할 것은?

① 비타민 A　　　② 지방
③ 단백질　　　　④ 칼슘

> 머리털, 손톱, 피부 등 상피구조의 기본을 형성하는 것은 케라틴이라는 단백질이다.

044
천연보습인자(NMF)에 속하지 않는 것은?

① 아미노산　　　② 암모니아
③ 젖산염　　　　④ 글리세린

> 천연보습인자란 피부의 수분보유량을 조절하여 각질층의 건조를 방지하는 수용성 흡습물질을 말하는 것으로 아미노산, 피톨리돈 카르복실산, 요소, 암모니아, 나트륨, 칼슘, 마그네슘, 인산염, 염소, 젖산염, 시트릭산염, 포름산염 등이 그 구성성분에 속한다. 참고로 글리세린은 화장품의 보습제로 사용된다.

045
건강한 손톱상태의 조건으로 틀린 것은?

① 조상에 강하게 부착되어 있어야 한다.
② 단단하고 탄력이 있어야 한다.
③ 매끄럽게 윤기가 흐르고 푸른빛을 띠어야 한다.
④ 수분과 유분이 이상적으로 유지되어야 한다.

> 건강한 손톱은 윤기가 있고 붉은 빛을 띠어야 한다.

046
피부 세포가 기저층에서 생성되어 각질층으로 되어 떨어져 나가기까지의 기간을 피부의 1주기(각화주기)라 한다. 성인에 있어서 건강한 피부인 경우 1주기는 보통 몇 일인가?

① 45일　　　　　② 28일
③ 15일　　　　　④ 7일

> 건강한 피부의 각화주기는 28일이고 노화되면 각화주기가 길어진다.

047
피부가 두터워 보이고 모공이 크며 화장이 쉽게 지워지는 피부타입은?

① 건성　　　　　② 중성
③ 지성　　　　　④ 민감성

> 피부타입
> • 건성 : 유수분이 부족하여 주름이 생기기 쉽다.
> • 중성 : 가장 이상적인 피부로 모공이 작고 피부가 부드럽다.
> • 민감성 : 피부가 예민하고 얇아 모세혈관이 비쳐보인다.

048
피부에 여드름이 생기는 것은 다음 중 어느 것과 직접 관계 되는가?

① 한선구가 막혀서
② 피지에 의해 모공이 막혀서
③ 땀의 발산이 순조롭지 않아서
④ 혈액 순환이 나빠서

> 여드름은 안드로겐 호르몬의 영향으로 피지가 과잉으로 분비되어 생긴다.

049
헤모글로빈을 구성하는 매우 중요한 물질로 피부의 혈색과도 밀접한 관계에 있으며 결핍되면 빈혈이 일어나는 영양소는?

① 철분(Fe)　　　② 칼슘(Ca)
③ 요오드(I)　　　④ 마그네슘(Mg)

철분(Fe)은 헤모글로빈(혈색소)을 구성하는 성분일 뿐 아니라, 혈액 생성시 필수적인 영양소이다.

050
피부의 변화 중 결절(nodule)에 대한 설명으로 틀린 것은?

① 표피 내부에 직경 1cm 미만의 묽은 액체를 포함한 융기이다.
② 여드름 피부의 4단계에 나타난다.
③ 구진이 서로 엉켜서 큰 형태를 이룬 것이다.
④ 구진과 종양의 중간 염증이다.

결절은 구진보다 크고 종양보다 작은 경계가 명확한 피부의 단단한 융기물로 진피 혹은 피하지방층에 형성되며 치유 후 흉터를 남긴다.

051
영업소 이외의 장소에서 예외적으로 이·미용영업을 할 수 있도록 규정한 법령은?

① 대통령령
② 국무총리령
③ 보건복지부령
④ 시·도 조례

보건복지부령이 정하는 특별한 사유
- 질병이나 그 밖의 사유로 영업소에 나올 수 없는 자에 대하여 이용 또는 미용을 하는 경우
- 혼례나 그 밖의 의식에 참여하는 자에 대하여 그 의식 직전에 이용 또는 미용을 하는 경우
- 사회복지시설에서 봉사활동으로 이용 또는 미용을 하는 경우
- 위의 경우 외에 특별한 사정이 있다고 시장·군수·구청장이 인정하는 경우

052
이·미용업무의 보조를 할 수 있는 자는?

① 이·미용사의 감독을 받는 자
② 이·미용사 응시자
③ 이·미용학원 수강자
④ 시·도지사가 인정한 자

이용사 또는 미용사의 면허를 받은 자가 아니면 이용업 또는 미용업을 개설하거나 그 업무에 종사할 수 없다. 다만, 이용사 또는 미용사의 감독을 받아 이용 또는 미용 업무의 보조를 행하는 경우에는 그러하지 아니하다.

053
다음 중 이·미용업은 어디에 속하는가?

① 위생접객업
② 공중위생영업
③ 위생관리용역업
④ 위생관련업

이·미용업은 목욕장업, 세탁업과 함께 공중위생영업에 속한다.

054
이·미용영업소안에 면허증 원본을 게시하지 않은 경우 1차 행정처분기준은?

① 개선명령 또는 경고
② 영업정지 5일
③ 영업정지 10일
④ 영업정지 15일

행정처분기준
- 1차 위반 : 경고 또는 개선명령
- 2차 위반 : 영업정지 5일
- 3차 위반 : 영업정지 10일
- 4차 위반 : 영업장 폐쇄명령

055
이용사 또는 미용사의 면허를 받을 수 없는 자는?

① 전문대학 또는 이와 동등 이상의 학력이 있다고 교육부장관이 인정하는 학교에서 이용 또는 미용에 관한 학과를 졸업한 자
② 고등학교 또는 이와 동등의 학력이 있다고 교육부장관이 인정하는 학교에서 이용 또는 미용에 관한 학과를 졸업한 자
③ 교육부장관이 인정하는 고등기술학교에서 6월 이상 이용 또는 미용에 관한 소정의 과정을 이수한 자
④ 국가기술자격법에 의한 이용사 또는 미용사(일반, 피부)의 자격을 취득한 자

교육부장관이 인정하는 고등학교에서 1년 이상 이용 또는 미용에 관한 소정의 과정을 이수한 자여야만 이용사 또는 미용사의 면허를 받을 수 있다.

056
위생교육에 대한 설명으로 틀린 것은?

① 위생교육 시간은 년 3시간으로 한다.
② 공중위생영업자는 매년 위생 교육을 받아야 한다.
③ 위생교육에 관한 기록을 1년 이상 보관, 관리하여야 한다.
④ 위생 교육을 받지 아니한 자는 200만원 이하의 과태료에 처한다.

> 위생교육 실시단체의 장은 위생교육을 수료한 자에게 수료증을 교부하고, 교육실시 결과를 교육 후 1개월 이내에 시장·군수·구청장에게 통보하여야 하며, 수료증 교부대장 등 교육에 관한 기록을 2년 이상 보관·관리하여야 한다.

057
이·미용사 면허가 일정기간 정지되거나 취소되는 경우는?

① 영업하지 아니한 때
② 해외에 정기 체류 중일 때
③ 다른 사람에게 대여해주었을 때
④ 교육을 받지 아니한 때

> 면허증을 다른 사람에게 대여한 때
> • 1차 위반 : 면허정지 3월
> • 2차 위반 : 면허정지 6월
> • 3차 위반 : 면허취소

058
개선명령을 이행하지 않은 경우 1차 위반에 대한 행정처분기준은?

① 경고
② 영업정지 5일
③ 영업정지 10일
④ 영업정지 15일

059
위생지도 및 개선을 명할 수 있는 대상에 해당하지 않는 것은?

① 공중위생영업의 종류별 시설 및 설비기준을 위반한 공중위생영업자
② 위생관리의무 등을 위반한 공중위생영업자
③ 공중위생영업의 승계규정을 위반한 자
④ 위생관리의무를 위반한 공중위생시설의 소유자

> 공중위생영업자의 지위를 승계한 자는 1월 이내에 시장·군수 또는 구청장에게 신고하여야 하며, 규정에 따라 신고를 하지 아니한 자는 6월 이하의 징역 또는 500만원 이하의 벌금에 처한다.

060
1회용 면도날을 2인 이상의 손님에게 사용한 때에 대한 1차 위반시 행정처분 기준은?

① 시정명령
② 경고
③ 영업정지 5일
④ 영업정지 10일

> 행정처분기준
> • 1차 위반 : 경고
> • 2차 위반 : 영업정지 5일
> • 3차 위반 : 영업정지 10일
> • 4차 위반 : 영업장 폐쇄명령

01회 【정답】 적중모의고사

001	002	003	004	005
②	②	③	③	①
006	007	008	009	010
②	②	②	③	②
011	012	013	014	015
④	③	②	②	②
016	017	018	019	020
③	②	③	①	②
021	022	023	024	025
②	②	④	①	③
026	027	028	029	030
④	①	②	③	①
031	032	033	034	035
①	④	①	②	①
036	037	038	039	040
①	④	②	②	①
041	042	043	044	045
①	①	③	④	③
046	047	048	049	050
②	②	②	①	②
051	052	053	054	055
③	①	②	①	③
056	057	058	059	060
③	③	①	③	②

제 02 회 적중모의고사

CHECK POINT QUESTION

001
컬이 오래 지속되며 움직임을 가장 적게 해주는 것은?

① 논스템(non stem)
② 하프스템(half stem)
③ 풀스템(full stem)
④ 컬스템(curl stem)

- 하프스템 : 움직임이 보통인 컬
- 풀스템 : 컬의 움직임이 가장크다
- 컬스템 : 베이스에서 피벗 포인트까지의 스템

002
다음 중 두발의 볼륨을 주지 않기 위한 컬 기법은?

① 스탠드업 컬(stand up curl)
② 플래트 컬(flat curl)
③ 리프트 컬(lift curl)
④ 논스템 롤러 컬(non stem roller curl)

컬 기법
- 스탠드업 컬 : 주로 볼륨감을 주기 위한 웨이브
- 리프트 컬 : 비스듬하게 세워진 웨이브
- 논스템 롤러컬 : 크라운 부분에 가장 볼륨감이 있는 웨이브

003
1940년대에 유행했던 스타일로, 네이프선까지 가지런히 정돈하여 묶어 청순한 이미지를 부각시킨 스타일이며 아르헨티나의 대통령 부인이었던 에바 페론의 헤어스타일로 유명한 업스타일은?

① 링고 스타일
② 시뇽 스타일
③ 킨키 스타일
④ 퐁파두르 스타일

004
다음 중 언더프로세싱(under processing)된 모발의 그림은?

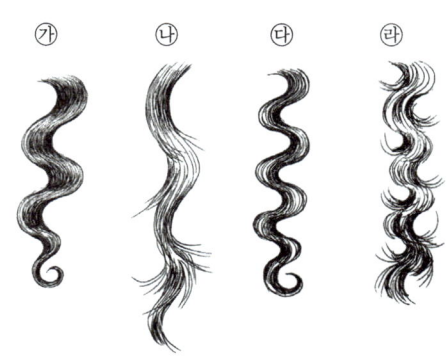

① ㉠
② ㉡
③ ㉢
④ ㉣

보기설명
㉠ : 적당히 프로세싱 된 경우로 웨이브 형태가 매끄럽고 탄력있게 형성된 상태
㉡ : 언더프로세싱 된 경우로 웨이브의 형태가 느슨하여 불안정한 상태
㉢ : 오버프로세싱 된 경우로 모발이 젖었을 때는 강한 웨이브, 말리면 부스러지는 웨이브 형태
㉣ : 오버프로세싱 된 경우로 모발끝이 자지러진 웨이브 형태

005
스캘프 트리트먼트의 목적이 아닌 것은?

① 원형탈모증 치료
② 두피 및 모발을 건강하고 아름답게 유지
③ 혈액순환 촉진
④ 비듬방지

원형탈모증은 모발질환이므로 스캘프트리트먼트의 목적과 거리가 멀다.

006
콜드 퍼머넌트 웨이브 시 두발 끝이 자지러지는 원인이 아닌것은?

① 콜드 웨이브 제1액을 바르고 방치시간이 길었다.
② 사전 커트 시 두발 끝을 너무 테이퍼링 하였다.
③ 두발 끝을 블런트 커팅 하였다.
④ 너무 가는 로드를 사용하였다.

블런트 커트는 커트선이 분명한 직선으로 커트하는 방식이다.

007
염색한 두발에 가장 적합한 샴푸제는?

① 댄드러프 샴푸제
② 논스트리핑 샴푸제
③ 프로테인 샴푸제
④ 약용 샴푸제

샴푸제의 사용
• 정상적인 모발 : 약산성 샴푸제
• 비듬성 모발 : 약용 샴푸제
• 염색한 모발 : 논스트리핑 샴푸제

008
원랭스 커트(one length cut)에 속하지 않는 것은?

① 레이어 커트
② 이사도라 커트
③ 패러럴 보브 커트
④ 스파니엘 커트

레이어 커트 : 윗머리보다 밑머리가 긴 모양이 되도록 두발의 길이에 많은 단차를 주어 커트한다.

009
다음 그림과 같이 와인딩 했을 때 웨이브의 형상은?

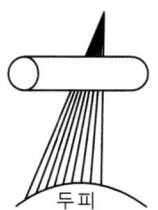

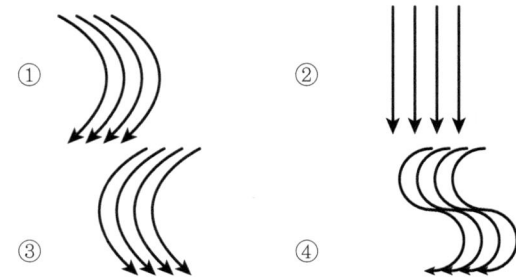

모아서 와인딩을 하는 경우는 볼륨 또는 특별히 방향을 정하는 경우에 행한다

010
플러프 뱅(fluff bang)에 관한 설명으로 옳은 것은?

① 포워드 롤을 뱅에 적용시킨 것이다.
② 컬이 부드럽고 아무런 꾸밈도 없는 듯이 모이도록 볼륨을 주는 것이다.
③ 가르마 가까이에 작게 낸 뱅이다.
④ 뱅으로 하는 부분의 두발을 업콤하여 두발 끝을 플러프해서 내린 것이다.

뱅의 종류
• 롤뱅 : 이마의 짧은 머리를 롤로 와인딩하여 형성된 뱅
• 프렌치 뱅 : 이마의 짧은 모발의 끝이 자연스럽게 너풀너풀하게 부풀린 형상
• 프린지 뱅 : 앞머리 가르마 근처에 장식모양으로 작게 낸 뱅
• 웨이브 뱅 : 이마의 모발 끝을 라운드 플러프로 처리한 뱅

011
콜드 웨이브 퍼머넌트 웨이브(cold permanent wave)시 제 1액의 주성분은?

① 과산화수소
② 취소산나트륨
③ 티오글리콜산
④ 과붕산나트륨

1액은 티오글리콜산암모늄의 한 종류 솔루션만을 사용하여 모발을 환원시켜, 환원된 모발이 건조되면서 공기 중의 산소에 의해 자연산화되는 성질을 이용하는 방법이다.

012
손톱의 길이를 조정할 때 사용하는 손톱 줄은?

① 네일 브러시　　② 오렌지 우드스틱
③ 에머리 보드　　④ 큐티클 푸셔

> 손톱 기구의 용도
> • 네일브러시 : 손톱아래의 이물질을 제거할 때 사용한다.
> • 오렌지 우드스틱 : 한쪽 끝은 손톱의 큐티클을 밀어 올리는데 사용하고, 다른 한쪽 끝은 솜을 얇게 감고 에나멜 리무버를 적셔서 이물질을 제거하거나 에나멜을 수정할 때 주로 사용한다.

013
큐티클 리무버(cuticle remover)에 대한 설명으로 옳지 않은 것은?

① 손톱 주변 굳은살이 아주 딱딱한 사람에게 사용하면 좋다.
② 오일보다 농도가 짙어 손톱 주변 굳은살을 부드럽게 하는데 도움이 된다.
③ 매니큐어링이 끝난 후에 한 번 더 발라주면 효과적이다.
④ 아몬드 오일, 아보카도 오일, 호호바 오일을 사용한다.

> 매니큐어링이 끝난 후에 한 번 더 발라주면 효과적인 것은 탑코드 과정으로 광택효과가 있다.

014
레이저(razor)에 대한 설명 중 가장 거리가 먼 것은?

① 세이핑 레이저를 사용하여 커팅하면 안정적이다.
② 초보자는 오디너리 레이저를 사용하는 것이 좋다.
③ 솜털 등을 깎을 때는 외곡선상의 날이 좋다.
④ 녹이 슬지 않게 관리를 한다.

> 오디너리 레이저의 장단점
> • 장점 : 잘려지는 부위가 넓어 시간상 능률적이고 세밀한 작업이 용이하다.
> • 단점 : 모발을 지나치게 자를 위험이 있고, 보호장치가 없어 손을 다칠 위험이 있어 초보자에게는 부적합하다.

015
올바른 미용인으로서의 인간관계와 전문가적인 태도에 관한 내용으로 가장 거리가 먼 것은?

① 예의바르고 친절한 서비스를 모든 고객에게 제공한다.
② 고객의 기분에 주의를 기울여야 한다.
③ 효과적인 의사소통 방법을 익혀두어야 한다.
④ 대화의 주제는 종교나 정치 같은 논쟁의 대상이 되거나 개인적인 문제에 관련된 것이 좋다.

> 고객과 원만한 대화를 위해 고객의 눈높이에 맞는 화제를 이끌 수 있도록 교양을 쌓고 견문을 넓혀야 한다.

016
이마의 상부와 턱의 하부를 진하게 표현하고 관자놀이에서 눈 꼬리와 귀밑으로 이어지는 부분을 특히 밝게 표현하며 눈썹은 "―"자(―字)로 그리되 살짝 빗겨 올라가도록 그리는 화장법에 속하는 얼굴형은?

① 장방형 얼굴　　② 삼각형 얼굴
③ 사각형 얼굴　　④ 마름모형 얼굴

> 얼굴형과 화장법
> • 삼각형 : 이마의 끝 부분과 턱의 양쪽 끝 부분을 진하게, 눈썹은 크게 그린다.
> • 마름모형 : 광대뼈와 턱은 진하게, 눈썹 끝은 살짝 올린다.
> • 사각형 : 이마 양쪽 끝, 턱의 양쪽 끝은 진하게, 눈썹은 활 느낌의 둥근 모양으로 그린다.

017
저항성 두발을 염색하기 전에 행하는 기술에 대한 내용 중 틀린 것은?

① 염모제 침투를 돕기 위해 사전에 두발을 연화시킨다.
② 과산화수소 30㎖, 암모니아수 0.5㎖ 정도를 혼합한 연화제를 사용한다.
③ 사전연화기술을 프레-소프트닝(Pre-Softening)이라고 한다.
④ 50~60분 방치 후 드라이로 건조시킨다.

자연방치 염색의 소요시간
- 손상모 : 15~20분
- 정상모 : 20~30분
- 발수성모 : 35~40분으로 40분 이상 넘지 않을 것

018
메이크업(make-up)을 할 때 얼굴에 입체감을 주기 위해 사용되는 브러시는?

① 아이브로우 브러시 ② 네일 브러시
③ 립 라인 브러시 ④ 섀도우 브러시

아이브로우 브러시는 눈썹을 그릴 때 사용하며, 립 라인 브러시는 입술라인을 그릴 때 사용한다.

019
1905년 찰스 네슬러가 어느 나라에서 퍼머넌트 웨이브를 발표했는가?

① 독일 ② 영국
③ 미국 ④ 프랑스

미용의 역사
- 마셀 그라또우 : 1875, 프랑스, 아이롱의 열을 이용한 일시적 웨이브
- 죠셉 메이어 : 1925, 독일, 크로키놀식 퍼머넌트 웨이브 창안
- 찰스 네슬러 : 1905, 영국, 스파이럴식 퍼머넌트 웨이브 창안

020
중국 현종(서기 713~755년)때의 십미도(十眉圖)에 대한 설명이 옳은 것은?

① 열 명의 아름다운 여인
② 열 가지의 아름다운 산수화
③ 열 가지의 화장방법
④ 열 종류의 눈썹모양

현종시대에는 십미도라고하여 10종류의 눈썹모양을 소개하였다.

021
자연독에 의한 식중독 원인물질과 서로 관계없는 것으로 연결된 것은?

① 테트로도톡신(tetrodotoxin) – 복어
② 솔라닌(solanin) – 감자
③ 무스카린(muscarin) – 버섯
④ 에르고톡신(ergotoxin) – 조개

자연독과 식중독
- 에르고톡신 : 맥각
- 베네루핀 : 모시조개, 바지락
- 삭시톡신 : 검은조개, 섭조개

022
다음 중 지구의 온난화 현상(global warming)의 주원인이 되는 주된 가스는?

① CO_2 ② CO
③ Ne ④ NO

지구온난화는 지구 표면의 평균온도가 상승하는 현상으로, 1985년 세계기상기구(WMO)와 국제연합환경계획(UNEP)이 이산화탄소(CO_2)가 지구온난화의 주범임을 공식적으로 선언하였다.

023
폐흡충증(폐디스토마)의 제1중간숙주는?

① 다슬기
② 왜우렁이
③ 게
④ 가재

폐흡충증의 제1중간숙주는 다슬기이며, 제2중간숙주는 가재나 게이다.

024
다음의 영아 사망률 계산식에서 (A)에 알맞은 것은?

$$영아사망률 = \frac{(A)}{연간출생아수} \times 1000$$

① 연간 생후 28일까지의 사망자수
② 연간 생후 1년 미만 사망자수
③ 연가 1~4세 사망자수
④ 연간 임신 28주 이후 사산 + 출생 1주 이내 사망자수

영아사망률은 한 국가의 건강수준을 나타내는 지표이다.

025
다음 중 감각 온도의 3요소가 아닌 것은?

① 기온   ② 기습
③ 기압   ④ 기류

> 감각온도(체감온도)의 변화인자는 기온(온도), 기습(습도), 기류(공기의 흐름)이다.

026
다음 중 감염병 관리에 가장 어려움이 있는 사람은?

① 회복기 보균자   ② 잠복기 보균자
③ 건강 보균자   ④ 병후 보균자

> 건강보균자는 병원체가 침입하였으나 임상증상이 전혀 없고 건강자와 다름 없으나 병원체를 배출하는 보균자를 말한다.

027
다음 중 제3급 감염병에 속하지 않는 것은?

① B형간염   ② 일본뇌염
③ A형간염   ④ 발진티푸스

> A형간염은 제2급 감염병에 속한다.

028
다음 중 가족계획과 뜻이 가장 가까운 것은?

① 불임시술   ② 임신중절
③ 수태제한   ④ 계획출산

> 가족계획은 출산의 시기와 간격을 조절하여 출생 자녀수를 조절하고, 불임증 환자의 진단 및 치료를 통해 가정생활의 복지향상을 목적으로 한다.

029
진동이 심한 작업장 근무자에게 다발하는 질환으로 청색증과 동통, 저림 증세를 보이는 질병은?

① 레이노드씨병   ② 진폐증
③ 열경련   ④ 잠함병

> 직업병
> - 진폐증 : 분진흡입에 의하여 폐에 조직반응을 일으킨 상태로 광부 등 먼지가 많이 발생하는 작업자에게서 주로 나타난다.
> - 열경련 : 고온 환경에서 심한 육체노동을 할 때 잘 발생하며, 지나친 발한에 의한 탈수와 염분 손실이다.
> - 잠함병 : 급격한 감압에 따라 혈액과 조직에 용해되어 있던 질소가 기포를 형성하여 조직손상을 일으키는 직업병으로 잠수부, 공군비행사 등에 발생한다.

030
인구구성의 기본형 중 생산연령 인구가 많이 유입되는 도시 지역의 인구구성을 나타내는 것은?

① 피라미드형   ② 별형
③ 항아리형   ④ 종형

> 인구구성형
> - 피라미드형 : 인구증가형으로 출생률이 높고 사망률이 낮은 형
> - 항아리형 : 인구감소형으로 출생률이 사망률보다 낮은 형
> - 종형 : 인구정지형으로 출생률과 사망률이 낮은 형

031
이·미용실에서 사용하는 쓰레기통의 소독으로 적절한 약제는?

① 포르말린수   ② 에탄올
③ 생석회   ④ 역성비누액

> 생석회 : 칼슘과 산소의 화합물로 백색결정인 산화칼슘을 말하고 20% 수용액을 사용한다.

032
실험기기, 의료용기, 오물 등의 소독에 사용되는 석탄산수의 적절한 농도는?

① 석탄산 0.1% 수용액
② 석탄산 1% 수용액
③ 석탄산 3% 수용액
④ 석탄산 50% 수용액

> 석탄산은 피부 점막에 자극성이 있고 금속을 부식시키며, 냄새와 독성이 강해 3~5%의 수용액을 사용한다.

033
다음 중 세균의 포자를 사멸시킬 수 있는 것은?

① 포르말린 ② 알코올
③ 음이온 계면활성제 ④ 차아염소산소다

> 포르말린은 포름알데히드를 물에 녹여서 35~37.5%의 수용액으로 만든 것으로, 세균 단백질을 응고시켜 강한 살균력을 나타낸다.

034
다음 소독제 중 상처가 있는 피부에 적합하지 않은 것은?

① 승홍수 ② 과산화수소수
③ 포비돈 ④ 아크리놀

> 승홍수는 금속을 부식시키며 인체의 피부 점막에 자극을 줄 뿐 아니라, 인체에 축적되어 수은 중독을 일으킬 수 있다.

035
양이온 계면활성제의 장점이 아닌 것은?

① 물에 잘 녹는다.
② 색과 냄새가 거의 없다.
③ 결핵균에 효력이 있다.
④ 인체에 독성이 적다.

> 양이온 계면활성제는 수용액 속에서 이온화하여 생성된 양이온 부분이 계면활성을 나타내는 것으로 양성비누, 역성비누라고도 한다. 무미·무해하여 식품소독 및 피부소독에 효과적이다.

036
금속 기구를 자비소독 할 때 탄산나트륨($NaCO_3$)를 넣으면 살균력도 강해지고 녹이 슬지 않는다. 이때의 가장 적정한 농도는?

① 0.1 ~ 0.5% ② 1 ~ 2%
③ 5 ~ 10% ④ 10 ~ 15%

037
다음 중 일광 소독은 주로 무엇을 이용한 것인가?

① 열선 ② 적외선
③ 가시광선 ④ 자외선

> 자외선은 태양광선 중 파장이 200~400nm의 범위에 속하며, 특히 260nm 부근의 파장인 경우 강력한 살균작용을 한다.

038
섭씨 100~135℃ 고온의 수증기를 미생물, 아포 등과 접촉시켜 가열 살균하는 방법은?

① 간헐멸균법 ② 건열멸균법
③ 고압증기멸균법 ④ 자비소독법

> **용어설명**
> - 간헐멸균법: 1일 1회 100℃의 증기를 30분간 통과시켜 3일에 걸쳐 3회 실시하며 유통증기로 처리하지 않을 때는 20℃의 실온에서 보관하여 포자가 발아할 수 있도록 한다.
> - 건열멸균법: 건열멸균기를 이용하여 보통 170℃에서 1~2시간 처리한다.
> - 자비소독법: 100℃ 끓는 물에서 15~20분간 처리하는 방법이다.

039
소독약의 사용과 보존상의 주의사항으로 틀린 것은?

① 모든 소독약은 미리 제조해 둔 뒤에 필요한 양만큼 씩 두고두고 사용한다.
② 약품은 암냉장소에 보관하고, 라벨이 오염되지 않도록 한다.
③ 소독물체에 따라 적당한 소독약이나 소독방법을 선정한다.
④ 병원미생물의 종류, 저항성 및 멸균·소독의 목적에 의해서 그 방법과 시간을 고려한다.

> 소독약은 필요한 양만큼 제조하여 사용하는 것이 좋다.

040
다음 중 객담이 묻은 휴지의 소독방법으로 가장 알맞은 것은?

① 고압멸균법
② 소각소독법
③ 자비소독법
④ 저온소독법

소독법과 대상물
- 고온멸균법 : 초자기구, 의류, 고무제품, 자기류, 거즈 및 약액
- 자비소독법 : 식기류, 도자기류, 주사기, 의류
- 저온소독법 : 유제품, 알코올, 건조 과일

041
다음 중 광물성 오일에 속하는 것은?

① 올리브유 　　　② 스쿠알렌
③ 실리콘 오일 　　④ 바셀린

올리브유 : 식물성, 스쿠알렌 : 동물성, 실리콘 오일 : 합성유

042
사마귀(wart, Verruca)의 원인은?

① 바이러스 　　　② 진균
③ 내분비이상 　　④ 당뇨병

사마귀는 단순히 피부가 볼록하게 솟아난 것이 아니라 면역력 저하로 생기는 '인유두종바이러스(HPV)' 질환이다.

043
표피에서 자외선에 의해 합성되며, 칼슘과 인의 대사를 도와주고, 발육을 촉진시키는 비타민은?

① 비타민 A 　　　② 비타민 C
③ 비타민 E 　　　④ 비타민 D

비타민
- 비타민 A : 세포재생 촉진, 항안 구건조성 비타민
- 비타민 C : 항산화제, 콜라겐 합성, 면역 강화
- 비타민 E : 항산화제

044
한선의 활동을 증가시키는 요인으로 가장 거리가 먼 것은?

① 열
② 운동
③ 내분비선의 자극
④ 정신적 흥분

발한에는 온열성 발한, 정신성 발한, 미각성 발한이 있다.

045
다음 중 표피와 무관한 것은?

① 각질층 　　　　② 유두층
③ 무핵층 　　　　④ 기저층

표피는 가장 아래부터 기저층, 유극층, 과립층, 투명층, 각질층이 있으며, 이를 무핵층(각질층, 투명층, 과립층)과 유핵층(유극층, 기저층)으로 다시 분류할 수 있다.

046
일상생활에서 여드름 치료 시 주의하여야 할 사항에 해당하지 않는 것은?

① 과로를 피한다.
② 배변이 잘 이루어지도록 한다.
③ 식사시 버터, 치즈등을 가급적 많이 먹도록 한다.
④ 적당한 일광을 쪼일 수 없는 경우 자외선을 가볍게 조사받도록 한다.

047
직경 1∼2mm의 둥근 백색 구진으로 안면(특히 눈 하부)에 호발하는 것은?

① 비립종 　　　　② 피지선 모반
③ 한관종 　　　　④ 표피낭종

비립종과 한관종
- 비립종 : 주로 눈 주위와 뺨에 직경 1∼2mm의 작은 흰점 같은 알갱이가 들어있는 병변
- 한관종 : 주로 사춘기 이후의 여성에게 발생하여 나이가 들수록 점점 많아지는 일종의 양성종양으로 좁쌀 크기에서 쌀알 크기만큼의 살색이나 약간 황색을 띤, 다소 딱딱한 구진의 형태

048
피지선에 대한 설명으로 틀린 것은?

① 피지를 분비하는 선으로 진피 층에 위치한다.
② 피지선은 손바닥에는 전혀 없다.
③ 피지의 1일 분비량은 10∼20g정도이다.
④ 피지선의 많은 부위는 코 주위이다.

하루 피지 분비량은 약 1∼2g이다.

049
노화피부에 대한 전형적인 증세는?

① 지방이 과다 분비되어 번들거린다.
② 항상 촉촉하고 매끈하다.
③ 수분이 80% 이상이다.
④ 유분과 수분이 부족하다.

> 보기 중 ①는 지성피부, ②는 중성 피부에 해당된다.

050
여러 가지 꽃 향의 혼합된 세련되고 로맨틱한 향으로 아름다운 꽃다발을 안고 있는 듯, 화려하면서도 우아한 느낌을 주는 향수의 타입은?

① 싱글 플로랄(single floral)
② 플로랄 부케(floral bouquet)
③ 우디(woody)
④ 오리엔탈(oriental)

> 향수의 타입
> • 싱글 플로랄 : 한 가지 꽃에서 느껴지는 단일한 꽃 향취
> • 우디 : 넓은 초원의 이끼, 풀, 시더우드, 샌달우드 등의 복합 향취
> • 오리엔탈 : 발삼, 우디 등이 복합되어 깊이가 있으면서 화려하고 세련된 향취

051
1회용 면도날을 2인 이상의 손님에게 사용한 때에 대한 1차 위반 시 행정처분 기준은?

① 시정명령
② 경고
③ 영업정지 5일
④ 영업정지 10일

> • 1차 : 경고
> • 2차 : 영업정지 5일
> • 3차 : 영업정지 10일
> • 4차 이상 : 영업장 폐쇄명령

052
공중위생영업소의 위생서비스수준 평가는 몇 년마다 실시하는가?(단 특별한 경우는 제외함)

① 1년
② 2년
③ 3년
④ 5년

> 공중위생영업소의 위생서비스수준 평가는 2년마다 실시하되, 공중위생 영업소의 보건·위생관리를 위하여 특히 필요한 경우에는 보건복지부장관이 정하여 고시하는 바에 의하여 공중위생영업의 종류 또는 관련 규정에 의한 위생관리등급별로 평가주기를 달리할 수 있다.

053
공중위생관리법상 위생교육을 받지 아니한 때 부과되는 과태료의 기준은?

① 30만원 이하
② 50만원 이하
③ 100만원 이하
④ 200만원 이하

> 위생교육
> • 위생교육시간 : 매년 3시간
> • 위생교육에 관한 기록의 보관·관리 : 2년 이상
> • 위생 교육을 받지 않으면 200만원 이하의 과태료

054
이·미용사의 면허를 받지 아니한 자가 이·미용 업무에 종사하였을 때 이에 대한 벌칙기준은?

① 3년 이하의 징역 또는 1천만원 이하의 벌금
② 1년 이하의 징역 또는 1천만원 이하의 벌금
③ 300만원 이하의 벌금
④ 200만원 이하의 벌금

> 이·미용사의 면허가 취소된 후 계속하여 업무를 행한 자 또는 면허정지기간 중에 업무를 행한 자, 이·미용사의 면허를 받지 아니한 자가 이용 또는 미용의 업무를 행한 경우 300만원 이하의 벌금에 처한다.

055
이·미용업자에게 대한 과태료 처분 시 과태료 처분에 불복이 있는 자는 그 처분을 고지 받은 날로부터 며칠 이내에 처분권자에게 이의를 제기할 수 있는가?

① 7일
② 15일
③ 20일
④ 30일

> 과태료처분에 불복이 있는 자는 그 처분의 고지를 받은 날부터 30일 이내에 처분권자에게 이의를 제기할 수 있다.

056
다음 중 공중위생감시원의 직무사항이 아닌 것은?

① 시설 및 설비의 확인에 관한 사항
② 영업자의 준수사항 이행 여부에 관한 사항
③ 위생지도 및 개선명령 이행 여부에 관한 사항
④ 세금납부의 적정 여부에 관한 사항

공중위생감시원의 직무
- 규정에 의한 시설 및 설비의 확인
- 공중위생영업 관련 시설 및 설비의 위생상태 확인·검사
- 공중위생영업자의 위생관리의무 및 영업자준수사항 이행여부의 확인
- 공중이용시설의 위생관리상태의 확인·검사
- 위생지도 및 개선명령 이행여부의 확인
- 공중위생영업소의 영업의 정지, 일부 시설의 사용중지 또는 영업소 폐쇄명령 이행여부의 확인
- 위생교육 이행여부의 확인

057
이·미용 영업소 안에 면허증 원본을 게시하지 않은 경우 1차 행정처분기준은?

① 개선명령 또는 경고
② 영업정지 5일
③ 영업정지 10일
④ 영업정지 15일

행정처분기준
- 1차 위반 : 경고 또는 개선명령
- 2차 위반 : 영업정지 5일
- 3차 위반 : 영업정지 10일
- 4차 위반 : 영업장 폐쇄명령

058
이용업 또는 미용업의 영업장 실내조명 기준은?

① 30Lux 이상
② 50Lux 이상
③ 75Lux 이상
④ 120Lux 이상

영업장안의 조명도는 75룩스 이상이 되도록 유지하여야 한다.

059
위법 사항에 대하여 청문을 시행할 수 없는 기관장은?

① 경찰서장
② 구청장
③ 군수
④ 시장

시장·군수·구청장은 이용사 및 미용사의 면허취소·면허정지, 공중위생영업의 정지, 일부 시설의 사용중지 및 영업소폐쇄명령등의 처분을 하고자 하는 때에는 청문을 실시하여야 한다.

060
이·미용사 면허증의 재교부 사유가 아닌 것은?

① 성명 또는 주민등록번호 등 면허증의 기재사항에 변경이 있을 때
② 영업장소의 상호 및 소재지가 변경될 때
③ 면허증을 분실했을 때
④ 면허증이 헐어 못쓰게 된 때

이용사 또는 미용사는 면허증의 기재사항에 변경(성명 및 주민등록번호의 변경에 한함)이 있는 때, 면허증을 잃어버린 때 또는 면허증이 헐어 못쓰게 된 때에는 면허증의 재교부를 신청할 수 있다

02회 [정답]				적중모의고사
001 ①	002 ②	003 ②	004 ②	005 ①
006 ③	007 ②	008 ①	009 ①	010 ②
011 ③	012 ③	013 ③	014 ②	015 ④
016 ①	017 ④	018 ④	019 ②	020 ④
021 ④	022 ①	023 ①	024 ②	025 ③
026 ③	027 ③	028 ④	029 ①	030 ②
031 ②	032 ③	033 ①	034 ①	035 ①
036 ②	037 ④	038 ③	039 ①	040 ②
041 ④	042 ①	043 ④	044 ③	045 ②
046 ③	047 ①	048 ④	049 ③	050 ②
051 ②	052 ②	053 ④	054 ③	055 ④
056 ④	057 ①	058 ③	059 ①	060 ②

제 03 회 적중모의고사

○ CHECK POINT QUESTION

001
컬의 줄기 부분으로서 베이스(base)에서 피봇(pivot)까지의 부분을 무엇이라 하는가?

① 엔드(end)
② 스템(stem)
③ 루프(loop)
④ 융기점(ridge)

> 컬의 명칭
> • 루프 : 원형으로 말려진 컬
> • 베이스 : 컬 스트랜드의 근원
> • 피봇 포인트 : 컬이 말리기 시작한 지점
> • 스템(컬 스템) : 베이스에서 피봇 포인트까지의 부분
> • 엔드 오브 컬 : 엔드라고도 하며, 모발 끝을 말함

002
두발이 유난히 많은 고객이 윗머리가 짧고 아랫머리로 갈수록 길게 하며, 두발 끝 부분을 자연스럽고 차츰 가늘게 커트하는 스타일을 원하는 경우 알맞은 시술방법은?

① 레이어 커트 후 테이퍼링
② 원랭스 커트 후 클리핑
③ 그라데이션 커트 후 테이퍼링
④ 레이어 커트 후 클리핑

> 시술방법
> • 원랭스 커트 후 클리핑 : 원랭스 커트는 직선적으로 커트하는 방법을 말하며, 클리핑은 클리퍼 또는 가위를 사용하여 튀어나온 모발을 잘라내는 것을 말한다.
> • 그라데이션 커트 후 테이퍼링 : 미세한 단차를 두고 커팅하는 방법을 그라데이션 커트라고 한다.
> • 테이퍼링과 클리핑 : 테이퍼링은 모발의 모양을 조절할 때 사용하는 방법이며, 클리핑은 커트 형태에서 바깥부분으로 튀어나온 모발만 커팅하는 방법이다.

003
우리나라 옛 여인의 머리모양 중 앞머리 양쪽에 틀어 얹은 모양의 머리는?

① 낭자머리
② 쪽진머리
③ 풍기명식머리
④ 쌍상투머리

> • 낭자머리 : 후두부에 묶은 형태
> • 쪽진머리 : 네이프에 모발을 틀어서 비녀를 꽂은 형태
> • 풍기명(푼기명)식머리 : 양쪽 귀옆에 모발을 일부를 늘어뜨린 형식으로 비녀를 사용하지 않은 형태
> • 쌍상투머리 : 전두부 쪽 좌우로 상투를 늘어 올리듯 머리를 나누어 묶은 형태

004
베이스 코트(base coat)의 설명으로 거리가 먼 것은?

① 폴리시(polish)를 바르기 전에 손톱 표면에 발라준다.
② 손톱 표면이 착색되는 것을 방지한다.
③ 손톱이 찢어지거나 갈라지는 것을 예방 해준다.
④ 폴리시(polish)가 잘 발리도록 도와준다.

> 베이스 코트란 폴리시를 바르기 전에 바르는 액이다.

005
핫오일 샴푸(hot oil shampoo)에 대한 설명 중 잘못된 것은?

① 플레인 샴푸하기 전에 실시한다.
② 오일을 따뜻하게 덥혀서 바르고 마사지한다.
③ 핫오일 샴푸 후 퍼머를 시술한다.
④ 올리브유 등의 식물성 오일이 좋다.

핫오일 샴푸란 두피, 모발에 지방을 보급하기 위한 샴푸로 올리브유, 아몬드유 등을 충분히 도포하여 침투 시킨 후 플레인 샴푸를 한다.

006
우리나라 고대 미용사에 대한 설명 중 틀린 것은?

① 고구려시대 여인의 두발 형태는 여러 가지였다.
② 신라시대 부인들은 금은주옥으로 꾸민 가체를 사용하였다.
③ 백제에서는 기혼녀는 틀어 올리고 처녀는 땋아 내렸다.
④ 계급에 상관없이 부인들은 모두 머리모양이 같았다.

고대의 미용
- 고구려시대 : 풍기명식머리, 중발 머리, 쪽머리 등을 사용
- 백제시대 : 남성은 상투, 미혼여성은 양갈래로 땋아 댕기를 하였으며, 기혼여성은 쪽머리
- 신라시대 : 여인들은 가체처리 기술이 뛰어났으며, 신분과 지위를 두발형태로 표현

007
강철을 연결시켜 만든 것으로 협신부는 연강으로 되어있고 날 부분은 특수강으로 되어있는 것은?

① 착강가위   ② 전강가위
③ 틴닝가위   ④ 레이저

- 전강가위 : 전체가 특수강으로 만들어 있는 가위
- 틴닝가위 : 모발을 커트하고 셰이핑할 때 사용되는 가위
- 레이저 : 면도날처럼 생겼으며 모발의 세밀한 작업을 할 때 사용

008
헤어 컬(hair curl)의 목적이 아닌 것은?

① 볼륨(volume)을 만들기 위해서
② 컬러(color)를 표현하기 위해서
③ 웨이브(wave)를 만들기 위해서
④ 플러프(fluff)를 만들기 위해서

컬(curl)의 목적은 웨이브(wave)와 볼륨(volume)을 만들고 모발 끝에 변화와 움직임을 주기 위한 것이다.

009
다음 중 퍼머넌트 웨이브가 잘 나올 수 있는 경우는?

① 오버프로세싱으로 시스틴이 지나치게 파괴된 경우
② 사전 샴푸시 비누와 경수로 샴푸하여 두발에 금속염이 형성된 경우
③ 두발이 저항성모이거나 발수성모로서 경모인 경우
④ 와인딩시 텐션을 적당히 준 경우

보기 중 ①, ②, ③의 경우는 모발에 손상이 생기거나 발수성 모발인 경우로 웨이브가 잘 안 나올 수 있다.

010
가발손질법 중 틀린 것은?

① 스프레이가 없으면 얼레빗을 사용하여 컨디셔너를 골고루 바른다.
② 두발이 빠지지 않도록 차분하게 모근 쪽에서 두발 끝 쪽으로 서서히 빗질을 해 나간다.
③ 두발에만 컨디셔너를 바르고 파운데이션에는 바르지 않는다.
④ 열을 가하면 두발의 결이 변형되거나 윤기가 없어지기 쉽다.

가발을 손질할 때는 머릿결대로 모발 끝에서 위를 향해 손으로 빗질하듯 해야 한다.

011
핑거 웨이브(finger wave)의 종류 중 스윙 웨이브(swing wave)에 대한 설명은?

① 큰 움직임을 보는 듯한 웨이브
② 물결이 소용돌이치는 듯한 웨이브
③ 리지가 낮은 웨이브
④ 리지가 뚜렷하지 않고 느슨한 웨이브

핑거 웨이브의 종류
- 레프트 다이애거널 웨이브 : 두부의 왼쪽만 웨이브
- 라이트 다이애거널 웨이브 : 두부의 오른쪽만 웨이브
- 올 웨이브 : 가르마가 없이 두부 전체를 웨이브
- 덜 웨이브 : 리지가 뚜렷하지 않고 느슨한 웨이브
- 로우 웨이브 : 리지가 낮은 웨이브
- 하이 웨이브 : 리지가 높은 웨이브
- 스윙 웨이브 : 큰 움직임을 보는 듯한 웨이브
- 스월 웨이브 : 물결이 소용돌이치는 것과 같은 웨이브

012
브러싱에 대한 내용 중 틀린 것은?

① 두발에 윤기를 더해주며 빠진 두발이나 헝클어진 두발을 고르는 작용을 한다.
② 두피의 근육과 신경을 자극하여 피지선과 혈액순환을 촉진시키고 두피조직에 영양을 공급하는 효과가 있다.
③ 여러 가지 효과를 주므로 브러싱은 어떤 상태에서든 많이 할수록 좋다.
④ 샴푸 전 브러싱은 두발이나 두피에 부착된 먼지나 노폐물, 비듬을 제거해 준다.

브러싱은 혈행을 원활하게 하지만 모근이 약하고 두피가 약한 사람은 너무 많이 하지 않는 것이 좋다.

013
원랭스의 대표적인 아웃라인 중 이사도라(isadora) 스타일은?

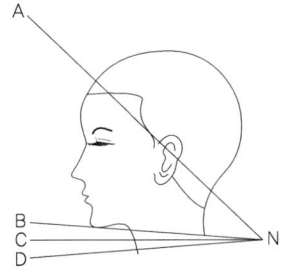

① C-N ② D-N
③ A-N ④ B-N

대표적인 아웃라인 패턴
- A-N : 머쉬룸(mushroom) 스타일
- B-N : 이사도라(isadora) 스타일
- C-N : 보브(bob) 스타일
- D-N : 스파니엘(spaniel) 스타일

014
헤어 트리트먼트(hair treatment)의 종류에 속하지 않는 것은?

① 헤어 리컨디셔닝(hair reconditioning)
② 클립핑(clipping)
③ 헤어팩(hair pack)
④ 테이퍼링(tapering)

헤어 트리트먼트(모발 관리)란 모발의 손상 원인에 따라 물리적, 화학적 방법을 가하여 손상모를 본래의 건강한 상태로 회복시키는 기술을 말한다. 또한, 일반적으로 모발의 정상화, 손상 방지, 손상 치료 등을 일컫는 헤어 리컨디셔닝의 의미에서 헤어 클립핑(Hair clipping)까지 포괄적인 의미를 갖기도 한다.

015
모발 위에 얹어지는 힘 혹은 당김을 의미하는 말은?

① 엘레베이션(Elevation)
② 웨이트(Weight)
③ 텐션(Tension)
④ 텍스쳐(Texture)

텐션은 장력(張力), 긴장(緊張), 의욕(意欲) 등을 의미한다.

016
낮 화장을 의미하며 단순한 외출이나 가벼운 방문을 할 때 하는 보통 화장은?

① 소셜 메이크업(social make-up)
② 페인트 메이크업(paint make-up)
③ 컬러포토 메이크업(color photo make-up)
④ 데이타임 메이크업(daytime make-up)

- 소셜 메이크업 : 짙은 화장과 동일한 방법
- 페인트 메이크업 : 무대화장 방법
- 컬러포토 메이크업 : 무대화장과 달리 자연스럽게 처리하는 화장방법

017
다음 중 플러프 뱅(fluff bang)을 설명한 것은?

① 가리마 가까이에 작게 난 뱅
② 컬을 깃털과 같이 일정한 모양을 갖추지 않고 부풀려서 볼륨을 준 뱅
③ 두발을 위로 빗고 두발 끝을 플러프해서 내려뜨린 뱅
④ 풀 웨이브 또는 하프 웨이브로 형성한 뱅

> ① : 프린지 뱅(fringe bang)
> ③ : 프렌치 뱅(french bang)
> ④ : 웨이브 뱅(wave bang)

018
퍼머넌트 웨이브(permanent wave) 시술 시 두발에 대한 제1액의 작용 정도를 판단하여 정확한 프로세싱 타임을 결정하고 웨이브의 형성 정도를 조사하는 것은?

① 패치 테스트(patch test)
② 스트랜드 테스트(strand test)
③ 테스트 컬(test curl)
④ 컬러 테스트(color test)

> • 패치 테스트 : 영구적인 염색 시술 시 48시간 전에 반드시 실시하여 그 결과에 따라 염색시술의 여부를 결정하는 방법
> • 컬러 테스트(스트랜드 테스트) : 가온 처리 후 몇 가닥의 모발을 티슈로 닦아 컬러를 확인하는 방법

019
헤어 컬러링(hair coloring)의 용어 중 다이 터치업(dye touch up)이란?

① 처녀모(virgin hair)에 처음 시술하는 염색
② 자연적인 색채의 염색
③ 탈색된 두발에 대한 염색
④ 염색 후 새로 자라난 두발에만 하는 염색

> 염색을 한 후 모발의 성장에 의해 모근부분에 새로 자라난 처녀모 부분을 리터치하는 방법을 다이 터치업이라 한다.

020
얼굴형에 따른 눈썹화장법 중 옳지 않은 것은?

① 사각형 – 강하지 않은 둥근 느낌을 낸다.
② 삼각형 – 눈의 크기와 관계없이 크게 한다.
③ 역삼각형 – 자연스럽게 그리되 뺨이 말랐을 경우 눈꼬리를 내려 그린다.
④ 마름모꼴형 – 약간 내려간 듯하게 그린다.

> 마름모꼴형은 눈썹 끝을 살짝 올려 그린다.

021
우리나라에서 의료보험이 전 국민에게 적용하게 된 시기는 언제부터인가?

① 1964년　② 1977년
③ 1998년　④ 1989년

> 우리나라 의료보험 제도는 1989년 도시지역 의료보험이 실시됨으로써 전국민 의료보험을 달성하게 되었다.

022
산업피로의 대책으로 가장 거리가 먼 것은?

① 작업과정 중 적절한 휴식시간을 배분한다.
② 에너지 소모를 효율적으로 한다.
③ 개인차를 고려하여 작업량을 할당한다.
④ 휴직과 부서 이동을 권고한다.

> 산업피로의 대책
> • 작업조건 : 작업의 합리화, 작업 강도, 작업시간 및 휴식시간의 적정화, 교대근무체제의 적정화, 작업자세 개선 등
> • 작업환경 : 적정한 온열조건 설정, 환기·조명·소음대책, 유해물질의 밀폐화 대책, 휴게실, 수면실 정비 등
> • 작업자 : 정신적·신체적 적성을 고려한 배치, 충분한 수면확보, 균형 있는 식사, 직장·가정에서의 좋은 인간관계 형성 등

023
잠함병의 직접적인 원인은?

① 혈중 CO_2 농도 증가
② 체액 및 혈액 속의 질소 기포 증가
③ 혈중 O_2 농도 증가
④ 혈중 CO 농도 증가

잠함병(잠수병)은 고압의 환경에서 낮은 압력 상태로 갑자기 환경이 바뀔 때 체내에서 발생하는 기포가 신체에 미치는 생리적 영향으로, 그 주요 성분은 질소(N_2)이다.

024
무구조충은 다음 중 어느 것을 날것으로 먹었을 때 감염될 수 있는가?

① 돼지고기 ② 잉어
③ 게 ④ 쇠고기

무구조충은 쇠고기를 생식하거나, 불충분하게 가열·조리한 것을 섭취함으로써 감염된다. 참고로 유구조충 감염의 원인은 돼지고기이다. 참고로 잉어는 간흡충, 게는 폐흡충과 관련이 있다.

025
영양소 중 인체의 생리적 조절작용에 관여하는 조절소는?

① 단백질 ② 비타민
③ 지방질 ④ 탄수화물

영양소
- 에너지원 : 단백질, 탄수화물, 지방
- 체구성원 : 단백질, 탄수화물, 지방, 무기질
- 조절소 : 무기질, 비타민

026
감염병 유행지역에서 입국하는 사람이나 동물 또는 식품 등을 대상으로 실시하며 외국질병의 국내 침입방지를 위한 수단으로 쓰이는 것은?

① 격리 ② 검역
③ 박멸 ④ 병원소 제거

검역은 외국으로부터 감염병이 국내로 들어오는 것을 막기 위한 수단으로 검역감염병에는 콜레라, 페스트, 황열, 중증급성호흡기증후군, 조류인플루엔자 인체감염증, 신종인플루엔자감염증 등이 있다.

027
한 나라의 건강수준을 나타내며 다른 나라들과의 보건수준을 비교할 수 있는 세계보건기구가 제시한 지표는?

① 비례사망지수 ② 국민소득
③ 질병이환율 ④ 인구증가율

비례사망지수는 연간 총 사망지수에 대하여 50세 이상의 사망지수가 차지하는 비율을 말하는 것으로 각 국가 간의 건강수준을 비교할 수 있는 종합지표로 사용된다.

028
다음 중 하수에서 용존산소가 아주 낮다는 의미는?

① 수생식물이 잘 자랄 수 있는 물의 환경이다.
② 물고기가 잘 살 수 있는 물의 환경이다.
③ 물의 오염도가 높다는 의미이다.
④ 하수의 BOD가 낮은 것과 같은 의미이다.

용존산소(DO, Dissolved Oxygen)란 물 속에 녹아있는 분자 상태의 산소를 말하는 것으로 어패류·호기성 미생물들은 용존산소를 호흡한다. 따라서, 용존산소가 낮을수록 물의 오염도가 높다는 의미이다.

029
다음 중 파리가 옮기지 않는 병은?

① 장티푸스 ② 이질
③ 콜레라 ④ 유행성출혈열

신증후군출혈열(유행성출혈열)은 들쥐의 대부분을 차지하는 등줄쥐의 배설물이 건조되면서 호흡기를 통해 감염되는 바이러스 질환으로 감염병의 예방 및 관리에 관한 법률에 의해 제3군 법정감염병으로 분류되어 있다.

030
출생 후 4주 이내에 기본접종을 실시하는 것이 효과적인 감염병은?

① 볼거리 ② 홍역
③ 결핵 ④ 일본뇌염

기본접종

시기	기본 접종
4주이내	BCG(결핵예방백신)
2개월	경구용소아마비, DPT(디프테리아, 백일해, 파상풍)
4개월	경구용소아마비, DPT(디프테리아, 백일해, 파상풍)
6개월	경구용소아마비, DPT(디프테리아, 백일해, 파상풍)
15개월	홍역, 볼거리, 풍진
3~15세	일본뇌염

031
소독의 정의에 대한 설명 중 가장 옳은 것은?

① 모든 미생물을 열이나 약품으로 사멸하는 것
② 병원성 미생물을 사멸, 또는 제거하여 감염력을 잃게 하는 것
③ 병원성 미생물에 의한 부패방지를 하는 것
④ 병원성 미생물에 의한 발효방지를 하는 것

소독관련 용어
- 멸균 : 병원성 또는 비병원성 미생물 및 포자를 가진 것을 전부 사멸 또는 제거하는 것을 말한다.
- 살균 : 생활력을 가지고 있는 미생물을 여러 가지 물리적·화학적 작용에 의해 급속하게 죽이는 것을 말한다. 멸균과 달리 내열성 포자는 잔존하게 된다.
- 소독 : 사람에게 유해한 미생물을 파괴시켜 감염의 위험성을 제거하는 비교적 약한 살균작용으로 세균의 포자에까지는 작용하지 못한다.

032
도자기류의 소독방법으로 가장 적당한 것은?

① 염소소독   ② 승홍수소독
③ 자비소독   ④ 저온소독

소독방법
- 염소소독 : 상수도, 하수도 등의 소독에 사용
- 승홍수소독 : 0.1% 농도 사용, 맹독성이며 금속부식성
- 자비소독 : 식기류, 도자기류, 주사기, 의류 소독에 사용
- 저온소독 : 61~65℃에서 30분간 가열, 우유 등의 살균에 사용

033
다음 중 포르말린수 소독에 가장 적합하지 않은 것은?

① 고무제품   ② 배설물
③ 금속제품   ④ 플라스틱

포르말린수는 의류, 금속기구, 도자기, 목제품, 손과 발, 셀룰로이드, 고무제품 등의 소독에 적합하다.

034
다음 중 물리적 소독방법이 아닌 것은?

① 방사선 멸균법   ② 건열 소독법
③ 고압증기 멸균법 ④ 생석회 소독법

생석회 소독법은 약품을 이용하는 것으로 화학적 소독방법에 해당된다.

035
자비소독시 살균력을 강하게 하고 금속 기자재가 녹스는 것을 방지하기 위하여 첨가하는 물질이 아닌 것은?

① 2% 중조   ② 2% 크레졸 비누액
③ 5% 석탄산   ④ 5% 승홍수

자비소독(열탕소독)은 100℃의 끓는 물에서 15~20분간 처리하며, 소독 효과를 높이기 위해 석탄산(5%), 크레졸(2~3%), 중조(1~2%)를 넣어주기도 한다

036
100%의 알콜을 사용해서 70%의 알콜 400ml를 만드는 방법으로 옳은 것은?

① 물 70ml와 100% 알콜 330ml 혼합
② 물 100ml와 100%알콜 300ml 혼합
③ 물 120ml와 100% 알콜 280ml 혼합
④ 물 33ml와 100% 알콜 70ml 혼합

$$농도(\%) = \frac{용질(알콜)}{용액물(물+알콜)} \times 100$$

037
소독약으로서의 석탄산에 관한 내용 중 틀린 것은?

① 사용농도는 3% 수용액을 주로 쓴다.
② 고무제품, 의류, 가구, 배설물 등의 소독에 적합하다.
③ 단백질 응고작용으로 살균기능을 가진다.
④ 세균 포자나 바이러스에 효과적이다.

석탄산
- 일반적으로 3%의 수용액(온수)을 사용하며, 산성도가 높고 고온일 수록 소독 효과가 크다.
- 살균력이 안정되고, 유기물질(배설물 등)에도 약화되지 않는다.
- 금속부식성이 있고, 냄새와 독성이 강하며 피부점막에 자극성이 있다.
- 소독약의 살균력을 비교하는 기준이 된다(석탄산 계수).
- 대상물은 환자의 오염의류, 오물, 배설물 등이다.

038
살균력은 강하지만 자극성과 부식성이 강해서 상수 또는 하수의 소독에 주로 이용되는 것은?

① 알콜 ② 질산
③ 승홍 ④ 염소

염소는 살균력이 크고, 자극성과 부식성이 강하기 때문에 주로 상수도, 하수도의 소독과 같은 대규모 소독 이외에는 별로 사용되지 않는다.

039
일광소독과 가장 직접적인 관계가 있는 것은?

① 높은 온도 ② 높은 조도
③ 적외선 ④ 자외선

일광소독은 태양의 자외선을 소독에 이용하는 것으로 의류, 침구 소독에 적당하나 내부소독은 불가능하다.

040
다음 중 피부자극이 적어 상처표면의 소독에 가장 적당한 것은?

① 10% 포르말린
② 3% 과산화수소수
③ 15% 염소화합물
④ 3% 석탄산

과산화수소수는 3%의 수용액을 사용하며, 자극성이 적어서 구내염, 인두염, 입안 세척, 상처소독 등에 사용한다.

041
피지 분비의 과잉을 억제하고 피부를 수축시켜 주는 것은?

① 소염 화장수 ② 수렴 화장수
③ 영양 화장수 ④ 유연 화장수

화장수
- 수렴 화장수 : 수분공급과 모공수축을 목적으로 하며 알코올 배합량이 유연 화장수보다 많다.
- 유연 화장수 : 수분공급과 피부의 유연효과를 목적으로 하며 보습제와 유연제가 함유되어있다.

042
다음 중 필수 지방산에 속하지 않는 것은?

① 리놀산(linoleic acid)
② 리놀렌산(linolenic acid)
③ 아라키돈산(arachidonic acid)
④ 타타르산(tartaric acid)

필수지방산은 비타민 F라고도 하며 리놀산(리놀레산), 리놀렌산, 아라키돈산이 이에 해당된다.

043
피부색상을 결정짓는데 주요한 요인이 되는 멜라닌색소를 만들어 내는 피부의 층은?

① 과립층 ② 유극층
③ 기저층 ④ 유두층

표피는 가장 아래층에 기저층이 있고 그 위에 유극층, 과립층, 투명층, 각질층 순으로 존재하며, 기저층에 멜라닌 세포, 각질형성세포, 머켈세포가 있다.

044
Vitamin C 부족 시 주로 일어날 수 있는 증상으로 옳은 것은?

① 피부가 촉촉해 진다.
② 색소 기미가 생긴다.
③ 여드름의 발생 원인이 된다.
④ 지방이 많이 낀다.

비타민 C는 콜라겐 합성에 필요하며 피부탄력에 도움을 준다. 멜라닌 색소의 형성을 억제하여 미백효과에도 관여하며 기미, 주근깨 등의 색소침착을 방지한다.

045
다음 중 화학적인 필링제의 성분으로 사용되는 것은?

① AHA(alpha hydroxy acid)
② 에탄올(ethanol)
③ 카모마일
④ 올리브 오일

AHA의 종류에는 구연산(시트르산), 주석산(타타르산), 글리콜산, 젖산(락트산), 사과산(말산) 등이 있는데 글리콜산이 필링효과가 가장 높다.

046
티눈의 설명으로 옳은 것은?

① 각질층의 한 부위가 두꺼워져 생기는 각질층의 증식현상이다.
② 주로 발바닥에 생기며 아프지 않다.
③ 각질핵은 각질 윗부분에 있어 자연스럽게 제거된다.
④ 발뒤꿈치에만 생긴다.

티눈은 압력에 의해 발생하는 과각화증으로 중심부에 핵이 있고 압력을 제거하면 소실된다.

047
피서 후 피부증상으로 틀린 것은?

① 화상의 증상으로 붉게 달아올라 따끔따끔한 증상을 보일 수 있다.
② 많은 땀의 배출로 각질층의 수분이 부족해져 거칠어지고 푸석푸석한 느낌을 가지기도 한다.
③ 강한 햇살과 바닷바람 등에 의하여 각질층이 얇아 피부자체 방어반응이 어려워지기도 한다.
④ 멜라닌색소가 자극을 받아 색소병변이 발전할 수 있다.

③ 각질층은 무핵의 죽은세포로 비듬과 각질이 되어 자동으로 탈락되는 층이다.

048
강한 유전경향을 보이는 특별한 습진으로 팔꿈치 안쪽이나 목 등의 피부가 거칠어지고 아주 심한 가려움증을 나타내는 것은?

① 아토피성 피부염
② 일광 피부염
③ 베를로크 피부염
④ 약진

- 일광 피부염 : 햇볕에 의해 피부에 염증이 생기는 알레르기 반응
- 베를로크 피부염 : 자외선에 의한 색소 침착증으로 과색소침착에 해당
- 약진 : 내복이나 주사에 의하여 체내에 들어간 약제가 원인이 되어 생기는 알레르기성 발진

049
주로 40~50대에 보이며 혈액흐름이 나빠져 모세혈관이 파손되어 코를 중심으로 양 뺨에 나비 형태로 붉어진 증상은?

① 비립종
② 섬유종
③ 주사
④ 켈로이드

- 비립종 : 피부의 얕은 부위에 위치한, 1mm 내외의 크기가 작은 흰색 혹은 노란색의 작은 표피 낭종이다.
- 섬유종 : 일명 쥐젖으로 불리며, 중년 이후에 목이나 겨드랑이 등에 흔히 나타난다.
- 켈로이드 : 외상 후 나타나며 귀, 턱, 어깨, 목 및 하지에 발생한다.

050
다음 중 건성피부 손질로서 가장 적당한 것은?

① 적절한 수분과 유분 공급
② 적절한 일광욕
③ 비타민 복용
④ 카페인 섭취 줄임

건성피부는 피지와 수분의 부족으로 윤기가 없으며 각질이 일어나고 피부가 얇은 특징을 지닌 피부유형이다.

051
공중위생영업의 신고를 위해서 제출하는 서류에 해당하지 않는 것은?

① 영업시설 및 설비개요서
② 교육필증
③ 면허증 원본
④ 재산세 납부 영수증

공중위생영업 신고 제출서류
- 영업시설 및 설비개요서
- 교육필증(미리 교육을 받은 경우)
- 면허증 원본(이·미용업의 경우)

052
과태료 처분에 불복이 있는 경우 어느 기간 내에 이의를 제기할 수 있는가?

① 처분한 날로부터 30일 이내
② 처분의 고지를 받은 날로부터 30일 이내
③ 처분한 날로부터 15일 이내
④ 처분이 있음을 안 날로부터 15일 이내

> 과태료처분에 불복이 있는 자는 그 처분의 고지를 받은 날부터 30일 이내에 처분권자에게 이의를 제기할 수 있다.

053
이 · 미용영업자에게 과태료를 부과 · 징수 할 수 있는 처분권자에 해당되지 않는 자는?

① 보건복지부장관
② 시장
③ 군수
④ 구청장

> 과태료는 대통령령이 정하는 바에 의하여 시장 · 군수 · 구청장(처분권자)이 부과 · 징수한다.

054
다음 중 이용사 또는 미용사의 면허를 받을 수 있는 자는?

① 약물중독자
② 공중위생조사원
③ 공중위생평가단체
④ 공중위생전문교육원

> 면허취득의 결격사유
> • 피성년후견인
> • 정신보건법상 정신질환자
> • 감염성 결핵환자
> • 마약 또는 약물중독자
> • 면허가 취소된 후 1년이 경과되지 아니한 자

055
보건복지부령이 정하는 특별한 사유가 있을 시 영업소 외의 장소에서 이 · 미용업무를 행할 수 있다. 그 사유에 해당하지 않는 것은?

① 기관에서 특별히 요구하여 단체로 이 · 미용을 하는 경우
② 질병으로 인하여 영업소에 나올 수 없는 자에 대하여 이 · 미용을 하는 경우
③ 혼례에 참여하는 자에 대하여 그 의식 직전에 이 · 미용을 하는 경우
④ 시장 · 군수 · 구청장이 특별한 사정이 있다고 인정한 경우

> ②, ③, ④항과 그 외 사회복지시설에서 봉사활동으로 이 · 미용을 하는 경우

056
공중위생의 관리를 위한 지도, 계몽 등을 행하게 하기 위하여 둘 수 있는 것은?

① 명예공중위생감시원
② 공중위생조사원
③ 공중위생평가단체
④ 공중위생전문교육원

> 시 · 도지사는 공중위생의 관리를 위한 지도 · 계몽 등을 행하게 하기 위하여 명예공중위생감시원을 둘 수 있으며, 명예공중위생감시원의 자격 및 위촉방법, 업무범위 등에 관하여 필요한 사항은 대통령령으로 정한다.

057
공중위생영업소를 개설하고자 하는 자는 원칙적으로 언제까지 위생교육을 받아야 하는가?

① 개설하기 전
② 개설 후 3개월 내
③ 개설 후 6개월 내
④ 개설 후 1년 내

공중위생영업을 하고자 하는 자는 미리 위생교육을 받아야 한다. 다만, 부득이한 사유로 미리 교육을 받을 수 없는 경우에는 영업개시 후 보건복지부령이 정하는 기간 안에 위생 교육을 받을 수 있다.

058
이·미용업 영업소에서 손님에게 음란한 물건을 관람, 열람하게 한 때에 대한 1차 위반 시 행정처분 기준은?

① 영업정지 15일
② 영업정지 1월
③ 영업장 폐쇄명령
④ 경고

행정처분기준
- 1차 위반 : 경고
- 2차 위반 : 영업정지 15일
- 3차 위반 : 영업정지 1월
- 4차 이상 위반 : 영업장 폐쇄명령

059
관계공무원의 출입·검사, 기타 조치를 거부·방해 또는 기피했을 때의 과태료 부과기준은?

① 300만원 이하
② 200만원 이하
③ 100만원 이하
④ 50만원 이하

300만원 이하의 과태료
- 보고를 하지 아니하거나 관계공무원의 출입·검사 기타 조치를 거부·방해 또는 기피한 자
- 개선명령에 위반한 자

060
영업소 안에 면허증을 게시하도록 "위생관리의무 등"의 규정에 명시된 자는?

① 이·미용업을 하는 자
② 목욕장업을 하는 자
③ 세탁업을 하는 자
④ 위생관리용역업을 하는 자

이·미용업자는 업소 내에 이·미용신고증, 개설자의 면허증 원본 및 이·미용요금표를 게시하여야 한다.

03회 【정답】 적중모의고사

001	002	003	004	005
②	①	④	③	③
006	007	008	009	010
④	①	②	④	②
011	012	013	014	015
①	③	④	④	③
016	017	018	019	020
④	②	③	④	④
021	022	023	024	025
④	④	②	④	②
026	027	028	029	030
②	①	③	④	③
031	032	033	034	035
②	②	③	④	④
036	037	038	039	040
③	④	④	④	②
041	042	043	044	045
②	④	③	②	①
046	047	048	049	050
①	③	①	③	①
051	052	053	054	055
④	②	①	②	①
056	057	058	059	060
①	①	④	①	①

제 04 회 적중모의고사

○ CHECK POINT QUESTION

001
퍼머넌트 웨이브를 하기 전의 조치사항 중 틀린 것은?

① 필요시 샴푸를 한다.
② 정확한 헤어디자인을 한다.
③ 린스 또는 오일을 바른다.
④ 두발의 상태를 파악한다.

> 린스, 오일에는 유성 성분이 들어있어 퍼머넌트 웨이브 시술시 저해 요인이 된다.

002
염모제를 바르기 전에 스트랜드 테스트(strand test)를 하는 목적이 아닌 것은?

① 색상 선정이 올바르게 이루어 졌는지 알기 위해서
② 원하는 색상을 시술 할 수 있는 정확한 염모제의 작용시간을 추정하기 위해서
③ 염모제에 의한 알레르기성 피부염이나 접촉성 피부염 등의 유무를 알아보기 위해서
④ 퍼머넌트 웨이브나 염색, 탈색 등으로 모발이 단모나 변색될 우려가 있는지 여부를 알기 위해서

> 스트랜트 테스트와 패치 테스트
> • 스트랜드 테스트(컬러 테스트) : 가온 처리 후 몇 가닥의 모발을 티슈로 닦아 컬러를 확인하는 방법
> • 패치 테스트 : 염모제에 대한 피부 알레르기 반응검사로 염색 시술 전 24~48시간 전에 귀 뒤, 팔꿈치 안쪽에 실시

003
두발의 다공성에 관한 사항으로 틀린 것은?

① 다공성모(多孔性毛)란 두발의 간충물질(間充物質)이 소실되어 보습작용이 적어져서 두발이 건조해지기 쉬운 손상모를 말한다.
② 다공성은 두발이 얼마나 빨리 유액(流液)을 흡수하느냐에 따라 그 정도가 결정된다.
③ 두발의 다공성 정도가 클수록 프로세싱 타임을 짧게 하고, 보다 순한 용액을 사용하도록 해야 한다.
④ 두발의 다공성을 알아보기 위한 진단은 샴푸 후에 해야 하는데 이것은 물에 의해서 두발의 질이 다소 변화하기 때문이다.

> 두발의 다공성을 알아보기 위한 진단은 샴푸 전에 하는 것이 바람직하다.

004
가위의 선택방법으로 옳은 것은?

① 양날의 견고함이 동일하지 않아도 무방하다.
② 만곡도가 큰 것을 선택한다.
③ 협신에서 날끝으로 내곡선상으로 된 것을 선택한다.
④ 만곡도와 내곡선상을 무시해도 사용상 불편함이 없다.

> 가위는 양쪽 날이 견고함이 동일하고, 협신에서 날끝으로는 자연스럽게 내곡선상을 이루고, 날은 얇고, 협신은 가볍고, 양다리는 강한 것이 좋다.

005
헤어스타일에 다양한 변화를 줄 수 있는 뱅(bang)은 주로 두부의 어느 부위에 하게 되는가?

① 앞 이마   ② 네이프
③ 양 사이드   ④ 크라운

뱅(bang)은 이마의 장식머리 또는 늘어뜨린 앞머리를 말한다. 따라서, 주로 앞 이마에 하게 된다.

006
빗을 선택하는 방법으로 틀린 것은?

① 전체적으로 비뚤어지거나 휘지 않은 것이 좋다.
② 빗살 끝이 가늘고 빗살전체가 균등하게 똑바로 나열된 것이 좋다.
③ 빗살 끝이 너무 뾰족하지 않고 되도록 무딘 것이 좋다.
④ 빗살 사이의 간격이 균등한 것이 좋다.

빗살 끝은 직접 피부에 접촉하는 부분이므로 끝이 너무 뾰족하거나 너무 무뎌도 빗질이 잘 되지 않는다.

007
우리나라 고대 여성의 머리 장식품 중 재료의 이름을 붙여서 만든 비녀로만 된 것은?

① 산호잠, 옥잠
② 석류잠, 호도잠
③ 국잠, 금잠
④ 봉잠, 용잠

산호잠과 옥잠은 각각 산호와 옥으로 만든 비녀이다. 보기의 다른 비녀들의 이름은 형태 혹은 장식과 관련이 있다.

008
다음 중 메이크업(make up)의 설명이 잘못 연결된 것은?

① 데이타임 메이크업(daytime make up) – 짙은 화장
② 소셜 메이크업(social make up) – 성장 화장
③ 썬번 메이크업(sunburn make up) – 햇볕방지 화장
④ 그리스 페인트 메이크업(grease paint make up) – 무대 화장

낮 화장인 데이타임 메이크업은 자연광인 태양 빛에 의해 색상이 100% 재현되기 때문에 화장이 진하지 않도록 자연스럽게 표현해야 한다.

009
헤어 컬링(hair curling)에서 컬(curl)의 목적과 관계가 가장 먼 것은?

① 웨이브를 만들기 위해서
② 머리끝의 변화를 주기 위해서
③ 텐션을 주기 위해서
④ 볼륨을 만들기 위해서

컬의 목적은 웨이브와 볼륨을 만들고 모발 끝에 변화와 움직임을 주는 것이다. 원통의 롤러나 브러시 등 여러 가지 기구를 이용해 컬을 만들어 볼륨과 부피감의 효과를 나타낸다.

010
스킵 웨이브(skip wave)의 특징으로 가장 거리가 먼 것은?

① 웨이브(wave)와 컬(curl)이 반복 교차된 스타일이다.
② 폭이 넓고 부드럽게 흐르는 웨이브를 만들 때 쓰이는 기법이다.
③ 너무 가는 두발에는 그 효과가 적으므로 피하는 것이 좋다.
④ 퍼머넌트 웨이브가 너무 지나칠 때 이를 수정 보완하기 위해 많이 쓰인다.

스킵 웨이브는 핑거 웨이브와 컬이 교대로 조합되어진 것으로 컬의 말린 방향은 동일하므로 버티컬 웨이브를 만들고자 하는 경우에 좋다. 또한, 퍼머넌트 웨이브가 지나칠 경우 그 효과가 적다.

011
쿠퍼로즈(Couperose)라는 용어는 어떠한 피부상태를 표현하는데 사용하는가?

① 거칠은 피부
② 매우 건조한 피부
③ 모세혈관이 확장된 피부
④ 피부의 pH 밸런스가 불균형인 피부

피부에 분포하는 혈관이 수축기능을 상실하고 지속적으로 확장되어 있는 경우 실핏줄이 내보이는 것을 혈관 확장증이라고 하며, 이를 모세혈관확장 피부 혹은 쿠퍼로즈 스킨이라 한다.

012
두발이 손상되는 원인이 아닌 것은?

① 헤어드라이어기로 급속하게 건조시킨 경우
② 지나친 브러싱과 백코밍 시술을 한 경우
③ 스캘프 머니플레이션과 브러싱을 한 경우
④ 해수욕 후 염분이나 풀장의 소독용 표백분이 두발에 남아 있을 경우

> 스캘프 머니플레이션은 물리적인 두피손질(스캘프 트리트먼트) 방법 중의 하나로 두피의 혈액순환을 촉진시켜주는 역할을 한다.

013
다음 중 정상두피에 사용하는 트리트먼트는?

① 플레인 스캘프 트리트먼트
② 드라이 스캘프 트리트먼트
③ 오일리 스캘프 트리트먼트
④ 댄드러프 스캘프 트리트먼트

> 스캘프 트리트먼트의 종류
> - 플레인 스캘프 트리트먼트 : 건강 두피에 대한 손질
> - 드라이 스캘프 트리트먼트 : 건성 두피에 대한 손질
> - 오일리 스캘프 트리트먼트 : 지방성 두피에 대한 손질
> - 댄드러프 스캘프 트리트먼트 : 비듬성 두피에 대한 손질

014
다음 중 그라데이션(Gradation)에 대한 설명으로 옳은 것은?

① 모든 모발이 동일한 선상에 떨어진다.
② 모발의 길이에 변화를 주어 무게(Weight)를 더해 줄 수 있는 기법이다.
③ 모든 모발의 길이를 균일하게 잘라주어 모발에 무게(Weight)를 덜어 줄 수 있는 기법이다.
④ 전체적인 모발의 길이 변화 없이 소수 모발만을 제거하는 기법이다.

> 그라데이션 커트는 두발의 길이에 45도의 작은 단차가 생기는 커트로 네이프 부분에 무게감과 안정감을 주는 커팅이다.

015
고대 미용의 발상지로 가발을 이용하고 진흙으로 두발에 컬을 들였던 국가는?

① 그리스
② 프랑스
③ 이집트
④ 로마

> 이집트인들은 더운 기후로 인해서 일광을 막기 위해 가발을 쓰고, 진흙을 두발에 바른 후 나무막대로 말아 태양열에 건조시켜서 컬을 만들기도 했다.

016
일반적인 대머리분장을 하고자 할 때 준비해야 할 주요 재료로 가장 거리가 먼 것은?

① 글라짠(glatzan)
② 오브라이트(oblate)
③ 스프리트검(spiritgum)
④ 라텍스(latex)

> 정교한 대머리분장을 위한 볼드 캡 제작에는 글라짠이나 실리콘 성분의 재료 또는 상대적으로 저렴한 비용의 라텍스를 사용한다. 또한, 캡을 머리에 씌우고 고정 할 때는 송진과 알코올을 혼합하여 만든 피부용 접착제인 스프리트 검을 사용한다. 참고로 오브라이트는 녹말이 주성분으로 주로 화상분장에 응용된다.

017
헤어커트시 크로스 체크 커트(cross check cut)란?

① 최초의 슬라이스선과 교차되도록 체크 커트하는 것
② 모발의 무게감을 없애주는 것
③ 전체적인 길이를 처음보다 짧게 커트하는 것
④ 세로로 잡아 체크 커트하는 것

> ② 틴닝기법, ③ ④ 레이어 커트

018
매니큐어(manicure)시 손톱의 상피를 미는데 사용되는 도구는?

① 큐티클 푸셔
② 폴리시 리무버
③ 큐티클 니퍼즈
④ 에머리 보드

폴리시 리무버는 폴리시를 제거하는 액, 큐티클 니퍼즈는 손톱의 큐티클을 자르는 도구, 에머리 보드는 종이줄이다.

019
헤어 샴푸잉의 목적으로 가장 거리가 먼 것은?
① 두피, 두발의 세정
② 두발 시술의 용이
③ 두발의 건전한 발육촉진
④ 두피질환 치료

샴푸잉을 통해 청결함과 상쾌감 유지, 혈액 순환 촉진으로 모발의 성장·발육촉진, 청결 및 자아만족감 등을 얻을 수 있다.

020
퍼머넌트 직후의 처리로 옳은 것은?
① 플레인 린스   ② 샴푸잉
③ 테스트 컬   ④ 테이퍼링

샴푸잉은 샴시술, 테스트 컬은 웨이브의 탄력도, 테이퍼링은 모량 조절을 위한 것이다.

021
토양(흙)이 병원소가 될 수 있는 질환은?
① 디프테리아   ② 콜레라
③ 간염   ④ 파상풍

토양을 통한 감염의 대표적인 질병이 파상풍이다. 디프테리아는 비말 감염, 콜레라는 물 또는 음식물에 의해 감염되며 간염은 바이러스가 원인으로 환자나 보균자에 의해 소화기계를 통해 감염된다.

022
오염된 주사기, 면도날 등으로 인해 감염이 잘되는 만성 감염병은?
① 렙토스피라증   ② 트라코마
③ B형 간염   ④ 파라티푸스

감염병과 감염경로
• 렙토스피라증 : 제3군 감염병으로 들쥐의 배설물을 통해 감염
• 트라코마 : 눈의 결막질환으로 의복이나 수건 등에 의해 감염
• 파라티푸스 : 제군 감염병으로 물 또는 음식물을 통해 감염

023
다음 감염병 중 세균성인 것은?
① 말라리아   ② 결핵
③ 일본뇌염   ④ 유행성간염

세균이 병원체인 감염병에는 콜레라, 성홍열, 티프테리아, 백일해, 페스트, 이질, 파라티푸스, 장티푸스, 파상풍, 결핵, 폐렴, 나병, 수막구균성 수막염 등이 있다. 보기 중 말라리아는 원충류, 일본외염과 유행성 간염은 바이러스에 의해 감염된다.

024
인구구성 중 14세 이하가 65세 이상 인구의 2배 정도이며 출생과 사망률이 모두 낮은 형은?
① 피라미드형(pyramid form)
② 종형(bell form)
③ 항아리형(pot form)
④ 별형(accessive form)

인구구성형
• 피라미드형 : 인구증가형, 출생률이 높고 사망률이 낮은 형
• 항아리형 : 인구감소형, 출생률이 사망률보다 낮은 형
• 별형 : 도시형(유입형), 생산층 인구가 전체 인구의 50% 이상인 형

025
인수공통감염병이 아닌 것은?
① 페스트   ② 우형결핵
③ 나병   ④ 야토병

인수공통감염병에는 결핵, 광견병, 페스트, 탄저, 살모넬라, 돈단독, 선모충, 일본뇌염, 유구조충, 페스트, 발진열, 와일씨병, 양충병, 서교증, 야토병, 파상열, 황열 등이 해당된다.

026
공중보건학의 목적으로 적절하지 않은 것은?
① 질병예방
② 수명연장
③ 육체적, 정신적 건강 및 효율의 증진
④ 물질적 풍요

공중보건이란 질병을 예방하고 건강을 유지·증진시킴으로써 육체적, 정신적인 능력을 발휘할 수 있게 하기 위한 과학적 지식을 사회의 조직적 노력으로 사람들에게 적용하는 기술이다.

027
조도불량, 현휘가 과도한 장소에서 장시간 작업하여 눈에 긴장을 강요함으로써 발생되는 불량 조명에 기인하는 직업병이 아닌것은?

① 안정피로
② 근시
③ 원시
④ 안구진탕증

원시는 먼 곳은 잘 보이지만 가까운 곳은 잘 보이지 않는 눈의 증상으로 노화나 유전적인 원인에 의해 발병 한다.

028
공기의 자정작용과 관련이 가장 먼 것은?

① 이산화탄소와 일산화탄소의 교환 작용
② 자외선의 살균작용
③ 강우, 강설에 의한 세정작용
④ 기온역전작용

기온역전작용은 상부기온이 하부기온보다 높을 때 발생하는 것으로 LA 스모그, 런던 스모그와 같은 대기오염의 원인이다.

029
환경오염 방지대책과 거리가 가장 먼 것은?

① 환경오염의 실태파악
② 환경오염의 원인규명
③ 행정대책과 법적규제
④ 경제개발 억제정책

환경오염 방지를 위해 경제개발을 억제한다면 오히려 삶의 질이 저하될 수도 있다.

030
질병 발생의 세 가지 요인으로 연결된 것은?

① 숙주 – 병인 – 환경
② 숙주 – 병인 – 유전
③ 숙주 – 병인 – 병소
④ 숙주 – 병인 – 저항력

질병 발생의 3대 요인
- 병인 : 병원체, 병소
- 환경 : 병원소로부터 병원체의 탈출, 전파, 새로운 숙주로의 침입
- 숙주 : 숙주의 감수성(저항력)

031
미생물의 발육과 그 작용을 제거하거나 정지시켜 음식물의 부패 발효를 방지하는 것은?

① 방부
② 소독
③ 살균
④ 살충

용어설명
- 방부 : 약한 살균력을 작용시켜 병원 미생물의 발육과 작용을 억제시키는 것
- 소독 : 병원성 미생물을 죽이거나 감염력을 없애는 것
- 살균 : 세균을 죽이는 것

032
승홍수의 설명으로 틀린 것은?

① 금속을 부식시키는 성질이 있다.
② 피부소독에는 0.1%의 수용액을 사용한다.
③ 염화칼륨을 첨가하면 자극성이 완화된다.
④ 살균력이 일반적으로 약한 편이다.

승홍수는 살균력은 좋으나 피부점막에 자극을 주며 인체에 축적되어 수은 중독을 일으킬 수 있다.

033
자비소독 시 금속제품이 녹스는 것을 방지하기 위하여 첨가하는 물질이 아닌 것은?

① 2% 붕소
② 2% 탄산나트륨
③ 5% 알콜
④ 2~3% 크레졸 비누액

금속제품을 처음부터 넣고 끓이면 얼룩이 생기므로 물에 2% 붕사, 1~2% 탄산나트륨(NaCO₃), 2~3% 크레졸비누액을 넣으면 녹스는 것을 방지할 수 있을 뿐 아니라 살균력과 멸균력도 커진다.

034
음용수 소독에 사용할 수 있는 소독제는?

① 요오드 ② 페놀
③ 염소 ④ 승홍수

액체염소는 펄프나 종이를 표백하거나, 유기화합물이나 무기화합물을 만들 때, 수돗물을 살균할 때 이용 된다.

035
E.O 가스의 폭발위험성을 감소시키기 위하여 흔히 혼합하여 사용하게 되는 물질은?

① 질소 ② 산소
③ 아르곤 ④ 이산화탄소

에틸렌 옥사이드 즉, E.O 가스의 폭발위험성을 감소시키기 위해 프레온(CFC) 가스 또는 이산화탄소(CO_2)가 혼합물로 사용된다.

036
다음 중 배설물의 소독에 가장 적당한 것은?

① 크레졸 ② 오존
③ 염소 ④ 승홍

배설물 소독에는 소각법, 석탄산, 크레졸, 생석회 등을 사용한다.

037
계면활성제 중 살균보다는 세정의 효과가 더 큰 것은?

① 양성 계면활성제 ② 비이온 계면활성제
③ 양이온 계면활성제 ④ 음이온 계면활성제

계면활성제
- 음이온성 : 세정효과와 기포 형성 효과가 우수하므로 비누, 샴푸, 클린징품 등에 사용
- 비이온성 : 피부자극이 적어 화장 수의 가용화제 크림이나 로션 상의 유화재료로 사용
- 양이온성 : 살균력이 강해 역성비 누에 사용

038
화학적 소독제의 이상적인 구비조건에 해당하지 않는 것은?

① 가격이 저렴해야 한다.
② 독성이 적고 사용자에게 자극이 없어야 한다.
③ 소독효과가 서서히 증대되어야 한다.
④ 희석된 상태에서 화학적으로 안정되어야 한다.

소독제는 살균력이 강하고, 용해성, 안전성이 있어야 하며 부식성과 표백성은 없어야 한다.

039
자외선의 파장 중 가장 강한 범위는?

① 200~220nm ② 260~280nm
③ 300~320nm ④ 360~380nm

자외선은 태양광선 중 파장이 200~400nm의 범위에 속하며, 특히 260nm 부근의 파장인 경우 강력한 살균작용을 한다.

040
다음 중 습열 멸균법에 속하는 것은?

① 자비 소독법 ② 화염 멸균법
③ 여과 멸균법 ④ 소각 소독법

습열 멸균법에 속하는 것으로는 자비소독법, 고압증기멸균법, 유통증기멸균법, 저온소독법, 초고온순간 멸균법 등이 있다.

041
백반증에 관한 내용 중 틀린 것은?

① 멜라닌 세포의 과다한 증식으로 일어난다.
② 백색반점이 피부에 나타난다.
③ 후천적 탈색소 질환이다.
④ 원형, 타원형 또는 부정형의 흰색반점이 나타난다.

백반증은 색소결핍증에 해당된다.

042
모발을 태우면 노린내가 나는데 이는 어떤 성분 때문인가?

① 나트륨 ② 이산화탄소
③ 유황 ④ 탄소

모발의 주요성분은 유황을 함유한 케라틴이라는 단백질이다. 유황은 모발의 주요한 아미노산 성분인 시스틴과 화학적으로 결합되어 있다.

043
포인트 메이크업(point make-up) 화장품에 속하지 않는 것은

① 블러셔
② 아이섀도우
③ 파운데이션
④ 립스틱

베이스 메이크업(base make-up) 화장품이다.

044
무기질의 설명으로 틀린 것은?

① 조절작용을 한다.
② 수분과 산, 염기의 평형조절을 한다.
③ 뼈와 치아를 공급한다.
④ 에너지 공급원으로 이용된다.

생체 내에 에너지를 공급하는 공급원은 탄수화물, 단백질, 지방이다.

045
피부 본래의 표면에 알칼리성의 용액을 pH 환원시키는 표피의 탄력을 무엇이라 하는가?

① 환원작용
② 알칼리 중화능(中和能)
③ 산화작용
④ 산성 중화능

강산, 강알칼리는 모두 피부를 해친다. 피부는 이러한 화학적인 자극으로부터 스스로를 보호하고 환원시키는 능력을 갖고 있으며, 이를 중화능이라고 한다.

046
진피의 4/5를 차지할 정도로 가장 두꺼운 부분이며, 옆으로 길고섬세한 섬유가 그물모양으로 구성되어 있는 층은?

① 망상층
② 유두층
③ 유두하층
④ 과립층

진피는 유두층과 망상층으로 되어있고 유두층은 표피의 기저층과 연결되어 있다. 그 중 망상층은 그물 모양의 섬유조직인 교원섬유와 탄력섬유가 치밀하게 구성되어 있으며 결합섬유 사이는 젤 형태의 뮤코-다당류가 존재한다.

047
다음 중 태선화에 대한 설명으로 옳은 것은?

① 표피가 얇아지는 것으로 표피세포 수의 감소와 관련이 있으며 종종 진피의 변화와 동반된다.
② 둥글거나 불규칙한 모양의 굴착으로 점진적인 괴사에 의해서 표피와 함께 진피의 소실이 오는 것이다.
③ 질병이나 손상에 의해 진피와 심부에 생긴 결손을 메우는 새로운 결체조직의 생성으로 생기며 정상치유 과정의 하나이다.
④ 표피 전체와 진피의 일부가 가죽처럼 두꺼워지는 현상이다.

태선화(Lichenification)는 진피 일부 및 표피 전체가 가죽처럼 두꺼워지고 딱딱해지는 현상으로, 피부의 윤기가 사라지고 단단해지며 주름이 뚜렷해진다.

048
액취증의 원인이 되는 아포크린 한선이 분포되어 있지 않은 곳은?

① 배꼽주변
② 겨드랑이
③ 사타구니
④ 발바닥

아포크린 한선(대한선)은 사춘기 이후 겨드랑이, 유두 주위, 성기 및 항문주위 등에서만 존재한다. 이와 달리 에크린 한선(소한선)은 입술과 음부를 제외한 피부 전신에 널리 분포되어 있으며, 특히 손바닥, 발바닥, 이마, 겨드랑이, 코, 서혜부 등에 많이 분포되어 있다.

049
다음 중 2도 화상에 속하는 것은?

① 햇볕에 탄 피부
② 진피층까지 손상되어 수포가 발생한 피부
③ 피하 지방층까지 손상된 피부
④ 피하 지방층 아래의 근육까지 손상된 피부

2도 화상은 수포가 형성되는 특징을 갖는 것으로 표재성과 심부성 화상으로 구분된다. 표재성 화상은 홍반, 부종, 통증 및 수포를 동반하나 흔적없이 2~3주 후에 치유되며, 심부성 화상은 진피의 손상으로 반흔을 남긴다.

050
다음 중 공기의 접촉 및 산화와 관계 있는 것은?

① 흰 면포 ② 검은 면포
③ 구진 ④ 팽진

면포란 개방면포 또는 블랙헤드라 불리며 피지가 공기와 접촉하여 산화되면서 검게 변한 상태를 말한다.

051
미용업소에서 미용업 신고증 및 면허증 원본을 게시하지 아니한 때의 1차위반 행정처분기준은?

① 경고 또는 개선명령
② 영업정지 5일
③ 영업허가 취소
④ 영업장 폐쇄명령

행정처분기준
- 1차 위반 : 경고 또는 개선명령
- 2차 위반 : 영업정지 5일
- 3차 위반 : 영업정지 10일
- 4차 위반 : 영업장 폐쇄명령

052
면허증을 다른 사람에게 대여한 때의 2차 위반 행정처분 기준은?

① 면허정지 6월 ② 면허정지 3월
③ 영업정지 3월 ④ 영업정지 6월

053
공중위생영업에 해당하지 않는 것은?

① 세탁업 ② 위생관리업
③ 미용업 ④ 목욕장업

공중위생관리법에서 규정하고 있는 공중위생영업의 종류는 숙박업, 목욕장업, 이·미용업, 세탁업, 위생관리용역업 등이다.

054
면허의 정지명령을 받은 자는 그 면허증을 누구에게 제출해야 하는가?

① 보건복지부장관 ② 시·도지사
③ 시장·군수·구청장 ④ 이·미용사 중앙회장

면허가 취소되거나 면허의 정지명령을 받은 자는 지체없이 시장·군수·구청장에게 면허증을 반납하여야 한다.

055
행정처분사항 중 1차 처분이 경고에 해당하는 것은?

① 귓볼 뚫기 시술을 한 때
② 시설 및 설비기준을 위반한 때
③ 신고를 하지 아니하고 영업소 소재를 변경한 때
④ 개선명령을 이행하지 아니한 때

① : 영업정지 2월 ② : 개선명령 ③ : 영업정지 1월

056
다음 중 이·미용업을 개설할 수 있는 경우는?

① 이·미용사 면허를 받은 자
② 이·미용사의 감독을 받아 이·미용을 행하는 자
③ 이·미용사의 자문을 받아서 이·미용을 행하는 자
④ 위생관리 용역업 허가를 받은 자로서 이·미용에 관심이 있는 자

이·미용의 면허증이 있어야만 영업소를 개설할 수 있다.

057
영업소 외의 장소에서 이용 및 미용의 업무를 할 수 있는 경우가 아닌 것은?

① 질병으로 영업소에 나올 수 없는 경우
② 혼례 직전에 이용 또는 미용을 하는 경우
③ 야외에서 단체로 이용 또는 미용을 하는 경우
④ 사회복지시설에서 봉사활동으로 이용 또는 미용을 하는 경우

영업소 외에서의 이용 및 미용 업무가 가능한 경우
- 질병이나 그 밖의 사유로 영업소에 나올 수 없는 자에 대하여 이용 또는 미용을 하는 경우
- 혼례나 그 밖의 의식에 참여하는 자에 대하여 그 의식 직전에 이용 또는 미용을 하는 경우
- 사회복지시설에서 봉사활동으로 이용 또는 미용을 하는 경우
- 위의 경우 외에 특별한 사정이 있다고 시장·군수·구청장이 인정하는 경우

058

이·미용업소의 시설 및 설비 기준으로 적합한 것은?

① 소독을 한 기구와 소독을 하지 아니한 기구를 구분하여 보관할 수 있는 용기를 비치하여야 한다.
② 소독기, 적외선 살균기 등 기구를 소독하는 장비를 갖추어야 한다.
③ 밀폐된 별실을 24개 이상 둘 수 있다.
④ 작업장소와 응접장소, 상담실, 탈의실 등을 분리하여 칸막이를 설치하려는 때에는 각각 전체 벽면적의 2분의 1 이상은 투명하게 하여야 한다.

이·미용업소의 시설 및 설비 기준
- 소독기, 자외선 살균기 등 이·미용기구를 소독하는 장비를 갖추어야 한다.
- 영업소 내에 밀폐된 별실은 둘 수 없으며, 칸막이를 설치하는 경우에도 외부에서 내부를 확인할 수 있도록 하여야 한다.
- 작업장소와 응접장소·상담실·탈의실 등을 분리하여 칸막이를 설치하려는 때에는 들어가는 출입문의 3분의 1 이상을 투명하게 하여야 한다.

059

위생서비스 평가의 결과에 따른 조치에 해당되지 않는 것은?

① 이·미용업자는 위생관리 등급 표지를 영업소 출입구에 부착할 수 있다.
② 시·도지사는 위생서비스의 수준이 우수하다고 인정되는 영업소에 대한 포상을 실시할 수 있다.
③ 시장, 군수는 위생관리 등급 별로 영업소에 대한 위생 감시를 실시할 수 있다.
④ 구청장은 위생관리 등급의 결과를 세무서장에게 통보할 수 있다.

시장·군수·구청장은 보건복지부령이 정하는 바에 의하여 위생서비스평가의 결과에 따른 위생관리등급을 해당공중위생영업자에게 통보하고 이를 공표하여야 하며, 공중위생영업자는 통보받은 위생관리등급의 표지를 영업소의 명칭과 함께 영업소의 출입구에 부착할 수 있다.

060

이·미용의 업무를 영업장소 외에서 행하였을 때 이에 대한 처벌기준은?

① 3년 이하의 징역 또는 1천만 원 이하의 벌금
② 500만 원 이하의 과태료
③ 200만 원 이하의 과태료
④ 100만 원 이하의 벌금

이·미용의 업무를 영업장소 외에서 행한 경우 공중위생관리법의 과태료 조항에 따라 200만원 이하의 과태료에 처해진다.

04회 【정답】 적중모의고사

001	002	003	004	005
③	③	④	③	①
006	007	008	009	010
③	①	①	③	④
011	012	013	014	015
②	③	①	②	③
016	017	018	019	020
②	①	①	④	①
021	022	023	024	025
④	③	②	②	①
026	027	028	029	030
④	③	④	④	①
031	032	033	034	035
①	④	②	③	④
036	037	038	039	040
①	④	③	②	①
041	042	043	044	045
①	③	③	④	②
046	047	048	049	050
④	③	④	②	②
051	052	053	054	055
①	①	②	③	④
056	057	058	059	060
①	③	①	④	③

제 05 회 적중모의고사

CHECK POINT QUESTION

001
신징(singeing)의 목적에 해당하지 않는 것은?

① 불필요한 두발을 제거하고 건강한 두발의 순조로운 발육을 조장한다.
② 잘라지거나 갈라진 두발로부터 영양물질이 흘러나오는 것을 막는다.
③ 양이 많은 두발에 숱을 쳐내는 것이다.
④ 온열자극에 의해 두부의 혈액순환을 촉진시킨다.

양이 많은 두발에 숱을 쳐내는 것은 테이퍼링에 해당된다.

002
브러쉬의 종류에 따른 사용목적이 틀린 것은?

① 덴멘 브러쉬는 열에 강하여 모발에 텐션과 볼륨감을 주는데 사용한다.
② 롤 브러쉬는 롤의 크기가 다양하고 웨이브를 만들기에 적합하다.
③ 스켈톤 브러쉬는 여성 헤어스타일이나 긴 머리 헤어스타일 정돈에 주로 사용된다.
④ S형 브러쉬는 바람머리 같은 방향성을 살린 헤어스타일 정돈에 적합하다.

스켈톤 브러쉬는 남성의 머리를 말릴 때 또는 머리 엉킴을 방지하거나 간단한 마무리를 할 때 주로 사용된다.

003
블런트 커팅과 같은 뜻을 가진 것은?

① 프레 커트   ② 애프터 커트
③ 클럽 커트   ④ 드라이 커트

블런트 커트란 직선적으로 커트하는 방법을 말하는 것으로 클럽 커트와 같은 의미이다. 블런트 커트의 기법으로는 원랭스 커트, 스퀘어 커트, 그라데이션 커트, 레이어 커트 등이 대표적이다.

004
퍼머넌트 웨이브의 제2액 주제로서 취소산나트륨과 취소산칼륨 몇 %의 적정 수용액을 만들어서 사용하는가?

① 1~2%   ② 3~5%
③ 5~7%   ④ 7~9%

제1액의 주제는 티오글리콜산이며, 제2액의 주제는 취소산나트륨, 과산화 수소 등이다. 이 중 제2액의 주제인 취소산나트륨과 취소산칼륨은 3~5%의 수용액을 만들어서 사용한다.

005
베이스(base)는 컬 스트랜드의 근원에 해당된다. 다음 중 오블롱(oblong) 베이스는 어느 것인가?

① 오형 베이스
② 정방형 베이스
③ 장방형 베이스
④ 아크 베이스

오블롱(oblong) 베이스는 장방형 베이스이다. 베이스가 길어서 헤어라인부터 떨어진 웨이브를 만들며 주로 측두부에 많이 사용된다.

006
다음 중 손톱의 상조피를 자르는 가위는?

① 폴리쉬 리무버   ② 큐티클 니퍼즈
③ 큐티클 푸셔   ④ 네일 래커

폴리쉬 리무버는 폴리시를 제거하는 액, 큐티클 푸셔는 큐티클을 밀어 올릴 때 사용한다.

007
원랭스(one length) 커트형에 해당되는 않는 것은?

① 평행보브형(parallel bob style)
② 이사도라형(isadora style)
③ 스파니엘형(spaniel style)
④ 레이어형(layer style)

> 레이어 커트는 윗머리보다 밑머리가 긴 모양이 되도록 두발의 길이에 많은 단차를 주어 커트한다.

008
조선시대 후반기에 유행하였던 일반 부녀자들의 머리 형태는?

① 쪽진 머리
② 푼기명 머리
③ 쌍쌍투 머리
④ 귀밑 머리

> 쪽진머리, 큰머리, 조짐머리형은 조선시대의 머리 형태이다.

009
콜드 퍼머넌트 웨이빙(cold permanent waving) 시 비닐 캡(vinyl cap)을 씌우는 목적 및 이유에 해당되지 않는 것은?

① 라놀린(lanolin)의 약효를 높여주므로 제1액의 피부염 유발 위험을 줄인다.
② 체온의 방산(放散)을 막아 솔루션(solution)의 작용을 촉진한다.
③ 퍼머넌트액의 작용이 두발 전체에 골고루 진행되도록 돕는다.
④ 휘발성 알칼리(암모니아 가스)의 산일(散逸)작용을 방지한다.

> 라놀린은 면양의 털에서 추출한 지방질 분비물로 만든 황색의 유지화합물로 헤어 트리트먼트제의 원료로 사용된다.

010
물결상이 극단적으로 많은 웨이브로 곱슬곱슬하게 된 퍼머넌트의 두발에서 주로 볼 수 있는 것은?

① 와이드 웨이브
② 섀도우 웨이브
③ 내로우 웨이브
④ 마샬 웨이브

> • 와이드 웨이브 : 크레스트가 가장 뚜렷한 웨이브
> • 섀도우 웨이브 : 크레스트가 뚜렷하지 못해 가장 자연스러운 웨이브
> • 마샬 웨이브 : 부드러운 S자형의 물결모양이 연속되어 있는 웨이브

011
두발을 윤곽 있게 살려 목덜미(nape)에서 정수리(back)쪽으로 올라가면서 두발에 단차를 주어 커트하는 것은?

① 원랭스 커트
② 쇼트 헤어 커트
③ 그라데이션 커트
④ 스퀘어 커트

> • 원랭스 커트 : 동일선상의 외측과 내측에 단차를 주지 않고 모든 섹션을 아래로 자연스럽게 빗어 내린 후 일직선상으로 자른 단발머리 스타일로서 단차가 없는 형태
> • 스퀘어 커트 : 혼합형으로서 형태의 직선 및 무게의 집중은 대칭적으로 길이를 갖게 자른 형태

012
고대 중국 당나라시대의 메이크업과 가장 거리가 먼 것은?

① 백분, 연지로 얼굴형 부각
② 액황을 이마에 발라 입체감 살림
③ 10가지 종류의 눈썹모양으로 개성을 표현
④ 일본에서 유입된 가부끼 화장이 서민에게까지 성행

> 가부끼 화장이 서민에게까지 성행한 적은 없다.

013
헤어파팅(hair parting) 중 후두부를 정중선(正中線)으로 나눈 파트는?

① 센터 파트(center part)
② 스퀘어 파트(square part)
③ 카우릭 파트(cowlick part)
④ 센터 백 파트(center back part)

- 센터 파트 : 헤어라인 중심에서 두정부를 향한 직선 가르마
- 스퀘어 파트 : 이마의 양각에서 사각으로 각지게 나누는 가르마
- 카우릭 파트 : 두정부 탑 부분의 가마로부터 자연스러운 분배인 방사선 형태로 나누는 것

014
마샬 웨이브에서 건강모인 경우에 아이롱의 적정온도는?

① 80~100℃ ② 100~120℃
③ 120~140℃ ④ 140~160℃

마샬 웨이브시 아이롱의 온도는 120~140℃를 유지하는 것이 가장 적당하다.

015
퍼머넌트 웨이브 후 두발이 자지러지는 원인이 아닌 것은?

① 사전 커트시 두발 끝을 심하게 테이퍼한 경우
② 로드의 굵기가 너무 가는 것을 사용한 경우
③ 와인딩시 텐션을 주지 않고 느슨하게 한 경우
④ 오버 프로세싱을 하지 않은 경우

보기 중 ①, ②, ③ 항 외에도 오버 프로세싱 되었을 때, 두발 상태보다 약 액이 강했을 때 두발 끝이 자지러지는 원인이 된다.

016
퍼머넌트 웨이브가 잘 나오지 않은 경우가 아닌 것은?

① 와인딩시 텐션을 주어 말았을 경우
② 사전 샴푸시 비누와 경수로 샴푸하여 두발에 금속염이 형성된 경우
③ 두발이 저항모이거나 불수성모로 경모인 경우
④ 오버 프로세싱으로 시스틴이 지나치게 파괴된 경우

보기 중 ②, ③, ④항의 경우는 모발에 손상이 생기거나 발수성 모발인 경우로 웨이브가 잘 안 나올 수 있다.

017
다음 중 비듬제거 샴푸로서 가장 적당한 것은?

① 핫오일 샴푸 ② 드라이 샴푸
③ 댄드러프 샴푸 ④ 플레인 샴푸

샴푸의 용도
- 핫오일 샴푸 : 두피나 모발에 지방을 보급하기 위한 샴푸잉이다.
- 드라이 샴푸 : 물을 사용하지 않는 샴푸잉을 말한다.
- 플레인 샴푸 : 보통 샴푸로 중성 세제나 비누 등으로 물을 사용하여 샴푸잉하는 것을 말한다.

018
헤어 블리치제의 산화제로써 오일 베이스제는 무엇에 유황유가 혼합되는 것인가?

① 과붕산나트륨 ② 탄산마그네슘
③ 라놀린 ④ 과산화수소수

헤어 블리치제에서 산화제는 과산화 수소수로 6% 용액을 사용한다.

019
브러시의 손질법으로 부적당한 것은?

① 보통 비눗물이나 탄산소다수에 담그고 부드러운 털은 손으로 가볍게 비벼 빤다.
② 털이 빳빳한 것은 세정 브러시로 닦아낸다.
③ 털이 위로 가도록 하여 햇볕에 말린다.
④ 소독방법으로 석탄산수를 사용해도 된다.

브러시를 소독액에서 꺼낸 후 물로 헹군 뒤 물기는 마른 수건으로 닦아 응달에서 건조시킨다.

020
다음 샴푸 시술 시의 주의 사항으로 틀린 것은?

① 손님의 의상이 젖지 않게 신경을 쓴다.
② 두발을 적시기 전에 물의 온도를 점검한다.
③ 손톱으로 두피를 문지르며 비빈다.
④ 다른 손님에게 사용한 타올은 쓰지 않는다.

두피를 문지를 때는 지문 부분으로 하여야 하며 손톱을 세우지 않아야 한다.

021
법정감염병 중 제2급 감염병이 아닌 것은?

① 디프테리아 ② 콜레라
③ 장티푸스   ④ 폴리오

디프테리아는 제1급 감염병에 해당된다.

022
하수오염이 심할수록 BOD는 어떻게 되는가?

① 수치가 낮아진다.
② 수치가 높아진다.
③ 아무런 영향이 없다.
④ 높아졌다 낮아졌다 반복한다.

오염이 심할수록 생물학적 산소요구량(BOD)은 높아지고, 용존산소량(DO)은 낮아진다.

023
분뇨의 비위생적 처리로 오염될 수 있는 기생충으로 가장 거리가 먼 것은?

① 회충   ② 사상충
③ 십이지장충 ④ 편충

사상충은 열대성 풍토병으로 모기를 통해 감염된다.

024
대기오염에 영향을 미치는 기상조건으로 가장 관계가 큰 것은?

① 강우, 강설 ② 고온, 고습
③ 기온역전   ④ 저기압

기온역전은 고도가 상승함에 따라 기온도 상승하여 상부의 기온이 하부의 기온보다 높게 되어 대기가 안정화되고 공기의 수직확산이 일어나지 않게 되며, 대기오염이 심화되는 현상을 말한다.

025
다음 중 환자의 격리가 가장 중요한 관리방법이 되는 것은?

① 파상풍, 백일해   ② 일본뇌염, 성홍열
③ 결핵, 한센병   ④ 폴리오, 풍진

보기 중 결핵과 한센병은 환자의 격리가 가장 중요한 관리방법이다.

026
어류인 송어, 연어 등을 날로 먹었을 때 주로 감염될 수 있는 것은?

① 갈고리촌충 ② 긴촌충
③ 폐디스토마 ④ 선모충

광절열두조충의 전파 매개체는 송어, 연어 등이며, 긴촌충이 바로 광절열두조충이다.

027
소음이 인체에 미치는 영향으로 가장 거리가 먼 것은?

① 불안증 및 노이로제 ② 청력장애
③ 중이염   ④ 작업능률 저하

중이염은 이관(유스타키오관)의 기능장애와 미생물에 의한 감염이 가장 중요한 원인이다.

028
음용수의 일반적인 오염지표로 사용되는 것은?

① 탁도   ② 일반세균수
③ 대장균수 ④ 경도

대장균 자체는 인체에 유해하지 않으나 오염원과 공존하므로 상수오염의 지표가 된다.

029
한 국가나 지역사회 간의 보건수준을 비교하는데 사용되는 대표적 3대 지표는?

① 영아사망률, 비례사망지수, 평균수명
② 영아사망률, 사인별 사망률, 평균수명
③ 유아사망률, 모성사망률, 비례사망지수
④ 유아사망률, 사인별 사망률, 영아사망률

W.H.O에서 정한 건강지표는 평균 수명, 영아사망률(조사망률), 비례사망지수이다.

030
산업피로의 본질과 가장 관계가 먼 것은?

① 생체의 생리적 변화
② 피로감각
③ 산업구조의 변화
④ 작업량 변화

산업피로는 정신적, 육체적, 신경적인 노동 부하에 반응하는 생체의 태도 즉 생체의 방어기전, 생체기능의 감소, 신경계의 평형 실조를 의미하며, 구체적으로는 생체의 생리적 변화(의학적), 피로감각(심리학적), 작업량의 변화(생산적) 본질과 관련이 있다.

031
3% 소독액 1000mL를 만드는 방법으로 옳은 것은?(단, 소독액 원액의 농도는 100%이다.)

① 원액 300mL에 물 700mL를 가한다.
② 원액 30mL에 물 970mL를 가한다.
③ 원액 3mL에 물 997mL를 가한다.
④ 원액 3mL에 물 1000mL를 가한다.

$$농도(\%) = \frac{용질}{용액} \times 100$$

032
소독약에 대한 설명 중 적합하지 않은 것은?

① 소독시간이 적당한 것
② 소독 대상물을 손상시키지 않는 소독약을 선택할 것
③ 인체에 무해하며 취급이 간편할 것
④ 소독약은 항상 청결하고 밝은 장소에 보관할 것

소독약은 냉암소에 보관함과 동시에 라벨이 오염되지 않도록 다른 것과 구분해 둔다.

033
물리적 살균법에 해당되지 않는 것은?

① 열을 가한다.
② 건조시킨다.
③ 물을 끓인다.
④ 포름알데하이드를 사용한다.

포름알데하이드를 사용하는 것은 화학적 살균법에 해당된다.

034
비교적 가격이 저렴하고 살균력이 있으며 쉽게 증발되어 잔여량이 없는 살균제는?

① 알코올
② 요오드
③ 크레졸
④ 페놀

에틸알코올(에탄올)은 인체에 무해하며 수지소독, 피부소독, 미용기구 소독에 적합하다. 일반적으로 0~75%의 에탄올을 사용하며 가격이 저렴하고, 잔여량이 남지 않는다는 장점이 있다.

035
질병 발생의 역학적 삼각형 모형에 속하는 요인이 아닌 것은?

① 병인적 요인
② 숙주적 요인
③ 감염적 요인
④ 환경적 요인

질병발생의 역학적 인자 중 삼각형 모형설에 해당되는 3요인은 병인적, 숙주적, 환경적 요인이다. 참고로 질병발생의 역학적 인자와 관련하여 삼각형 모형설, 수레바퀴 모형설, 거미줄(원인망) 모형설이 있다.

036
다음 중 승홍수 사용시 적당하지 않은 것은?

① 사기 그릇
② 금속류
③ 유리
④ 에나멜 그릇

승홍수는 금속을 부식시키므로 금속류는 적당하지 않다.

037
다음 미생물 중 크기가 가장 작은 것은?

① 세균
② 곰팡이
③ 리케차
④ 바이러스

미생물의 크기는 '곰팡이 > 효모 > 세균 > 리케차 > 바이러스' 순서이다.

038
방역용 석탄산의 가장 적당한 희석농도는?

① 0.1% ② 0.3%
③ 3.0% ④ 75%

> 석탄산은 일반적으로 3% 농도(방역용)의 수용액을 사용하며, 손 소독시에는 2% 수용액을 사용한다.

039
일광소독법은 햇빛 중의 어떤 영역에 의해 소독이 가능한가?

① 적외선 ② 자외선
③ 가시광선 ④ 우주선

> 자외선은 3부분 중 파장이 가장 짧으며, 파장이 200~400nm (2,000~4,000Å) 범위로 2,600Å 부근의 파장인 경우 살균작용이 가장 강하다.

040
다음 소독 방법 중 완전 멸균으로 가장 빠르고 효과적인 방법은?

① 유통증기법
② 간헐살균법
③ 고압증기법
④ 건열 소독

> 고압증기멸균법은 고압 증기멸균솥을 이용하여 121℃에서 15~29분간 살균하는 방법으로 아포를 포함한 모든 균을 사멸시키는 물리적 소독방법이다.

041
피부의 표피 세포는 대략 몇 주 정도의 교체 주기를 가지고 있는가?

① 1주 ② 2주
③ 3주 ④ 4주

> 표피의 기저층에서 생성된 세포는 각질층까지 각화과정을 통해 올라오는데 2주, 떨어져 나가는데 2주가 소요된다.

042
자외선 B는 자외선 A보다 홍반 발생 능력이 몇 배 정도인가?

① 10배 ② 100배
③ 1000배 ④ 10000배

> 홍반 형성 능력은 자외선 B가 자외선 A보다 1000배 정도 크다. 또한, 주로 자외선 B가 태양광선 중 일광화상을 유발하는 요인이다.

043
신체부위 중 피부 두께가 가장 얇은 곳은?

① 손등 피부 ② 볼 부위
③ 눈꺼풀 피부 ④ 둔부

> 피부 중 피하지방층이 가장 적은 부위는 눈 부위이며, 두께는 눈꺼풀이 가장 얇다.

044
다음 중 알레르기에 의한 피부의 반응이 아닌 것은?

① 화장품에 의한 피부염
② 가구나 의복에 의한 피부질환
③ 비타민 과다에 의한 피부질환
④ 내복한 약에 의한 피부질환

> 알레르기를 유발하는 항원을 알레르겐이라 하며, 전형적인 알레르겐은 꽃가루, 약물, 식물성 섬유, 세균, 음식물, 염색약, 화학물질 등이 있다.

045
다음 사마귀 종류 중 얼굴, 턱, 입 주위와 손등에 잘 발생하는 것은?

① 심상성 사마귀 ② 족저 사마귀
③ 첨규 사마귀 ④ 편평 사마귀

> 사마귀와 발생 위치
> - 심상성 사마귀 : 손가락, 손톱 주변, 손등, 발등
> - 족저 사마귀 : 손바닥, 발바닥
> - 첨규 사마귀 : 성기나 항문 주위

046
피부가 추위를 감지하면 근육을 수축시켜 털을 세우게 한다. 어떤 근육이 털을 세우게 하는가?

① 안륜근
② 입모근
③ 전두근
④ 후두근

체온이 저하되면 입모근이 수축하여 털이 서게되고 이를 통해 공기층을 형성함으로써 체온을 유지해 준다.

047
단백질의 최종 가수분해 물질은?

① 지방산　　　② 콜레스테롤
③ 아미노산　　④ 카로틴

20여 종류의 아미노산이 결합되어 단백질을 형성한다.

048
여드름 발생원인과 증상에 대한 것으로 틀린 것은?

① 호르몬의 불균형
② 불규칙한 식생활
③ 중년 여성에게만 나타남
④ 주로 사춘기 때 많이 나타남

여드름은 피지분비가 증가하여 발생하며 피지 분비를 촉진하는 원인으로 남성호르몬의 과다 분비, 스트레스, 불규칙한 생활 등이 있다.

049
케라토히알린(keratohyaline) 과립은 피부 표피의 어느 층에 주로 존재하는가?

① 과립층　　　② 유극층
③ 기저층　　　④ 투명층

케라토히알린은 황을 많이 함유한 단백질로 각화 효소로 작용하며, 과립층에 존재한다.

050
자외선 차단지수를 무엇이라 하는가?

① FDA　　　② SPF
③ SCI　　　④ WHO

SPF(Sun Protection Factor)는 피부가 자외선으로부터 차단되는 시간의 지속정도와 피부보호정도를 수치로 나타낸 것이다.

051
이·미용사의 면허증을 대여한 때의 1차 위반 행정처분기준은?

① 면허정지 3월
② 면허정지 6월
③ 영업정지 3월
④ 영업정지 6월

행정처분기준
- 1차 위반 : 면허정지 3월
- 2차 위반 : 면허정지 6월
- 3차 위반 : 면허취소

052
다음 중 이·미용사의 면허를 발급하는 기관이 아닌 것은?

① 서울시 마포구청장　　② 제주도 서귀포시장
③ 인천시 부평구청장　　④ 경기도지사

이·미용사 면허는 시장·군수·구청장이 발급한다.

053
공중위생업소가 의료법을 위반하여 폐쇄명령을 받았다. 최소한 어느 정도의 기간이 경과되어야 동일 장소에서 동일영업이 가능한가?

① 3개월　　　② 6개월
③ 9개월　　　④ 12개월

폐쇄명령을 받은 자가 동일 장소에서 영업을 하고자 할 때에는 6개월 이상이 지나야 하고, 동일 지역에 영업소를 차리고자 할 때에는 1년이 지나야 한다.

054
이 · 미용사 면허증을 분실하였을 때 누구에게 재교부 신청을 하여야 하는가?

① 보건복지부장관
② 시 · 도지사
③ 시장 · 군수 · 구청장
④ 협회장

> 이용업 또는 미용업에 종사하는 자는 관할 시장, 군수, 구청장에게, 종사하고 있지 아니한 자는 면허를 받은 시장, 군수, 구청장에게 신청한다.

055
이 · 미용사가 면허증 재교부 신청을 할 수 없는 것은?

① 면허증을 잃어버린 때
② 면허증 기재사항의 변경이 있는 때
③ 면허증이 못쓰게 된 때
④ 면허증이 더러운 때

> 이용사 또는 미용사는 면허증의 기재사항에 변경(성명 및 주민등록번호의 변경에 한함)이 있는 때, 면허증을 잃어버린 때 또는 면허증이 헐어 못쓰게 된 때에는 면허증의 재교부를 신청할 수 있다.

056
위생관리 등급 공표사항으로 틀린 것은?

① 시장 · 군수 · 구청장은 위생서비스 평가결과에 따른 위생 관리등급을 공중위생영업자에게 통보하고 공표한다.
② 공중위생영업자는 통보 받은 위생관리등급의 표지를 영업소 출입구에 부착할 수 있다.
③ 시장 · 군수 · 구청장은 위생서비스 결과에 따른 위생 관리등급 우수업소에는 위생감시를 면제할 수 있다.
④ 시장 · 군수 · 구청장은 위생서비스평가의 결과에 따른 위생관리등급별로 영업소에 대한 위생감시를 실시하여야 한다.

> 위생서비스평가의 결과 위생서비스의 수준이 우수하다고 인정되는 영업소에 대하여 시 · 도지사 또는 시장 · 군수 · 구청장은 포상을 실시할 수 있다.

057
다음 중 이용사 또는 미용사의 면허를 취소할 수 있는 대상에 해당되지 않는 자는?

① 정신질환자
② 감염병환자
③ 피성년후견인
④ 당뇨병환자

> 마약, 기타 대통령령으로 정하는 약물 중독자는 면허를 받을 수 없다.

058
공중위생영업을 하고자 하는 위생교육을 언제 받아야 하는가?(단, 예외 조항은 제외한다.)

① 영업소 개설을 통보한 후에 위생교육을 받는다.
② 영업소를 운영하면서 자유로운 시간에 위생교육을 받는다.
③ 영업신고를 하기 전에 미리 위생교육을 받는다.
④ 영업소 개설 후 3개월 이내에 위생교육을 받는다.

> 공중위생영업자는 매년 위생교육을 받아야 하며, 영업신고를 하고자 하는 자는 부득이한 사유로 미리 교육을 받을 수 없는 경우를 제외하고 미리 위생교육을 받아야 한다.

059
과태료처분에 불복이 있는 자는 그 처분의 고지를 받은 날부터 며칠 이내에 처분권자에게 이의를 제기할 수 있는가?

① 5일
② 10일
③ 15일
④ 30일

> 과태료처분에 불복이 있는 자는 그 처분의 고지를 받은 날부터 30일 이내에 처분권자에게 이의를 제기할 수 있으며, 과태료처분에 이의를 제기한 때에는 처분권자는 지체없이 관할법원에 그 사실을 통보하여야하며, 그 통보를 받은 관할법원은 비송사건절차법에 의한 과태료의 재판을 한다.

060

시 · 도지사 또는 시장 · 군수 · 구청장은 공중위생관리상 필요하다고 인정하는 때에 공중위생영업자 등에 대하여 필요한 조치를 취할 수 있다. 이 조치에 해당하는 것은?

① 보고 ② 청문
③ 감독 ④ 협의

> 시 · 도지사 또는 시장 · 군수 · 구청장은 공중위생관리상 필요하다고 인정하는 때에는 공중위생영업자 및 공중이용시설의 소유자 등에 대하여 필요한 보고를 하게 하거나 소속공무원으로 하여금 영업소 · 사무소 · 공중이용시설 등에 출입하여 공중위생영업자의 위생관리의무이행 및 공중이용시설의 위생관리실태 등에 대하여 검사하게 하거나 필요에 따라 공중위생영업장부나 서류를 열람하게 할 수 있다.

05회 【정답】 적중모의고사

001	002	003	004	005
③	③	③	②	③
006	007	008	009	010
②	④	①	①	③
011	012	013	014	015
③	④	④	③	④
016	017	018	019	020
①	③	④	③	③
021	022	023	024	025
①	②	②	③	③
026	027	028	029	030
②	③	③	①	③
031	032	033	034	035
②	④	④	①	③
036	037	038	039	040
②	④	③	②	③
041	042	043	044	045
④	③	③	③	④
046	047	048	049	050
②	③	③	①	③
051	052	053	054	055
①	④	②	③	④
056	057	058	059	060
③	④	③	④	①

제 06 회 적중모의고사

CHECK POINT QUESTION

001
헤어 블리치 시술상의 주의사항에 해당하지 않는 것은?

① 미용사의 손을 보호하기 위하여 장갑을 반드시 낀다.
② 시술 전 샴푸를 할 경우 브러싱을 하지 않는다.
③ 두피에 질환이 있는 경우 시술하지 않는다.
④ 사후손질로서 헤어 리컨디셔닝은 가급적 피하도록 한다.

헤어 블리치 시술상의 주의사항
- 헤어라인에 콜드크림을 바른다.
- 1액과 2액 혼합 후 즉시 도포한다.
- 자연 방치하는 20~30분 내에 수시로 체크한다.
- 시술용 장갑을 꼭 착용한다.
- 샴푸 후 산성린스를 사용한다.
- 두피질환 및 상처가 있으면 시술하지 않는다.
- 제품은 서늘한 곳에서 보관한다.
- 버진 헤어의 경우 모근에서 2.5cm 떨어진 곳에서부터 도포한다.

002
콜드웨이브(cold wave) 시술 후 머리끝이 자지러지는 원인에 해당되지 않는 것은?

① 모질에 비하여 약이 강하거나 프로세싱타임이 길었다.
② 너무 가는 로드(rod)를 사용했다.
③ 텐션(tension : 긴장도)이 약하여 로드에 꼭 감기지 않았다.
④ 사전 커트시 머리끝을 테이퍼(taper)하지 않았다.

사전 커트시 두발 끝을 심하게 테이퍼한 경우 두발 끝이 자지러지는 원인이 된다.

003
삼한시대의 머리형에 관한 설명으로 틀린 것은?

① 포로나 노비는 머리를 깎아서 표시했다.
② 수장급은 모자를 썼다.
③ 일반인은 상투를 틀게 했다.
④ 귀천의 차이가 없이 자유롭게 했다.

삼한시대 수장급은 관모를 쓰고 일반인은 상투를 틀었듯이 머리형으로 계급의 차이를 두었다.

004
헤어 컬러링 시 활용되는 색상환에 있어 적색의 보색은?

① 보라색 ② 청색
③ 녹색   ④ 황색

노란색 머리를 중화시키기 위해서는 보라색을 선택하고, 붉은 계열을 커버하고 싶은 경우는 보색관계에 있는 녹색을 사용함으로써 붉은 계열을 중화할 수 있다.

005
매니큐어(manicure) 바르는 순서가 옳은 것은?

① 네일 에나멜 → 베이스코트 → 탑코트
② 베이스코트 → 네일 에나멜 → 탑코트
③ 탑코트 → 네일 에나멜 → 베이스코트
④ 네일 표백제 → 네일 에나멜 → 베이스코트

매니큐어링이 끝난 후 탑코트를 이용하여 광택효과를 낸다.

006
헤어 샴푸잉 중 드라이 샴푸 방법이 아닌 것은?

① 리퀴드 드라이 샴푸
② 핫 오일 샴푸
③ 파우더 드라이 샴푸
④ 에그 파우더 샴푸

> 핫 오일 샴푸는 두피나 모발에 지방을 공급하기 위한 샴푸로 올리브유, 아몬드유 등을 충분히 도포하여 침투 시킨 후 플레인 샴푸를 한다.

007
두피에 지방이 부족하여 건조한 경우에 하는 스캘프 트리트먼트는?

① 플레인 스캘프 트리트먼트
② 오일리 스캘프 트리트먼트
③ 드라이 스캘프 트리트먼트
④ 댄드러프 스캘프 트리트먼트

> 트리트먼트와 두피상태
> - 플레인 스캘프 트리트먼트 : 정상 두피
> - 오일리 스캘프 트리트먼트 : 지성 두피
> - 드라이 스캘프 트리트먼트 : 건성 두피
> - 댄드러프 스캘프 트리트먼트 : 비듬성 두피

008
조선중엽 상류사회 여성들의 얼굴에 밑화장으로 사용한 기름은?

① 동백기름
② 콩기름
③ 참기름
④ 피마자기름

> 조선중엽부터 신부화장에 분을 사용하였으며, 물과 혼합하여 사용한 장분을 참기름으로 클린징을 했다.

009
다음 중 모발의 성장단계를 옳게 나타낸 것은?

① 성장기 → 휴지기 → 퇴화기
② 휴지기 → 발생기 → 퇴화기
③ 퇴화기 → 성장기 → 발생기
④ 성장기 → 퇴화기 → 휴지기

> 모발은 "성장기 → 퇴화기 → 휴지기 → 발생기"의 헤어 싸이클(haircycle)을 거치며, 피지분비가 많아지고 혈액순환이 잘 이루어지는 봄과 여름에 성장이 가장 활발하다.

010
고대 중국 미용의 설명으로 틀린 것은?

① 하(夏)나라 시대에 분을, 은(殷)나라의 주왕 때에는 연지 화장이 사용되었다.
② 아방궁 3천명의 미희들에게 백분과 연지를 바르게 하고 눈썹을 그리게 했다.
③ 액황이라고 하여 이마에 발라 약간의 입체감을 주었으며 홍장이라 하여 백분을 바른 후 다시 연지를 덧발랐다.
④ 두발을 짧게 깎거나 밀어내고 그 위에 일광을 막을 수 있는 대용물로써 가발을 즐겨 썼다.

> ④항은 이집트 시대의 미용에 대한 설명으로 적절하다.

011
손톱의 상조피를 부드럽게 하기 위해 비눗물을 담는 용기는?

① 에머리보드
② 핑거볼
③ 네일버퍼
④ 네일파일

> - 에머리보드 : 종이줄로 손톱 끝의 모양을 다듬거나 거친 면을 갈 때 사용한다.
> - 네일버퍼 : 손톱 표면의 거친 면을 다듬고 광을 내는데 사용한다.
> - 네일파일 : 손톱을 가는 줄을 말한다.

012
컬(curl)의 목적이 아닌 것은?

① 플러프(fluff)를 만들기 위해서
② 웨이브(wave)를 만들기 위해서
③ 컬러의 표현을 원활하게 하기 위해서
④ 볼륨을 만들기 위해서

> 컬(curl)의 목적은 웨이브와 볼륨을 만들고 모발 끝에 변화와 움직임을 주는 것이다. 원통의 롤러나 브러시 등 여러 가지 기구를 이용해 컬을 만들어, 볼륨과 부피감의 효과를 나타낼 수 있다.

013
다음 명칭 중 가위에 속하는 것은?

① 핸들　　② 피봇
③ 프롱　　④ 그루브

> 핸들(손잡이 부분), 프롱(막대기 부분), 그루브(홈 부분)은 아이롱의 부위 명칭에 해당된다.

014
커트 시술 시 두부(頭部)를 5등분으로 나누었을 때 관계없는 명칭은?

① 톱(top)　　② 사이드(side)
③ 헤드(head)　　④ 네이프(nape)

> 블로킹은 10등분, 9등분, 4등분, 5등분으로 나누어지며 5등분의 경우 톱을 중심으로 전두부(오른쪽, 왼쪽), 후두부(중앙, 오른쪽, 왼쪽)로 크게 나누어진다.

015
퍼머넌트 웨이브 시술시 산화제의 역할이 아닌 것은?

① 퍼머넌트 웨이브의 작용을 계속 진행시킨다.
② 1액의 작용을 멈추게 한다.
③ 시스틴 결합을 재결합시킨다.
④ 1액이 작용한 형태의 컬로 고정시킨다.

> 산화제는 1액의 작용을 중지시키고 웨이브의 형태를 고정시킨다.

016
두상의 특정한 부분에 볼륨을 주기 원할 때 사용되는 헤어피스는?

① 위글렛(wiglet)　　② 스위치(switch)
③ 폴(fall)　　④ 위그(wig)

> **용어설명**
> - 위글렛(wiglet) : 특정 부위에 볼륨을 주기 위한 부분가발
> - 스위치(switch) : 땋거나 꼬거나, 웨이브 등의 방법을 이용해서 원하는 부위에 부착
> - 폴(fall) : 짧은 모발을 일시적으로 길어 보이도록 하기 위해 사용
> - 위그(wig) : 보통 전체 가발로써 두상 전체를 덮듯이 만들어져 있는 가발

017
퍼머약의 제1액 중 티오글리콜산의 적정 농도는?

① 1~2%
② 2~7%
③ 8~12%
④ 15~20%

> 제1액은 티오글리콜산 6%와 증류수 94%를 주성분으로 하는 알칼리의 수용액으로서 모발의 환원작용을 통하여 시스틴 결합을 끊어주는 역할을 한다.

018
빗을 천천히 위쪽으로 이동시키면서 가위의 개폐를 재빨리 하여 빗에 끼어있는 두발을 잘라나가는 커팅기법은?

① 싱글링(shingling)
② 티닝 시저즈(thinning scissors)
③ 레이저 커트(razer cut)
④ 슬리더링(slithering)

> **용어설명**
> - 티닝 시저즈(thinning scissors) : 모발의 양을 조절하는 가위
> - 레이저 커트(razer cut) : 스트랜드를 쥐고 레이저로 사용하는 커트
> - 슬리더링(slithering) : 모발의 길이를 짧게 하지 않으면서 가위로 모발을 자르는 방법

019
스탠드업 컬에 있어 컬의 루프가 귓바퀴 반대 방향으로 말린 컬은?

① 플래트 컬
② 포워드 스탠드업 컬
③ 리버스 스탠드업 컬
④ 스컬프춰 컬

> - 플래트 컬 : 루프가 두피에 0도 각도로 납작하게 형성된 컬
> - 포워드 스탠드업 컬 : 컬의 방향이 얼굴 쪽으로 향하고 있는 컬
> - 스컬프춰 컬 : 모발 끝이 컬의 중심이 된 컬

020

헤어커팅의 방법 중 테이퍼링(tapering)에는 3가지의 종류가 있다. 이 중에서 노멀 테이퍼(normal taper)는?

① 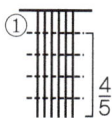 $\frac{4}{5}$

② 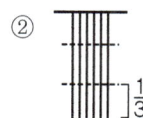 $\frac{1}{3}$

③ 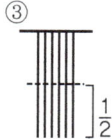 $\frac{1}{2}$

④ 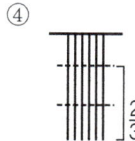 $\frac{2}{3}$

> 테이퍼
> - 엔드 테이퍼(end taper) : 스트랜드의 1/3 이내의 모발 끝을 테이퍼하는 경우로 모발의 양이 적을 때나 모발 끝을 테이퍼해서 표면을 정돈하는 때에 행한다.
> - 노멀 테이퍼(nomal taper) : 모발의 양이 보통인 경우에 스트랜드의 1/2 지점을 폭 넓게 테이퍼하는 경우로 아주 자연스럽게 모발 끝이 붓끝처럼 가는 상태로 되며 모발의 움직임이 가벼워진다.
> - 딥 테이퍼(deep taper) : 스트랜드의 2/3 지점에서 모발을 많이 쳐내어 탄력 있는 모발에 적당한 움직임을 주는 때에 이용된다.

021

수인성 감염병이 아닌 것은?

① 일본뇌염 ② 이질
③ 콜레라   ④ 장티푸스

> 일본뇌염은 바이러스혈증을 일으키고 있는 돼지를 흡혈한 일본뇌염 모기가 사람을 흡혈할 때 전파된다.

022

법정 감염병 중 제3급 감염병에 속하는 것은?

① 말라리아   ② 백일해
③ 인플루엔자 ④ 디프테리아

> 제3급 감염병 : 파상풍, B형간염, 일본뇌염, C형간염, 말라리아, 레지오넬라증, 비브리오패혈증, 발진티푸스, 발진열, 쯔쯔가무시증, 렙토스피라증, 브루셀라증, 공수병, 신증후군출혈열, 후천성면역결핍증(AIDS), 크로이츠펠트-야콥병(CJD) 및 변종크로이츠펠트-야콥병(vCJD), 황열, 뎅기열, 큐열(Q열), 웨스트나일열, 라임병, 진드기매개뇌염, 유비저, 치쿤구니아열, 중증열성혈소판감소증후군(SFTS), 지카바이러스 감염증

023

다음 중 기생충과 전파매개체의 연결이 옳은 것은?

① 무구조충 – 돼지고기
② 간디스토마 – 바다회
③ 폐디스토마 – 가재
④ 광절열두조충 – 쇠고기

> 무구조충 – 소고기 / 유구조충 – 돼지고기 / 간디스토마 – 민물고기 / 광절 열두조충 – 송어·연어

024

이상 저온 작업으로 인한 건강 장애인 것은?

① 참호족   ② 열경련
③ 울열증   ④ 열쇠약증

> 열경련, 울열증(열중증), 열쇠약증 등은 모두 고온 환경에서 나타날 수 있는 장애에 해당된다.

025

다음 중 공중보건사업의 대상으로 가장 적절한 것은?

① 성인병 환자   ② 입원 환자
③ 암투병 환자   ④ 지역사회 주민

> 공중보건의 대상은 개인이 아닌 지역사회의 인간집단, 더 나아가 국민 전체이다.

026

단위 체적 안에 포함된 수분의 절대량을 중량이나 압력으로 표시한 것으로 현재 공기 $1m^3$ 중에 함유된 수증기량 또는 수증기 장력을 나타낸 것은?

① 절대습도   ② 포화습도
③ 비교습도   ④ 포차

> - 포화습도 : 공기가 포함할 수 있는 최대 수증기량
> - 비교습도 : 일정온도에서 공기 $1m^3$가 포화상태에서 함유할 수 있는 수증기량과 현재 그 중에 함유되어 있는 수증기량과의 % 비율
> - 포차 : 포화상태에서 함유할 수 있는 수증기량과 현재 그 중에 함유하고 있는 수중기량의 차이

027
한 나라의 보건수준을 측정하는 지표로서 가장 적절한 것은?

① 의과대학 설치수 ② 국민소득
③ 감염병 발생율 ④ 영아 사망률

> 영아 사망률은 출생아 1,000명당 1년간 생후 1년 미만 영아의 사망자 수 비율로 한 국가의 건강수준을 나타내는 가장 대표적인 지표로 사용된다.

028
합병증으로 고환염, 뇌수막염 등이 초래되어 불임이 될 수도 있는 질환은?

① 홍역 ② 뇌염
③ 풍진 ④ 유행성이하선염

> 유행성이하선염은 일반적으로 볼거리라고 불리며, 바이러스에 의해 감염되는 질병이다. 사춘기 이후에 걸리면 고환염이나 난소염을 일으킬 수 있어 불임의 원인이 될 수도 있다.

029
보균자는 감염병 관리상 어려운 대상이다. 그 이유와 관계가 가장 먼 것은?

① 색출이 어려우므로
② 활동 영역이 넓기 때문에
③ 격리가 어려우므로
④ 치료가 되지 않으므로

> 보균자는 자각적으로나 타각적으로 임상증상이 없는 병원체 보유자이다.

030
대기오염을 일으키는 원인으로 거리가 가장 먼 것은?

① 도시의 인구감소 ② 교통량의 증가
③ 기계문명의 발달 ④ 중화학공업의 난립

> 도시의 인구가 증가함에 따라 가정의 연료소비 등 사람들의 생활이나 활동에 따라 생기는 대기오염의 인위적인 원인이 증가할 가능성이 크다.

031
미생물의 성장과 사멸에 주로 영향을 미치는 요소로 가장 거리가 먼 것은?

① 영양 ② 빛
③ 온도 ④ 호르몬

> 미생물의 번식에 가장 중요한 요소는 온도, 습도, 영양분이다. 참고로 호르몬은 동물체 내에서 형성되어기관의 활동이나 생리적 과정에 영향을 미치는 화학물질을 말한다.

032
다음 중 이·미용실에서 사용하는 수건을 철저하게 소독하지 않았을 때 주로 발생할 수 있는 감염병은?

① 장티푸스 ② 트라코마
③ 페스트 ④ 일본뇌염

> 감염병 설명
> • 장티푸스 : 소화기계 감염(경구적 침입)
> • 트라코마 : 눈병
> • 페스트 및 일본뇌염 : 경피침입(동물매개 감염병)

033
석탄산계수(페놀계수)가 5일 때 의미하는 살균력은?

① 페놀보다 5배가 높다.
② 페놀보다 5배가 낮다.
③ 페놀보다 50배가 높다.
④ 페놀보다 50배가 낮다.

> 석탄산계수
> • 석탄산계수 = $\dfrac{\text{소독약의 희석배수}}{\text{석탄산의 희석배수}} \times 100$
> • 석탄산계수가 높을수록 살균력이 높다는 것을 의미한다.

034
금속성 식기, 면 종류의 의류, 도자기의 소독에 적합한 소독 방법은?

① 화염 멸균법 ② 건열 멸균법
③ 소각 소독법 ④ 자비 소독법

100℃에서 10~20분간 끓이는 방법인 자비 소독법은 아포형성 균과 간염바이러스를 제외한 모든 병원균을 파괴할 수 있다.

035
소독약을 사용하여 균 자체에 화학반응을 일으켜 세균의 생활력을 빼앗아 살균하는 것은?

① 물리적 멸균법
② 건열 멸균법
③ 여과 멸균법
④ 화학적 살균법

소독법의 분류
- 자연 소독법 : 희석, 태양광선, 한랭
- 물리적 소독법 : 건열에 의한 멸균법, 습열에 의한 멸균법, 자외선 조사, 방사선 조사, 초음파살균법, 세균 여과법 등
- 화학적 소독법 : 가스에 의한 멸균법, 알코올, 역성비누, 계면활성제, 페놀화합물, 과산화수소 등

036
소독 약품이 갖추어야 할 구비조건이 아닌 것은?

① 안정성이 높을 것
② 독성이 낮을 것
③ 부식성이 강할 것
④ 용해성이 높을 것

소독약의 구비조건
- 살균력이 강하며 인체에 해롭지 않아야 한다.
- 취급하는 방법이 간편해야 한다.
- 소독하려는 물건을 상하게 하면 안 된다.
- 재료가 풍부하고 생산하기 쉽고 값이 싸야 한다.
- 불쾌한 냄새가 없어야 한다.

037
( ) 안에 알맞은 것은?

미생물이란 일반적으로 육안의 가시한계를 넘어선 ( )mm 이하의 미세한 생물체를 총칭하는 것이다.

① 0.01
② 0.1
③ 1
④ 10

미생물은 육안의 가시한계를 넘어 선 0.1mm 이하의 크기인 미세한 생물로 주로 단일세포 또는 균사로써 몸을 이루며, 생물로서 최소 생활단위를 영위하는데 식품, 의약품 등 생산공업이나 생물자원으로 또 수질환경 및 토양의 지력보존 등에 이용된다.

038
비교적 약한 살균력을 작용시켜 병원 미생물의 생활력을 파괴하여 감염의 위험성을 없애는 조작은?

① 소독
② 고압증기멸균
③ 방부처리
④ 냉각처리

- 멸균 : 아포를 포함한 모든 균의 사멸
- 소독 : 병원성 균의 생활력 파괴 및 사멸
- 방부 : 병원성 균의 증식 억제

039
균체의 단백질 응고작용과 관계가 가장 적은 소독약은?

① 석탄산
② 크레졸액
③ 알콜
④ 과산화수소

과산화수소에 의한 살균은 산화작용에 의한 것이다.

040
세균들은 외부환경에 대하여 저항하기 위해서 아포를 형성하는데 다음 중 아포를 형성하지 않는 세균은?

① 탄저균
② 젖산균
③ 파상풍균
④ 보툴리누스균

젖산균은 글루코오스 등 당류를 분해하여 젖산을 생성하는 세균으로 유산균이라고도 한다. 젖산균은 포유류의 장내에 서식하여 잡균에 의한 이상 발효를 방지함으로써 정장제로도 이용되는 중요한 세균이다.

041
천연보습인자 성분 중 가장 많이 차지하는 것은?

① 아미노산
② 피롤리돈카르복시산
③ 젖산염
④ 포름산염

천연보습인자(NMF)는 유리 아미노산 40%, 피롤리돈 카르복시산 12%, 젖산염 12%, 요소 7% 및 나트륨, 칼슘, 칼륨, 마그네슘, 염소, 암모니아, 요산 등으로 구성되어 있다.

042
다음 중 바이러스성 피부질환은?

① 기미 ② 주근깨
③ 여드름 ④ 단순포진

> 바이러스성 피부질환에는 감염성 연속증, 수두, 대상포진, 사마귀, 단순 포진 등이 있다.

043
혈색을 좋게 하는 철분이 많이 들어있는 식품과 거리가 가장 먼 것은?

① 감자 ② 시금치
③ 조개류 ④ 소나 닭의 간

> 철분(Fe)은 헤모글로빈(혈색소)을 구성하는 성분으로 혈액 생성시 필수적인 영양소이다. 간, 난황, 육류, 녹황색 채소류 등이 주요 급원식품이다.

044
파장이 가장 길고 인공 선탠 시 활용하는 광선은?

① UV-A ② UV-B
③ UV-C ④ γ선

> 태양광선에 의한 자연 선탠은 UVA와 UV-B에 의해 진행되지만, 인공 선탠은 UV-A 만으로 이루어진다.

045
피부발진 중 일시적인 증상으로 가려움증을 동반하며 불규칙적인 모양을 한 피부현상은?

① 농포 ② 팽진
③ 구진 ④ 결절

> 피부발진
> • 농포 : 표피 내 또는 표피하의 가시적인 고름의 집합으로 주로 모낭 또는 한선내에 형성된다.
> • 구진 : 경계가 뚜렷한 직경 1cm 미만의 단단한 피부 융기물로 피지선 주위, 한선 혹은 모낭 개구부에 발생한다.
> • 결절 : 구진보다 크고 종양보다 작은 경계가 명확한 피부의 단단한 융기물로 치유 후 흉터를 남긴다.

046
피부 표피층 중에서 가장 두꺼운 층으로 세포 표면에선 가시 모양의 돌기를 가지고 있는 것은?

① 유극층 ② 과립층
③ 각질층 ④ 기저층

> 유극층(가시층)은 표피의 대부분을 차지하며, 가시모양의 돌기를 가진 6~10층의 다각형 유핵세포가 데스모좀(Desmosome)이라는 세포사이의 접착 단백질로 연결되어 있다.

047
화상의 구분 중 홍반, 부종, 통증뿐만 아니라 수포를 형성하는 것은?

① 제1도 화상 ② 제2도 화상
③ 제3도 화상 ④ 중급화상

> 화상의 종류
> • 1도 화상 : 표피에만 화상을 입는 것으로 홍반, 부종, 통증이 동반된다.
> • 2도 화상 : 수포형성이 특징이며 통증이 있다. 표재성과 심부성으로 나뉜다.
> • 3도 화상 : 표피와 진피의 파괴로 피부가 무감각해지며 반흔을 남기고, 세균감염이 일어날 수도 있다.

048
비늘모양의 죽은 피부세포가 엷은 회백색 조각으로 되어 떨어져 나가는 피부층은?

① 투명층 ② 유극층
③ 기저층 ④ 각질층

> 기저층에서의 각질형성세포는 분열 과정을 통해 유극층 → 과립층 → 각질층으로 모양과 기능이 변화하면서 바깥쪽으로 밀려나 각질이 되어 떨어져 나가게 되는데 이러한 과정을 각화과정이라고 한다.

049
피부에는 한선(땀샘) 중 대한선은 어느 부위에서 볼 수 있는가?

① 얼굴과 손발
② 배와 등
③ 겨드랑이와 유두주변
④ 팔과 다리

소한선(에크린선)은 피부 전신에 널리 분포되어 있으며, 대한선(아포크린선)은 사춘기 이후 겨드랑이, 유두 주위, 성기 및 항문주위 등에서만 존재한다.

050
피부 색소침착에서 과색소 침착 증상이 아닌 것은?

① 기미
② 백반증
③ 주근깨
④ 검버섯

백반증은 후천적으로 발생하는 저색소 질환이다.

051
이 · 미용 업소 내에 게시하지 않아도 되는 것은?

① 이 · 미용업 신고증
② 개설자의 면허증 원본
③ 근무자의 면허증 원본
④ 이 · 미용요금표

이 · 미용업소 내에는 이 · 미용업신고증, 개설자의 면허증원본 및 이 · 미용요금표를 게시하여야 한다.

052
공중위생관리법에서 규정하고 있는 공중위생영업의 종류에 해당되지 않는 것은?

① 식당조리업
② 숙박업
③ 이 · 미용업
④ 세탁업

공중위생관리법에서 규정하고 있는 공중위생영업의 종류는 숙박업, 목욕장업, 이 · 미용업, 세탁업, 위생관리용역업 등이다.

053
과태료의 부과징수 절차로서 틀린 것은?

① 시장 · 군수 · 구청장이 부과 징수한다
② 과태료 처분의 고지를 받은 날부터 30일 이내에 이의를 제기할 수 있다.
③ 과태료 처분을 받은 자가 이의를 제기한 경우 처분권자는 보건복지부 장관에게 이를 통보한다.
④ 기간내 이의제기 없이 과태료를 납부하지 아니한 때에는 지방세 체납 처분의 예에 따른다.

과태료 처분에 이의를 제기한 때는 처분권자는 관할법원에 그 사실을 통보해야 하며, 관할법원은 비송사 건절차법에 의한 과태료의 재판을 한다.

054
이 · 미용사의 면허증을 다른 사람에게 대여한 때의 1차 위반 행정처분 기준은?

① 영업정지 2월
② 면허정지 2월
③ 영업정지 3월
④ 면허정지 3월

행정처분기준
- 1차 위반 : 면허정지 3월
- 2차 위반 : 면허정지 6월
- 3차 위반 : 면허취소

055
영업소의 폐쇄명령을 받고도 영업을 하였을 시에 대한 벌칙 기준은?

① 2년 이하의 징역 또는 3천만원 이하의 벌금
② 1년 이하의 징역 또는 1천만원 이하의 벌금
③ 200만원 이하의 벌금
④ 100만원 이하의 벌금

1년 이하의 징역 또는 1천만원 이하의 벌금
- 시장 · 군수 · 구청장에게 규정에 의한 공중위생영업의 신고를 하지 아니한 자
- 영업정지명령 또는 일부 시설의 사용중지명령을 받고도 그 기간 중에 영업을 하거나 그 시설을 사용한 자 또는 영업소 폐쇄명령을 받고도 계속하여 영업을 한 자

056
이 · 미용업의 영업자는 연간 몇 시간의 위생교육을 받아야 하는가?

① 3시간
② 8시간
③ 10시간
④ 12시간

공중위생영업자는 매년 3시간의 위생교육을 받아야 하며, 위생교육의 방법 · 절차 등에 관하여 필요한 사항은 보건복지부령으로 정한다.

057
건전한 영업질서를 위하여 공중위생영업자가 준수하여야 할 사항을 준수하지 아니한 자에 대한 벌칙기준은?

① 1년 이하의 징역 또는 1천만원 이하의 벌금
② 6월 이하의 징역 또는 500만원 이하의 벌금
③ 3월 이하의 징역 또는 300만원 이하의 벌금
④ 300만원 과태료

6월 이하의 징역 또는 500만원 이하의 벌금
- 공중위생영업의 변경신고를 하지 아니한 자
- 공중위생영업자의 지위를 승계한 자로서 규정에 의한 신고를 하지 아니한 자
- 건전한 영업질서를 위하여 공중위생영업자가 준수하여야 할 사항을 준수하지 아니한 자

058
면허증을 다른 사람에게 대여하여 면허가 취소되거나 정지 명령을 받은 자는 지체없이 누구에게 면허증을 반납해야 하는가?

① 시·도지사
② 시장·군수·구청장
③ 보건복지부장관
④ 경찰서장

반납된 면허증은 면허정지기간 동안 관할 시장·군수·구청장이 보관한다.

059
( ) 안에 알맞은 것은?

시장·군수·구청장은 공중위생영업의 정지 또는 일부 시설의 사용중지 등의 처분을 하고자 하는 때에는 ( )을/를 실시하여야 한다.

① 위생서비스 수준의 평가
② 공중위생감사
③ 청문
④ 열람

청문대상
- 이용사 및 미용사의 면허취소·면허정지
- 공중위생영업의 정지, 일부 시설의 사용중지 및 영업소폐쇄명령 등의 처분

060
공중위생감시원의 자격에 해당되지 않는 자는?

① 위생사 자격증이 있는 자
② 대학에서 미용학을 전공하고 졸업한 자
③ 외국에서 환경기사의 면허를 받은 자
④ 3년 이상 공중위생 행정에 종사한 경력이 있는 자

공중위생감시원의 자격
- 위생사 또는 환경기사 2급 이상의 자격증이 있는 자
- 대학에서 화학·화공학·환경공학 또는 위생학 분야를 전공하고 졸업한 자 또는 이와 동등 이상의 자격이 있는 자
- 외국에서 위생사 또는 환경기사의 면허를 받은 자
- 3년 이상 공중위생 행정에 종사한 경력이 있는 자

06회 【정답】				적중모의고사
001 ④	002 ④	003 ④	004 ③	005 ②
006 ②	007 ②	008 ③	009 ④	010 ④
011 ②	012 ③	013 ②	014 ③	015 ①
016 ①	017 ②	018 ①	019 ③	020 ③
021 ①	022 ②	023 ①	024 ①	025 ④
026 ①	027 ④	028 ④	029 ④	030 ①
031 ④	032 ②	033 ①	034 ④	035 ④
036 ③	037 ②	038 ①	039 ④	040 ②
041 ①	042 ④	043 ①	044 ①	045 ②
046 ①	047 ②	048 ④	049 ③	050 ②
051 ③	052 ①	053 ③	054 ④	055 ②
056 ①	057 ②	058 ②	059 ③	060 ②

제 07 회 적중모의고사

CHECK POINT QUESTION

001
다음 중 콜드 퍼머넌트 웨이브 시술 시 두발에 부착된 제1액을 씻어 내는데 가장 적합한 린스는?

① 에그 린스(egg rinse)
② 산성 린스(acid rinse)
③ 레몬 린스(lemon rinse)
④ 플레인 린스(plain rinse)

플레인 린스는 38~40℃ 정도의 미지근한 물로 헹구는 방법으로 웨이브 시술시 사용된다.

002
퍼머넌트 웨이브 시술 중 테스트 컬(test curl)을 하는 목적으로 가장 적합한 것은?

① 2액의 작용 여부를 확인하기 위해서이다.
② 굵은 모발, 혹은 가는 두발에 로드가 제대로 선택되었는지 확인하기 위해서이다.
③ 산화제의 작용이 미묘하기 때문에 확인하기 위해서이다.
④ 정확한 프로세싱 시간을 결정하고 웨이브 형성 정도를 조사하기 위해서이다.

제1액의 작용정도를 판단하여 모발에 대한 정확한 프로세싱시간을 결정한다.

003
스트록커트(stroke cut) 테크닉에 사용하기 가장 적합한 것은?

① 리버스 시저스(Reverse scissors)
② 미니 시저스(Mini scissors)
③ 직선날 시저스(Cutting scissors)
④ 곡선날 시저스(R-scissors)

스트록커트는 가위를 미끄러뜨려서 커팅하는 방법을 사용함으로써 곡선날의 시저스가 적당하다.

004
다음 중 가는 로드를 사용한 콜드 퍼머넌트 직후에 나오는 웨이브로 가장 가까운 것은?

① 내로우 웨이브(narrow wave)
② 와이드 웨이브(wide wave)
③ 새도우 웨이브(shadow wave)
④ 호리존탈 웨이브(horizontal wave)

웨이브의 특성
• 내로우 웨이브 : 물결상이 극단적으로 많은 웨이브로 릿지(Ridge)와 릿지(Ridge)의 폭이 좁고 급하다.
• 와이드 웨이브 : 크레스트(Crest)가 가장 뚜렷한 웨이브이다.
• 새도우 웨이브 : 크레스트(Crest)가 뚜렷하지 못해 가장 자연스러운 웨이브이다.
• 호리존탈 웨이브 : 웨이브가 릿지(Ridge)가 수평으로 되어 있는 웨이브이다.

005
두발의 양이 많고, 굵은 경우 와인딩과 로드의 관계가 옳은 것은?

① 스트랜드를 크게 하고, 로드의 직경도 큰 것을 사용한다.
② 스트랜드를 적게 하고, 로드의 직경도 작은 것을 사용한다.
③ 스트랜드를 크게 하고, 로드의 직경도 작은 것을 사용한다.
④ 스트랜드를 적게 하고, 로드의 직경도 큰 것을 사용한다.

와인딩과 로드
- 굵은 모발 : 블로킹을 작게 하고 컬링로드의 직경도 작은 것을 사용
- 가는 모발 : 블로킹을 크게 하고 컬링로드의 직경도 큰 것을 사용

006
손톱을 자르는 기구는?

① 큐티클 푸셔(Cuticle pusher)
② 큐티클 니퍼즈(Cuticle nippers)
③ 네일 파일(Nail file)
④ 네일 니퍼즈(Nail nippers)

미용기구
- 큐티클 푸셔 : 큐티클(Cuticle)을 밀어올릴 때 사용
- 큐티클 니퍼즈 : 손톱의 큐티클(Cuticle)을 자르는 도구
- 네일 파일 : 손톱 줄
- 네일 니퍼즈 : 손톱 자르는 가위

007
두발을 탈색한 후 초록색으로 염색하고 얼마동안의 기간이 지난 후 다시 다른 색으로 바꾸고 싶을 때 보색관계를 이용 하여 초록색의 흔적을 없애려면 어떤 색을 사용하면 좋은가?

① 노란색　　② 오렌지색
③ 적색　　　④ 청색

색상환에서 가장 반대쪽의 색을 선택을 하면 무채색이 되므로 초록의 반대색인 적색이 적합하다.

008
헤어린스의 목적과 관계없는 것은?

① 두발의 엉킴 방지
② 모발의 윤기 부여
③ 이물질 제거
④ 알칼리성을 약산성화

비누의 불용성 알칼리 성분을 제거하고 모발의 엉킴 방지 및 윤기를 증가시키며, 건조해진 두발에 지방공급과 정전기 방지를 위한 목적을 가지고 있다.

009
화장법으로는 흑색과 녹색의 두 가지 색으로 윗눈꺼풀에 악센트를 넣었으며, 붉은 찰흙을 샤프란(꽃 이름임)을 조금 씩 섞어서 이것을 볼에 붉게 칠하고 입술연지로도 사용한 시대는?

① 고대 그리스
② 고대 로마
③ 고대 이집트
④ 중국 당나라

이집트 시대는 헤나를 사용한 기록이 있으며 입술연지를 할 때 찰흙에 샤프란을 섞어서 사용하였다.

010
현대미용에 있어서 1920년대에 최초로 단발머리를 함으로써 우리나라 여성들의 머리형에 혁신적인 변화를 일으키게 된 계기가 된 사람은?

① 이숙종
② 김활란
③ 김상진
④ 오엽주

김활란 단발머리, 오엽주 화신미용원 개원, 김상진 현대미용학원 설립, 이숙종 타까머리(高髮)

011
업스타일을 시술할 때 백코밍의 효과를 크게 하고자 세모난 모양의 파트로 섹션을 잡는 것은?

① 스퀘어 파트
② 트라이앵귤러 파트
③ 카우릭 파트
④ 렉탱귤러 파트

용어설명
- 스퀘어 파트 : 양쪽에서 사이드를 파팅하여, 두정부에서 이마의 헤어라인과 평행하게 나눔
- 카우릭 파트 : 가장 기본적인 파팅 방법으로써 탑부분에서 방사상 형태로 나눈 파팅 방법
- 렉탱귤러 파트 : 이마의 양각에서 사이드파트하여 두정부에서 수평으로 나눈 것

012
원랭스의 정의로 가장 적합한 것은?

① 두발의 길이에 단차가 있는 상태의 커트
② 완성된 두발을 빗으로 빗어 내렸을 때 모든 두발이 하나의 선상으로 떨어지도록 자르는 커트
③ 전체의 머리 길이가 똑같은 커트
④ 머릿결을 맞추지 않아도 되는 커트

원랭스 : 동일선상의 외측과 내측에 단차를 주지 않고 일직선상으로 자른 단발머리형태

013
고객이 추구하는 미용의 목적과 필요성을 시각적으로 느끼게 하는 과정은 어디에 해당하는가?

① 소재   ② 구상
③ 제작   ④ 보정

미용의 연출과정은 소재를 관찰한 후 구상, 제작과정을 거쳐 마지막으로 불충분한 곳을 보정하는 방법으로 이루어진다.

014
플랫 컬의 특징을 가장 잘 표현한 것은?

① 컬의 루프가 두피에 대하여 0도 각도로 평평하고 납작하게 형성되어진 컬을 말한다.
② 일반적인 컬 전체를 말한다.
③ 루프가 반드시 90도 각도로 두피 위에 세워진 컬로 볼륨을 내기 위한 헤어스타일에 주로 이용된다.
④ 두발의 끝에서부터 말아온 컬을 말한다.

루프에서 두피에 평평하게 붙도록 되어있는 컬로 볼륨감이 없다.

015
다음의 눈썹에 대한 설명 중 틀린 것은?

① 눈썹은 눈썹머리, 눈썹산, 눈썹꼬리로 크게 나눌 수 있다.
② 눈썹산의 표준 형태는 전체 눈썹의 1/2되는 지점에 위치 하는 것이다.
③ 눈썹산이 전체 눈썹의 1/2되는 지점에 위치해 있으면 볼이 넓게 보이게 된다.
④ 수평상 눈썹은 긴 얼굴을 짧게 보이게 할때 효과적이다.

눈썹산의 표준형태는 전체 눈썹의 1/3되는 지점에 위치하는 것이다.

016
완성된 두발선 위를 가볍게 다듬어 커트하는 방법은?

① 테이퍼링(tapering)
② 틴닝(thinning)
③ 트리밍(trimming)
④ 싱글링(shingling)

용어설명
- 틴닝 : 모량을 조절할 때 사용되는 기법
- 싱글링 : 장가위로 빗을 이용하여 45°각도로 남성커트 할 때 사용되는 기법

017
레이저(razor)에 대한 설명 중 가장 거리가 먼 것은?

① 세이핑 레이저를 이용하여 커팅하면 안정적이다.
② 초보자는 오디너리 레이저를 사용하는 것이 좋다.
③ 솜털 등을 깎을 때 외곡선상의 날이 좋다.
④ 녹이 슬지 않게 관리를 한다.

초보자는 세이핑 레이저를 이용하는 것이 좋다.

018
이마의 양쪽 끝과 턱의 끝 부분을 진하게, 뺨 부분을 엷게 화장하면 가장 잘 어울리는 얼굴형은?

① 삼각형 얼굴   ② 원형 얼굴
③ 사각형 얼굴   ④ 역삼각형 얼굴

역삼각형 얼굴형은 뺨이 왜소해 보이기 때문에 뺨을 밝게 하고 각진 이마 양쪽을 어둡게 하여 부드러운 이마선을 만든다.

019
다공성 모발에 대한 사항 중 틀린 것은?

① 다공성모란 두발의 간층 물질이 소실되어 두발 조직 중에 공동이 많고 보습작용이 적어져서 두발이 건조해 지기 쉬운 손상모를 말한다.
② 다공성모는 두발이 얼마나 빨리 유액을 흡수하느냐에 따라 그 정도가 결정된다.
③ 다공성의 정도에 따라서 콜드웨이빙의 프로세싱 타임과 웨이빙 용액의 정도가 결정된다.
④ 다공성의 정도가 클수록 모발의 탄력이 적으므로 프로세싱 타임을 길게 한다.

다공성 모발을 손상의 우려가 크므로 프로세싱 타임을 적게한다.

020
언더 메이크업을 가장 잘 설명한 것은?

① 베이스 컬러라고도 하며 피부색과 피부결을 정돈하여 자연스럽게 해준다.
② 유분과 수분, 색소의 양과 질, 제조공정에 따라 여러 종류로 구분된다.
③ 효과적인 보호막을 결정해주며 피부의 결점을 감추려 할 때 효과적이다.
④ 파운데이션이 고루 잘 펴지게 하며 화장이 오래 잘 지속되게 해주는 작용을 한다.

언더메이크업은 파운데이션을 바르기 전에 하는 메이크업으로 파운데이션이 고루 잘 발라지고 지속력 있게 유지시켜준다.

021
다음 중 특별한 장치를 설치하지 아니한 일반적인 경우에 실내의 자연적인 환기에 가장 큰 비중을 차지하는 요소는?

① 실내외 공기 중 CO_2의 함량의 차이
② 실내외 공기의 습도차이
③ 실내외 공기의 기온차이 및 기류
④ 실내외 공기의 불쾌지수 차이

자연이 갖는 에너지에 의해 실시되는 환기를 자연환기라 하며 이는 기체의 확산작용, 실내외의 온도차, 풍력에 의해 진행된다.

022
비타민 결핍증인 불임증 및 생식불능과 피부의 노화방지 작용 등과 가장 관계가 깊은 것은?

① 비타민 A
② 비타민 B 복합체
③ 비타민 E
④ 비타민 D

비타민과 결핍증
• 비타민 A : 야맹증, 안구건조증
• 비타민 B_2 : 구순염, 구각염
• 비타민 B : 악성빈혈
• 비타민 B_1 : 각기병
• 비타민 B_6 : 피부염
• 비타민 D : 구루병

023
환경오염의 발생요인인 산성비의 가장 주요한 원인과 산도는?

① 이산화탄소 pH 5.6 이하
② 아황산가스 pH 5.6 이하
③ 염화불화탄소 pH 6.6 이하
④ 탄화수소 pH 6.6 이하

황산화물은 황(S)과 산소와의 화합물을 총칭하는 것으로 이산화황, 황산 그리고 황산구리와 같은 황산염 등이 속한다. 주로 화석원료가 연소되면서 발생하며 산성비의 원인이된다.

024
세계보건기구(WHO)에서 규정된 건강의 정의를 가장 적절하게 표현한 것은?

① 육체적으로 완전히 양호한 상태
② 정신적으로 완전히 양호한 상태
③ 질병이 없고 허약하지 않은 상태
④ 육체적, 정신적, 사회적 안녕이 완전한 상태

025
주로 7~9월 사이에 많이 발생되며 어패류가 원인이 되어 발병, 유행하는 식중독은?

① 포도상구균 식중독
② 살모넬라 식중독
③ 보툴리누스균 식중독
④ 장염 비브리오 식중독

식중독
- 포도상구균 식중독 : 우유, 버터, 치즈 등 유제품과 육류제품이 원인식품이다.
- 살모넬라 식중독 : 어패류와 그 가공품, 우유 및 유제품, 샐러드, 두부 등 동물성 식품이 원인이 되어 발병한다.
- 보툴리누스균 식중독 : 통조림, 소시지 등 식품의 혐기성 상태에서 발육하여 식중독을 일으키며 가장 치명률이 높다.

026
돼지와 관련이 있는 질환으로 거리가 먼 것은?

① 유구조충 ② 살모넬라증
③ 일본뇌염 ④ 발진티푸스

발진티푸스는 리케치아 프로와제키 감염에 의한 급성 열성 질환으로 주된 전파경로는 이를 매개로 한 사람 간 전파가 대부분이다.

027
한 국가가 지역사회의 건강수준을 나타내는 지표로서 대표적인 것은?

① 질병이환률 ② 영아사망률
③ 신생아사망률 ④ 조사망률

영아사망률은 출생아 1,000명당 1년간 생후 1년 미만 영아의 사망자수 비율로 한 국가의 건강수준을 나타내는 가장 대표적인 지표로 사용된다.

028
위생해충의 구제방법으로 가장 효과적이고 근본적인 방법은?

① 성충 구제 ② 살충제 사용
③ 유충 구제 ④ 발생원 제거

029
파리에 의해 주로 전파될 수 있는 전염병은?

① 페스트 ② 장티푸스
③ 사상충증 ④ 황열

매개질병
- 파리 : 장티푸스, 이질, 소아마비
- 모기 : 사상충, 말라리아, 일본뇌염, 황열, 뎅구열

030
기온측정 등에 관한 설명 중 틀린 것은?

① 실내에서는 통풍이 잘 되는 직사광선을 받지 않은 곳에 매달아 놓고 측정하는 것이 좋다.
② 평균기온은 높이에 비례하여 하강하는데 고도 11,000m 이하에서는 보통 100m 당 0.5~0.7도 정도이다.
③ 측정할 때 수은주 높이와 측정자의 눈의 높이가 같아야 한다.
④ 정상적인 날의 하루 중 기온이 가장 낮을 때는 밤 12시 경이고 가장 높을 때는 오후 2시경이 일반적이다.

하루 중 기온이 가장 낮을 때는 해가 뜨기 직전인 새벽 4~5시 사이이며, 가장 높을 때는 오후 2시경이 일반적이다.

031
고압멸균기를 사용하여 소독하기에 가장 적합하지 않은 것은?

① 유리 기구 ② 금속기구
③ 약액 ④ 가죽제품

가죽제품은 석탄산수, 크레졸수, 포르말린수 등을 사용한다.

032
다음 중 소독의 정의를 가장 잘 표현한 것은?

① 미생물의 발육과 생활을 제지 또는 정지시켜 부패 또는 발효를 방지할 수 있는 것
② 병원성 미생물의 생활력을 파괴 또는 멸살시켜

감염 또는 증식력을 없애는 조작
③ 모든 미생물의 생활력을 파괴 또는 멸살 또는 파괴시키는 조작
④ 오염된 미생물을 깨끗이 씻어내는 작업

보기 중 ②항은 방부, ③항은 멸균에 대한 정의이다.

033
병원성 미생물이 일반적으로 증식이 가장 잘 되는 pH의 범위는?

① 3.5~4.5   ② 4.5~5.5
③ 5.5~6.5   ④ 6.5~7.5

세균은 중성 또는 약알칼리성 조건(pH 6.5~7.5)에서 증식이 가장 활발하다.

034
다음 중 일회용 면도기를 사용함으로서 예방 가능한 질병은? (단, 정상적인 사용의 경우를 말한다.)

① 옴(개선)병   ② 일본뇌염
③ B형간염   ④ 무좀

B형간염은 혈액을 통해 감염되는 것으로 면체용 면도기를 소독하지 않거나, 재사용할 경우 감염의 위험성이 높아진다.

035
소독약의 살균력 지표로 가장 많이 이용되는 것은?

① 알코올   ② 크레졸
③ 석탄산   ④ 포름알데히드

소독약의 살균력을 비교하기 위해 석탄산 계수가 이용된다. 석탄산 계수가 높을수록 소독효과가 크다.

036
산소가 있어야만 잘 성장할 수 있는 균은?

① 호기성균   ② 혐기성균
③ 통기혐기성균 ④ 호혐기성균

호기성균은 반드시 산소를 필요로 하는 균이다.

037
다음 중 화학적 살균법이라고 할 수 없는 것은?

① 자외선살균법
② 알콜살균법
③ 염소살균법
④ 과산화수소살균법

소독법
- 자연 소독법 : 희석, 태양광선, 한랭
- 물리적 소독법 : 건열에 의한 멸균법, 습열에 의한 멸균법, 자외선 조사, 방사선 조사, 초음파살균법, 세균 여과법 등
- 화학적 소독법 : 가스에 의한 멸균법, 알코올, 역성비누, 계면활성제, 페놀화합물, 과산화수소 등

038
소독약의 구비조건에 해당하지 않는 것은?

① 높은 살균력을 가질 것
② 인축에 해가 없어야 할 것
③ 저렴하고 구입과 사용이 간편할 것
④ 기름, 알콜 등에 잘 용해되어야 할 것

소독약은 물이나 알코올에 잘 녹아야 한다.

039
다음 중 세균의 단백질 변성과 응고작용에 의한 기전을 이용하여 살균하고자 할 때 주로 이용되는 방법은?

① 가열   ② 희석
③ 냉각   ④ 여과

균체단백의 응고작용을 하는 소독약에는 석탄산, 알코올, 크레졸, 포르말린, 승홍이 있으며 가열에 의해서도 일어난다.

040
소독액을 표시 할 때 사용하는 단위로 용액 100ml 속에 용질의 함량을 표시하는 수치는?

① 푼   ② 퍼센트
③ 퍼밀리   ④ 피피엠

- 푼 : 용액 10ml 속에 용질의 함량
- 퍼밀리 : 용액 1000ml 속에 용질의 함량
- 피피엠 : 용액 1,000,000ml 속에 용질의 함량

041
피부의 구조 중 진피에 속하는 것은?

① 과립층 ② 유극층
③ 유두층 ④ 기저층

피부의 표피층은 각질층, 투명층, 과립층, 유극층, 기저층으로 이루어져 있으며 진피층은 유두층과 망상층이 있다.

042
안면의 각질제거를 용이하게 하는 것은?

① 비타민 C ② 토코페놀
③ AHA ④ 비타민 E

AHA는 죽은 각질을 제거한다.

043
피부의 산성도가 외부의 충격으로 파괴된 후 자연 재연 되는데 걸리는 최소한의 시간은?

① 약 1시간 경과 후
② 약 2시간 경과 후
③ 약 3시간 경과 후
④ 약 4시간 경과 후

정상적인 피부의 경우 완충능에 의해 2시간이 지나면 정상적인 상태로 회복되며, 민감성 피부인 경우는 3시간 이상 소요된다.

044
다음 중 결핍 시 피부표면이 경화되어 거칠어지는 주된 영양 물질은?

① 단백질과 비타민 A ② 비타민 D
③ 탄수화물 ④ 무기질

단백질은 신체의 구성물질로 새로운 세포가 생성되기 위해서는 단백질이 필요하며, 비타민 A는 피부의 신진대사를 원활하게 해준다.

045
세포분열을 통해 새롭게 손·발톱을 생산해 내는 곳은?

① 조체 ② 조모
③ 조소피 ④ 조하막

046
피부색소의 멜라닌을 만드는 색소형성세포는 어느 층에 위치 하는가?

① 과립층 ② 유극층
③ 각질층 ④ 기저층

기저층에 각질형성세포, 멜라닌 형성세포, 머켈세포가 있고, 유극층에 랑게르한스 세포가 존재한다.

047
한선(땀샘)의 설명으로 틀린 것은?

① 체온을 조절한다.
② 땀은 피부의 피지막과 산성막을 형성한다.
③ 땀을 많이 흘리면 영양분과 미네랄을 잃는다.
④ 땀샘은 손, 발바닥에는 없다.

한선은 입술, 음부의 일부를 제외하고 전신에 분포되어 있으며 손, 발바닥에는 많이 분포되어 있다.

048
다음 중 피부의 면역기능에 관계하는 것은?

① 각질형성 세포 ② 랑게르한스 세포
③ 말피기 세포 ④ 머켈 세포

각질형성 세포는 표피의 80%를 차지하며, 기저층과 유극층의 각질형성세포는 핵이 존재하고 있으므로 말피기 세포라고도 한다. 또한 머켈세포는 촉각을 감지하는 세포이다.

049
세포의 분열증식으로 모발이 만들어지는 곳은?

① 모모(毛母)세포 ② 모유두
③ 모구 ④ 모소피

050
세안용 화장품의 구비조건으로 부적당한 것은?

① 안정성 : 물이 묻거나 건조해지면 형과 질이 잘 변해야 한다.
② 용해성 : 냉수나 온탕에 잘 풀려야 한다.
③ 기포성 : 거품이 잘나고 세정력이 있어야 한다.
④ 자극성 : 피부를 자극시키지 않고 쾌적한 방향이 있어야 한다.

안정성 : 제품이 변색, 변취, 미생물 오염이 되지 않아야 한다.

051
이·미용사의 면허를 받을 수 없는 자는?

① 전문대학에서 이용 또는 미용에 관한 학과를 졸업한 자
② 교육부장관이 인정하는 이·미용고등학교를 졸업한 자
③ 교육부장관이 인정하는 고등기술학교에서 6개월 수학한 자
④ 국가기술자격법에 의한 이·미용사 자격취득자

교육부장관이 인정하는 고등기술학교에서 1년 이상 이용 또는 미용에 관한 소정의 과정을 이수한 자가 이용사 및 미용사의 면허 자격 기준에 해당된다.

052
다음 중 이·미용업 영업자가 변경신고를 해야 하는 것을 모두 고른 것은?

ㄱ. 영업소의 소재지
ㄴ. 영업소 바닥의 면적의 3분의 1이상의 증감
ㄷ. 종사자의 변동사항
ㄹ. 영업자의 재산변동사항

① ㄱ
② ㄱ, ㄴ
③ ㄱ, ㄴ, ㄷ
④ ㄱ, ㄴ, ㄷ, ㄹ

영업소의 명칭 또는 상호, 영업소의 소재지, 신고한 영업장 면적의 3분의 1이상의 증감, 대표자의 성명(법인의 경우)에 변경 신고 해야 한다.

053
영업소 외에서의 이용 및 미용업무를 할 수 없는 경우는?

① 관할 소재동지역 내에서 주민에게 이·미용을 하는 경우
② 질병, 기타의 사유로 인하여 영업소에 나올 수 없는 자에 대하여 미용을 하는 경우
③ 혼례나 기타 의식에 참여하는 자에 대하여 그 의식의 직전에 미용을 하는 경우
④ 특별한 사정이 있다고 인정하여 시장·군수·구청장이 인정하는 경우

사회복지시설에서 봉사활동으로 이, 미용을 하는 경우

054
시장·군수·구청장이 영업정지가 이용자에게 심한 불편을 주거나 그 밖에 공익을 해할 우려가 있는 경우에 영업정지처분에 갈음한 과징금을 부과할 수 있는 금액기준은?

① 1천만 원 이하
② 2천만 원 이하
③ 3천만 원 이하
④ 4천만 원 이하

시장·군수·구청장은 규정에 의한 영업정지가 이용자에게 심한 불편을 주거나 그 밖에 공익을 해할 우려가 있는 경우에는 영업정지 처분에 갈음하여 3천만원 이하의 과징금을 부과할 수 있다.

055
이·미용사 면허증을 분실하여 재교부를 받은 자가 분실한 면허증을 찾았을 때 취하여야 할 조치로 옳은 것은?

① 시·도지사에게 찾은 면허증을 반납한다.
② 시장·군수에게 찾은 면허증을 반납한다.
③ 본인이 모두 소지하여도 무방하다.
④ 재교부 받은 면허증을 반납한다.

재교부 받은 후 찾은 면허증은 지체없이 시장, 군수, 구청장에게 반납하여야 한다.

056
영업자의 지위를 승계한 자는 몇 월 이내에 시장·군수·구청장에게 신고를 하여야 하는가?

① 1월　　　② 2월
③ 6월　　　④ 12월

> 공중위생영업자의 지위를 승계한 자는 1월 이내에 보건복지부령이 정하는 바에 따라 시장·군수 또는 구청장에게 신고해야 한다.

057
이용사 또는 미용사의 면허를 받지 아니한 자 중 이용사 또는 미용사 업무에 종사할 수 있는 자는?

① 이·미용 업무에 숙달된 자로 이·미용사 자격증이 없는 자
② 이·미용사로서 업무정지 처분 중에 있는 자
③ 이·미용업소에서 이·미용사의 감독을 받아 이·미용 업무를 보조하고 있는 자
④ 학원 설립·운영에 관한 법률에 의하여 설립된 학원에서 3월 이상 이용 또는 미용에 관한 강습을 받은 자

> 이용사 또는 미용사의 면허를 받은 자가 아니면 이용업 또는 미용업을 개설하거나 그 업무에 종사할 수 없다. 다만, 이용사 또는 미용사의 감독을 받아 이용 또는 미용 업무의 보조를 행하는 경우에는 그러하지 아니하다.

058
이·미용소의 조명시설은 얼마 이상이어야 하는가?

① 50룩스　　　② 75룩스
③ 100룩스　　　④ 125룩스

> 조명 : 75룩스 이상　　실내온도 : 18~20℃　　쾌적습도 : 40~70%

059
위법사항 중 가장 무거운 벌칙기준에 해당하는 자는?

① 신고를 하지 아니하고 영업한 자
② 변경신고를 하지 아니하고 영업한 자
③ 면허정지처분을 받고 그 정지 기간 중 업무를 행한 자
④ 관계 공무원의 출입, 검사를 거부한 자

- ① 1년 이하의 징역 또는 1천만원 이하의 벌금
- ② 6월 이하의 징역 또는 500만원 이하의 벌금
- ③ 300만원 이하의 벌금
- ④ 300만원 이하의 과태료

060
1회용 면도날을 2인 이상의 손님에게 사용한 경우에 대한 1차위반시 행정처분기준은?

① 경고　　　② 개선명령
③ 영업정지 5일　　　④ 영업정지 10일

- 1차 위반 : 경고
- 2차 위반 : 영업정지 5일
- 3차 위반 : 영업정지 10일
- 4차 위반 : 영업장 폐쇄 명령

07회 【정답】 적중모의고사

001	002	003	004	005
④	④	④	①	②
006	007	008	009	010
④	③	③	③	②
011	012	013	014	015
②	②	④	①	②
016	017	018	019	020
③	②	④	④	④
021	022	023	024	025
②	③	②	②	④
026	027	028	029	030
④	②	④	②	④
031	032	033	034	035
④	②	④	③	④
036	037	038	039	040
①	①	④	①	②
041	042	043	044	045
③	③	②	①	②
046	047	048	049	050
④	④	②	①	①
051	052	053	054	055
③	②	①	③	②
056	057	058	059	060
①	③	②	①	①

제 08 회 적중모의고사

○ CHECK POINT QUESTION

001
물에 적신 모발을 와인딩 한 후 퍼머넌트 웨이브 1제를 도포 하는 방법은?

① 워터래핑 ② 슬래핑
③ 스파이럴 랩 ④ 크로키놀 랩

002
한국 현대 미용사에 대한 설명 중 옳은 것은?

① 경술국치 이후 일본인들에 의해 미용이 발달했다.
② 1933년 일본인이 우리나라에 처음으로 미용원을 열었다.
③ 해방 전 우리나라 최초의 미용교육기관은 정화 고등기술학교이다.
④ 오엽주씨가 화신 백화점 내에 미용원을 열었다.

김활란 단발머리, 오엽주 화신미용원 개원, 김상진 현대미용학원 설립, 이숙종 타까머리(高髻)

003
퍼머 제1액 처리에 따른 프로세싱 중 언더 프로세싱의 설명으로 틀린 것은?

① 언더 프로세싱은 프로세싱 타임 이상으로 제1액을 두발에 방치한 것을 말한다.
② 언더 프로세싱일 때에는 두발의 웨이브가 거의 나오지 않는다.
③ 언더 프로세싱일 때에는 처음에 사용한 솔루션보다 약한 제1액을 다시 사용한다.
④ 제1액의 처리 후 두발의 테스트컬로 언더 프로세싱 여부가 판명된다.

언더 프로세싱은 유효시간 보다 짧은 상태이고, 오버 프로세싱은 유효시간 보다 더 오래 1액을 바른 상태이다.

004
헤어 컬러링 기술에서 만족할 만한 색채효과를 얻기 위해서는 색채의 기본적인 원리를 이해하고 이를 응용할 수 있어야 하는데 색의 3속성 중의 명도만을 갖고 있는 무채색에 해당하는 것은?

① 적색 ② 황색
③ 청색 ④ 백색

무채색 : 백색에서부터 회색, 진한회색, 검정까지 이어지는 색

005
아이론의 열을 이용하여 웨이브를 형성하는 것은?

① 마셀 웨이브 ② 콜드 웨이브
③ 핑거 웨이브 ④ 새도우 웨이브

콜드웨이브와 핑거웨이브
• 콜드 웨이브 : 콜드액체를 이용한 웨이브
• 핑거 웨이브 : 콜드액체를 이용하여 핀컬로 말아서 만든 웨이브

006
다음 중 산성 린스의 종류가 아닌 것은?

① 레몬 린스 ② 비니거 린스
③ 오일 린스 ④ 구연산 린스

오일 린스는 유성 린스에 포함된다.

007
다음 중 블런트 커트와 같은 의미인 것은?

① 클럽커트 ② 싱글링
③ 클리핑 ④ 트리밍

직선으로 커트하는 방법을 말하며, 클럽커트라고도 한다.

008
브러시 세정법으로 옳은 것은?

① 세정 후 털은 아래로 하여 양지에서 말린다.
② 세정 후 털은 아래로 하여 응달에서 말린다.
③ 세정 후 털은 위로 하여 양지에서 말린다.
④ 세정 후 털은 위로 하여 응달에서 말린다.

털을 위로하여 양지에 말리게 되면 브러시 털의 형태가 변형이 될 수 있으므로 응달에서 아래로 말린다.

009
콜드 퍼머넌트시 제1액을 바르고 비닐캡을 씌우는 이유로 거리가 가장 먼 것은?

① 체온으로 솔루션의 작용을 빠르게 하기 위하여
② 제1액의 작용이 두발 전체에 골고루 행하여지게 하기 위하여
③ 휘발성 알칼리의 휘산작용을 방지하기 위하여
④ 두발을 구부러진 형태대로 정착시키기 위하여

웨이브의 정착작용은 2액에서 이루어진다.

010
미용의 특수성에 해당하지 않는 것은?

① 자유롭게 소재를 선택한다.
② 시간적 제한을 받는다.
③ 손님의 의사를 존중한다.
④ 여러 가지 조건에 제한을 받는다.

의사표현의 제한, 소재선정의 제한, 시간적 제한, 소재변화에 다른 미적 효과, 부용예술로서의 제한이 있다.

011
염모제로서 헤너를 처음으로 사용했던 나라는?

① 그리스   ② 이집트
③ 로마   ④ 중국

B.C 1500년경에 염모제 헤너를 사용한 기록이 이집트에 있다.

012
빗의 보관 및 관리에 관한 설명 중 옳은 것은?

① 빗은 사용 후 소독액에 계속 담가 보관한다.
② 소독액에서 빗을 꺼낸 후 물로 닦지 않고 그대로 사용해야한다.
③ 증기소독은 자주 해주는 것이 좋다.
④ 소독액은 석탄산수, 크레졸비누액 등이 좋다.

빗을 증기소독 및 오랜 시간 소독액에 담가 보관하게 되면 형태의 변형이 생긴다.

013
유기합성 염모제에 대한 설명 중 틀린 것은?

① 유기합성 염모제 제품은 알칼리성의 제1액과 산화제인 제2액으로 나누어진다.
② 제1액은 산화염료가 암모니아수에 녹아있다.
③ 제1액의 용액은 산성을 띄고 있다.
④ 제2액은 과산화수소로서 멜라닌색소의 파괴와 산화염료를 산화시켜 발색시킨다.

제1액은 알칼리제+색소+계면활성제+항산화제를 띄고있고 제2액은 산화제로써 과산화수소+물로 구성되어 있다.

014
비듬이 없고 두피가 정상적인 상태일 때 실시하는 것은?

① 댄드러프 스캘프 트린트먼트
② 오일리 스캘프 트린트 먼트
③ 플레인 스캘프 트린트 먼트
④ 드라이 스캘프 트린트 먼트

- 플레인 스캘프 트리트먼트 : 건강 두피에 대한 손질
- 오일리 스캘프 트리트먼트 : 지성 두피에 대한 손질
- 댄드러프 스캘프 트리트먼트 : 비듬성 두피에 대한 손질

015
땋거나 스타일링 하기에 쉽도록 3가닥 혹은 1가닥으로 만들어진 헤어피스는?

① 웨프트 ② 스위치
③ 폴 ④ 위글렛

> 스위치는 모발의 양은 작지만 모발 길이 20cm 이상의 1~3가닥으로 되어 땋거나 꼬거나, 웨이브 등의 방법을 이용하여 원하여 부위에 부착하는 방법의 헤어피스를 말한다.

016
다음 중 옳게 짝지어진 것은?

① 아이론 웨이브 – 1830년 프랑스의 무슈끄로와뜨
② 콜드 웨이브 – 1936년 영국의 스피크먼
③ 스파이럴 퍼머넌트 웨이브 – 1925년 영국의 조셉메이어
④ 크로키놀식 웨이브 – 1875년 프랑스의 마셀그라또

> - 마셀 그라또 : 1875, 프랑스, 아이론의 열을 이용하여 일시적 웨이브
> - 죠셉 메이러 : 1925, 독일, 크로키놀식 퍼머넌트 웨이브 창안
> - 찰스 네슬러 : 1905, 영국, 스파이럴식 퍼머넌트 웨이브 창안

017
헤어스타일 또는 메이크업에서 개성미를 발휘하기 위한 첫 단계는?

① 구상 ② 보정
③ 소재의 확인 ④ 제작

> 미용의 연출과정은 소재를 관찰한 후 구상, 제작과정을 거쳐 마지막으로 불충분한 곳을 보정하는 방법으로 이루어진다.

018
두정부의 가마로부터 방사상으로 나눈 파트는?

① 카우릭 파트 ② 이어투이어 파트
③ 센터 파트 ④ 스퀘어 파트

> - 스퀘어 파트 : 양쪽에서 사이드를 파팅하여, 두정부에서 이마의 헤어라인과 평행하게 나눔
> - 카우릭 파트 : 가장 기본적인 파팅 방법으로써 탑부분에서 방사상 형태로 나눈 파팅 방법
> - 렉탱귤러 파트 : 이마의 양각에서 사이드 파트하여 두정부에서 수평으로 나눈 것

019
컬의 목적으로 가장 옳은 것은?

① 텐션, 루프, 스템을 만들기 위해
② 웨이브, 볼륨, 플러프를 만들기 위해
③ 슬라이싱, 스퀘어, 베이스를 만들기 위해
④ 세팅, 뱅을 만들기 위해

> 웨이브와 볼륨을 만들고 모발 끝에 변화와 움직임을 주는 것이다.

020
코의 화장법으로 좋지 않은 방법은?

① 큰 코는 전체가 드러나지 않도록 코 전체를 다른 부분보다 연한색으로 펴바른다.
② 낮은 코는 코의 양측면에 세로로 진한 크림파우더 또는 다갈색의 아이새도우를 바르고 콧등에 엷은 색을 바른다.
③ 코끝이 둥근 경우 코끝의 양측면에 진한색을 펴바르고 코끝에는 엷은색을 펴바른다.
④ 너무 높은 코는 코 전체에 진한색을 펴바른 후 양측면에 엷은 색을 바른다.

> 큰 코인 경우 코 전체를 진하게 처리한다.

021
간 흡충증(디스토마)의 제1중간 숙주는?

① 다슬기 ② 쇠우렁
③ 피라미 ④ 게

> 간 흡충증의 제1중간숙주는 쇠우렁, 제2중간숙주는 참붕어, 붕어, 잉어 등의 민물고기이다.

022
납중독과 가장 거리가 먼 증상은?

① 빈혈   ② 신경마비
③ 뇌중독증상   ④ 과다행동장애

> 납중독
> • 납 만성 중독 : 피로, 소화기 이상, 지각손실, 사지마비, 체중감소
> • 납 급성 중독 : 구토, 위통, 사지마비, 혼수 등

023
감염병의 예방 및 관리에 관한 법률상 "생물테러감염병 또는 치명률이 높거나 집단 발생의 우려가 커서 발생 또는 유행 즉시 신고하여야 하고, 음압격리와 같은 높은 수준의 격리가 필요한 감염병"은?

① 제1급 감염병   ② 제2급 감염병
③ 제3급 감염병   ④ 제4급 감염병

> • 제1급 감염병 : 생물테러감염병 또는 치명률이 높거나 집단 발생의 우려가 커서 발생 또는 유행 즉시 신고하여야 하고, 음압격리와 같은 높은 수준의 격리가 필요한 감염병
> • 2급 감염병 : 전파가능성을 고려하여 발생 또는 유행 시 24시간 이내에 신고하여야 하고, 격리가 필요한 감염병
> • 제3급 감염병 : 그 발생을 계속 감시할 필요가 있어 발생 또는 유행 시 24시간 이내에 신고하여야 하는 감염병
> • 제4급 감염병 : 제1급 감염병부터 제3급 감염병까지의 감염병 외에 유행 여부를 조사하기 위하여 표본감시 활동이 감염병

024
수질오염의 지표로 사용하는 "생물학적 산소요구량"을 나타 내는 용어는?

① BOD   ② DO
③ COD   ④ SS

> DO-용존산소, COD-화학적 산소 요구량, SS-부유물질

025
국가의 건강 수준을 나타내는 지표로서 가장 대표적으로 사용하고 있는 것은?

① 인구증가율   ② 조사망률
③ 영아사망률   ④ 질병발생률

> 영아사망률은 출생아 1,000명당 1년간 생후 1년 미만 영아의 사망자수 비율로 한 국가의 건강수준을 나타내는 가장 대표적인 지표로 사용된다.

026
지역사회에서 노인층 인구에 가장 적절한 보건교육 방법은?

① 신문   ② 집단교육
③ 개별접촉   ④ 강연회

> 집단교육이 어려운 계층에 있는 사람을 대상으로 이루어지는 방법으로 노인인구 계층에 유용한 방법이다.

027
예방접종에서 생균제제를 사용하는 것은?

① 장티푸스   ② 파상풍
③ 결핵   ④ 디프테리아

> 예방접종
> • 생균 백신 : 홍역, 결핵, 황열, 폴리오(소아마비), 탄저, 두창, 광견병 등
> • 사균 백신 : 콜레라, 백일해, 장티푸스, 파라티푸스, 일본뇌염 등
> • 순화독소(toxoid) : 디프테리아, 파상풍 등

028
저온폭로에 의한 건강장애는?

① 동상 – 무좀 – 전신체온 상승
② 참호족 – 동상 – 전신체온 하강
③ 참호족 – 동상 – 전신체온 상승
④ 동상 – 기억력 저하 – 참호족

> 열중증(고열장애) : 열경련, 열사병, 열허탈증, 열쇠약, 열성발진

029
다음 식중독 중에서 치명률이 가장 높은 것은?

① 살모넬라증   ② 포도상구균중독
③ 연쇄상구균중독   ④ 보툴리누스균중독

> 보툴리누스균 식중독은 통조림, 소시지 등 식품의 혐기성 상태에서 발육하여 식중독을 일으키며 가장 치명률이 가장 높다.

030
파리가 전파할 수 있는 소화기계 감염병은?

① 페스트 ② 일본뇌염
③ 장티푸스 ④ 황열

> 매개질병
> • 파리 : 장티푸스, 이질, 소아마비
> • 모기 : 사상충, 말라리아, 일본뇌염, 황열, 뎅구열

031
소독의 정의로서 옳은 것은?

① 모든 미생물 일체를 사멸하는 것
② 모든 미생물을 열과 약품으로 완전히 죽이거나 또는 제거하는 것
③ 병원성 미생물의 생활력을 파괴하여 죽이거나 또는 제거하여 감염력을 없애는 것
④ 균을 적극적으로 죽이지 못하더라도 발육을 저지하고 목적하는 것을 변화시키지 않고 보존하는 것

> • 멸균 : 모든 미생물의 생활력은 물론 미생물 자체를 없애는 것
> • 방부 : 병원성 미생물의 발육과 그 작용을 제지 또는 정지시켜 음식물 등의 부패나 발효를 방지하는 것

032
AIDS나 B형간염 등과 같은 질환의 전파를 예방하기 위한 이·미용기구의 가장 좋은 소독방법은?

① 고압증기 멸균기
② 자외선 소독기
③ 음이온계면활성제
④ 알코올

> 고압증기멸균법은 가장 강력한 소독법으로 미용기구 소독시 적당하다.

033
일반적으로 사용되는 소독용 알콜의 적정 농도는?

① 30% ② 70%
③ 50% ④ 100%

034
다음 중 이·미용사의 손을 소독하려 할 때 가장 알맞은 것은?

① 역성비누액 ② 석탄산수
③ 포르말린수 ④ 과산화수소수

> 대상별 소독방법
> • 역성비누액 : 식품소독에 사용
> • 석탄산수 : 오염의류, 용기, 오물, 실험대, 배설물, 토사물의 소독
> • 포르말린액 : 방부제, 선박 등의 소독에 사용
> • 과산화수소 : 화농성 창상, 구내염, 인후염이나 구강세척제로 사용

035
다음 중 음용수 소독에 사용되는 약품은?

① 석탄산 ② 액체염소
③ 승홍 ④ 알코올

> 염소는 살균력이 크고, 자극성과 부식성이 강하기 때문에 주로 상수도, 하수도의 소독과 같은 대규모 소독 이외에는 별로 사용되지 않는다.

036
소독에 영향을 미치는 인자가 아닌 것은?

① 온도 ② 수분
③ 시간 ④ 풍속

> 소독인자는 물, 온도, 시간, 농도이다.

037
소독법의 구비 조건에 부적합 한 것은?

① 장시간에 걸쳐 소독의 효과가 서서히 나타나야 한다.
② 소독대상물에 손상을 입혀서는 안 된다.
③ 인체 및 가축에 해가 없어야 한다.
④ 방법이 간단하고 비용이 적게 들어야 한다.

> 소독약의 구비조건
> • 살균력이 강하며 인체에 해롭지 않아야 한다.
> • 취급하는 방법이 간편해야 한다.
> • 소독하려는 물건을 상하게 하면 안 된다.
> • 재료가 풍부하고 생산하기 쉽고 값이 싸야 한다.
> • 불쾌한 냄새가 없어야 한다.

038
소독제의 살균력 측정검사의 지표로 사용되는 것은?

① 알코올　　② 크레졸
③ 석탄산　　④ 포르말린

> 소독약의 살균력을 비교하기 위해 석탄산 계수가 이용된다. 석탄산 계수가 높을수록 소독효과가 크다.

039
화장실, 하수도, 쓰레기통 소독에 가장 적합한 것은?

① 알콜　　② 염소
③ 승홍수　　④ 생석회

> 대상별 소독방법
> - 알콜 : 피부 및 기구소독
> - 염소 : 상수도, 하수도 소독
> - 승홍수 : 초자기구, 목죽제품, 자기류 소독

040
상처소독에 적당치 않은 것은?

① 과산화수소
② 요오드딩크제
③ 승홍수
④ 머큐로크롬

> 승홍수 : 피부점막에 자극을 주며, 수은 중독을 일으킬 수 있다.

041
생명력이 없는 상태의 무색, 무핵층으로서 손바닥과 발바닥에 주로 있는 층은?

① 각질층　　② 과립층
③ 투명층　　④ 기저층

> 투명층 : 무핵의 편평 세포로 손, 발바닥에 존재하며, 빛과 수분을 차단하는 역할을 한다.

042
천연보습인자(NMF)에 속하지 않는 것은?

① 아미노산　　② 암모니아
③ 젖산염　　④ 글리세린

> 천연보습인자는 각질층의 수분을 보유하는 물질로 아미노산, 피롤리돈 카르복시산, 젖산, 요소, 암모니아 등으로 구성된다.

043
즉시 색소 침착작용을 하는 광선으로 인공 선탠에 사용되는 것은?

① UV A　　② UV B
③ UV C　　④ UV D

> UV B는 홍반 반응에 관여하며, UV C는 살균력이 좋으나 피부암을 유발할 수 있다.

044
갑상선의 기능과 관계있으며 모세혈관 기능을 정상화시키는 것은?

① 칼슘　　② 인
③ 철분　　④ 요오드

> 무기질과 생체기능
> - 칼슘 : 골격과 치아 형성
> - 인 : 골격과 치아의 석회화 및 에너지 대사 작용, 세포막 인지질 구성성분
> - 철분 : 헤모글로빈의 구성성분

045
피부의 생리작용 중 지각 작용은?

① 피부표면에 수증기가 발산한다.
② 피부에는 땀샘, 피지선 모근은 피부생리 작용을 한다.
③ 피부 전체에 퍼져 있는 신경에 의해 촉각, 온각, 냉각, 통각 등을 느낀다.
④ 피부의 생리작용에 의해 생긴 노폐물을 운반한다.

> 피부는 신경이 있어 통각, 압각, 온각, 촉각, 소양감 등을 느낄 수 있다.

046
교원섬유(collagen)와 탄력섬유(elastin)로 구성되어 있어 강한 탄력성을 지니고 있는 곳은?

① 표피
② 진피
③ 피하조직
④ 근육

> 진피의 구성물질은 교원섬유와 탄력 섬유, 기질이며 그 중 진피의 90%를 차지하고 있는 교원물질은 콜라겐으로, 탄력섬유는 엘라스틴으로 각각 구성되어 있다.

047
자외선의 영향으로 인한 부정적인 효과는?

① 홍반반응
② 비타민 D 형성
③ 살균효과
④ 강장효과

> 자외선의 부정적인 영향으로 홍반, 광과민증, 일광화상, 일광접촉피부염, 색소침착, 피부노화가 있다.

048
피부에서 땀과 함께 분비되는 천연 자외선 흡수제는?

① 우로칸산
② 글리콜산
③ 글루탐산
④ 레틴산

> 땀에 포함된 우로칸산은 자외선 B를 차단한다.

049
광노화와 거리가 먼 것은?

① 피부두께가 두꺼워진다.
② 섬유아세포수의 양이 감소한다.
③ 콜라겐이 비정상적으로 늘어난다.
④ 점다당질이 증가한다.

> 광노화에 의해 엘라스틴이 비정상적으로 늘어난다.

050
피지분비와 가장 관계가 있는 호르몬은?

① 에스트로겐
② 프로게스트론
③ 인슐린
④ 안드로겐

> 피지분비는 안드로겐의 영향으로 증가한다.

051
이용 및 미용업 영업자의 지위를 승계한 자가 관계기관에 신고를 해야 하는 기간은?

① 1년 이내
② 3월 이내
③ 6월 이내
④ 1월 이내

> 공중위생영업자의 지위를 승계한 자는 1월 이내에 보건복지부령이 정하는 바에 따라 시장·군수 또는 구청장에게 신고해야 한다.

052
이용업 및 미용업은 다음 중 어디에 속하는가?

① 공중위생영업
② 위생관련영업
③ 위생처리업
④ 위생관리용역업

> 공중위생관리법상 "공중위생영업"이라 함은 다수인을 대상으로 위생관리서비스를 제공하는 영업으로서 숙박업·목욕장업·이용업·미용업·세탁업·위생관리용역업을 말한다.

053
다음 ( ) 안에 알맞은 내용은?

> 이·미용업 영업자가 공중위생관리법을 위반하여 관계 행정기관의 장의 요청이 있는 때에는 ( ) 이내의 기간을 정하여 영업의 정지 또는 일부시설의 사용중지 혹은 영업소 폐쇄 등을 명할 수 있다.

① 3월
② 6월
③ 1년
④ 2년

> 청소년보호법, 의료법 등에 위반하여 관계 행정기관의 장의 요청이 있을 때에는 6개월 이내의 기간을 정하여 영업정지, 또는 일부시설의 사용중지 혹은 영업소폐쇄 등을 명할 수 있다.

054
이·미용업소 내 반드시 게시하여야 할 사항으로 옳은 것은?

① 요금표 및 준수사항만 게시하면 된다.
② 이·미용업 신고증만 게시하면 된다.
③ 이·미용업 신고증 및 면허증사본, 요금표를 게시하면 된다.
④ 이·미용업 신고증, 면허증원본, 요금표를 게시하여야 한다.

이·미용업 신고증, 면허증원본, 요금표를 게시하지 않으면 1차 위반 시 경고 또는 개선명령의 행정 처분이 내려진다.

055
다음 중 이·미용사의 면허정지를 명할 수 있는 자는?

① 행정안전부 장관
② 시·도지사
③ 시장·군수·구청장
④ 경찰서장

시장, 군수, 구청장은 이·미용사의 면허를 취소하거나 면허정지를 명령할 수 있다.

056
이·미용 영업소에서 1회용 면도날을 손님 2인에게 사용한 때의 1차위반시 행정처분은?

① 시정명령
② 개선명령
③ 경고
④ 영업정지 5일

행정처분
- 1차 위반 : 경고
- 2차 위반 : 영업정지 5일
- 3차 위반 : 영업정지 10일
- 4차 위반 : 영업장 폐쇄명령

057
관련법상 이·미용사의 위생교육에 대한 설명 중 옳은 것은?

① 위생교육 대상자는 이·미용업 영업자이다.
② 위생교육 대상자에는 이·미용사의 면허를 가지고 이·미용업에 종사하는 모든 자가 포함된다.
③ 위생교육은 시장·군수·구청장만이 할수 있다.
④ 위생교육 시간은 분기 당 4시간으로 한다.

공중위생영업자는 매년 위생교육을 받아야 하며, 영업신고를 하고자 하는 자는 부득이한 사유로 미리 교육을 받을 수 없는 경우를 제외하고 미리 위생교육을 받아야 한다.

058
다음 중 이·미용사의 면허를 받을 수 없는 자는?

① 전문대학의 이·미용에 관한 학과를 졸업한 자
② 교육부장관이 인정하는 고등기술학교에서 1년 이상 이·미용에 관한 소정의 과정을 이수한 자
③ 국가기술자격법에 의한 이·미용사의 자격을 취득한 자
④ 외국의 유명 이·미용학원에서 2년 이상 기술을 습득한 자

이·미용사의 면허는 국가기술 자격을 취득한자, 교육부장관이 인정하는 학교에서 1년 이상, 이·미용과정을 이수한 자, 전문대학 이상의 미용학과를 졸업한자에 한하여 발급받을 수 있다.

059
신고를 하지 않고 영업소 명칭(상호)을 바꾼 경우에 대한 1차 위반 시의 행정처분은?

① 주의
② 경고 또는 개선명령
③ 영업정지 15일
④ 영업정지 1월

행정처분
- 1차 : 경고 또는 개선명령
- 2차 : 영업정지 15일
- 3차 : 영업정지 1월
- 4차 : 영업장 폐쇄명령

060
다음 중 과태료처분 대상에 해당되지 않는 자는?

① 관계공무원의 출입 · 검사 등 업무를 기피한 자
② 영업소 폐쇄명령을 받고도 영업을 계속한 자
③ 이 · 미용업소 위생관리 의무를 지키지 아니한 자
④ 위생교육 대상자 중 위생교육을 받지 아니한 자

> 1년 이하의 징역 또는 1천만원 이하의 벌금
> • 시장 · 군수 · 구청장에게 규정에 의한 공중위생영업의 신고를 하지 아니한 자
> • 영업정지명령 또는 일부 시설의 사용중지명령을 받고도 그 기간 중에 영업을 하거나 그 시설을 사용한 자 또는 영업소 폐쇄명령을 받고도 계속하여 영업을 한 자

08회 【정답】 적중모의고사

001	002	003	004	005
①	④	①	④	①
006	007	008	009	010
③	①	②	④	①
011	012	013	014	015
②	④	③	③	②
016	017	018	019	020
②	③	①	②	①
021	022	023	024	025
②	④	①	①	③
026	027	028	029	030
③	③	②	④	③
031	032	033	034	035
③	①	②	①	②
036	037	038	039	040
④	①	③	③	③
041	042	043	044	045
③	④	①	④	③
046	047	048	049	050
②	③	①	③	④
051	052	053	054	055
④	①	②	④	③
056	057	058	059	060
③	①	④	②	②

제 09 회 적중모의고사

○ CHECK POINT QUESTION

001
다음 용어의 설명으로 틀린 것은?

① 버티컬 웨이브(vertical wave) : 웨이브 흐름이 수평
② 리세트(reset) : 세트를 다시 마는 것
③ 호리존탈 웨이브(horizontal wave) : 웨이브 흐름이 가로방향
④ 오리지널 세트(original set) : 기초가 되는 최초의 세트

버티컬 웨이브(vertical wave)는 웨이브의 릿지가 수직으로 되어 있는 것이다.

002
핑거 웨이브(finger wave)와 관계없는 것은?

① 세팅로션, 물, 빗
② 크레스트(crest), 리지(ridge), 트로프(trough)
③ 포워드비기닝(forward beginning), 리버스비기닝(reverse beginning)
④ 테이퍼링(tapering), 싱글링(shingling)

테이퍼링(tapering), 싱글링(shingling)은 헤어커트에 사용되는 기법이다.

003
스캘프 트리트먼트(scalp treatment)의 시술과정에서 화학적 방법과 관련 없는 것은?

① 양모제　　　② 헤어토닉
③ 헤어크림　　④ 헤어스티머

헤어스티머는 기기의 명칭이다.

004
빗(comb)의 손질법에 대한 설명으로 틀린 것은? (단, 금속 빗은 제외)

① 빗살 사이의 때는 솔로 제거하거나 심한 경우는 비눗물에 담근 후 브러시로 닦고 나서 소독한다.
② 증기소독과 자비소독 등 열에 의한 소독과 알코올 소독을 해준다.
③ 빗을 소독할 때는 크레졸수, 역성비누액 등이 이용되며 세정이 바람직하지 않은 재질은 자외선으로 소독한다.
④ 소독용액에 오랫동안 담가두면 빗이 휘어지는 경우가 있어 주의하고 끄집어낸 후 물로 헹구고 물기를 제거한다.

플라스틱은 열에 약하므로 소독에는 크레졸수, 포르말린수, 역성비누, 석탄산수를 이용하고 자외선 소독기에 보관한다.

005
다음 중 헤어블리치에 관한 설명으로 틀린 것은?

① 과산화수소는 산화제이고 암모니아수는 알칼리제이다
② 헤어블리치는 산화제의 작용으로 두발의 색소를 옅게 한다.
③ 헤어블리치제는 과산화수소에 암모니아수 소량을 더하여 사용한다.
④ 과산화수소에서 방출된 수소가 멜라닌색소를 파괴시킨다.

제1탄화제와 제2제과산화수소와 혼합하여 사용할 때 발생되는 산소가 멜라닌 색소를 분해한다.

006
네일 에나멜(nail enamel)에 함유된 주된 필름 형성제는?

① 톨루엔(toluent)
② 메타크릴산(methacrylic acid)
③ 니트로셀룰로우즈(nitro cellulose)
④ 라놀린(lanoline)

네일에나멜의 주성분으로는 메틸 아세테이트, 아이소프로필 알코올, 부틸 아세테이트, 송진, 포르말디하이드, 니트로셀룰로오즈 등이 있다. 그중에 니트로 셀룰로오즈는 필름을 형성하여 수분증발을 막아준다.

007
두발이 지나치게 건조해 있을 때나 두발의 염색에 실패했을 때의 가장 적합한 샴푸 방법은?

① 플레인 샴푸
② 에그 샴푸
③ 약산성 샴푸
④ 토닉 샴푸

샴푸 방법
• 약산성 샴푸 : 정상적인 모발
• 핫오일 샴푸 : 두피나 모발에 지방을 보급하기 위한 샴푸잉이다.
• 드라이 샴푸 : 물을 사용하지 않는 샴푸잉을 말한다.
• 플레인 샴푸 : 보통 샴푸로 중성세제나 비누 등으로 물을 사용하여 샴푸잉하는 것을 말한다.

008
미용의 과정이 바른 순서로 나열된 것은?

① 소재 → 구상 → 제작 → 보정
② 소재 → 보정 → 구상 → 제작
③ 구상 → 소재 → 제작 → 보정
④ 구상 → 제작 → 보정 → 소재

소재(고객) → 구상(계획단계) → 제작(실행단계) → 보정(마무리단계)

009
다음 중 커트를 하기 위한 순서로 가장 옳은 것은?

① 위그 → 수분 → 빗질 → 블로킹 → 슬라이스 → 스트랜드
② 위그 → 수분 → 빗질 → 블로킹 → 스트랜드 → 슬라이스
③ 위그 → 수분 → 슬라이스 → 빗질 → 블로킹 → 스트랜드
④ 위그 → 수분 → 스트랜드 → 빗질 → 블로킹 → 슬라이스

키트의 시술 순서 : 위그 → 수분 → 빗질 → 블로킹 → 슬라이스 → 스트랜드

010
첩지에 대한 내용으로 틀린 것은?

① 첩지의 모양은 봉과 개구리 등이 있다.
② 첩지는 조선시대 사대부의 예장 때 머리 위 가리마를 꾸미는 장식품이다.
③ 왕비는 개구리첩지를 사용하였다.
④ 첩지는 내명부나 외명부의 신분을 밝혀주는 중요한 표시이기도 했다.

왕비는 도금한 용첩지를 쓰고, 비·빈은 도금한 봉첩지, 내외명부는 신분에 따라 도금하거나 흑각(黑角)으로 만든 개구리 첩지를 썼다.

011
레이어드 커트(layered cut)의 특징이 아닌 것은?

① 커트라인이 얼굴정면에서 네이프라인과 일직선인 스타일이다.
② 두피 면에서의 모발의 각도를 90도 이상으로 커트한다.
③ 머리형이 가볍고 부드러워 다양한 스타일을 만들 수 있다.
④ 네이프라인에서 탑 부분으로 올라가면서 모발의 길이가 점점 짧아지는 커트이다.

원랭스는 커트라인이 얼굴 정면에서 네이프 라인과 일직선인 스타일이다.

012
두발 커트시 두발 끝 1/3 정도를 테이퍼링 하는 것은?

① 노멀 테이퍼링
② 딥 테이퍼링
③ 앤드 테이퍼링
④ 보스 사이드 테이퍼

테이퍼링
- 노멀 테이퍼 : 모발 끝이 붓끝처럼 가는 상태로 되며 모발의 움직임이 가벼워 진다.
- 딥 테이퍼 : 스트랜드의 2/3지점에서 모량 조절하여 탄력 있는 모발에 움직임을 주는 때 이용된다.

013
시스테인 퍼머넌트에 대한 설명으로 틀린 것은?

① 아미노산의 일종인 시스테인을 사용한 것이다.
② 환원제로 티오글리콜산염이 사용된다.
③ 모발에 대한 잔류성이 높아 주의가 필요하다.
④ 연모, 손상모의 시술에 적합하다.

시스테인 퍼머넌트에는 티오글리콜산을 사용하지 않고 시스테인을 사용한다.

014
영구적 염모제에 대한 설명 중 틀린 것은?

① 제1액의 알칼리제로는 휘발성이라는 점에서 암모니아가 사용 된다.
② 제2제인 산화제는 모피질 내로 침투하여 수소를 발생시킨다.
③ 제1제 속의 알칼리제가 모표피를 팽윤시켜 모피질 내 인공색소와 과산화수소를 침투시킨다.
④ 모피질 내의 인공색소는 큰 입자의 유색 염료를 형성하여 영구적으로 착색된다.

제2제인 산화제는 과산화수소+물로 구성되어 탈색과 발색이 이루어진다.

015
두피타입에 알맞은 스캘프 트리트먼트(scalp treatment)의 시술방법의 연결이 틀린 것은?

① 건성 두피 – 드라이 스캘프 트리트먼트
② 지성 두피 – 오일리 스캘프 트리트먼트
③ 비듬성 두피 – 핫오일 스캘프 트리트먼트
④ 정상 두피 – 플레인 스캘프 트리트먼트

비듬성 두피에는 댄드러프 스캘프트리트먼트가 용이하다.

016
샴푸제의 성분이 아닌 것은?

① 계면활성제
② 점증제
③ 기포증진제
④ 산화제

산화제는 퍼머넌트 웨이브시 정착작용에 이용된다.

017
파운데이션 사용 시 양 볼은 어두운 색으로, 이마 상단과 턱의 하부는 밝은 색으로 표현하면 좋은 얼굴형은?

① 긴형
② 둥근형
③ 사각형
④ 삼각형

둥근형 얼굴은 양볼에 어두운 색의 파운데이션을 발라 폭이 좁아 보이게 한다.

018
가위에 대한 설명 중 틀린 것은?

① 양날의 견고함이 동일해야 한다.
② 가위의 길이나 무게가 미용사의 손에 맞아야 한다.
③ 가위 날이 반듯하고 두꺼운 것이 좋다.
④ 협신에서 날 끝으로 갈수록 약간 내곡선인 것이 좋다.

가위는 두꺼운 것 보다 날렵한 것이 좋다.

019
모발의 측쇄 결합으로 볼 수 없는 것은?

① 시스틴결합(cystine bond)
② 염결합(salt bond)
③ 수소결합(hydrogen bond)
④ 폴리펩티드결합(Poly peptide bond)

폴리펩티드결합은 주쇄결합으로 강한 결합이다.

020
두발에서 퍼머넌트 웨이브의 형성과 직접 관련이 있는 아미노산은?

① 시스틴(cystine)   ② 알라닌(alanine)
③ 멜라닌(melanin) ④ 티로신(tyrosin)

시스틴은 모발의 안정성을 유지하는 역할을 한다.

021
수질오염을 측정하는 지표로서 물에 녹아있는 유리산소를 의미하는 것은?

① 용존산소(DO)
② 생물화학적산소요구량(BOD)
③ 화학적산소요구량(COD)
④ 수소이온농도(pH)

하천수가 심하게 오염될 경우 용존 산소의 과다 소비로 인하여 산소가 결핍되어 혐기성 상태가 된다.

022
출생률보다 사망률이 낮으며 14세 이하인구가 65세 이상 인구의 2배를 초과하는 인구 구성형은?

① 피라미드형   ② 종형
③ 항아리형   ④ 별형

피라미드형은 인구증가형이며, 종형은 인구정지형으로 출생률과 사망률이 낮으며, 14세 이하의 인구가 65세 이상의 인구의 2배 정도로 이상적인 인구형이다. 항아리형은 인구감소형으로 출생률이 사망률보다 낮으며, 별형은 생산연령인구가 많이 유입되는 도시지역 인구구성이다.

023
보건행정에 대한 설명으로 가장 올바른 것은?

① 공중보건의 목적을 달성하기 위해 공공의 책임하에 수행하는 행정활동
② 개인보건의 목적을 달성하기 위해 공공의 책임하에 수행하는 행정활동
③ 국가 간의 질병교류를 막기 위해 공공의 책임하에 수행하는 행정활동
④ 공중보건의 목적을 달성하기 위해 개인의 책임하에 수행하는 행정활동

보건 행정은 질병의 예방, 수명의 연장 및 건강·효율의 증진을 위해 행정조직을 통하여 행하는 일련의 과정이다.

024
콜레라 예방접종은 어떤 면역방법인가?

① 인공수동면역   ② 인공능동면역
③ 자연수동면역   ④ 자연능동면역

인공능동면역이란 예방접종 후 형성된 면역을 말한다.

025
기생충의 인체 내 기생 부위 연결이 잘못된 것은?

① 구충증 – 폐
② 간흡충증 – 간의 담도
③ 요충증 – 직장
④ 폐흡충 – 폐

구충은 경피적, 경구적으로 침입하여 소장에서 성충으로 발육한다.

026
다음 중 불량 조명에 의해 발생되는 직업병이 아닌 것은?

① 안정피로   ② 근시
③ 근육통   ④ 안구진탕증

조명이 불량하면 시력장애, 안정피로, 피로감, 작업능률 감퇴 등의 직업병이 생길 수 있다.

027
주로 여름철에 발병하며 어패류 등의 생식이 원인이 되어 복통, 설사 등의 급성위장염 증상을 나타내는 식중독은?

① 포도상구균식중독
② 병원성대장균식중독
③ 장염비브리오식중독
④ 보툴리누스균식중독

식중독
- 포도상구균 식중독 : 우유, 버터, 치즈 등 유제품과 육류제품이 원인이다.
- 병원성 대장균 식중독 : 경구적으로 외부에서 침입하여 급성장염을 일으킨다.
- 보툴리누스균 식중독 : 통조림, 소시지 등 식품의 혐기성 상태에서 발육하여 식중독을 일으키며 가장 치명률이 높다.
- 살모넬라 식중독 : 어패류와 그 가공품, 우유 및 유제품, 샐러드, 두부 등 동물성 식품이 원인이다.

028
다음 중 비타민(Vitamin)과 그 결핍증과의 연결이 틀린 것은?

① Vitamin B2 – 구순염
② Vitamin D – 구루병
③ Vitamin A – 야맹증
④ Vitamin C – 각기병

비타민 C 부족시 괴혈병이 생긴다.

029
일반적으로 돼지고기 생식에 의해 감염될 수 없는 것은?

① 유구조충
② 무구조충
③ 선모충
④ 살모넬라

무구조충은 쇠고기를 생식하거나, 불충분하게 가열·조리한 것을 섭취함으로써 감염된다.

030
실내에 다수인이 밀집한 상태에서 실내공기의 변화는?

① 기온상승 – 습도증가 – 이산화탄소 감소
② 기온하강 – 습도증가 – 이산화탄소 감소
③ 기온상승 – 습도증가 – 이산화탄소 증가
④ 기온상승 – 습도감소 – 이산화탄소 증가

031
고압증기멸균법에서 20파운드(Lbs)의 압력에서는 몇 분간 처리하는 것이 가장 적절한가?

① 40분
② 30분
③ 15분
④ 5분

고압증기멸균법
- 10Lbs, 115.5℃의 상태 : 30분
- 15Lbs, 121.5℃의 상태 : 20분
- 20Lbs, 126.5℃의 상태 : 15분

032
광견병의 병원체는 어디에 속하는가?

① 세균(bacteria)
② 바이러스(virus)
③ 리케차(rickettsia)
④ 진균(fungi)

바이러스는 세균보다 더 작은 생물로 홍역, 폴리오, 유행성 이하선염, 일본 뇌염, 광견병, 후천성면역결핍증 등을 일으킨다.

033
다음 중 열에 대한 저항력이 커서 자비소독법으로 사멸되지 않는 균은?

① 콜레라균
② 결핵균
③ 살모넬라균
④ B형간염 바이러스

자비소독법은 100℃에서 10~20분 간 끓이는 방법으로 아포형성균과 간염바이러스를 제외한 모든 병원균을 파괴할 수 있다.

034
레이저(Razor) 사용 시 헤어살롱에서 교차 감염을 예방하기 위해 주의할 점이 아닌 것은?

① 매 고객마다 새로 소독된 면도날을 사용해야 한다.
② 면도날을 매번 고객마다 갈아 끼우기 어렵지만, 하루에 한번은 반드시 새것으로 교체해야만 한다.
③ 레이저 날이 한 몸체로 분리가 안 되는 경우 70% 알코올을 적신 솜으로 반듯이 소독 후 사용한다.
④ 면도날을 재사용해서는 안 된다.

035
손 소독과 주사할 때 피부소독 등에 사용되는 에틸알코올(ethylalcohol)은 어느 정도의 농도에서 가장 많이 사용되는가?

① 20% 이하 ② 60% 이하
③ 70~80%   ④ 90~100%

036
이·미용업소에서 일반적 상황에서의 수건 소독법으로 가장 적합한 것은?

① 석탄산 소독
② 크레졸 소독
③ 자비 소독
④ 적외선 소독

> 수건은 여러 사람이 사용하는 물품이므로 증기, 자비소독이 적합하다.

037
이·미용업소에서 B형간염의 감염을 방지하려면 어느 기구를 가장 철저히 소독하여야 하는가?

① 수건
② 머리빗
③ 면도칼
④ 클리퍼(전동형)

> B형간염은 혈액을 통해 감염되는 것으로 면체용 면도기를 소독하지 않거나, 재사용할 경우 감염의위험 성이 높아진다.

038
소독제의 살균력을 비교할 때 기준이 되는 소독약은?

① 요오드   ② 승홍
③ 석탄산   ④ 알코올

> 소독약의 살균력을 비교하기 위해 석탄산 계수가 이용된다. 석탄산 계수가 높을수록 소독효과가 크다.

039
3%의 크레졸 비누액 900ml를 만드는 방법으로 옳은 것은?

① 크레졸 원액 270ml에 물 630ml를 가한다.
② 크레졸 원액 27ml에 물 873ml를 가한다.
③ 크레졸 원액 300ml에 물 600ml를 가한다.
④ 크레졸 원액 200ml에 물 700ml를 가한다.

> 농도(%) = $\frac{용질}{용액} \times 100$

040
소독약의 구비조건으로 틀린 것은?

① 값이 비싸고 위험성이 없다.
② 인체에 해가 없으며 취급이 간편하다.
③ 살균하고자 하는 대상물을 손상시키지 않는다.
④ 살균력이 강하다.

> 소독약의 구비조건
> • 살균력이 강하며 인체에 해롭지 않아야 한다.
> • 취급하는 방법이 간편해야 한다.
> • 소독하려는 물건을 상하게 하면 안 된다.
> • 재료가 풍부하고 생산하기 쉽고 값이 싸야 한다.
> • 불쾌한 냄새가 없어야 한다.

041
다음 중 피부의 각질, 털, 손톱, 발톱의 구성성분인 케라틴을 가장 많이 함유한 것은?

① 동물성 단백질   ② 동물성 지방질
③ 식물성 지방질   ④ 탄수화물

> 케라틴은 유황을 함유한 단백질이다.

042
노화피부의 특징이 아닌 것은?

① 노화피부는 탄력이 없고 수분이 없다.
② 피지분비가 원활하지 못하다.
③ 주름이 형성되어 있다.
④ 색소침착 불균형이 나타난다.

노화피부는 순환과 보습, 영양공급이 원활하지 않아 주름이 쉽게 생성되고 탄력이 없어 건조해지고, 자외선에 저항력이 약해져 색소가 불균형하게 나타난다.

043
피부진균에 의하여 발생하며 습한 곳에서 발생빈도가 가장 높은 것은?

① 모낭염
② 족부백선
③ 봉소염
④ 티눈

족부백선은 무좀균의 하나로 습한 곳에서 발생빈도가 크다.

044
기미를 악화시키는 주요한 원인이 아닌 것은?

① 경구피임약의 복용 ② 임신
③ 자외선 차단 ④ 내분비 이상

자외선에 의해 멜라닌 색소가 증가 한다.

045
다음 중 피지선과 가장 관련이 깊은 질환은?

① 사마귀 ② 주사(rosacea)
③ 한관종 ④ 백반증

주사는 지루성 피부에 잘 생기는 피부 질환의 형태로 구진과 농포가 코를 중심으로 양쪽에 나비모양으로 나타난다.

046
박하(peppermint)에 함유된 시원한 느낌으로 혈액순환 촉진 성분은?

① 자일리톨(xylitol)
② 멘톨(menthol)
③ 알코올(alcohol)
④ 마조람 오일(majoram oil)

멘톨 : 국소자극을 통하여 진통효과와 살균, 방부, 청량감을 준다.

047
표피에 존재하며 면역과 가장 관계가 깊은 세포는?

① 멜라닌 세포 ② 랑게르한스 세포
③ 머켈 세포 ④ 섬유아 세포

세포와 기능
- 멜라닌 세포 : 멜라닌 색소 생성
- 머켈 세포 : 촉각을 감지하는 세포
- 섬유아 세포 : 진피에 존재하며, 콜라겐과 엘라스틴 등 진피를 구성하는 물질을 생성하는 세포

048
다음 중 필수 아미노산에 속하지 않는 것은?

① 트립토판 ② 트레오닌
③ 발린 ④ 알라닌

필수 아미노산으로는 트립토판, 페닐알라닌, 이소루이신, 루이신, 메치오닌, 발린, 트레오닌, 리신, 히스티딘, 아르기닌이 있다.

049
AHA(alpha hydroxy acid)에 대한 설명으로 틀린 것은?

① 화학적 필링
② 글리콜산, 젖산, 주석산, 능금산, 구연산
③ 각질세포의 응집력 강화
④ 미백작용

AHA는 죽은 각질을 제거하는 효과가 있다.

050
다음 정유(essential oil) 중에서 살균, 소독작용이 가장 강한 것은?

① 타임 오일(thyme oil)
② 주니퍼 오일(juniper oil)
③ 로즈마리 오일(rosemary oil)
④ 클라리세이지 오일(clarysage oil)

타임오일은 살균, 소독 작용이 강하여 비듬억제, 탈모방지에 효과적이다.

051
영업정지처분을 받고도 그 영업정지 기간에 영업을 한 경우에 대한 행정처분은?

① 경고
② 면허정지
③ 면허취소
④ 영업장 폐쇄명령

> 영업정지처분을 받고도 그 영업정지 기간에 영업을 한 경우에는 1차 위반 시 곧바로 영업장 폐쇄명령을 받는다.

052
이·미용업에 있어 청문을 실시하여야 하는 경우가 아닌 것은?

① 면허취소처분을 하고자 하는 경우
② 면허정지 처분을 하고자 하는 경우
③ 일부시설의 사용중지처분을 하고자 하는 경우
④ 위생교육을 받지 아니하여 1차 위반한 경우

> 청문대상
> - 이용사 및 미용사의 면허취소·면허정지
> - 공중위생영업의 정지, 일부 시설의 사용중지 및 영업장 폐쇄명령 등의 처분

053
이·미용업소에서의 면도기 사용에 대한 설명으로 가장 옳은 것은?

① 1회용 면도날만을 손님 1인에 한하여 사용
② 정비용 면도기를 손님 1인에 한하여 사용
③ 정비용 면도기를 소독 후 계속 사용
④ 매 손님마다 소독한 정비용 면도기 교체사용

> 면도날은 손님 1인에 한하여 사용 후 새로운 것으로 교체한다.

054
부득이한 사유가 없는 한 공중위생영업소를 개설할 자는 언제 위생교육을 받아야 하는가?

① 영업개시 후 2월 이내
② 영업개시 후 1월 이내
③ 영업개시 전
④ 영업개시 후 3월 이내

> 공중위생영업소의 개설 전까지 위생 교육을 받아야 한다.

055
다음 중 공중위생영업을 하고자 할 때 필요한 것은?

① 허가
② 통보
③ 인가
④ 신고

> 공중위생영업을 하고자 하는 자는 보건복지부령이 정하는 시설 및 설비를 갖추고 시장, 군수, 구청장에게 신고하여야 한다.

056
공중위생영업자가 준수하여야 할 위생관리기준은 다음 중 어느 것으로 정하고 있는가?

① 대통령령
② 국무총리령
③ 고용노동부령
④ 보건복지부령

> 영업소에 대한 출입, 검사와 위생감시 실시주기와 횟수, 위생관리 등급별 위생감시기준은 보건복지부령으로 정한다.

057
이용 또는 미용의 면허가 취소된 후 계속하여 업무를 행한자에 대한 벌칙사항은?

① 6월 이하의 징역 또는 300만원 이하의 벌금
② 500만원 이하의 벌금
③ 300만원 이하의 벌금
④ 200만원 이하의 벌금

> 300만원 이하의 벌금
> - 면허의 취소 또는 정지 중에 미용업을 한 사람
> - 면허를 받지 아니하고 미용업을 개설하거나 그 업무에 종사한 사람

058
이·미용영업자에게 과태료를 부과·징수 할 수 있는 처분권자에 해당되지 않는 자는?

① 보건복지부장관
② 시장
③ 군수
④ 구청장

> 과태료를 부과, 징수할 수 있는 처분권자는 시장·군수·구청장이다.

059

대통령령이 정하는 바에 의하여 관계전문기관 등에 공중위생 관리 업무의 일부를 위탁 할 수 있는 자는?

① 시 · 도지사
② 시장 · 군수 · 구청장
③ 보건복지부장관
④ 보건소장

위생교육기관 : 보건복지부 장관은 대통령령이 정하는 바에 의하여 관계전문기관 등에 그 업무의 일부를 위탁할 수 있다.

060

이 · 미용사의 면허증을 재교부 받을 수 있는 자는 다음 중 누구인가?

① 공중위생관리법의 규정에 의한 명령을 위반한 자
② 간질병자
③ 면허증을 다른 사람에게 대여한 자
④ 면허증이 헐어 못쓰게 된 자

이용사 또는 미용사는 면허증의 기재사항에 변경(성명 및 주민등록번호의 변경에 한함)이 있는 때, 면허증을 잃어버린 때 또는 면허증이 헐어 못쓰게 된 때에는 면허증의 재교부를 신청할 수 있다.

09회 [정답] 적중모의고사

001	002	003	004	005
①	④	④	②	④
006	007	008	009	010
③	②	①	①	③
011	012	013	014	015
①	③	②	②	③
016	017	018	019	020
④	②	③	④	①
021	022	023	024	025
①	①	①	②	①
026	027	028	029	030
③	③	④	②	③
031	032	033	034	035
③	②	④	②	③
036	037	038	039	040
③	③	③	②	①
041	042	043	044	045
①	①	②	③	②
046	047	048	049	050
②	②	④	③	③
051	052	053	054	055
④	④	①	③	④
056	057	058	059	060
④	③	①	③	④

제 10 회 적중모의고사

CHECK POINT QUESTION

001
주로 짧은 헤어스타일의 헤어커트 시 두부 상부에 있는 두발은 길고 하부로 갈수록 짧게 커트해서 두발의 길이에 작은 단차가 생기게 한 커트 기법은?

① 스퀘어 커트(square cut)
② 원랭스 커트(one length cut)
③ 레이어 커트(layer cut)
④ 그라데이션 커트(gradation cut)

- 그라데이션 커트 : 상부머리가 길고 하부길이가 짧은 스타일이다.
- 레이어 커트 : 상부머리가 짧고 하부로 갈수록 길어지는 스타일이다.
- 원랭스 커트 : 모발의 단차가 없이 일직선으로 커트한다.

002
한국의 고대 미용의 발달사를 설명한 것 중 틀린 것은?

① 헤어스타일(모발형)에 관해서 문헌에 기록된 고구려 벽화는 없었다.
② 헤어스타일(모발형)은 신분의 귀천을 나타냈다.
③ 헤어스타일(모발형)은 조선시대 때 쪽진머리, 큰머리, 조짐머리가 성행하였다.
④ 헤어스타일(모발형)에 관해서 삼한시대에 기록된 내용이 있다.

고구려 고분벽화를 통해 당시 여인들의 두발형태가 네이프에서 전발로 감아올려 그 끝을 전발 가운데에 감아 꽂은 얹은머리 형태임을 알 수 있었다.

003
미용의 필요성으로 가장 거리가 먼 것은?

① 인간의 심리적 욕구를 만족시키고 생산의욕을 높이는데 도움을 주므로 필요하다.
② 미용의 기술로 외모의 결점 부분까지도 보완하여 개성미를 연출해주므로 필요하다.
③ 노화를 전적으로 방지해주므로 필요하다.
④ 현대생활에서는 상대방에게 불쾌감을 주지 않는 것이 중요하므로 필요하다.

004
프라이머의 사용 방법이 아닌 것은?

① 프라이머는 한 번만 바른다.
② 주요 성분은 메타크릴릭산(methacrylic acid)이다.
③ 피부에 닿지 않게 조심해서 다루어야 한다.
④ 아크릴 볼이 잘 접착되도록 자연 손톱에 바른다.

프라이머는 한 번 바른 후, 마른 다음 다시 한 번 더 발라준다.

005
동물의 부드럽고 긴 털을 사용한 것이 많고 얼굴이나 턱에 붙은 털이나 비듬 또는 백분을 떨어내는데 사용하는 브러시는?

① 포마드 브러시
② 쿠션 브러시
③ 훼이스 브러시
④ 롤 브러시

포마드 브러시, 쿠션 브러시, 롤 브러시는 두발용으로 사용된다.

006
누에고치에서 추출한 성분과 난황성분을 함유한 샴푸제로서 모발에 영양을 공급해 주는 샴푸는?

① 산성 샴푸(acid shampoo)
② 컨디셔닝 샴푸(conditioning shampoo)
③ 프로테인 샴푸(protein shampoo)
④ 드라이 샴푸(dry shampoo)

프로테인 샴푸는 단백질 샴푸로 다공성모에 적합하다.

007
전체적인 머리모양을 종합적으로 관찰하여 수정 보완시켜 완전히 끝맺도록 하는 것은?

① 통칙   ② 제작
③ 보정   ④ 구상

미용의 과정은 소재 → 구상 → 제작 → 보정의 순서로 이루어진다.

008
과산화수소(산화제) 6%의 설명이 맞는 것은?

① 10볼륨   ② 20볼륨
③ 30볼륨   ④ 40볼륨

과산화수소 3%는 10볼륨, 6%는 20볼륨, 9%는 30볼륨, 12%는 40볼륨에 해당된다.

009
헤어세트용 빗의 사용과 취급방법에 대한 설명 중 틀린 것은?

① 두발의 흐름을 아름답게 매만질 때는 빗살이 고운살로 된 세트빗을 사용한다.
② 엉킨 두발을 빗을 때는 빗살이 얼레살로 된 얼레빗을 사용한다.
③ 빗은 사용 후 브러시로 털거나 비눗물에 담가 브러시로 닦은 후 소독하도록 한다.
④ 빗의 소독은 손님 약 5인에게 사용했을 때 1회씩 하는 것이 적합하다.

010
마셀 웨이브 시술에 관한 설명 중 틀린 것은?

① 프롱은 아래쪽, 그루브는 위쪽을 향하도록 한다.
② 아이론의 온도는 120~140℃를 유지시킨다.
③ 아이론을 회전시키기 위해서는 먼저 아이론을 정확하게 쥐고 반대쪽에 45°각도로 위치시킨다.
④ 아이론의 온도가 균일할 때 웨이브가 일률적으로 완성 된다.

프롱은 위에서 누르고, 그루브(환부분)는 아래에서 고정하는 역할을 한다.

011
모발의 결합 중 수분에 의해 일시적으로 변형되며, 드라이어의 열을 가하면 다시 재결합 되어 형태가 만들어지는 결합은?

① S-S 결합
② 펩타이드 결합
③ 수소결합
④ 염 결합

용어설명
- S-S 결합 : 황을 함유하고 있는 아미노산이 시스테인 2개가 황을 사이로 결합한 상태이다.
- 염결합 : 산성물질과 알칼리성 물질이 결합해서 생긴 물질이 아미노산염을 만든다.

012
다음 중 염색시술시 모표피의 안정과 염색의 퇴색을 방지하기 위해 가장 적합한 것은?

① 샴푸(shampoo)
② 플레인 린스(plain rinse)
③ 알칼리 린스(akali rinse)
④ 산성균형 린스(acid balanced rinse)

산성삼푸는 pH 4~5로 약한 모발이나 염색모발에 적합하다.

013
원형 얼굴을 기본형에 가깝도록 하기 위한 각 부위의 화장법으로 맞는 것은?

① 얼굴의 양 관자놀이 부분을 화사하게 해준다.
② 이마와 턱의 중간부는 어둡게 해준다.
③ 눈썹은 활모양이 되지 않도록 약간 치켜 올린듯 하게 그린다.
④ 콧등은 뚜렷하고 자연스럽게 뻗어 나가도록 어둡게 표현한다.

014
두부 라인의 명칭 중에서 코의 중심을 통해 두부 전체를 수직으로 나누는 선은?

① 정중선　　② 측중선
③ 수평선　　④ 측두선

② 측중선 T.P와 E.에서 수직으로 내린 선
③ 수평선 E.P의 높이에서 상하로 나누는 선
④ 측두선 F.S.H에서 측중선까지 연결한다.

015
다음 중 스퀘어 파트에 대하여 설명한 것은?

① 이마의 양쪽은 사이드 파트를 하고, 두정부 가까이에서 얼굴의 두발이 난 가장자리와 수평이 되도록 모나게 가르마를 타는 것
② 이마의 양각에서 나누어진 선이 두정부에서 함께 만난 세모꼴의 가르마를 타는 것
③ 사이드(side)파트로 나눈 것
④ 파트의 선이 곡선으로 된 것

② : V 파트
④ : 라운드사이드 파트에 해당한다.

016
헤어 샴푸의 목적과 가장 거리가 먼 것은?

① 두피와 두발에 영양을 공급
② 헤어트리트먼트를 쉽게 할 수 있는 기초
③ 두발의 건전한 발육 촉진
④ 청결한 두피와 두발을 유지

샴푸의 목적은 청결함, 상쾌함을 유지하고 두피와 모발의 성질과 상태에 따라 건강한 발육을 촉진하는 것이다.

017
건강모발의 pH 범위는?

① pH 3~4　　② pH 4.5~5.5
③ pH 6.5~7.5　　④ pH 8.5~9.5

건강모의 산성도는 pH 4.5~5.5의 약산성이다.

018
옛 여인들의 머리 모양 중 뒤통수에 낮게 머리를 땋아 틀어 올리고 비녀를 꽂은 머리 모양은?

① 민머리　　② 얹은머리
③ 풍기명식 머리　　④ 쪽진 머리

풍기명식 머리는 사이드에 모발의 일부를 늘어뜨린 형태이다.

019
다음은 모발의 구조와 성질을 설명한 내용이다. 맞지 않는 것은?

① 두발은 주요 부분을 구성하고 있는 모표피, 모피질, 모수질 등으로 이루어졌으며 주로 탄력성이 풍부한 단백질로 이루어져 있다.
② 케라틴은 다른 단백질에 비하여 유황의 함유량이 많은데, 황(S)은 시스틴(cystine)에 함유되어 있다.
③ 시스틴 결합(-S-S)은 알칼리에는 강한 저항력을 갖고 있으나 물, 알코올, 약 산성이나 소금류에 대해서 약하다.
④ 케라틴의 폴리펩타이드는 쇠사슬 구조로서, 두발의 장축방향(長軸方向)으로 배열되어있다.

퍼머넌트 웨이빙시 제1액은 티오글리콜산 6%와 증류수 94%를 주성분으로 하는 알칼리의 수용액으로서 모발의 환원작용을 통하여 시스틴 결합을 끊어주는 역할을 한다.

020
퍼머 2액의 취소산 염류의 농도로 맞는 것은?

① 1~2% ② 3~5%
③ 6~7.5% ④ 8~9.5%

제2액의 주제인 취소산나트륨과 취소산칼륨은 3~5%의 수용액을 만들어서 사용한다.

021
고기압 상태에서 올 수 있는 인체 장애는?

① 안구 진탕증 ② 잠함병
③ 레이노이드병 ④ 섬유증식증

안구진탕증-불량조명, 잠함병-감압 과정, 레이노이드-국소진동, 섬유증식증-분진에 의해 발생된다.

022
접촉자의 색출 및 치료가 가장 중요한 질병은?

① 성병 ② 암
③ 당뇨병 ④ 일본뇌염

감염병 관리는 전파의 예방, 숙주의 면역증강, 예방되지 않은 환자의 관리가 중요하다.

023
다음 기생충 중 산란과 동시에 감염능력이 있으며 건조에 저항성이 커서 집단감염이 가장 잘되는 기생충은?

① 회충 ② 십이지장충
③ 광절열두조충 ④ 요충

024
보건행정의 정의 내용과 가장 거리가 먼 것은?

① 국민의 수명연장 ② 질병예방
③ 공적인 행정활동 ④ 수질 및 대기보전

보건 행정은 질병의 예방, 수명의 연장 및 건강·효율의 증진을 위해 행정조직을 통하여 행하는 일련의 과정이다.

025
생물학적 산소요구량(BOD)과 용존산소량(DO)의 값은 어떤 관계가 있는가?

① BOD와 DO는 무관하다.
② BOD가 낮으면 DO도 낮다.
③ BOD가 높으면 DO는 낮다.
④ BOD가 높으면 DO도 높다.

오염이 심할수록 생물학적 산소요구량(BOD)은 높아지고, 용존산소량(DO)은 낮아진다.

026
장티푸스, 결핵, 파상풍의 예방접종은 어떤 면역인가?

① 인공능동면역 ② 인공수동면역
③ 자연능동면역 ④ 자연수동면역

- 자연능동면역 : 각종 질환에 이환된 후 형성되는 면역
- 인공수동면역 : γ-globuline 등의 인공제제를 인체에 투입하여 잠정적으로 질병에 대한 방어를 할 수 있도록 하는 것
- 자연수동면역 : 모체로부터 태반이나 수유를 통해서 얻는 면역

027
식품을 통한 식중독 중 독소형 식중독은?

① 포도상구균 식중독
② 살모넬라균에 의한 식중독
③ 장염 비브리오 식중독
④ 병원성 대장균 식중독

독소형 식중독의 원인균에는 황색포도상구균, 웰치균, 클로스트리디움 보툴리눔 등이 있으며, 보기 중 ②, ③, ④는 모두 감염형 식중독에 해당된다.

028
야간작업의 폐해가 아닌 것은?

① 주야가 바뀐 부자연스런 생활
② 수면 부족과 불면증
③ 피로회복 능력 강화와 영양 저하
④ 식사시간, 습관의 파괴로 소화불량

029
일반적으로 이·미용업소의 실내 쾌적 습도 범위로 가장 알맞은 것은?

① 10~20%   ② 20~40%
③ 40~70%   ④ 70~90%

쾌적한 실내의 적정 온도는 18±2℃, 적정 습도는 60~65%이다.

030
환경보건에 영향을 미치는 공해 발생원인으로 관계가 먼 것은?

① 실내의 흡연   ② 산업장 폐수방류
③ 공사장의 분진 발생   ④ 공사장의 굴착작업

031
소독과 멸균에 관련된 용어 해설 중 틀린 것은?

① 살균 : 생활력을 가지고 있는 미생물을 여러 가지 물리, 화학적 작용에 의해 급속히 죽이는 것을 말한다.
② 방부 : 병원성 미생물의 발육과 그 작용을 제거하거나 정지시켜서 음식물의 부패나 발효를 방지하는 것을 말한다.
③ 소독 : 사람에게 유해한 미생물을 파괴시켜 감염의 위험성을 제거하는 비교적 강한 살균작용으로 세균의 포자까지 사멸하는 것을 말한다.
④ 멸균 : 병원성 또는 비병원성 미생물 및 포자를 가진 것을 전부 사멸 또는 제거하는 것을 말한다.

소독은 병원미생물의 생활력을 파괴하여 감염력을 없애는 것이다.

032
이상적인 소독제의 구비조건과 거리가 먼 것은?

① 생물학적 작용을 충분히 발휘할 수 있어야 한다.
② 빨리 효과를 내고 살균 소요시간이 짧을수록 좋다.
③ 독성이 적으면서 사용자에게도 자극성이 없어야 한다.
④ 원액 혹은 희석된 상태에서 화학적으로는 불안정된 것이라야 한다.

소독제는 살균력이 강하고, 용해성, 안전성이 있어야 하며 부식성과 표백성은 없어야 한다.

033
소독약 10mL를 용액(물) 40mL에 혼합시키면 몇%의 수용액이 되는가?

① 2%   ② 10%
③ 20%   ④ 50%

농도(%) = $\frac{\text{용질(알콜)}}{\text{용액물(물+알콜)}}$ × 100이므로 10mL/50mL × 100 = 20%

034
건열멸균법에 대한 설명 중 틀린 것은?

① 드라이 오븐(dry oven)을 사용한다.
② 유리제품이나 주사기 등에 적합하다.
③ 젖은 손으로 조작하지 않는다.
④ 110~130℃에서 1시간 내에 실시한다.

건열멸균기를 이용하여 보통 170℃에서 1~2시간 처리한다.

035
이·미용업소에서 종업원이 손을 소독할 때 가장 보편적이고 적당한 것은?

① 승홍수   ② 과산화수소
③ 역성비누   ④ 석탄수

역성비누는 무미·무해하여 식품소독 및 피부소독에 효과적이다.

036
살균력이 좋고 자극성이 적어서 상처소독에 많이 사용되는 것은?

① 승홍수   ② 과산화수소
③ 포르말린   ④ 석탄산

과산화 수소 : 소독제, 살균제로 사용된다.

037
다음 중 음용수의 소독에 사용되는 소독제는?

① 표백분　　　　② 염산
③ 과산화수소　　④ 요오드팅크

물의 화학적 소독에는 염소소독과 표백분소독이 있다.

038
음료수의 소독방법으로 가장 적당한 방법은?

① 일광소독　　　② 자외선등 사용
③ 염소소독　　　④ 증기소독

염소소독은 수도에 이용되는 가장 보편적인 소독방법이다.

039
이·미용실의 기구(가위, 레이저) 소독으로 가장 적당한 약품은?

① 70~80%의 알코올
② 100~200배 희석 역성비누
③ 5% 크레졸비누액
④ 50%의 페놀액

에틸알코올(에탄올)은 인체에 무해하며 수지소독, 피부소독, 미용기구 소독에 적합하다. 일반적으로 70~75%의 에탄올을 사용하며 가격이 저렴하고, 잔여량이 남지 않는다는 장점이 있다.

040
소독작용에 영향을 미치는 요인의 설명으로 틀린 것은?

① 온도가 높을수록 소독 효과가 크다.
② 유기물질이 많을수록 소독 효과가 크다.
③ 접속시간이 길수록 소독 효과가 크다.
④ 농도가 높을수록 소독 효과가 크다.

유기물질이 많을수록 소독효과가 적다.

041
탄수화물, 지방, 단백질의 3가지를 지칭하는 것은?

① 구성영양소　　② 열량영양소
③ 조절영양소　　④ 구조영양소

- 열량영양소 : 단백질, 탄수화물, 지방
- 조절영양소 : 무기질, 비타민, 수분(물)
- 구성영양소 : 단백질, 탄수화물, 지방, 무기질, 비타민

042
기초화장품의 주된 사용 목적에 속하지 않는 것은?

① 세안　　　　　② 피부정돈
③ 피부보호　　　④ 피부채색

피부채색은 색조화장품의 사용 목적에 해당된다.

043
상피조직의 신진대사에 관여하며 각화정상화 및 피부재생을 돕고 노화방지에 효과가 있는 비타민은?

① 비타민 C　　　② 비타민 E
③ 비타민 A　　　④ 비타민 K

비타민의 기능
- 비타민 C : 콜라겐 합성 촉진, 항산화 효과
- 비타민 E : 항산화제
- 비타민 K : 혈액 응고

044
다음 중 일반적으로 건강한 모발의 상태는?

① 단백질 10~20%, 수분 10~15%, pH 2.5~4.5
② 단백질 20~30%, 수분 70~80%, pH 4.5~5.5
③ 단백질 50~60%, 수분 25~40%, pH 7.5~8.5
④ 단백질 70~80%, 수분 10~15%, pH 4.5~5.5

045
다음 중 글리세린의 가장 중요한 작용은?

① 소독작용
② 수분유지작용
③ 탈수작용
④ 금속염제거작용

글리세린은 보습제로 사용된다.

046
다음 중 멜라닌 색소를 함유하고 있는 부분은?

① 모표피
② 모피질
③ 모수질
④ 모유두

> 모발 중 모피질이 80~90% 차지하며, 모피질은 간층물질, 멜라닌색소, 섬유질로 구성되어 있다.

047
피지선의 활성을 높여주는 호르몬은?

① 안드로겐
② 에스트로겐
③ 인슐린
④ 멜라닌

> 안드로겐은 피지선의 활성을 높여주고, 에스트로겐은 피지선의 활성을 저하시킨다.

048
다음 중 식물성 오일이 아닌 것은?

① 아보카도 오일
② 피마자 오일
③ 올리브 오일
④ 실리콘 오일

> 실리콘 오일은 합성오일이다.

049
피부의 기능이 아닌 것은?

① 피부는 강력한 보호 작용을 지니고 있다.
② 피부는 체온의 외부발산을 막고 외부온도 변화가 내부로 전해지는 작용을 한다.
③ 피부는 땀과 피지를 통해 노폐물을 분비, 배설한다.
④ 피부도 호흡한다.

> 피부는 체온을 유지하기 위해 체온조절 작용을 한다.

050
여러 가지 꽃 향의 혼합된 세련되고 로맨틱한 향으로 아름다운 꽃다발을 안고 있는 듯, 화려하면서도 우아한 느낌을 주는 향수의 타입은?

① 싱글 플로럴(single floral)
② 플로럴 부케(floral boupuet)
③ 우디(woody)
④ 오리엔탈(oriental)

051
공중위생관리법에서 규정하고 있는 공중위생영업의 종류에 해당되지 않는 것은?

① 이·미용업
② 위생관리용역업
③ 학원영업
④ 세탁업

> 이·미용업은 목욕장업, 세탁업과 함께 공중위생영업에 속한다.

052
영업소 외의 장소에서 이·미용 업무를 행할 수 있는 경우가 아닌 것은?

① 질병으로 영업소에 나올 수 없는 경우
② 결혼식 등의 의식 직전인 경우
③ 손님의 간곡한 요청이 있을 경우
④ 시장·군수·구청장이 인정하는 경우

053
영업자의 지위를 승계한 자로서 신고를 하지 아니하였을 경우 해당하는 처벌기준은?

① 1년 이하의 징역 또는 1천만원 이하의 벌금
② 6월 이하의 징역 또는 500만원 이하의 벌금
③ 200만원 이하의 벌금
④ 100만원 이하의 벌금

> 6월 이하의 징역 또는 500만원 이하의 벌금
> - 공중위생영업의 변경신고를 하지 아니한 자
> - 공중위생영업자의 지위를 승계한 자로서 규정에 의한 신고를 하지 아니한 자
> - 건전한 영업질서를 위하여 공중위생영업자가 준수하여야 할 사항을 준수하지 아니한 자

054

공익상 또는 선량한 풍속유지를 위하여 필요하다고 인정하는 경우에 이·미용업의 영업시간 및 영업행위에 관한 필요한 제한을 할 수 있는 자는?

① 관련 전문기관 및 단체장
② 보건복지부장관
③ 시·도지사
④ 시장·군수·구청장

> 시, 도지사는 공익상 또는 선량한 풍속을 유지하기 위하여 필요하다고 인정하는 때에는 영업시간 및 영업행위에 관한 필요한 제한을 할 수 있다.

055

다음 중 이·미용사 면허를 취득할 수 없는 자는?

① 면허 취소 후 1년 경과자
② 독감환자
③ 마약중독자
④ 전과기록자

> 이·미용사 면허의 결격사유
> • 피성년후견인
> • 정신보건법상 정신질환자. 다만, 전문의가 이용사 또는 미용사로서 적합하다고 인정하는 경우 제외
> • 감염성 결핵 환자
> • 마약, 기타 대통령령으로 정하는 약물중독자(대마 또는 향정신성 의약품의 중독자)
> • 면허가 취소된 후 1년이 경과되지 아니한 자

056

처분기준이 2백만원 이하의 과태료가 아닌 것은?

① 규정을 위반하여 영업소 이외 장소에서 이·미용업무를 행한 자
② 위생교육을 받지 아니한 자
③ 위생 관리 의무를 지키지 아니한 자
④ 관계 공무원의 출입·검사·기타 조치를 거부·방해 또는 기피한 자

> 보고를 하지 아니하거나 관계공무원의 출입·검사, 기타 조치를 거부·방해 또는 기피했을 경우 300만원 이하의 과태료에 처한다.

057

다음 중 이·미용사 면허를 받을 수 없는 경우에 해당 하는 것은?

① 전문대학 또는 동등 이상의 학력이 있다고 교육부장관이 인정하는 학교에서 이용 또는 미용에 관한 학과 졸업자
② 교육부장관이 인정하는 인문계 학교에서 1년 이상 이·미용사자격을 취득한 자
③ 국가기술자격법에 의한 이·미용사자격을 취득한 자
④ 교육부장관이 인정한 고등기술학교에서 1년 이상 이·미용에 관한 소정의 과정을 이수한 자

> 교육부장관이 인정하는 고등기술학교에서 1년 이상 이용 또는 미용에 관한 소정의 과정을 이수한 자가 이용사 및 미용사의 면허 자격 기준에 해당된다.

058

이·미용기구의 소독기준 및 방법을 정한 것은?

① 대통령령
② 보건복지부령
③ 환경부령
④ 고용노동부령

> 이, 미용 기구 소독 및 방법은 보건복지부령으로 정한다.

059

공중위생관리법상의 위생교육에 대한 설명 중 옳은 것은?

① 위생교육 대상자는 이·미용업 영업자이다.
② 위생교육 대상자는 이·미용사이다.
③ 위생교육 시간은 매년 8시간이다.
④ 위생교육은 공중위생관리법 위반자에 한하여 받는다.

> 이·미용업의 영업자는 매년 3시간의 위생교육을 받아야 한다.

060

이·미용업자의 준수사항 중 틀린 것은?

① 소독한 기구와 하지 아니한 기구는 각각 다른 용기에 넣어 보관할 것
② 조명은 75룩스 이상 유지되도록 할 것
③ 신고증과 함께 면허증 사본을 게시할 것
④ 1회용 면도날은 손님 1인에 한하여 사용할 것

이·미용업자의 준수사항
- 점빼기, 귓볼뚫기, 쌍커풀수술, 문신, 박피술 그밖에 이와 유사한 의료행위를 하여서는 아니된다.
- 피부미용을 위하여 약사법 규정에 의한 의약품 또는 의료용구를 사용하여서는 아니된다.
- 미용기구 중 소독을 한 기구와 소독을 하지 아니한 기구는 각각 다른 용기에 넣어 보관하여야 한다.
- 1회용 면도날은 손님 1인에 한하여 사용하여야 한다.
- 업소 내에 미용업신고증, 개설자의 면허증 원본 및 미용요금표를 게시하여야 한다.
- 영업장 안의 조명도는 75룩스 이상이 되도록 유지하여야 한다.

10회 【정답】 적중모의고사

001	002	003	004	005
④	①	③	①	③
006	007	008	009	010
③	③	②	④	①
011	012	013	014	015
③	④	③	①	①
016	017	018	019	020
①	②	④	③	②
021	022	023	024	025
②	①	④	④	③
026	027	028	029	030
①	①	③	③	①
031	032	033	034	035
③	④	③	④	③
036	037	038	039	040
②	①	③	①	②
041	042	043	044	045
②	④	③	④	②
046	047	048	049	050
②	①	④	②	②
051	052	053	054	055
③	③	②	③	③
056	057	058	059	060
④	②	②	①	③

필기

2026년 01월 05일 인쇄
2026년 01월 20일 발행

저　자	김지연 · 박성애 공저
발 행 처	(주)도서출판 책과상상
등록번호	제2020-000205호
발 행 인	이강복
주　소	경기도 고양시 일산동구 장항로 203-191
대표전화	(02)3272-1703~4
팩　스	(02)3272-1705

저자협의
인지생략

홈페이지　www.sangsangbooks.co.kr
ISBN　　 979-11-6967-312-9

값 18,000원
Copyright© 2026
Book & SangSang Publishing Co.